小動物の腫瘍外科手技
－ワンステップアップ　手術装置を使いこなす－

伊藤　博　編

伊藤　博，岸本海織，小林正行，福島　潮，福島隆治　著

文永堂出版

表紙デザイン：株式会社 IDR

編　集

伊藤　博　　国立大学法人東京農工大学農学部 附属動物医療センター 専任教授

執　筆 (五十音順)

伊藤　博	前掲
岸本海織	国立大学法人東京農工大学農学部 講師　獣医画像診断学
小林正行	国立大学法人東京農工大学農学部 講師　獣医臨床腫瘍学
福島　潮	鎌倉山動物病院 院長 / 日本動物高度医療センター　眼科
福島隆治	国立大学法人東京農工大学農学部 准教授　獣医外科学

謝　辞

　私は今から十数年前に北里大学の獣医学部附属動物病院で腫瘍科の外科医として従事しているときに，細い血管なら結紮を行わなくても凝固切開ができるという超音波凝固切開装置（SonoSurg シザース，株式会社オリンパス）と出会うことができた。腫瘍は多くの栄養血管を引き込むため，メスや鋏などのように鋭利な器具を用いて摘出を試みると，周囲からじわじわと出血が起こり，その止血を行うのに多大な時間を要していた。ところがこの装置を用いて巨大な乳腺腫瘍の摘出を行ったところ，腫瘍周囲の血管は超音波で凝固され出血もなく簡単に摘出することができたのである。しかも，血管の結紮が不必要であることから迅速にしかも安全に手術を進めることができた。

　当時はこのような簡単な器具を用いると学生の外科教育に悪い影響を与えるのではないか，あるいは結紮などの技術も衰えるのではないかと疑問を投げかけてくれた他大学の教員もいらしたが，私は臨床を行う病院施設は教育のためだけではなく，飼い主のニーズに応えるため動物に最良の医療を提供する場でもあるということを一貫して訴えてきた。

　現代では医学の進歩とともに安全性が高く迅速に目的を達成できるような医療機器が開発されている。腸管の吻合もステープラーを用いると瞬時に縫合と離断が行われるため，以前のような結紮の速さや縫合の速さを競う時代ではなくなっている。しかしながら，その卓越した外科の手技は全て執刀者の力量に繋がっていることを決して忘れてはいけない。

　今まで多くの腫瘍症例に SonoSurg シザースを使用してきた経験から，様々な応用性が生まれてきた。本書では私が腫瘍症例に用いてきた電気メス，SonoSurg シザースおよびソノペットの使い方や各種手術方法などの一部を紹介している。また本書を作成するに当たり友人である東京農工大学（以下，当大学）の多くの先生方および鎌倉山動物病院の院長先生に協力をいただいた。本書には臨床現場の第一線で活躍されている先生方の超音波診断，眼科，麻酔，循環器，画像および腫瘍に関する豊富な知識およびスキルが多く収載されている。

　まず腫瘍科で4年間，私の片腕として支えてくれた小林正行先生は，循環器外科を目指して大学院時代から山根義久先生（東京農工大学名誉教授，公益社団法人日本獣医師会長）のもとで外科医としての技術を研磨してきた先生である。人格的にも温厚で繊細な性格の持ち主であり手術手技も丁寧で止血を重視した私の技術を継承してくれる当大学では唯一の存在である。本書では小林先生の卓越した手術手技およびペイコントロールの実践内容を提供していただいた。

　鎌倉山動物病院院長である福島　潮先生は，北里大学の附属動物病院で共に臨床に従事してきた友人の1人である。先生の眼科の知識は勿論のこと眼科の外科や一般外科手技についても高い評価が得られている。また，超音波診断に関しても高度な技術を有していることから，本書には彼の幅広い眼科の知識とエコー画像による解説について協力をいただいた。

　当大学の循環器科の福島隆治先生は，常に患者への"思いやり"を持ちながら全力で診療にあたっている。彼は循環器という専門知識を活かし，一般外科は勿論のこと内分泌，泌尿器など全ての分野に亘り卓越した知識と技術を有している。また当大学のハイリスクの患者に対する麻酔にも従事していただき，麻酔の基礎は勿論のこと術後のケアなどについても詳細に紹介していただいた。

　数年前，画像診断のエキスパートとして岸本海織先生が帯広畜産大学から当大学に着任した。岸本先生は

伊藤　博　近影

CT撮影装置のソフトを駆使し"未知物質の探索装置"といっても過言ではないくらいに体内の異常を探し出してくれる。さらには，腫瘍の形状や血管走行までも三次元に描写してくれるため，腫瘍外科にとってなくてはならない大切な存在である。彼には，画像の基本的および臨床的な知識を多くの画像写真を用いてわかりやすく解説していただいた。

　本書には私の大切な友人である先生方の臨床経験に基づいた豊富な知識や見解が反映されている。医療は時代とともに発展していくが，臨床への思いや情熱を基に実践で鍛え上げられた技術を若い先生方に継承していくことは極めて重要なことである。しかしながら，本書に記載している内容について"意義"を唱える先生がいるかもしれないが，筆者らは決してこれらの技術を強要や強制をするものではない。手術手技は常に患者への安全性を重んじ，生涯に亘り自分自身で研磨していくものと考えるので，本書の内容が先生方の一助となれば幸いである。

　最後に私は情熱，経験，知識を持っていたとしても"医療はチームワークなくしては目的を達成することはできない"と思っている。私の念願であった本書を作成するために多大な労力と時間，豊富な知識を提供していただいた大切な友人に心から深く感謝したい。

　"技術的にも熟達し，優しく穏やかに礼儀正しく情報を提供し，知的で思いやり深く，正直で信頼に値する"ことを目標に今後も心とともに技術を研磨していきたい。

　最後に本書の出版を快く受けてくれた文永堂出版株式会社の永井富久氏および編集担当の松本　晶氏，手術装置に関してご協力をいただいたアムコ株式会社，オリンパス株式会社，東京医研株式会社の担当各位に深く謝意を表したい。

　2013年6月

国立大学法人東京農工大学農学部附属動物医療センター 専任教授　**伊藤　博**

序

　伴侶動物の高齢化に伴う腫瘍性疾患の増加によって，我々小動物臨床に携わる獣医師は，その対応に迫られている。飼い主が満足するがん治療を実践するには，適切な診断はもちろんのこと様々な治療法の選択肢を提供する必要がある。その中でも外科手術はがん治療の根幹であり，その外科手術の手技をしっかりと身につけておかなければならない。

　本書は，腫瘍に罹患した伴侶動物の外科治療を中心とした関連手技を解りやすいように項目別に解説している。また，本書は，外科手術装置の基本的な考え方や使い方を写真やイラストを用いて解説し，若手獣医師への手術手技に対する一助となることを目的としている。特に血管の豊富な腫瘍摘出に用いる超音波手術装置システム（オリンパス株式会社）の基礎的な構造やその手技について解説した。

　第1章の手術を成功へと導く周術期管理テクニックでは，その手術手技のみならず術前，術中そして術後における患者の管理についてのテクニックなどが具体的に示されている。術者が手術に関する優れた技術を有していたとしても，患者の管理が不適切であるために周術期にその命が失われることがあれば，術者の過失といっても過言ではない。すなわち手術の成功は，周術期管理に左右されることから，その詳細な方法を解説した。

　第2章では実際の臨床現場に即した具体的な腫瘍に関わる鎮痛法をすぐに臨床応用できるように鎮痛薬の写真なども挿入してわかりやすく記載した。外科手術は伴侶動物の腫瘍性疾患の根幹となる治療法であるが，それを成功させるには適切な周術期疼痛管理が必須である。

　第3章では，手術時における手術装置のトラブルを未然に防ぐため手術装置としての電気メスおよびSonoSurgシステムの基本構造を理解しやすいように写真や構造模式図を取りいれて使用時の注意点などを詳細に明記している。

　第4章における腫瘍の超音波画像では各臓器や組織において腫瘍病変のパターンや特徴的所見を提示した。日常診療の中，腫瘍のタイプや治療方針に必要となる判断材料を得るために重要な検査法であることから注意点を含め，できるだけ臨床医の立場から解説した。

　第5章の腫瘍のCT検査では，病変の陰影パターン云々よりも，検査の前提について解説した。特に，造影剤の選択や画像の観察条件（ウィンドウ設定）の解説に注力した。これは，適切な画像を撮り，適切な観察をしなければ，そもそも診断ができないためである。最低限，本項で解説した条件を守り，読影の腕を磨いていただきたい。

　第6章の手術手技では，主な腫瘍における外科手技の写真の一部を抜粋してわかりやすく解説している。また，電気メスやSonoSurgシザースあるいはソノペット（手術装置）を用いた安全で迅速な手術手技をイラストも含めて紹介している。さらに，コラムとして開業医が日常最も遭遇する避妊手術や再発の起こりやすい会陰ヘルニアなども紹介している。

　本書は日常遭遇する頻度の高い腫瘍に対して手術装置を用いた外科手技を中心に解説したものである。一般の開業医の先生方は，すでに手術装置を備えて難易度の高い手術を行っていることが多いことから，本書に解説されている内容が若い先生方にとって実用的で使いやすく，今後手術装置を用いて行う外科手技の一助になれば幸いである。

　また，本書の内容は筆者が数十年に亘り実施されてきた"外科日誌"の情報と多くの教本を参考に解説した。

　　伊藤　博

目　次

第1章　手術を成功に導く周術期管理テクニック
1. はじめに ……………………………………………………………（福島隆治）… 1
2. 手術前（麻酔前）…………………………………………………（福島隆治）… 1
3. 手術中（麻酔中）…………………………………………………（福島隆治）…18
4. 手術後 ………………………………………………………………（福島隆治）…41
   コラム　硬膜外麻酔法の手技 ………………………………………（伊藤　博）…47

第2章　ペインコントロール ……………………………………………（小林正行）
1. はじめに ………………………………………………………………………………49
2. 周術期疼痛管理の基本方針 …………………………………………………………49
3. 腫瘍外科の術式による疼痛レベル …………………………………………………50
4. 周術期疼痛管理の実際 ………………………………………………………………51
5. がんによる疼痛への対応 ……………………………………………………………56

第3章　手術装置の基礎 …………………………………………………（伊藤　博）
1. 電気メス ………………………………………………………………………………61
2. 超音波手術装置 ………………………………………………………………………67

第4章　腫瘍の超音波検査 ………………………………………………（福島　潮）
1. 脾　臓 …………………………………………………………………………………77
2. 肝　臓 …………………………………………………………………………………78
3. 腎臓，膀胱 ……………………………………………………………………………81
4. 副　腎 …………………………………………………………………………………82
5. 胃腸管 …………………………………………………………………………………83
6. その他腫瘍の超音波画像 ……………………………………………………………85

第5章　腫瘍のCT検査 …………………………………………………（岸本海織）
1. 造影剤の選択 …………………………………………………………………………87
2. 副作用への対処 ………………………………………………………………………87
3. 造影剤量の決定 ………………………………………………………………………89
4. 造影法の選択 …………………………………………………………………………89
5. 撮像の体位 ……………………………………………………………………………90
6. 肝臓の造影 ……………………………………………………………………………90
7. 脾臓の造影 ……………………………………………………………………………91
8. リンパ節 ………………………………………………………………………………92
9. 副　腎 …………………………………………………………………………………92
10. 胸　部 …………………………………………………………………………………93
11. 鼻腔内腫瘍 ……………………………………………………………………………94

第6章　手術手技の実際
1. 体　表 ………………………………………………………………（伊藤　博）
   1) 血管周皮腫 …………………………………………………………………………96
   2) 頭頸部の皮膚腫瘍 …………………………………………………………………99
   3) 乳腺腫瘍 ……………………………………………………………………………101

2．眼 …………………………………………………………………（福島　潮）…109
  1）小・中領域の切除　「V」型全層切除 …………………………………………110
  2）小・中領域の切除　Traiangle-triangle 形成術 …………………………………111
  3）広範囲領域の切除　スライディング皮弁法 ……………………………………112
  4）広範囲領域の切除　H型スライディング皮弁の変法 …………………………114
  5）広範囲領域の切除　スライディングZ型弁 ……………………………………116
3．消化器系
  1）口　腔 ……………………………………………………………（小林正行）…121
  2）胃の部分切除 ………………………………………………………（伊藤　博）…133
  3）消化管腫瘍（小腸） ………………………………………………（伊藤　博）…138
  4）肝　臓 ……………………………………………………………（伊藤　博）…143
  5）胆　囊 ……………………………………………………………（伊藤　博）…151
  6）直　腸 ……………………………………………………………（伊藤　博）…152
  7）肛　門 ……………………………………………………………（伊藤　博）…159
4．泌尿生殖器系…………………………………………………………（伊藤　博）
  1）子宮・卵巣摘出 ……………………………………………………………………165
     コラム　去勢の手技 ………………………………………………………………170
  2）精巣摘出 ……………………………………………………………………………172
  3）腟腫瘍の摘出 ………………………………………………………………………173
  4）膀胱腫瘍の摘出 ……………………………………………………………………176
  5）腎　臓 ………………………………………………………………………………182
  6）腎臓腫瘍の後大静脈への伸展 ……………………………………………………183
     コラム　会陰ヘルニアの手技 ……………………………………………………185
5．造血系
  1）心　臓 ……………………………………………………………（小林正行）…191
  2）脾　臓 ……………………………………………………………（伊藤　博）…195
6．呼吸器系 ……………………………………………………………（小林正行）
  1）胸骨正中切開術 ……………………………………………………………………197
  2）肋間切開術 …………………………………………………………………………202
  3）肺葉切除術 …………………………………………………………………………203
  4）超音波吸引装置を用いた腫瘍の摘出 ……………………………………………204
  5）気管切開術 …………………………………………………………………………206
7．内分泌系 ……………………………………………………………（伊藤　博）
  1）甲状腺 ………………………………………………………………………………209
  2）副　腎 ………………………………………………………………………………212
  3）副腎腫瘍の後大静脈への伸展 ……………………………………………………214
8．四　肢 ………………………………………………………………（伊藤　博）
  1）前肢断脚　肩甲骨除去による離断 ………………………………………………217
  2）後肢断脚　股関節離断術 …………………………………………………………221

参考・引用文献 ……………………………………………………………………………224
索引 …………………………………………………………………………………………226

第1章　手術を成功に導く周術期管理テクニック

1. はじめに

　手術を成功させるためには，精密かつ的確な術中の手技の実施のみならず，手術前および手術後の管理が非常に重要である。多くの成書で麻酔薬の用量用法やモニター法が記載されており，満足できる内容になっている。したがって，本稿では既存の成書では述べられていないような周術期管理のコツとピットホールに関して，記載しようと思う。初心者のみならずベテラン獣医師にとっても本稿が参考になれば幸いである。

2. 手術前（麻酔前）

　手術中（麻酔中）の事故は，手技の問題よりもむしろ手術前の動物の評価が適切になされていないことが多いように感じられる。これには，手術を行うタイミングが不適切であったり，実際には手術を行うには危険すぎる場合が含まれる。また，手術前に適切な情報を得ることにより，手術中〜後の事故を回避することができる（表1-1）。

表1-1　循環器系に影響を及ぼす主な疾患

甲状腺機能亢進症・低下症
副腎皮質機能亢進症・低下症
胃拡張ー捻転症候群
子宮蓄膿症
骨折
短頭種気道症候群
肺炎 etc

　手術を受ける動物のプロフィールは，当然のことながら把握しておく必要がある。

1) 手術前の注意点

(1) 未知の既往歴と現病歴の確認そして疾病の家族歴

　手術を安全に実施するためには，動物の過去と現在の病歴を十分に把握する必要がある。特に薬物アレルギーの有無，過去の手術歴（麻酔歴），輸血の経験の有無などを把握しておかなければならない。また，その疾患の家族歴やその際の予後やイベントを知ることで，当該手術の危険率を低下することができる可能性がある。

(2) 絶食と絶水

　手術後には，麻酔処置による咽頭反射の低下や，気管チューブ挿入に起因する咽頭部の腫脹が発生することが多々ある。そのため，覚醒時における嘔吐による誤嚥防止を目的に，手術を受ける動物に対し絶食と絶水の処置が実施される。一般的には10〜12時間の絶食と絶水が実施されている。しかし，使用する麻酔薬の種類，スムーズな気管挿管の実施，年齢，季節により調節するべきである。若齢の動物では絶食による低血糖を防止するために，老齢動物では絶水による脱水を防止するために，限りなく絶食あるいは絶水時間を短くしなければならない。具体例を挙げると，来院手術の場合には，前日の飼い主の就寝以降は絶食，当日の飼い主の起床以降は絶水を指示している。そして，来院から手術までの時間を勘案して，食事給与あるいは点滴の実施などで調整している（おおむね絶食6時間，絶水3時間を目安にしている）。また，動物が嘔吐や下痢などを示す消化管疾患である場合や，手術操作を行う上で

表 1-2 緊急度の高い不整脈一覧

緊急度 1（緊急を要する不整脈）	緊急度 2（緊急性の高い不整脈）
心室細動	RonT 性心室期外収縮
心室拍動	多源性心室期外収縮
トルサー・ド・ポワン	発作性上室頻拍
心拍停止を伴う第Ⅲ度房室ブロック	房室ブロック＋上室頻拍性不整脈[*2]
心停止時間が長い洞停止	頻拍性心房細動
SSS Ⅲ型（徐脈頻脈症候群）	頻拍性心房粗動
アダム・ストーク症候群[*1]を呈する不整脈全般	第Ⅲ度房室ブロック
	高度房室ブロック
	Mobitz Ⅱ型第Ⅱ度房室ブロック

[*1] 不整脈が原因で起こる失神・眩暈などの脳虚血症状を指す。
[*2] 上室（心房および房室結節）頻拍，心房細動および心房粗動を上室頻拍性不整脈と呼ぶ。

消化器が対象である場合には比較的長時間の絶食と絶水が必須となる。そのため，そのような動物には事前から十分な水和と，糖質やビタミン類などの補給のためにそれらの静脈内投与を行うべきである。

（3）手術前のスクリーニング検査の概要

手術を行うにあたり，患者の全身状態を把握しなければならない。しかし，完全な情報の取得は困難である。したがって少なくとも，心臓，気道と肺，腎臓そして肝臓機能の評価は行わなければならない。開業病院では時間やコストの節約のため，あるいは経験的観測などにより，これらの臓器の評価がしばしば省略されている。しかし，動物にとって全身麻酔を経験すること自体が大きなイベントである。例え術中の手技がすばらしいものであっても，術後における回復の悪さ，腎不全や心不全などの後遺症の発現，さらには死亡という出来事が認められる場合は，決して手術が成功したとはいえない。また，何人かの獣医師は，術前の動物の評価を行っていないにもかかわらず手術を実施している。そして，前述の不幸な結果が認められ際には，「動物と麻酔との相性が悪かった」という決まり文句に逃げている。これは，動物と飼い主に対する冒涜であろう。確かに，何らかの薬剤にアレルギー反応が認められる患者は存在する。しかし，多くの患者は，起こるべくして起きた不幸な結果によるものである。また，手術リスクを飼い主にインフォームドする際には，納得するに値する根拠と考えが必要である。術前検査は術中～術後を安全に乗り越えるための基本ツールであるのと同時に，手術延期あるいは中止を決定するための重要なツールでもある。

心臓は，動物に麻酔を施す上で，動物の生死にただちに影響を及ぼす臓器であることは疑いない。一般的に術前の心臓検査には心電図検査と心エコー検査が挙げられる。しかし，術前の心電図検査は，血液生化学検査，X線検査さらにはCT検査と比較しても，やや軽視されがちである。その理由として，必要性を感じていない，さらには多くの獣医師においてその評価が不得意であることが挙げられる。しかし，多くの獣医師は手術中に心電図モニターを実施しており，十分にその必要性を理解しているはずである。手術前において，心電図検査により不整脈が検出された場合には，動物が手術に耐えうるか否かを判断しなければならない。危険な不整脈を表1-2に挙げる。これらの不整脈が認められる場合には手術を避けるべきである。また，どうしても行わなければならない場合には，飼い主にその危険性を十分に説明しておく必要がある。術前の心電図検査の詳細は後述する。

心エコー検査は心臓の動きを直接的に評価できる優れた術前検査の1つである。多くの担癌動物は高齢であることが多い。したがって，犬では，腫瘍性疾患に僧帽弁閉鎖不全や三尖弁閉鎖不全などの心疾患を併発している場合がかなり多い。また，甲状腺機能低下症により心臓の収縮能が低下している患者や，副腎皮質機能亢進症により心臓の拡張能が低下している患者も多く認められることが多い。これらの疾患では，手術前に心機能低下による臨床症状を示さないものの，周術期の事故が多いことに注意すべきである。一方，猫の心疾患うちでは肥大型心筋症が多い。これも，臨床症状を示さないものの，周術期で突然死を招く

おそれがある。

2）心エコー検査

術前のチェック項目として，心拍出量は十分であるか，心収縮能は十分であるか，前負荷の増大はあるか，などが挙げられる。心拍出量や心収縮能の低下は，周術期の臓器虚血を引き起こす。特に術後の腎不全という最悪の事態を招く。また，前負荷の増加は肺水腫を引き起こすことで死を招くことになる。心エコー検査を行う上で，系統立てた順序による実施と考察を行うことが重要である。

（1）スクリーニング

Bモード法とカラードプラ法を用いたスクリーニングの手順を以下に記す。

§スクリーニングの手順

【右側傍胸骨長軸四腔断面像】
- □心房中隔は真っ直ぐである
- □心室中隔は真っ直ぐである
- □僧帽弁の閉鎖位置は左心室側である
- □僧帽弁の基部から先端まで同様な厚さである
- □僧帽弁閉鎖不全症（MR）はない（カラードプラ）
- □三尖弁閉鎖不全症（TR）はない（カラードプラ）
- □心房中隔欠損はない（カラードプラ）
- □心室中隔欠損はない（カラードプラ）

【右側傍胸骨左室流出路断面像】
- □心室中隔は真っ直ぐである
- □心室中隔は左室流出路に突出しない→犬
- □心室中隔は左室流出路に張り出している→猫
- □左心室内腔：右心室内腔＝3：1である
- □左心室自由壁：心室中隔：右心室自由壁＝2：2：1である
- □僧帽弁の閉鎖位置は左心室側である
- □僧帽弁の基部から先端まで同様な厚さである
- □LA/Ao＝1.5以下である（猫で1.7）
- □MRはない（カラードプラ）
- □TRはない（カラードプラ）
- □心室中隔欠損はない（カラードプラ）

【右傍胸骨短軸像腱索レベル】
- □対称的で円形な左心室内腔である
- □ほぼ同じ大きさの乳頭筋である
- □心室中隔は平坦でない
- □左心室自由壁：心室中隔：右心室自由壁＝2：2：1である

【右傍胸骨短軸像心基部レベル】
- □心室中隔欠損はない（カラードプラ）
- □心房中隔は真っ直ぐである
- □心房中隔欠損はない（カラードプラ）
- □LA/Ao＝1.5以下である
- □Ao/PA＝1.0（0.8）である
- □肺動脈径は弁レベルから左右の分岐部まで同じ幅である
- □肺動脈弁閉鎖不全症（PR）はない（カラードプラ）
- □動脈管開存症（PDA）はない（カラードプラ）

スクリーニング検査で疾患の有無とある程度の病態の把握が達成できた後は，病態の詳細な把握が必要となる。心エコー検査の基本画像を図1-1に示す。

（2）心エコー検査の評価法

検査項目に異常が認められたからと言って，麻酔処置が行えないわけではない。むしろ，多くの獣医師はこれらを勘案せずに麻酔処置を行っていると思われる。とくに担癌動物は高齢であることが多いため，MRやTRを有していることが多い。各評価法の詳細を記述する。

§心拍出量は十分であるか

右傍胸骨短軸像心基部レベルにおける右室流出血流ドプラ波形（ドプラモード）を利用した右心系の，そして左傍胸骨左室流出路長軸断面像における左室流出血流ドプラ波形（ドプラモード）を利用した左心系の心拍出量の両者を評価する。左心系は右傍胸骨短軸像腱索レベルのMモード法を利用しても計測できるが，心形態による誤差が大きいため採用しない方がよい。心拍出量の低下が確認されたら，それが1回拍出量（SV）の低下によるものか，あるいは心拍数（HR）の減少によるものか，を鑑別する。その結果により，陽性変時作用薬，強心薬あるいは血管拡張薬などを利用し拍出量の上昇を試みなければならない。緊急性がないようであれば，まずは投薬による心拍出量（CO）の是正を行い，手術に望むようにする。また，理論的には左右心臓からの拍出量は等しくなるはずである（肺循環＝体循環）。例えば，単独のMRがあれば右心系＞左心系となる。この差が大きいと左心室から左心房への逆流量が多いことを示す。しかし，犬は洞性不整脈によりRR間隔が不整であることが多い。そのため，測定時には左右心系に

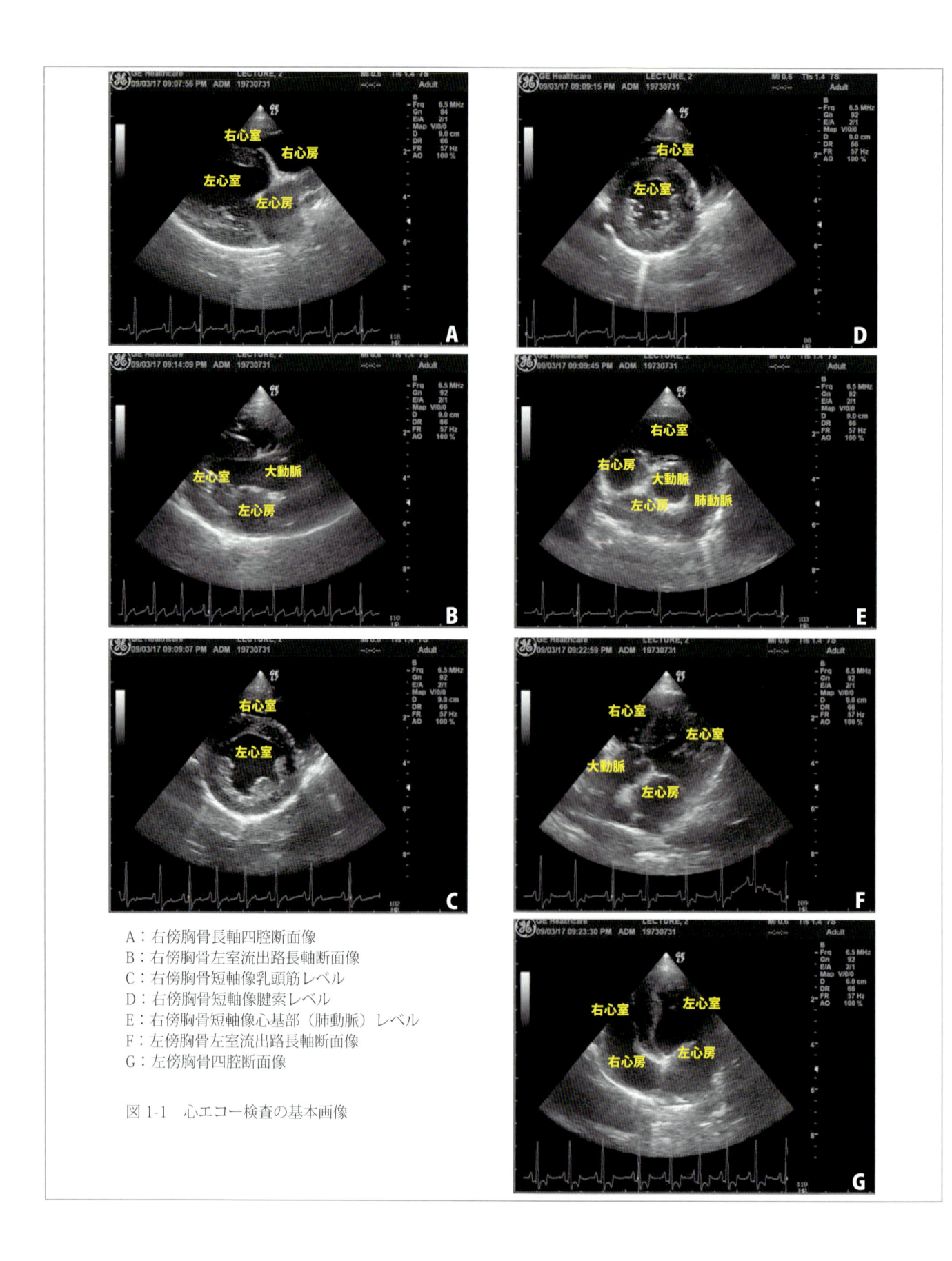

A：右傍胸骨長軸四腔断面像
B：右傍胸骨左室流出路長軸断面像
C：右傍胸骨短軸像乳頭筋レベル
D：右傍胸骨短軸像腱索レベル
E：右傍胸骨短軸像心基部（肺動脈）レベル
F：左傍胸骨左室流出路長軸断面像
G：左傍胸骨四腔断面像

図 1-1　心エコー検査の基本画像

おいて心拍数が等しいタイミングで行うことを心がける。また、SVを測定する際には、収縮期の肺動脈径と大動脈径を正確に描出しなければ誤差が大きくなる。健常犬の1回拍出量と心拍出量を表1-3に示す。健常猫もおよそこれに当てはまると考えられる。

表1-3 健常犬の1回拍出量と心拍出量

体重（kg）	1回拍出量（ml）	心拍出量（L/min）
0.5	2〜3	0.2〜0.3
1	3〜5	0.3〜0.5
2	5〜8	0.5〜0.7
3	6〜10	0.6〜0.9
4	10〜17	1.0〜1.6
5	9〜15	0.9〜1.4
6	10〜17	1.0〜1.6
7	11〜18	1.1〜1.7
8	12〜20	1.2〜1.9
9	13〜22	1.4〜2.2
10	14〜23	1.4〜2.2
15	18〜30	1.9〜2.8
20	22〜37	2.3〜3.5
25	26〜43	2.6〜4.0
30	29〜48	3.0〜4.5
35	32〜54	3.3〜5.0
40	35〜59	3.6〜5.5
45	38〜63	3.9〜5.9
50	41〜68	4.2〜6.4

§心収縮能は十分であるか

左心室収縮能の評価として、左室内径短縮率（FS）測定が簡易であるため、小動物医療で頻繁に利用されている項目である（表1-4）。実際の計算方法を次式で表す。

$$\frac{左心室拡張末期径 - 左心室収縮末期径}{左心室拡張末期径} \times 100$$

FS＝収縮能の評価と思われがちであるが、実際は前負荷と後負荷の影響を見る項目との認識が必要である。すなわち、正常な心筋であることを前提におけば、前負荷が増加するとFSは上昇し（フランクスターリングの法則）、前負荷が低下すればFSは低下する。また、後負荷が減少すればFSは上昇し（心室から拍出しやすい）、後負荷が増加すればFSは低下する。この関係性が崩れるときは心筋機能障害が存在する可能性があると考える（表1-5）。

また、FSが低下している場合は、前負荷（左心室拡張

表1-4 健常犬および健常猫の左室内径短縮率(FS)の基準値

健常犬	健常大型犬	健常猫
33〜46%	28%以上	40〜67%

表1-5 左室内径短縮率（FS）の考え方*

	FS上昇	FS低下
前負荷	増加	低下
後負荷	低下	増加

*心筋機能に問題がないことが前提

末期径で代用）の減少あるいは後負荷の増大（収縮期血圧で代用）のいずれかまたは両者が原因であるかを観閲しなければならない。犬と猫のMモード計測項目の基準値を表1-6と表1-7に示す。また、心エコー検査時における測定画面を図1．2に示す。例え、FSが同値であっても、実情は大きく異なることがある（図1-3）。点滴の実施や降圧薬の投与など原因に応じた治療が必要となる。

ただし、これらは心機能が一定以上に維持されている場合にあてはまる事象である。したがって、前負荷が十分であるのにFSが低い、後負荷は強くないのにFSが低い場合には、心筋自体に問題があると判断する。その場合には強心薬が使用される。多くの場合は、進行した心疾患や甲状腺機能低下症を罹患した動物において観察される。いずれにしても心収縮能の低下が心拍出量の低下に直結している場合には、その治療を積極的に行わなければ手術を安全に実施することは難しくなる。

一方、FSが過剰亢進している動物にも遭遇することがある。このような場合、HRが増加していることが多いため陰性変時作用薬を投与することで改善することが多い。

なお、犬の後天性心疾患の大多数を占めるMR患者は、一般的に前負荷の増加と左心房への血液の逆流によりFSは45%以上を示している。MRの進行に伴い心筋障害が生じてくるとFSは低下する。したがって、FSの評価は、その値のみだけでなく、血圧測定値、左心室拡張末期径および左心室収縮末期径もまた十分に考慮して評価しなければならないことを強調しておく。

FS以外の心収縮能の指標として、前駆出時間・駆出時間比（PEP/ET）も利用できる。心電図のQRSの始まりから（心室の電気的興奮開始点）、実際の心室からの血液駆出の開始点までを、前駆出時間（PEP）とよぶ。これは、

表1-6 健常犬における右傍胸骨短軸像腱索レベルのMモード計測項目の基準値

体重(kg)	左心室拡張末期径(mm)	左心室収縮末期径(mm)	拡張末期心室中隔壁厚(mm)	拡張末期左室自由壁厚(mm)
0.5	〜4.2	〜1.6	4.4〜6.8	3.5〜5.4
1	〜10.7	〜6.1	4.7〜6.9	3.7〜5.5
2	5.4〜17.2	3.0〜10.7	5.1〜7.2	4.0〜5.7
3	10.7〜22.5	4.0〜14.3	5.6〜7.4	4.4〜6.0
4	13.0〜24.8	5.6〜15.9	5.8〜7.6	4.6〜6.1
5	14.9〜26.7	6.9〜17.2	6.1〜7.8	4.9〜6.2
6	16.5〜28.3	8.0〜18.3	6.3〜7.9	5.0〜6.4
7	17.8〜29.6	9.0〜19.3	6.6〜8.1	5.2〜6.5
8	19.6〜31.3	10.2〜20.4	6.9〜8.3	5.5〜6.6
9	20.6〜32.3	10.9〜21.1	7.1〜8.4	5.7〜6.7
10	21.5〜33.2	11.5〜21.7	7.3〜8.5	5.8〜6.9
15	25.3〜37.0	14.1〜24.4	8.2〜9.2	6.6〜7.4
20	28.0〜39.7	16.0〜26.2	9.0〜9.9	7.2〜8.0
25	30.1〜41.8	17.5〜27.7	9.6〜10.6	7.8〜8.6
30	31.8〜43.5	18.7〜28.9	10.2〜11.3	8.2〜9.2
35	33.3〜45.0	19.7〜29.9	10.6〜12.0	8.6〜9.7
40	34.5〜46.3	20.5〜30.8	11.1〜12.7	8.9〜10.3

表1-7 健常猫における右傍胸骨短軸像腱索レベルのMモード計測項目の基準値

左心室拡張末期径(mm)	左心室収縮末期径(mm)	拡張末期心室中隔壁厚(mm)	拡張末期左室自由壁厚(mm)
10.8〜21.4	4.0〜11.2	3.0〜6.0	2.5〜6.0

IVSd：拡張末期心室中隔壁厚
IVSs：心室中隔収縮末期
LVIDd：左心室拡張末期径
LVIDS：左心収縮末期径
LVPWd：拡張末期左室自由壁厚
LVPWs：収縮末期左室自由壁厚
EDV：左室拡張末期容積
ESV：左室収縮末期容積
EF：駆出分画
SV：1回拍出量
％FS：左室内径短縮率

EDV，ESV，EF，SVの後に続く括弧内のTeichは，Teicholtz法で演算されていることを示している。

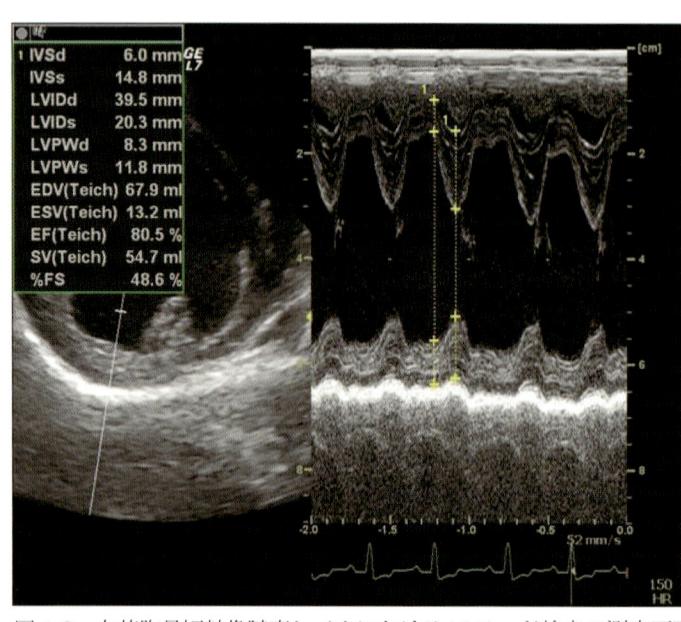

図1-2 右傍胸骨短軸像腱索レベルにおけるMモード検査の測定画面

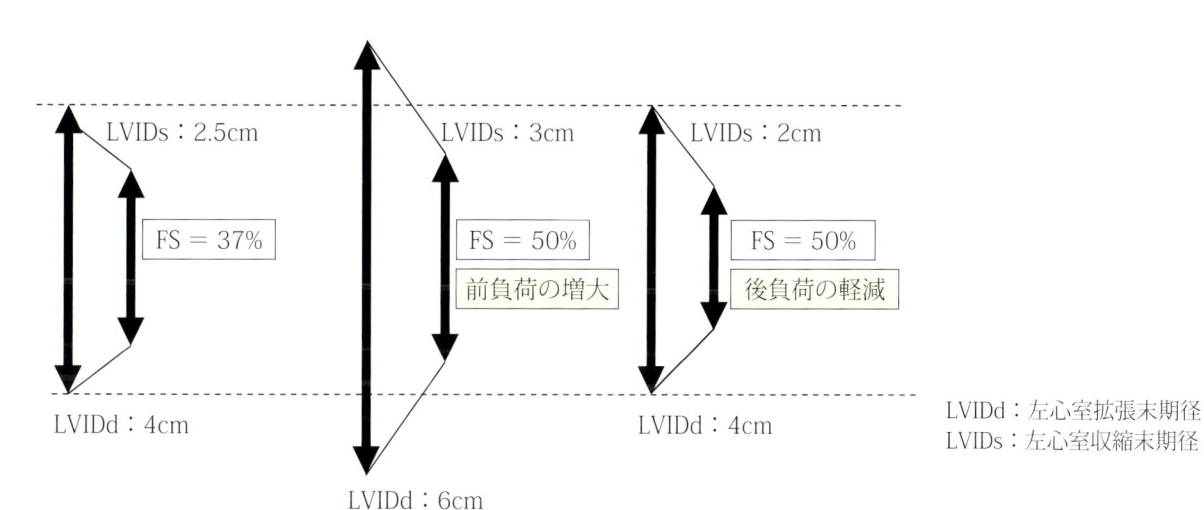

図 1-3 左室内径短縮率（FS）の解釈時の注意点
例え FS が同じ 50% であっても，前負荷が増大したものか，後負荷が軽減したものか，によって心形態や血行動態に大きな差異が存在する。

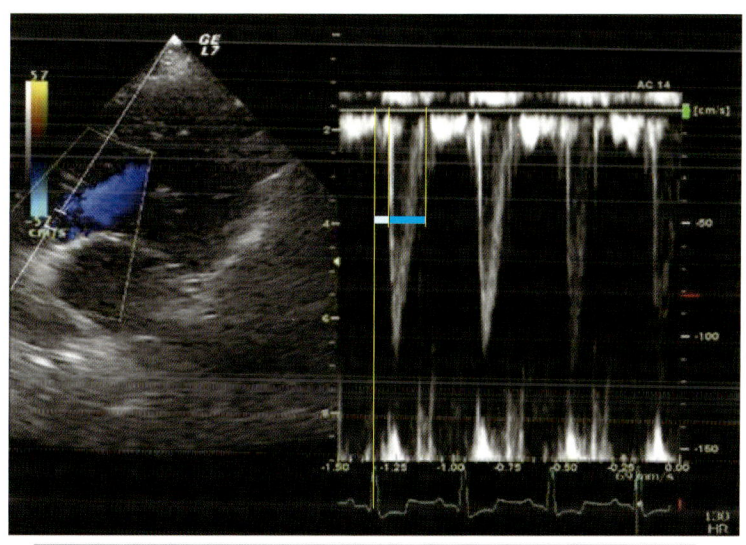

	Pipers ら	Atkins ら
前駆出時間 PEP (ms)	60 ± 8	54 ± 7
駆出時間 ET (ms)	256 ± 13	159 ± 15
PEP/ET	0.24 ± 0.09	0.34 ± 0.05

図 1-4 左心室流出路波形から得た前駆出時間と駆出時間の比（PEP/ET）の測定方法
心電図の QRS の始点から実際に血液が左心室から拍出するまでの時間が前駆出時間（PEP）であり，実際に拍出している全時間が駆出時間（ET）である。

収縮期でありながら心室の容積は不変である等容収縮期に当たる。また，実際の心室から血液駆出が行われている時間を駆出時間（ET）とよぶ。どちらも，心拍数の影響を受けるため双方の比をもって心機能の指標としている。PEP/ET の延長は心室の収縮能の低下を反映している。すなわち，電気信号から血流駆出までの時間が延長し，血流を駆出している時間が短縮している状態を示している（図1-4）。FS よりも早期にこの変化が認められる。しかし，計測にあたり心エコー検査においてそのモニター上で心電図波形を表示かつ同期させる必要がある。

§前負荷の増大はあるか

左心房・大動脈比（LA/Ao）が，測定手技が簡易であるため，臨床的に前負荷（左心房圧の推定）の指標として最も多く用いられている（図1-5）。犬は1.0～1.5，猫では1.0～1.6が正常値である。多くの患者において左心房拡大と左心房圧の高さに相関が認められる。しかし，MR患者において急性の僧帽弁の腱索断裂では左心房拡大が認められないことがある。また，左心房は大きさを増すことで圧力を逃がすように機能するため，「左心房拡大＝左心房圧が高い」が当てはまらないこともあることに注意を要する。

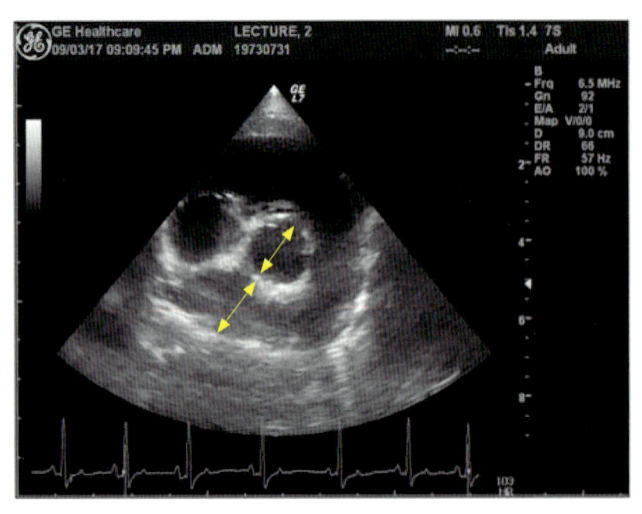

図1-5 右傍胸骨短軸像心基部レベルにおける左心房・大動脈比（LA/Ao）の測定画面

測定は，右傍胸骨短軸像心基部（肺動脈）レベルのBモードで行っている。その際，左心房径が最も大きく描出されるはずである収縮末期（エコーに同期させた心電図のT波の終わり）において測定するように心がける。

一方，LA/Aoが1.0以下である動物に遭遇する。そのような動物の多くは前負荷の低下（脱水や出血）すなわち循環血漿量不足が存在する。それに対し，点滴治療や輸血などを行うことになるが，水和が十分となったときに再度，心エコー検査の実施により評価を行うことが重要である。水和により隠蔽されていた問題が露見することがしばしばある。

また，我々は，左傍胸骨四腔断面像における左室流入血流ドプラ波形のうち，E波高は非常によく前負荷の程度を反映していると考える。正常な動物のE波高は80cm/sec程度である。経験的に1.2m/sec以上で肺水腫の危険性が増加し，1.5m/sec以上ではかなり危険な状態と判断している（図1-6）。

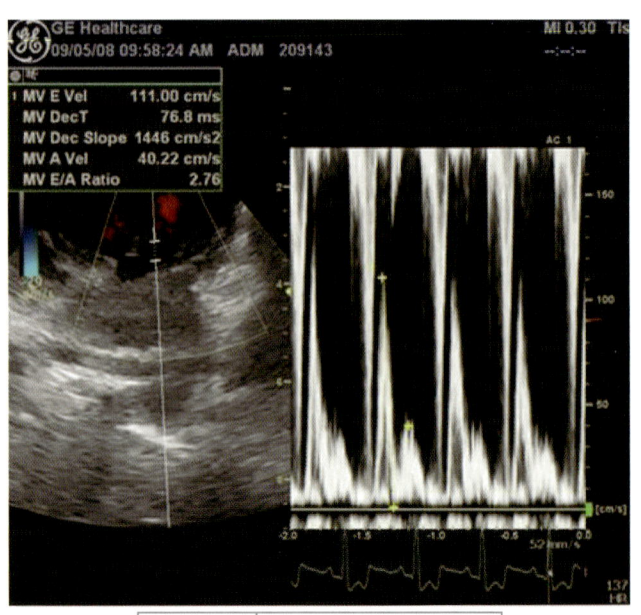

	Kirbergerら
E波	91 ± 15 cm/sec
A波	63 ± 13 cm/sec

図1-6 左傍胸骨四腔断面像における左心室流入波形（早期流入波と心房収縮波）の測定画面
拡張期の早期に得られる波が早期流入波（E波）であり，心房収縮により得られる波が心房収縮波（A波）である。

また，心エコー検査と血圧測定により得られた結果を組み合わせて左心房圧の推定を行う方法がある。一般的に左心房圧（LAP mmHg）が，25 mmHg以上で肺水腫発現のリスクが高まると考えられている。したがって，左心房圧の推定は非常に重要な意味合いを持っている。臨床的には，非観血的血圧測定により計測された収縮期血圧（SAP）と僧帽弁逆流最高血流速度（Peak MR）の両者の値を利用し，簡易ベルヌーイ式を用いて算出する（図1-7）。実際の計算方法を次式で表す。

LAP mmHg ≒ SAP − {4 × (Peak MR)^2}

非観血的血圧測定であるため，血圧測定の際の時相のズレや血圧測定感度の問題により，真かつリアルタイムの血圧を反映できないという問題はある。しかし，適切な血圧測定法の順守と心エコー検査と同時の血圧測定により，この問題点が十分に軽減できると考えられる。

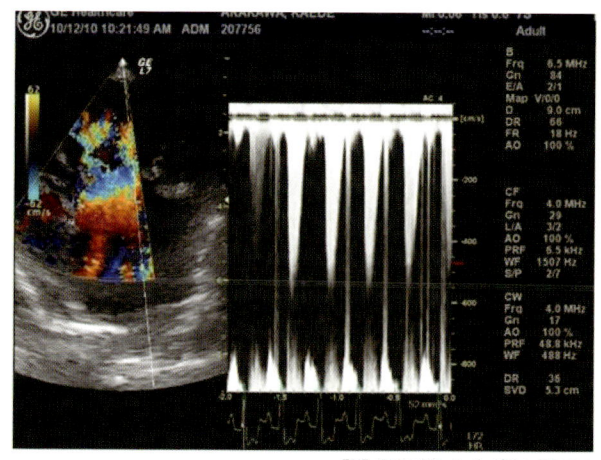

図1-7 左傍胸骨四腔断面像における僧帽弁逆流波形の測定画面と非観血的血圧測定の計測結果
この図では，SYSが収縮期血圧（SAP）を示している。

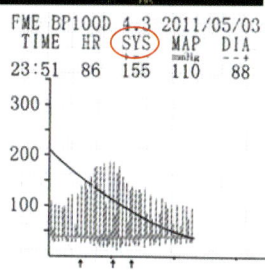

3）心電図検査

　手術中（麻酔中）における心電図モニターの実施に関しては，もはや異論はないであろう。しかし，麻酔導入前から導入時にかけて心電図モニターを実施している獣医師は少ないのが現状である。不整脈の発現には自律神経バランスや心筋虚血が大きく関与している。したがって，術前検査では認められなかった（発見できなかった）不整脈が，麻酔導入時に観察されることは多々ある。そのため，麻酔導入前に必ず心電図リードを患者に設置するとともに，心電図波形を記録する。この際，手術中の心電図波形と比較するためにプリントしておくのがよい。また，心電図は心臓の電気的興奮を波形として表していることは当然ご存知であろう。しかし，被検動物の体位や心電図リードの設置部位により，得られる波形に差異が生じる。したがって，モニター心電図記録の意義は，心拍数の把握と不整脈の発見に絞られる。基本的に，筆者は犬の心電図モニターをⅡ誘導（＋60°のベクトル）で行っている。これは，健常犬の平均電気軸の範囲が＋60～＋100°であり，Ⅰ～Ⅲ誘導のうち最も大きく心電図波形（QRS群）が得られるという理由からである。一方，猫においてもまた基本的にⅡ誘導にて行っている。しかし，健常猫の平均電気軸の範囲は，0～＋160°と大きい。そのため，Ⅱ誘導で波形が小さい場合には，ⅠあるいはⅢ誘導を試すことがある。多くの獣医師にとって，ⅠおよびⅢ誘導による心電図波形は馴染みが薄いのが現状であろう。そのため，前述のごとく麻酔導入前の心電図波形を記録することは重要な意味合いを持っている。心電図リードの配色には国際ルールが存在するのをご存知であろうか。すなわち，赤色はマイナス電極，緑色はプラス電極，黒色はアースである。黄色はマイナスにもプラス電極にもなりえる（さらにアースとなっている場合もあることに注意する，図1-8）。

　初心者もしくは職場を変更した獣医師は，使用している心電図機器における電極リードとのプラス・マイナスの配色（特に黄色の役割）を予め頭に入れておかなければならない。また，緊急時においては，焦りから「目的の誘導（通常はⅡ誘導）」とは異なる誘導法を選択してしまうことに多々遭遇する。その場合，直ちに「目的の誘導」へと変

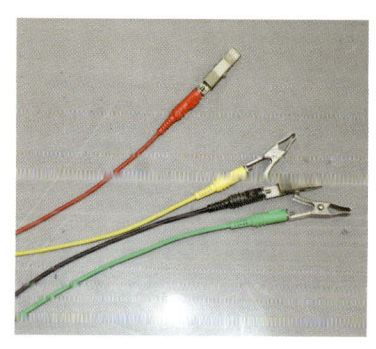

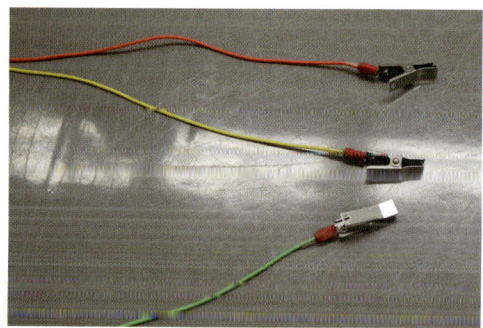

図1-8　心電図リードにおけるリードの色分け
心電図リードの色分けには，様々なパターンが存在するため，使用前に必ずプラス側のリードとマイナス側のリードを把握する必要がある。

更しようとするあまり，逆に手間取ることになったり，その場の雰囲気が険悪なものになることが多い。しかし，繰り返すがモニター心電図の評価意義は心拍数の把握と不整脈の発見であるため，まずは，選択したリードで評価を行い，一呼吸おいてから改めて「目的の誘導」へと変更する方が，効率が明らかによい。

4）X線検査

（1）腹部X線検査

位置づけとしては，腹部エコー検査に先立って行う検査と考えられる。腫瘍内部の状態を評価することは不可能である。しかし，全ての患者が当てはまるわけではないが，腹腔内における腫瘍の大きさを評価することが可能である。また，腫瘍による消化管の圧迫の程度や，臓器の位置の確認において有効である。また，麻酔処置が不必要であることも有利な点である。しかし，腹部腫瘍を有している動物に対する腹部圧迫は，腫瘍部の損傷を招く恐れがあるため，X線撮影時の保定や移動には十分に配慮しなければならない。具体的には骨格部を保持するように動物を扱うようにする（図1-9）。

（2）頸部および胸部X線検査

原発性肺腫瘍およびその他の腫瘍の肺転移を確認するために胸部X線検査は必ず実施する必要がある。さらに，周術期管理において絶対的不利に陥る気管虚脱，気管支虚脱や軟口蓋過長などの構造的異常を確認するためにも重要である。これらの疾患が認められた場合には，気管チューブの挿管刺激による気道の浮腫を防ぐことで気道径の維持を行わなければならない。そのため，我々は短時間かつ速効型のステロイド剤の投与を行っている（例：コハク酸メチルプレドニゾロン5〜10 mg/kg，静脈内投与）。また，肺炎や肺水腫では肺でのガス交換が不良となる。したがって，X線検査によるこれらの疾患の発見は重要な意味合いを持つ。もし，肺炎や肺水腫など肺実質性疾患が存在するのであれば，まずは肺疾患の治療を最優先としガス交換能力の向上に努める。したがって，周術期の死亡リスクを下げるために手術の実施を延期あるいは中止とすることを推奨する。また，胸水を有する動物に対して無理に横臥位に保定することは絶対に避けなければならない。特に猫では興奮や自律神経バランスの影響により心停止を招く恐れがある。

5）感受性テスト

手術前に病変部位あるいは切開予定部位およびその周辺に感染の存在が疑われる場合には，積極的に抗生物質の感受性テストを行う必要がある。担癌動物では抵抗力低下や栄養不良により免疫機構の異常が認められることがしばしばある。また，消化器や尿路泌尿器の腫瘍ではすでに感染が成立していることも多い。また，膿皮症を罹患している患者では，手術手技をいくら上手く行ったとしても，切開創部位さらには切開創を介しての深部感染を引き起こすことがある。そして，これらの病原菌は，日常的に使用している抗生物質に耐性を有していることも多々ある。手術後に感染管理という徒労を強いるのであれば，手術前にその憂いをなくす努力を行った方が動物に対して有益であるのと同時に効率もよい。

6）血圧測定

血圧値は，術中および術後の薬剤決定を左右することになる。一般的に，周術期の乏尿は，輸液量の増大と塩酸ドパミンの持続点滴により対処することが多い。しかし，このような動物が高血圧を示している場合には，昇圧作用を有する薬剤の使用により逆に動物の状態を悪化させてしまうことがある。このような場合には，降圧作用を示す薬剤の使用がよい。一方，動物が低血圧の状態であれば，輸液

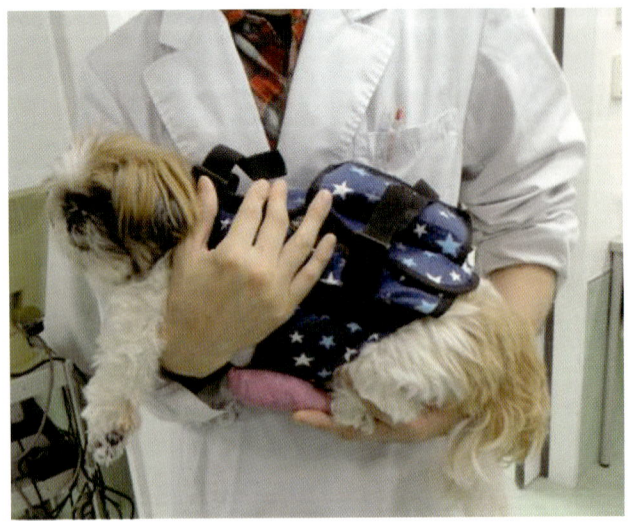

図1-9 患者の取り扱い
腹部腫瘍を有している動物の保定や移動には十分に配慮する。具体的には骨格部を保持するように動物を扱うようにする

第1章 手術を成功に導く周術期管理テクニック

表1-8 健常犬と健常猫の血圧値

動物種	収縮期血圧	平均血圧	拡張期血圧	測定法
犬	118 ± 19	94 ± 16	67 ± 14	オシロメトリック法
犬	144 ± 27	110 ± 21	91 ± 20	オシロメトリック法
犬	147 ± 28			超音波ドプラ法
猫	139 ± 27	99 ± 27	77 ± 25	オシロメトリック法
猫	115 ± 10	94 ± 15	74 ± 11	オシロメトリック法
猫	132 ± 19			超音波ドプラ法

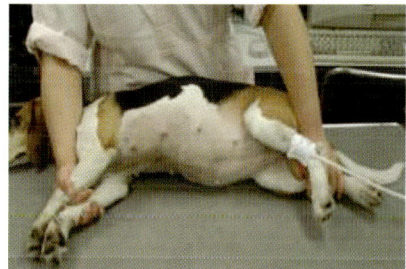

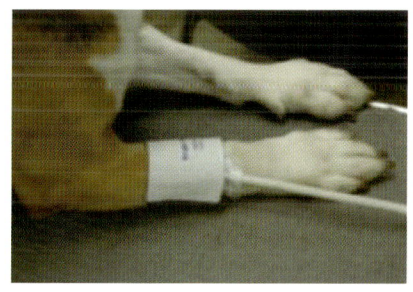

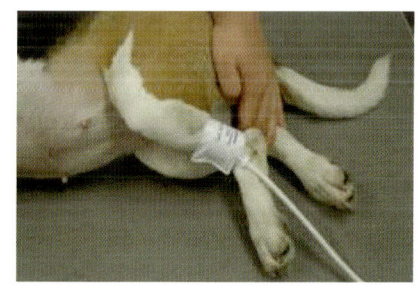

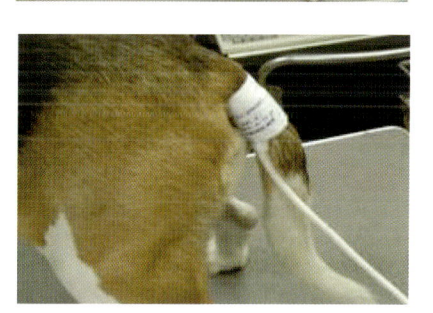

図1-10 非観血的血圧測定における測定写真
前肢，後肢，および尾根部が測定部位として選択される。いずれの測定でも無保定が望ましい。また，カフの位置は大動脈弁と同レベルにしなければならない。

量の増加あるいは昇圧作用を示す薬物などを使用しなければならない。したがって，周術期の循環管理のために術前の血圧測定は重要な意味合いを持っている。健常犬と健常猫の血圧値を表1-8に示す。また，血圧測定は一般的に非観血的血圧測定器により実施される。実際の測定状況を図1-10に示す。

7）血液生化学検査

いかなる動物においても手術前（可能な限り間近）の血液検査は必ず行うべきである。進行性疾患および消耗性疾患を罹患していると置き換えられる担癌動物では，例え1週間前のデータでも利用価値が低くなってしまう。できるだけ多項目の検査を行うべきであるが，最低でもスクリーニング検査としてCBC（WBC，RBC，PCV，Hb，Plate）と肝胆道パネル（ALT，ALP，GGT，NH_3），腎パネル（BUN，Cre），タンパク系（TP，ALB），電解質（Na，K，Cl）の各項目は測定する。筆者は，これらに加えて凝固系項目（PT，APTT，Fib）とCRPの測定を推奨している。さらに，手術前にすでに患者の体力が低下しているときや，播種性血管内凝固症候群（DIC）を疑うときはFDP（フィブリン分解産物）を測定する。また，特定の疾患が疑われる場合には，それに対して必要である項目を測定しなければならない。

8）CT 検査

　造影を含めた CT 検査の実施は，腹腔内に大きな腫瘍が存在する場合，臓器由来の不明な腫瘍が存在する場合，腫瘍が複数存在する場合には，明らかに腹部エコー検査よりも有用である。このような患者において，腹部エコー検査では走査範囲と観察視野に制限があるために，超音波検査の上級者であっても見落とし（物理的に観察不可能な場合を含む）が存在することになる。また CT 検査は，動物の身体全体を撮影可能であり，さらに得られた断層像を 3D に再構築することができる（図 1-11）。そのため，腫瘍の遠隔転移の発見，腫瘍の由来臓器，周囲組織との癒着の有無などを詳細に把握できる。現在，獣医療では個人病院や外部機関に依頼することで詳細かつ鮮明な CT 検査所見を入手できる環境にある。したがって，大きな手術の前には是非にも実施しておきたい検査である。しかし，ほとんどの症例で麻酔処置が必要である。したがって，他の術前検査を事前に行い，それがクリアされている場合において実施すべきである。さらに，あくまでも手術を実施しているという感覚で実施すべきでもある。

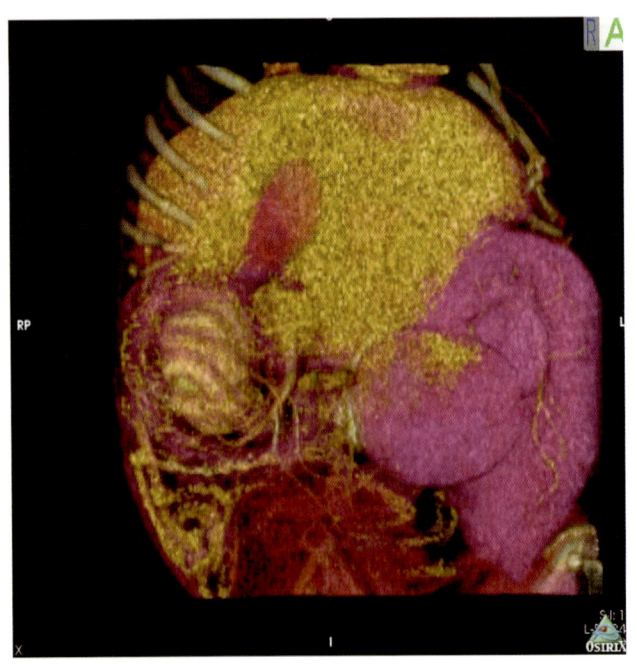

図 1-11　3D 変換した CT 画像

9）術前の処置

（1）静脈ルートの確保

　一般的に静脈ルートは，前肢の橈側皮静脈が選択される。後肢の伏在静脈や大腿静脈もまた利用される。しかし，四肢の屈曲により血管の一時的狭窄がしばしば認められ，それにより点滴治療が妨げられることが多い。したがって，数日間の入院治療が必要な場合は，橈側皮静脈を選択した方が有益である。また，太っている動物，皮膚病の動物，特定の犬種（経験的にはシェットランド・シープドック）では，橈側皮静脈の確保が難しいことがある。この場合には，18 ～ 20G の注射針を使用し，予め皮膚にカットダウン処置を行うとよい場合がある（図 1-12）。

　また，脱水している患者では循環血漿量不足ひいては血圧低下により静脈径が細かったり確認できない場合にも遭遇する。あくまでも緊急治療の必要性が高くなく，時間を

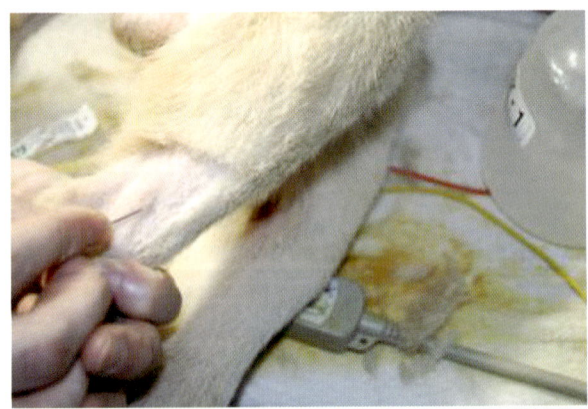

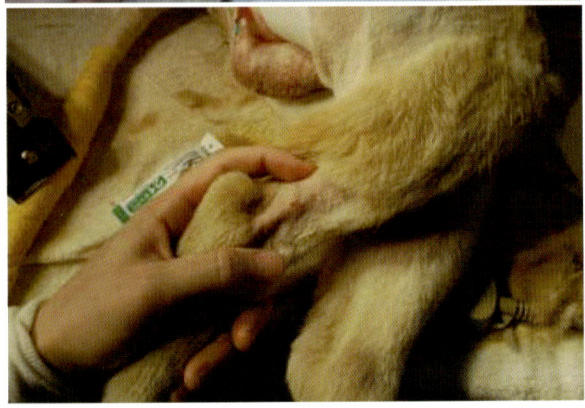

図 1-12　留置針を設置するための準備としての皮膚のカットダウン
肥満，皮膚が硬い，血管が細いなどの動物に対して本処置を施すことがある。

かけることが許される患者に対してはまず皮下補液を行い，水和を図った上で数時間後に改めて静脈を確認する方が有利な場合がある。筆者らが実施している静脈ルートの実際として，通常はテフロンないしポリウレタン製の外筒と金属製の内筒のセットを有する留置針を利用している。針の挿入に先立ち，挿入部位の被毛をバリカンを用いて除去し，アルコールやヨード系薬剤により十分に消毒を行う。針の長さと静脈の走行および有効距離を把握して，針を確実に血管内に挿入する。この際，留置針をある程度の長さ（目標は針長の1/3〜1/2）は金属製の内筒を付けたまま血管内に挿入する。挿入長が短いと軟らかい外筒のみの挿入となり，針の先端や途中が折れてしまう。留置針の挿入後，引き続き針に蓋をするために予め常温のヘパリン加生理食塩水（生理食塩水500ml＋ヘパリン1000〜5000単位により作成）で満たしておいたプラグを接続する。その後，留置針の皮膚へのテープ固定を直ちに行う。針の固定前に針内の血液凝固を防止する目的でヘパリン加生理食塩水を注入する場合もある。しかし，外筒が軟らかく安定感が低いことに加え動物が動いてしまうことで，留置針が抜けてしまう危険率が高まる。そのため，予め患者用にテープを用意し，迅速に針を固定した後にヘパリン加生理食塩水の注入を行った方が有利である。また，必要であれば瞬間接着剤を使用することもあるが，使用時に熱を発生し動物に刺激を与えることに注意する。また，この場合のヘパリン加生理食塩水を使用する目的は留置針内の血液凝固を防ぐためであることに留意する。したがって，循環器疾患を有している為に前負荷を減じたい動物や，体が小さく大元の循環血漿量が少ない動物に対してヘパリン加生理食塩水をこの目的に対する必要以上に投与することは絶対に避けるべきである。ヘパリン加生理食塩水を注入した後にプラグに翼状針を接続する。留置針が患者から抜けてしまうことを避けるためには，翼状針やそれに続く点滴ラインの設置にいくつかの工夫が必要である。例えば，翼状針の翼部分そのものを固定するのではく，翼部分に貼り付けたテープを固定したり，ラインにループを作成したり，動物の体にラインを接着させたりするなどの工夫が挙げられる（図1-13）。

麻酔導入前までに時間がある場合には，十分に水和を行う。静脈ルートの確保は，多くの場合1か所のみで行われている。しかし，手術リスクが高い動物や別ルートか

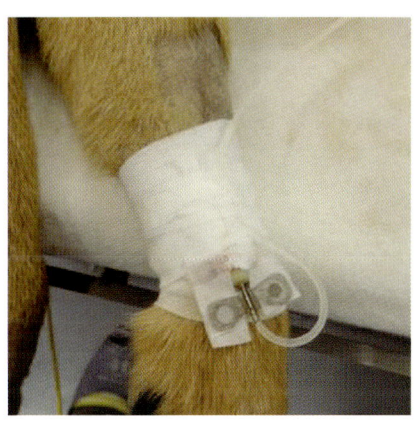

図1-13 留置針の固定後の工夫
挿入した留置針が抜けてしまわないような処置が必要である。

らの投薬，末梢静脈栄養の実施が必要な動物は，2か所以上の静脈を確保しなければならないこともある。また，静脈ルート確保に失敗した血管への針の再挿入は，極力控えた方がよい。なぜなら血管にすでに穴が開いており，そこから皮下や筋肉へ薬液の漏れが少なからず生じるためである。抗癌剤，カテコールアミン，蛋白分解酵素阻害薬，および高張ブドウ糖液などの組織への漏出は組織壊死を招く。そして，局所炎症のみでなく担癌動物や全身性疾患を有することで免疫低下を起こしている動物では，全身性炎症反応を引き起こす事例も認められる。そのため，日ごろからの挿入部位の念入りな消毒の実施や，1本の血管には1回のチャレンジで確実に針を挿入する技術を身に付けておかなければならない。

（2）中心静脈カテーテルの留置

担癌動物では，手術前から食欲不振が認められたり，手術部位によっては採食行動が困難である場合が存在する。そして，手術が例え成功したとしても，その状態が直ちに回復しないことも多い。その場合，中心静脈カテーテルを介した中心静脈栄養がしばしば有用となる。また，栄養面では問題ない場合においても，長期入院患者や何らかの原因により四肢の血管確保の困難である患者に対する点滴ルートとしても利用できる。設置した中心静脈カテーテルの周囲は，感染を防止するために十分に消毒を行う。我々は十分量のゲンタマイシン軟膏あるいはヨード軟膏を設置部位に塗布している。そして毎日，設置部位の状態を観察することにしている。中心静脈カテーテル設置の手順を次に挙げる。

§中心静脈カテーテルキットを使用する場合
用意するもの：中心静脈カテーテルキット，ヘパリン加

生理食塩水入りの10mlシリンジ，ヘパリン加生理食塩水を満たしたインジェクションプラグ，針付きナイロン糸（3-0・角針），把針器，瞬間接着剤，抗生物質軟膏あるいはヨード剤軟膏，テーピング類，ギプス用綿包帯，ガーゼなど

①中心静脈カテーテルの挿入は，中型〜大型犬において無麻酔下でも実施することが可能かもしれないが，必要に応じ動物に鎮静あるいは麻酔処置を施すことになる。メデトミジンをはじめとするα_2作動薬は血管収縮を招く可能性があり，カテーテルの挿入が困難になる可能性があるため，その使用を避ける。

②頸静脈部の被毛を広範囲かつ十分にバリカンにより刈毛を行う。この際，皮膚に傷をつけないようにする（図1-14A）。

③刈毛部を定法通りに消毒する（図1-14B）。

④心臓側の頸静脈部を用手により圧迫し頸静脈を怒張させる（頸静脈採血の要領）。

⑤滅菌ドレープでカテーテル挿入部を覆う（図1-14C）。

⑥穿刺セットの内筒針，外筒針，シリンジを接続したまま頸静脈を上流側から穿刺する。この際，内筒針と外筒針を全体の長さの1/3は最低でも血管内へと挿入するように努力する。引き続きシリンジに陰圧をかけ，シリンジ内に血液が流入するのを確認する（図1-14D）。

⑦シリンジ内への血液流入が確認されたら，外筒針のみを頸静脈内へさらに進める（図1-14E）。

⑧ヘパリン加生理食塩水を満たした付属のカテーテルを，外筒針を介して頸静脈内へと挿入する。その際，カテーテルにはヘパリン加生理食塩水を満たしたインジェクションプラグを予め装着しておく。また，付属の皮膚とカテーテルとの接合セットもカテーテルに装着しておくと後の操作が容易となる。

⑨カテーテルを前大静脈であり心房まで届かない位置まで進める。カテーテルの位置設定は，X線透視装置下であれば最良であるが，なくても予め長さを目算しておくだけでも問題が生じることはない。

⑩カテーテルの位置を仮決定したら，インジェクションプラグにヘパリン加生理食塩水入りのシリンジを接続する。そして，シリンジに陰圧をかけ血液がシリンジ内に流入するのを確認する。その際，気泡も同時に吸引しておく。血液の流入が認められない場合は，カテーテル先端が血管壁に接触してそれを吸引していることが多い。その場合は，わずかにカテーテル先端位置をずらし，再度シリンジ内に血液が流入するのを確認する。

⑪外筒針を両方向に割り血管内から抜去する（図1-14F）。

⑫ナイロン糸を用いて，接合セットを皮膚に縫合する。補強に瞬間接着剤を使用するのもよい選択であるが，使用時に熱が発生する欠点がある。またカテーテルの長さに余裕がある場合には，皮膚に数か所縫合しておく工夫を施すのもよい選択である（図1-14G）。

⑬手術創に抗生物質軟膏あるいはヨード剤軟膏を十分に塗布し，ガーゼで手術創を覆う（図1-14H）。

⑭ギプス用綿包帯とテープ類を用いてカテーテルの固定と手術創の保護を行う。

⑮最後にカテーテル内をヘパリン加生理食塩水でフラッシュし満たしておく。

§アトム栄養チューブを使用する場合

アトム栄養チューブの代わりに中心静脈カテーテルキット内のカテーテルも使用可能である。

用意するもの：アトム栄養チューブ，ヘパリン加生理食塩水入りの10mlシリンジ，ヘパリン加生理食塩水を満たしたインジェクションプラグ，針付きナイロン糸（3-0・角針），ピンセット，ナイロン糸（3-0），モスキート鉗子，ケリー鉗子，メッツェンバウム鋏，メス一式，眼科鋏，把針器，抗生物質軟膏あるいはヨード剤軟膏，テーピング類，ギプス用綿包帯，ガーゼなど

①中心静脈カテーテルの挿入は，中型〜大型犬において無麻酔下でも実施することが可能かもしれないが，必要に応じ動物に鎮静あるいは麻酔処置を施すことになる。メデトミジンをはじめとするα_2作動薬は血管収縮を招く可能性があり，カテーテルの挿入が困難になる可能性があるため，その使用を避ける。

②頸静脈部の被毛を広範囲かつ十分にバリカンにより刈毛を行う。この際，皮膚に傷をつけないようにする。

③刈毛部を定法通りに消毒を行う。

④心臓側の頸静脈部を用手により圧迫し頸静脈を怒張させる（頸静脈採血の要領）。

⑤滅菌ドレープでカテーテル挿入部を覆う。

⑥メスにより頸静脈の上の皮膚を2〜3cmの幅で切開する（図1-15A）。

⑦ケリー鉗子あるいはメッツェンバウム鋏で切開部下の組

第 1 章　手術を成功に導く周術期管理テクニック

図 1-14　中心静脈カテーテルキットの使用

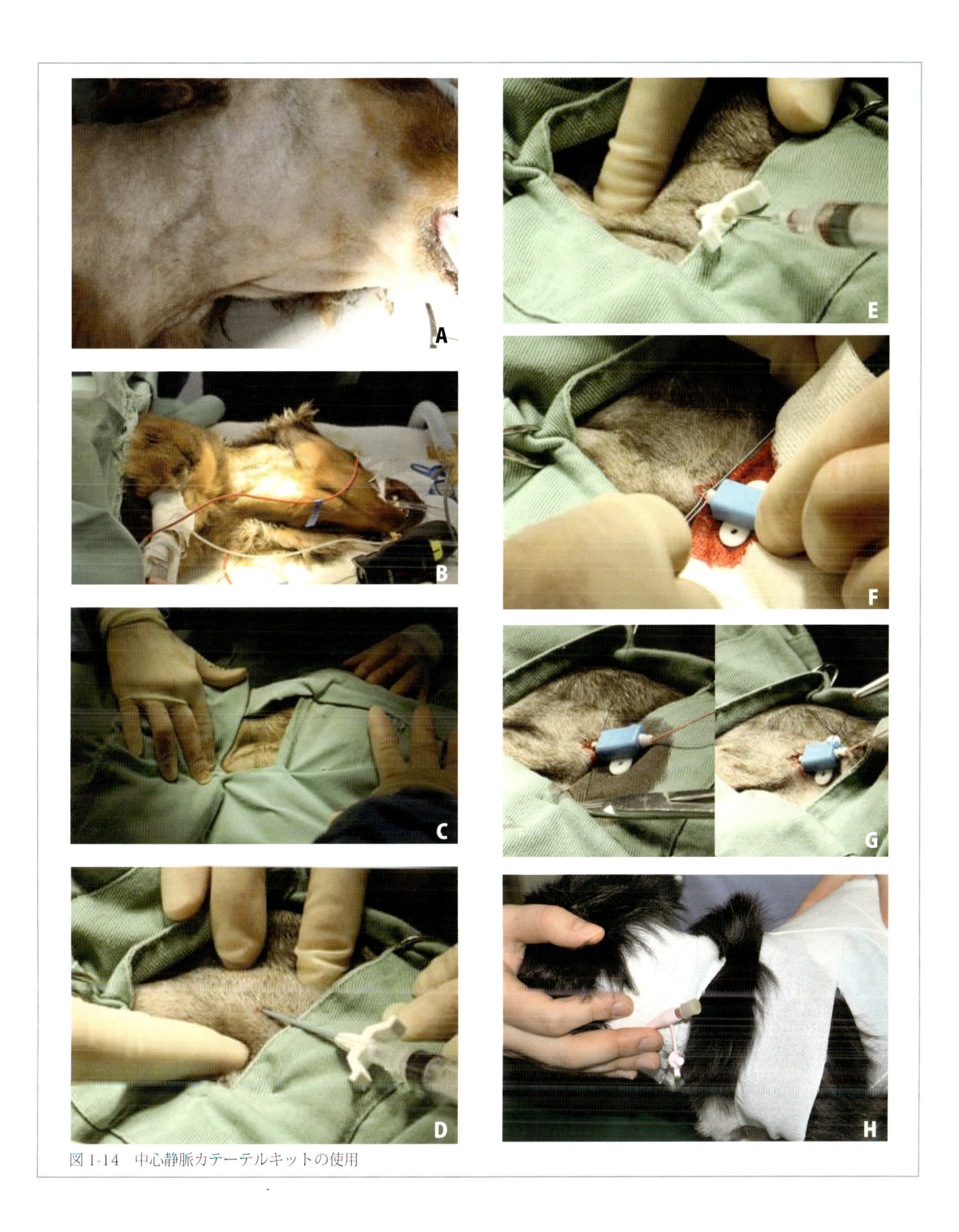

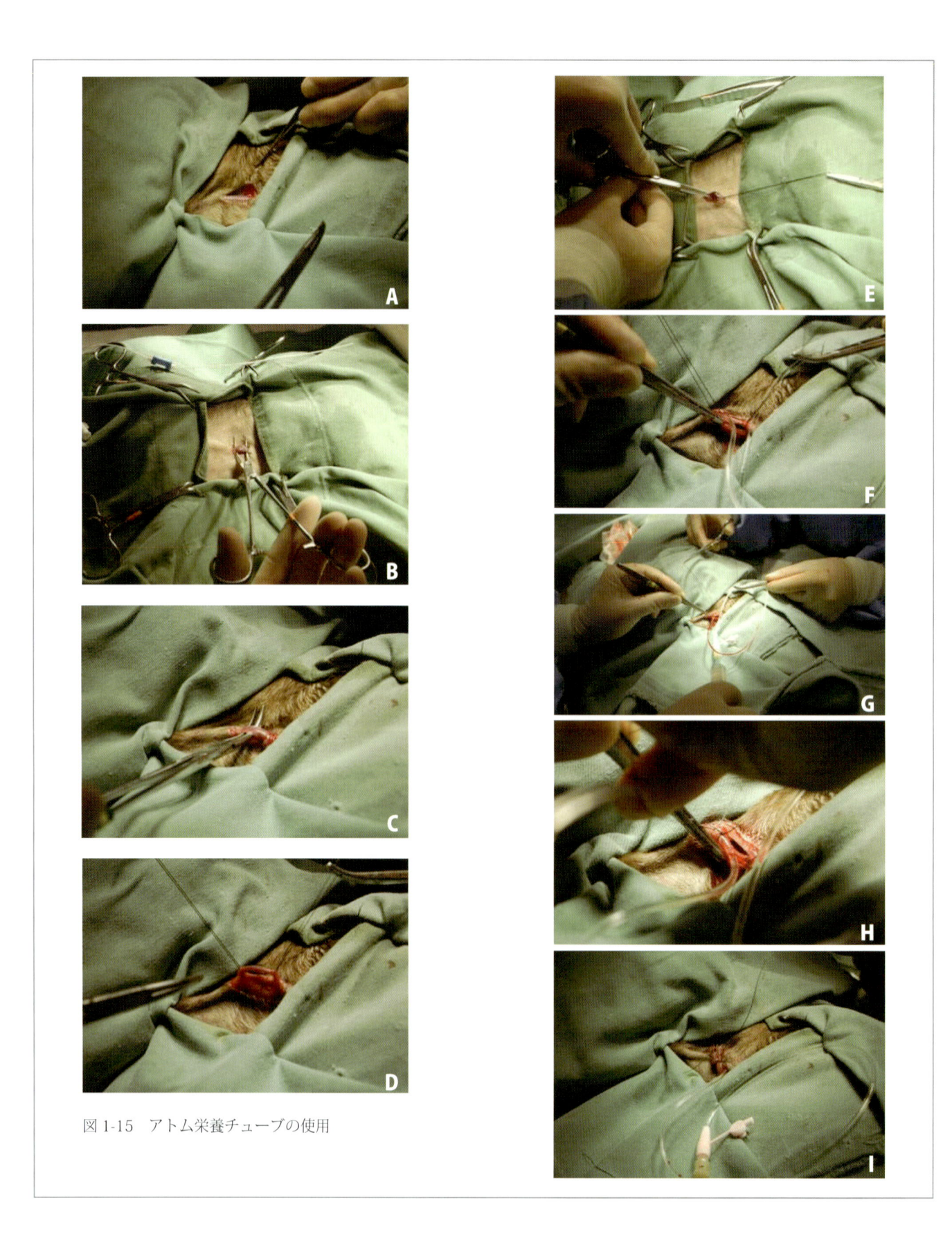

図1-15　アトム栄養チューブの使用

織を剥離し，頸静脈を露出させる（図1-15B）。
⑧頸静脈周囲をトリミングし，余計な結合組織を除去する。これにより，カテーテルが血管と結合組織との間に誤って挿入されるのを防げる（図1-15C）。
⑨頸静脈の上流と下流の2か所を，ケリー鉗子を使用しつつナイロン糸（3-0）をそれぞれ1周回し，上部に引き上げることで保持する。糸の端はモスキート鉗子で把持しておく。このとき上流と下流のナイロン糸を上手く調節し，2点間に血液を貯留させておく。血液を貯留させるコツとして，下流のナイロン糸を閉め，上流を開放するとよい（図1-15D）。
⑩保持した2か所の中間点を，メッツェンバウム鋏あるいは眼科鋏で小切開を加える。このときの小切開は頸静脈直径の2/3以内にとどめるようにする。切開口に一度ピンセットあるいはモスキート鉗子の先端を挿入し軽く開いておくと以下の操作が比較的に容易に行えるようになる（図1-15E）。
⑪切開口からヘパリン加生理食塩水を満たしたアトム栄養カテーテルを挿入する。その際，カテーテルにはヘパリン加生理食塩水を満たしたインジェクションプラグを予め装着しておく（図1-15F）。
⑫カテーテルを前大静脈であり心房まで届かない位置まで進める。カテーテルの位置設定は，X線透視装置下であれば最良であるが，なくても予め長さを目算しておくだけでも問題が生じることはない。
⑬カテーテルの位置を仮決定したら，インジェクションプラグにヘパリン加生理食塩水入りのシリンジを接続する。そして，シリンジに陰圧をかけ血液がシリンジ内に流入するのを確認する。その際，気泡も同時に吸引しておく。血液の流入が認められない場合は，カテーテル先端が血管壁に接触してそれを吸引していることが多い。その場合は，わずかにカテーテル先端位置をずらし，再度シリンジ内に血液が流入するのを確認する（図1-15G）。
⑭シリンジ内への血液の流入が確認できたら，上流と下流のナイロン糸を各々結紮する。このとき，上流は血管のみ，下流は血管とカテーテルを一緒に結紮することになる。さらに，下流にもう1本のナイロン糸を使用し2重結紮を施す（図1-15H）。
⑮皮下組織と皮膚を定法通りに縫合する。そして，カテーテルと皮膚をchinese finger trap縫合法を用いて縫合する。この際，2本のナイロン糸を用いて2か所の縫合を施すとカテーテルの不本意な抜去を予防できる。またカテーテルの長さに余裕がある場合には，皮膚に数か所縫合しておく工夫を施すのもよい選択である（図1-15I）。
⑯手術創に抗生物質軟膏あるいはヨード剤軟膏を十分に塗布し，ガーゼで手術創を覆う。
⑰ギプス用綿包帯とテープ類を用いてカテーテルの固定と手術創の保護を行う。
⑱最後にカテーテル内をヘパリン加生理食塩水でフラッシュし満たしておく。

　中心静脈カテーテルからは高浸透圧性や刺激性が高い薬剤や栄養剤の投与が可能である。しかし，あくまでも「閉塞と漏洩」が存在しないことが前提であるため，これらの投与前にはヘパリン加生理食塩水を容れたシリンジを用いて，「閉塞と漏洩」がないことを確認しておく。

　中心静脈カテーテルを介した作業ではヘパリン加生理食塩水を多用するために，血小板をはじめとする血液凝固能に影響を及ぼしていないか確認する。また，中心静脈カテーテルから投与された薬剤あるいは栄養剤は，心臓まで直接に到達しそのポンプ作用により全身に効率的に運搬される。しかし，その反面心臓に対して直接的に前負荷を増強させてしまうため，うっ血性心不全を招く可能性もある。したがって，とくに老齢動物や心疾患を併発している動物に対しては，投与量を十分に勘案しなければならない。

　本来であれば衛生面の観点から避けなければならないが，中心静脈カテーテルの設置はカテーテルを介した薬剤の投与や採血にも利用できる。具体的な採血法として，以下に説明する3シリンジ法が利用できる。①挿入されたカテーテル内のヘパリン生食や中心静脈栄養成分の影響を除去するために，ヘパリンコーティングした5mlシリンジで十分に採血を行う（小型犬や猫では2.5ml）。またその際，採取した血液を衛生的に保持しておく。②引き続き目的の採血量を採取する。③衛生的に保持したままの①の行程で採血した血液を生体内に戻す。④十分にヘパリン加生理食塩水でフラッシュを行う。全ての行程を手袋の着用とアルコール消毒などにより，無菌的に実施することを強調しておく。

3. 手術中（麻酔中）

ここでは，手術中における動物のモニタリング法について述べる。麻酔中に最も恐れる事態は患者の心停止である。しかし，術前検査をクリアした患者における，手術中の突然の心停止は，麻酔量の過剰か呼吸調節の失宜などの麻酔事故を除きほとんど認められない。また，手術中の麻酔管理の不備が術後の問題を引き起こすであろう。ここでは成書に記載されていないようなポイントにも触れながら解説する。

1) 心電モニター

手術中の心拍数を測定することに加え，不整脈の有無を確認するために実施される項目である。また，波形の変化（とくにST部分）にも注目しなければならない。心電図リードは特に理由がない場合には，II誘導の位置に設定する。もし，II誘導で波形が小さい場合や手術の都合上で選択できない場合は，その他の誘導の位置に設定する。生体モニター機器の画面に表示される心電図波形と心拍数が一致しているか否かを必ず確認しなければならない。現在，利用されているほとんどの生体モニター機器において，表示される心拍数は心電図波形のR波をカウントしている。しかし，真にまたは誘導法によりP波あるいはT波が増高している患者では，それらの波とR波の両者がカウント

表1-9 不整脈治療を行う上で用意しておきたい薬剤

薬剤	用量用法	適応
ACE阻害剤	メーカー推奨用量用法	不整脈全般
硝酸イソソルビド	0.5～1.0 mg/kg，BID～TID，PO	不整脈全般
プレドニゾロン	1～2 mg/kg，SID，POあるいはIV	不整脈全般
デキサメサゾン	0.1～0.5 mg/kg，SID，IV	不整脈全般
塩酸リドカイン	犬：2～4 mg/kg 猫：0.25～0.5 mg/kg これを生理食塩水で5～10倍希釈して，心電図でモニターしながら5分間かけてIV（最大8 mg/kgまで）	心室頻拍性不整脈
塩酸メキシレチン	4～8 mg/kg，BID～TID，PO	心室頻拍性不整脈
ソタロール	1～3 mg/kg，BID，PO	難治性の心室頻拍性不整脈
塩酸ジルチアゼム	犬：0.5～2.0 mg/kg，TID，PO または0.15～0.25 mg/kgを2～3分間かけてIV あるいは，2～5μg/kg/min，点滴 猫：0.5～2.0 mg/kg，TID，PO	犬：上室頻拍性不整脈 猫：上室および心室頻拍性不整脈
アミノフィリン	5～10 mg/kg，BID～TID，PO	徐脈性不整脈
硫酸アトロピン	0.05 mg/kg，IV	徐脈性不整脈
イソプロテレノール	5～10 mg/kg，BID～TID，PO 0.05～0.09μg/kg/min，点滴	徐脈性不整脈
塩酸ドパミン	2～5μg/kg/min，点滴	徐脈性不整脈
塩酸ドブタミン	2～5μg/kg/min，点滴	徐脈性不整脈
カルベジロール	0.05～0.4 mg/kg，SID～BID，PO	上室および心室頻拍性不整脈
塩酸エホニジピン	2～5 mg/kg，SID～BID，PO	上室頻拍性不整脈
ATP	0.2～0.4 mg/kg，IV	上室頻拍
ピモベンダン	0.2～0.5 mg/kg	徐脈で心収縮力低下

動物種の指定がない場合は犬・猫を示す。
SID：1日1回投与，BID：1日2回投与，TID：1日3回投与
PO：経口投与，IV：静脈内投与

表 1-10 低 CO_2 血症の原因と高 CO_2 血症の原因

低 CO_2 血症の原因	高 CO_2 血症の原因
生理的過換気 　発熱 　　疼痛 　　運動 　　興奮 　　代謝性アシドーシスに対する呼吸性アルカローシス 　低血圧	生理的低換気 　代謝性アルカローシスに対する呼吸性アシドーシス
疾患 　肺血栓栓塞症 　肺実質性疾患（初期） 　敗血症 　脳疾患	疾患 　中枢神経系疾患 　神経筋疾患 　胸膜腔疾患 　胸壁構造の先天的・後天的異常 　気道抵抗の増大 　肺線維症 　肺実質性疾患（後期）
薬物誘発性 　アスピリン 　プロゲステロン 　その他の呼吸促進作用のある薬剤	薬物誘発性 　麻酔薬・鎮静薬 　その他の呼吸抑制作用のある薬剤
その他 　不適切な人工呼吸器の設定	その他 　不適切な人工呼吸器の設定 　死腔内ガスの再吸入 　古いソーダライムの使用 　極端に長い気管チューブの使用

され，患者の心拍数が 2 倍に表示される可能性がある（いわゆるダブルカウント）。この現象は猫でしばしば認められる。また，驚かれるかもしれないが心電図波形が表示されている（心臓の電気的興奮という現象が捉えられている）ということが，心臓から全身に血液が拍出されているということとは限らない。心臓が有効に動いていなくても心電図波形が得られることがある。また，頻拍や期外収縮では，心臓が動いていても全身に血液が拍出されないことがある（いわゆる空打ち）。したがって，大腿部あるいは舌部の触知を行い，実際の拍動数と表示されている心拍数が一致していることを確かめる必要がある。表 1-9 に不整脈とそれに対する処置を記述する。

また，手術前に認められなかった不整脈が，手術中に初めて認められる場合には心筋酸素不足の可能性がある。そのため，出血や循環量不足の存在の有無を迅速に確認しなければならない。また，犬は他の動物と比較して，冠動脈の脈枝の発達が著しい。したがって，心筋酸素不足に起因する犬の不整脈に対する冠動脈拡張剤の投与は，極めて有効であると考える。また，交感神経の興奮を招く疼痛刺激も，手術中において不整脈を引き起こす大きな要因である。一方，ある患者では交感神経の過剰興奮は反射性の迷走神経興奮を引き起こす可能性もある。このように自律神経のアンバランスにより不整脈が惹起されることは多い。抗不整脈を使用する以外にも，十分な酸素の供給やペインコントロールにより不整脈に対処できる可能性があることを強調しておく。

2）肺の換気状態の評価

呼吸とは酸素を取り入れ，体内で消費して二酸化炭素を放出することである。呼吸によるガス交換を換気というが，その重要部分を担うのは紛れもなく肺である。肺における換気状態の良あるいは不良を評価する指標の 1 つに，血液ガス分析装置を利用した動脈血二酸化炭素分圧（$PaCO_2$）の測定が挙げられる（表 1-10）。

しかし，この方法ではリアルタイムかつ持続的に評価を行うのが難しい。このことから臨床的には，呼気中の二酸化炭素濃度を計測するカプノメーターを利用した終末呼気炭酸ガス濃度（$ETCO_2$）が利用されている。二酸化炭素は

特定の波長（約 4.3 μm）の赤外線を吸収するという特徴を有しており，二酸化炭素の分子量が，吸収される赤外線量に比例している。したがって，カプノメーターでは動物が排出する呼気ガスに約 4.3 μm の赤外線を照射し，その際の吸収量の度合いを測定することで，CO_2 濃度を表示する。

$ETCO_2$ は $PaCO_2$ と非常によく相関することが判明している。真の $ETCO_2$ の値は $PaCO_2$ とはほぼ一致する。しかし，実際に計測する場合，肺の中の空気が全て吐き出されずに，途中で次の呼吸が開始される。このため，肺は完全に萎むことなく，新しい空気（O_2）を取り入れて新たな混合ガス状態が生じる。そのため，呼気の途中までの（死腔の問題といえる）やや低い値が $ETCO_2$ とされ，一般的に $ETCO_2$ は $PaCO_2$ より 2〜5 mmHg 低く表示される（$PaCO_2 - ETCO_2$ が 5 mmHg 以内が正常とされる）。一方，多くの心疾患や呼吸器疾患により肺ガス交換が阻害されると，各呼吸における CO_2 排出量が低下する。この場合，$ETCO_2$ が低下するために $PaCO_2 - ETCO_2$ 較差が増大する（表 1-11）。

また，$ETCO_2$ の測定は，心肺蘇生時における心拍出量とよく相関することから，その効果判定に利用することができる。すなわち，蘇生成功あるいは生存しているときに は $ETCO_2$ は検知される。一方，心臓が拍動していないときは，$ETCO_2$ は検出されない。また，麻酔処置後に人工呼吸から離脱する際の動物の監視にも非常に有用である。

カプノメーターにおける呼気ガスのサンプリングは，サイドストリーム（ガスサンプリング）方式とメインストリーム（フロースルー）方式の 2 つがある（図 1-16）。

サイドストリーム方式は，動物に接続された呼吸回路から，呼気ガスの一部をサンプリングルートを用いて一定速度で持続吸引し，カプノメーター本体のセンサー部分で測定する方式である。サイドストリーム方式では，水分，分泌物などの異物によりサンプリングルートが閉塞したり，ウォータートラップ（図 1-17）[*1] がオーバーフローした

表 1-11 $PaCO_2 - ETCO_2$ 較差の増大の原因

解剖学的死腔の増大	生理学的死腔の増大
人工回路の開放	閉塞性肺疾患
低換気	心拍出量の低下
気管チューブの過長	肺血栓栓塞症
	肺の過膨張

Textbook o Respiratory Disease in Dogs and Cats より

[*1] ウォータートラップ：呼気回路や吸気回路の途中に回路内の水滴を貯留させる部位。汚染の原因になりかねないため，逆流に注意するとともに，清掃や交換を怠ってはならない。

図 1-16 ガスサンプリング方式の違い。サイドストリーム方式（左図）とメインストリーム方式（右図）があり，それぞれ長所と短所がある（表 1-12 に記載）。

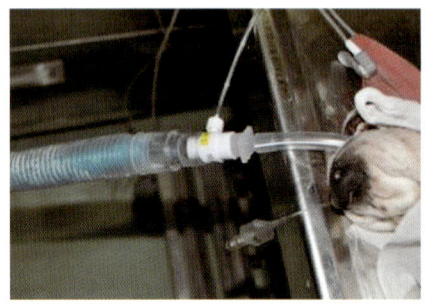

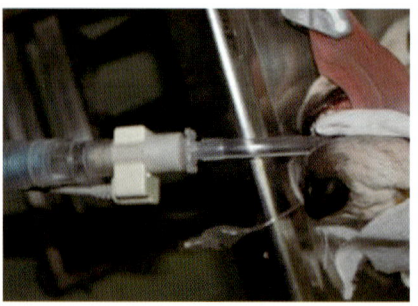

図 1-17 ウォータートラップ

表 1-12 サイドストリーム方式とメインストリーム方式の特徴

	サイドストリーム方式	メインストリーム方式
長所	他のガス（麻酔ガス）の測定が同時にできる。死腔が小さい。	長時間使用の安定性がよい。 応答が速く，波形歪みがない。 速い呼吸，低流量の呼吸でも正確に測定できる。
短所	サンプリングチューブが，分泌物や圧迫などにより閉塞する可能性がある。 応答がやや遅く，速い呼吸で波形が歪むことがある。	死腔が比較的大きい。

りすると測定誤差が生じるために，きめ細やかな定期的な確認と清掃が必要である。一方，メインストリーム方式は呼吸回路の途中に直接に設置したセンサー部分で測定する方式である。サイドストリーム方式と比較して測定の時間遅延が少ないなどのメリットがあるが，死腔が増大することなどのデメリットもある（表1-12）。

§カプノグラムの解釈

カプノメーターでは，測定された二酸化炭素濃度の数値だけでなく，カプノグラムとよばれる特徴的な波形も表示される。正常なカプノグラムは台形のような波形を示す（図1-18）。

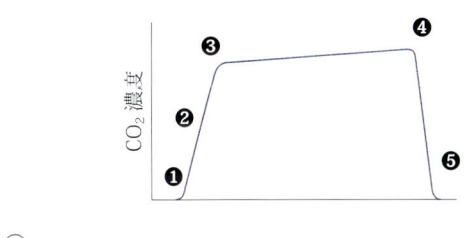

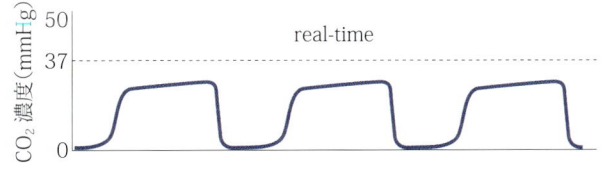

❶患者の呼気の開始とともに，基線からCO_2濃度が上昇していく。
❷気管および気管支内の死腔ガスを示す。
❸このあたりから，肺胞中のCO_2が呼出されはじめる。
❹呼気の終了＝$ETCO_2$の測定ポイント：この時点でのCO_2濃度が，血液中のCO_2濃度にほぼ等しい。
❺吸気が開始され，カプノグラムの曲線は基線に戻る。正常な肺であれば，カプノグラムの波形はほぼ同じ形がずっと続く。これが不安定に上下する場合，何らかの病的な状態が考えられる。

カプノグラムが示す異常は以下のものを示す。

①閉塞性肺疾患，気管（支）攣縮あるいは気管チューブ閉塞（図1-19a）：閉塞性肺疾患，気道の攣縮や，挿管チューブの閉塞，気道内分泌物貯留といった所見が見られる場合，呼気のカプノグラムがなだらかに立ち上がるようになり，また呼気終末のCO_2濃度が徐々に減少していく。
②食道挿管（図1-19b）：挿管直後には食道内に少量含まれるCO_2により曲線を描くが，後に消失する。
③過換気（図1-19c）：カプノグラム波形は正常のまま，CO_2濃度が徐々に減少していく。そして，CO_2濃度が低い値で安定する。
④低換気（図1-19d）：カプノグラム波形は正常のまま，CO_2濃度が徐々に増加していく。そして，CO_2濃度が高い値で安定する。
⑤呼気ガスの再吸入あるいはソーダライムの劣化（図

図1-18　連続した正常なカプノグラム曲線
❶～❺は本文のそれに対応する。

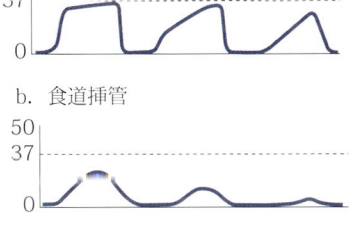

図1-19　カプノグラムが示す異常の例

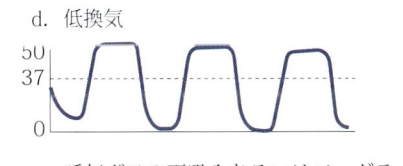

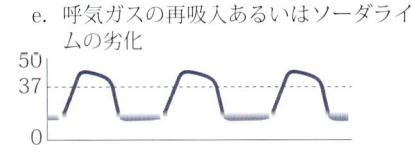

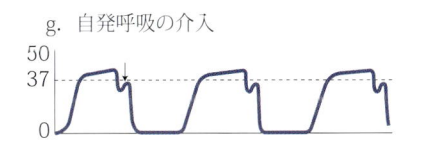

a. 閉塞性肺疾患，気管（支）攣縮あるいは気管チューブ閉塞
b. 食道挿管
c. 過換気
d. 低換気
e. 呼気ガスの再吸入あるいはソーダライムの劣化
f. 呼吸回路のエアリークあるいは気管チューブの外れ
g. 自発呼吸の介入
h. 自発呼吸の介入－ファイティング

波型はすべてreal-time
縦軸はCO_2濃度（mmHg）

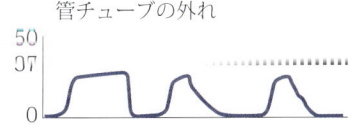

表1-13 吸入麻酔薬のMAC

	イソフルレン %	セボフルレン %	ハロセン %
犬	1.28（1.54〜1.92）	2.36（2.83〜3.54）	0.87（1.04〜1.31）
猫	1.63（1.96〜2.45）	2.58（3.10〜3.87）	1.19（1.43〜1.79）

カッコ内はMACの1.2〜1.5倍の値を示す。

1-19e）：CO_2濃度が下がりきらないうちに再び吸入する結果，基線が高いままである。

⑥呼吸回路のエアリークあるいは気管チューブの外れ（図1-19f）：人工呼吸器回路にリークがあるときもまた，カプノグラムのピーク値が減少していく。また，呼気中のCO_2濃度がほとんどゼロに近くなってしまった場合，気管内挿管チューブが気管から外れてしまった可能性がある。

⑦自発呼吸の介入（A，図1-19g）：調節呼吸中に自発呼吸が出現するとプラトー相に変化が現れる。

⑧自発呼吸の介入－ファイティング（B，図1-19h）：患者の呼吸と人工呼吸器の補助や強制換気のタイミングが合っておらず，人工呼吸による波形以外にも別の明らかに形態の異なる波形が混じり合う。

3）麻酔プロトコールと注意点

理想を言えば，鎮痛・麻酔プロトコールは各患者に対して常にオーダーメードであるべきである。特に担癌動物では，心臓，腎臓あるいは肝臓機能が低下している場合が多々ある。したがって，それら臓器の機能低下の有無に合わせて麻酔プロトコールを変更する必要がある。鎮痛・麻酔プロトコールの詳細は他の成書に譲る。

我々は，各臓器の機能に大きな問題が認められない場合には，硫酸アトロピン0.05 mg/kg 皮下投与（SC），アンピシリンあるいはセファゾリン25 mg/kg 静脈内投与（IV）し，その5分後に酒石酸ブトルファノール0.2 mg/kg IVとミダゾラム0.2 mg/kg IVを麻酔前薬として患者に投与している。そして，さらに5分後にプロポフォール6 mg/kgをゆっくり投与することで麻酔導入を行っている。この際，ほとんどの患者では麻酔前薬の効果によりプロポフォールの総投与量を2〜3 mg/kgへと抑えることが可能である。肝機能が著しく低下している患者に対しては酸素マスクを使用し，イソフルレンの吸入のみによるマスク導入を試みることもある。

表1-14 最小肺胞濃度（MAC）に影響を与える因子

年齢	加齢ともにMAC低下
体温	低体温でMAC低下
併用薬物（麻酔・鎮静・鎮痛薬）	併用でMAC低下

吸入麻酔薬の効果は，脳で限界濃度に達した時に発現する。しかし，臨床的には脳内濃度を常に把握することは困難であるため，肺胞濃度が指標とされる。その中で，最小肺胞濃度（MAC）は，1気圧下で動物に対する有害刺激（皮膚切開や尾を摘むなど）を負荷し，それらの動物の半数（50%）を不動化させるのに必要な肺胞内における吸入麻酔薬の濃度をいう。吸入麻酔薬における薬物間を比較した場合，MACが小さいものほど麻酔作用が強いことを示す（表1-13）。

一般的に外科手術にはMACの1.2〜1.5倍の濃度が必要であるとされる（95%の動物で不動化が認められる濃度は1.3 MACに相当）。ただし，MACは年齢，体温および併用薬物により影響を受ける（表1-14）。

また，吸入麻酔の動物への導入速度そして麻酔からの覚醒速度の指標に血液/ガス分配係数というものが存在する。

血液/ガス分配係数は，37℃，760 mmHgの条件で血液1 mlに溶け込む麻酔薬量mlのことであり，吸入麻酔薬の導入と回復の指標となる（表1-15）。吸入麻酔薬は，肺胞→血液→脳という経路で移行していく。血液に溶解しやすいということは，血液内に多くの麻酔薬を抱え込むことができるということである。これは，血液が麻酔薬で飽

表1-15 各麻酔ガスと血液/ガス分配係数（ヒト）

	血液/ガス分配係数
笑気ガス（亜酸化窒素）	0.47
セボフルレン	0.60
イソフルレン	1.48
ハロセン	2.30
メトキシフルレン	10.2
ジエチルエーテル	12.0

表 1-16 血液／ガス分配係数と麻酔導入に要する時間

血液／ガス分配係数の値	平衡に達するまでにかかる時間	麻酔の導入
大	長い	遅い
小	短い	速い

和されるのにより時間を要するということである。逆に言えば血液に溶解しにくいほど，早く飽和状態に達するということでもある。すなわち，溶解しにくいほど血液中の分圧が早く上昇するため，血液の次のステージである脳に移行しやすいということになる（表1-16）。

手術中に体動が認められた場合に，あわてて吸入麻酔濃度を上げそれを維持する麻酔担当者がいるが，この行為は非常に危険である。むしろ，術者に手術手技を一時中止してもらい，その間に吸入麻酔濃度には大きな変化を加えず，用手により呼吸回数を増やす方がよいであろう。また，体動の原因が痛みであれば鎮痛剤の投与あるいは調節を行うべきである。我々は，少量のプロポフォールの投与と呼吸回数を増やすことで対処することが多い。しかし，必ず生体モニターを観察し別の重要な問題がある場合には，そちらに関する対処を行っている。

麻酔器のダイヤルが示す麻酔濃度と生体モニターが示す麻酔濃度が異なることがある（図1-20）。

この現象は，麻酔器側あるいは生体モニター側の問題で引き起こされる。多くはメンテナンスを行っていないことが原因である。生体モニターは，1年に1回の間隔で更正用ガスを用いて正しい値を表示しているかを確認することをお勧めする。また，経年劣化の観点から麻酔器は指定された時期に必ず点検するべきである。麻酔器は酸素ボンベから酸素を供給されていることが多い。また，酸素ボンベの不具合により麻酔器へ過剰の圧力が負荷された際には，麻酔器回路内のバルブやゴムに障害が与えられるため，直ちに麻酔器の点検を行うことを推奨する。

4）人工呼吸器の設定

我々は，麻酔（調節呼吸）時における犬・猫の呼吸回数を状況に合わせて8～15回／分に設定している。また，正常な動物での1回換気量は10～20 ml/kg，分時換気量は150～250 ml/kgと報告されている。したがって，調節呼吸時にはその範囲になるように心がけている（図1-21）。

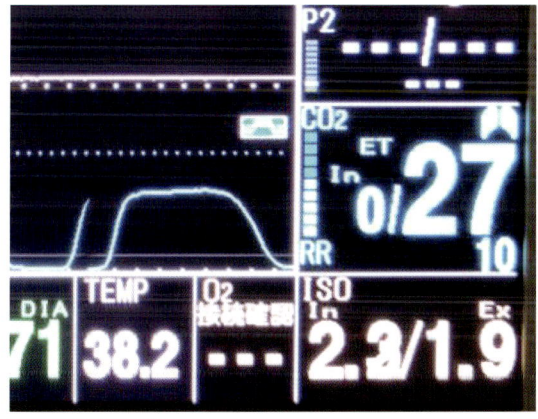

図 1-20　気化器の麻酔濃度ダイヤルと生体モニターの麻酔濃度の表示
生体モニターは，1年に1回の間隔で更正用ガスを用いて正しい値を表示しているかを確認することをお勧めする。また，気化器側の問題もあるため点検推奨時期に必ずオーバーホールしなければならない。

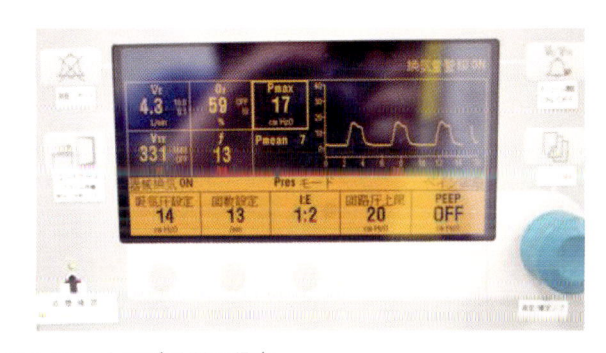

図 1-21　人工呼吸器の設定
呼吸数，気道内圧，換気量，吸気・呼気比などが設定できる。このような高機能器でなくても手動で設定は可能である。

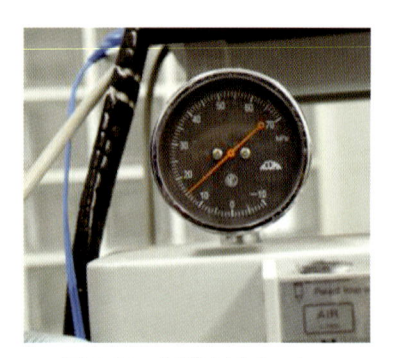

図1-22　気道内圧メーター

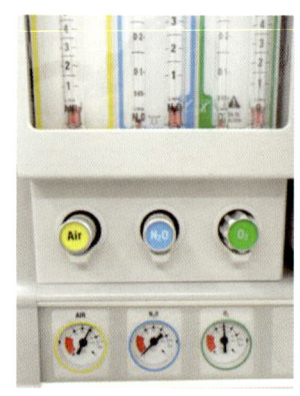

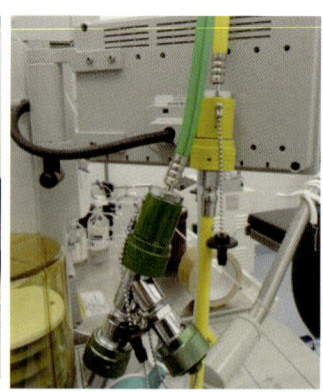

図1-23　吸気中酸素濃度（FiO₂）の調節。
酸素（緑色ライン）と大気（黄色ライン）との組み合わせにより吸気中酸素濃度を調節できる。Aestiva/5（Datex Ohmeda）

　覚醒時の呼吸では，吸気で陰圧（大気圧より低圧）となり，呼気の初期でわずかに陽圧になるが，その終わりにかけて大気圧とほぼ等しくなる。それに対し，陽圧呼吸である調節呼吸では，吸気に機械的に陽圧となり，呼気で大気圧とほぼ等しくなる。したがって，調節呼吸中の気道内圧は覚醒時の呼吸とは逆となり圧負荷に晒されることになる。そのため，調節呼吸を受けている動物の気道内圧が高くなりすぎると（持続的におよそ35 cmH₂O以上），barotraumaとよばれる気道や肺胞の損傷が引き起こされる。そのため，安全域をとり最大気道内圧を20 cmH₂O未満に抑えるべきである。そして，我々は通常の麻酔処置では10〜15 cmH₂Oに設定している（図1-22）。

　呼吸は呼気相と吸気相の2つがある。安静時の動物の吸気時間（I）と呼気時間（E）はほとんど等しい（I:E = 1:1）。ヒトにおいて深呼吸した場合は，I:E = 1:2〜3の範囲になるものと予測される。我々は調節呼吸を行う際にはI:E = 1:2〜2.5となるように設定している。

　多くの施設において手術中には純酸素が給与されている。その場合，吸気中酸素濃度（FiO₂） = 1（100%）と表現される。大気中の空気を給与した場合，酸素濃度は21%であるのでFiO₂ = 0.21（21%）となる。高濃度の酸素吸入により酸素中毒とよばれる気管支粘膜や肺胞上皮に傷害が生じる。また，長期間の低換気状態により高CO₂血症が存在する動物では，呼吸中枢がCO₂ではなく低O₂により維持されている。したがって，このような動物に純酸素を投与すると，呼吸抑制が引き起こされる可能性があるので十分に注意する必要がある。そのため，血液ガス分析を行いながらFiO₂を調節しなければならない（図1-23）。

　一般的に手術に要する時間として，4時間以内であることが多いと思われる。その場合，FiO₂=1（100%）でも問題はないと思われる。ただし，麻酔処置終了後はFiO₂を徐々に大気と等しいFiO₂ = 0.21（21%）まで下げていき，SpO₂に異常が認められないことを継続的に確認した後に気管チューブを抜管するとよい。それにより，術後の呼吸機能異常を予期することが可能となる。ちなみに，ヒトにおいて酸素中毒を生じさせないためには，報告により差異はあるものの，およそFiO₂ = 1（100%）であれば6時間以内，FiO₂ = 0.70（70%）であれば24時間以内，それ以上の長時間ではFiO₂ = 0.45（45%）以下が推奨されている。また，FiO₂を利用して肺の酸素化能を評価する方法がある。これは，FiO2に対する動脈血中酸素分PaO₂の比（PaO₂/FiO₂）で表し（表1-17），その数値が500以上を正常な肺と規定している。

　また，呼吸様式の1つに呼気終末陽圧換気（PEEP）というものがある。PEEPは，肺胞の虚脱を防ぐため，呼気時の気道内圧を大気圧より高い状態（陽圧）に保つ機能である。一般的に，PEEPの設定は気圧より＋10 mmHg以内にとどめる（通常は，5 mmHg付近）。それ以上の陽圧を負荷してしまうと息を吐き出すことが困難となり，体内にCO₂が貯留することによる呼吸性アシドーシスが引き起

表1-17　PaO₂/FiO₂を用いた肺の酸素化効率の判定

500以上	正常な肺
300〜500	軽度の酸素化効率の低下
200〜300	中程度の酸素化効率の低下
200未満	重度の酸素化効率の低下

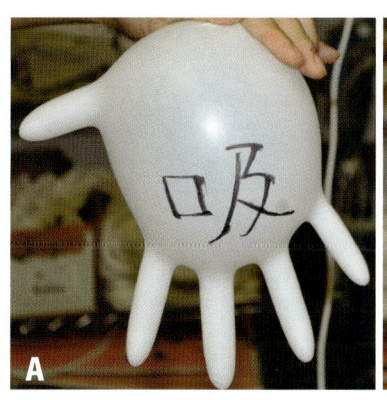

図 1-24 呼気終末陽圧換気（PEEP）の模式
A は吸気を示す。
B, C は呼気を示す。B は PEEP なし, C は PEEP あり。PEEP により肺の虚脱を防ぐことになる。

されるため注意を要する。また，PEEP の実施は，胸腔内圧が上昇するために心臓への静脈還流を招き，心拍出量が低下することになる。また，頭蓋内圧の上昇を招くと考えられる。PEEP の適応は，無気肺，肺水腫，肺気腫や慢性呼吸不全，および急性呼吸窮迫症候群などである。一方，気胸の患者に対しては悪化をまねくため禁忌となる（図 1-24）。

5）血　圧

手術中では麻酔処置により患者の血圧は低下傾向を示す。一方，疼痛刺激は交感神経興奮を引き起こし，患者の血圧を上昇させる。過度の血圧の低下は，各臓器において必要な血液還流量を確保できないため臓器の機能不全を招く。また，重度の場合には術中死という最悪の結果を招くことになる。一方，過度の血圧の上昇もまた細胞障害を引き起こし臓器の機能不全を招く。また，血圧の上昇は術中の出血傾向を招く。そのため，麻酔中の犬・猫の血圧は収縮期血圧で 80 〜 160 mmHg の範囲になるようにコントロールをとる必要がある。

血圧測定のゴールデンスタンダードは動脈血圧を直接に計測する観血的血圧測定法である。最大の長所は，定法通りに測定を実施すれば，得られた数値が正確そしてリアルタイムに動脈血圧を示すことである。しかし，目的の動脈（大腿動脈，頚動脈，および足背動脈など）にアプローチするためには，十分な術者の経験が必要である。また，測定の実施には装置の有無は当然ながら，本手技に対するスタッフの教育とその理解も必要である。多くの場合，観血的血圧測定法の代替として，オシロメトリック法やドプラ法を測定原理とした非観血的血圧測定法が実施されている（図 1-25）。

測定部位は，前腕部，下腿部もしくは尾根部が選択される。麻酔下では尾部への血流が減少傾向にある。おそらく，より生命維持に必要な脳，心臓，あるいは腎臓などの臓器に優先的に血液が配分されるためであろう。また，血圧測定を行うことにより，手術動作に支障があってもならない。したがって，麻酔中は比較的に測定作業を目視しやすい前肢の前腕部にカフを設置した方がよいだろう。当然ながら，前肢における血圧測定が，不利に働くようであれば後肢あるいは尾部を測定部位とする。いずれにせよ，カフの高さは動物の大動脈弁レベルと等しくなるように設定しなければならない。大動脈弁より 1cm と低いと実際の血圧値より約 0.8 〜 1.0 mmHg ほど高く表示される。また，カフの大きさが血圧測定値に影響を与えることが明らかとなっており，測定周囲長の 30 〜 40% 幅が最適である。小さいカフは実際より高い値を，大きいカフは実際より低い値を導き出す。カフにはリファレンスレンジが設けられていることが多い。また，インジケータを使用するのもよいであろう（図 1-26）。そして，カフは常に消耗品という概念を持たなければならない。破損しているか否かは常に確認する必要がある。経験的に測定部位に対するカフの巻き

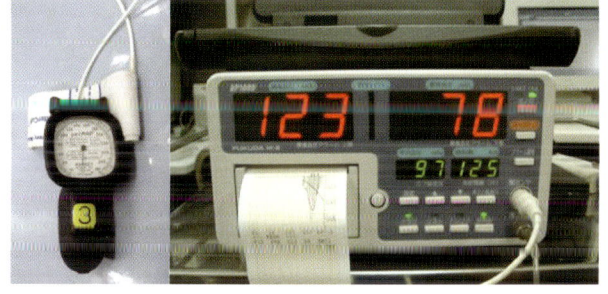

図 1-25 非観血的血圧測定機器
左図：PetMAP（株式会社 AVS），右図：BP100D（フクダエム・イー工業株式会社）

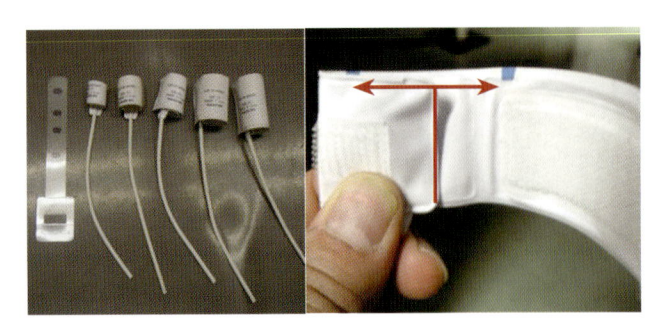

図1-26 血圧測定用のカフとインジケーター
カフには巻きつける幅のリファレンスレンジがついているものもある。縦線が両矢印の範囲内になるように巻きつける。それにより測定周囲長の30〜40%幅となる。

つけは比較的強めの方がよいであろう。

(1) 観血的血圧測定と動脈ラインの確保の実際
（右側の大腿動脈を測定部位に設定した場合）

§測定機器設定

予め，測定機器の規格に適合している圧トランスジューサーセット（機器への接続プラグ）を用意しなければならない。

①加圧バックに無菌の500mlヘパリン加生理食塩水パックを設置する（図1-27A）。
②生理食塩水パックに圧トランスジューサーセットを接続する。
③加圧バックを至適圧まで加圧していく。
④トランスジューサー回路内の気泡を完全に除去し，ヘパリン加生理食塩水で満たす。以上の処理は適宜アルコール綿を使用することで無菌的に処理を行う。
⑤測定機器に圧トランスジューサーの機器接続プラグを接続する。そして，圧トランスジューサーからの信号が受信されているかを確認する（図1-27B）。
⑥動脈側の回路と接続し回路全体を完成する（動脈ラインの確保⑯の項，図1-27C）。
⑦三方活栓を利用し，完成した回路全体をヘパリン加生理食塩水で満たす（図1-27D）。
⑧動脈側にOFF処理を行い，大気圧校正を行う（0 mmHgに校正する，図1-27E）。
⑨大気圧校正が成功したら，動脈側のOFF処理を解除する。その際，回路全体が閉鎖回路であることを確認する（図1-27F）。
⑩観血的血圧測定を行う（図1-27G）。

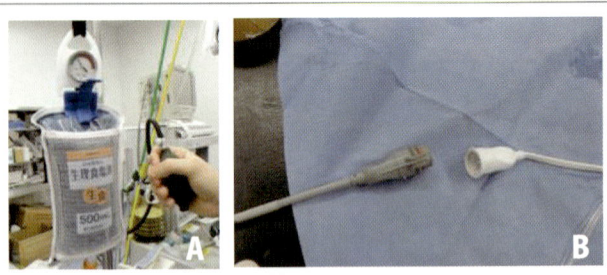

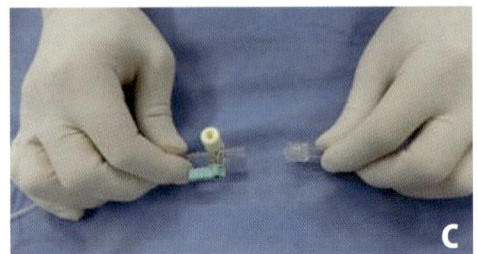

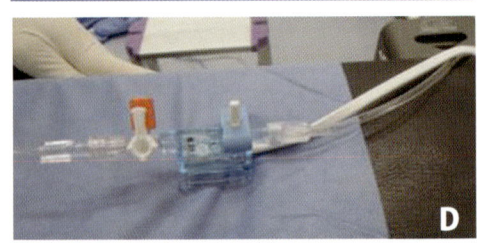

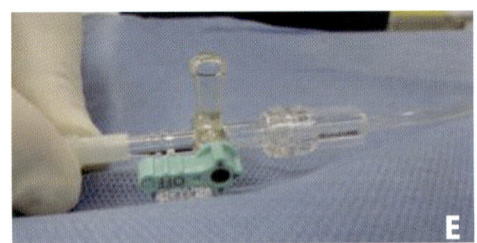

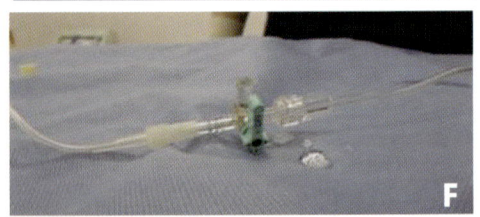

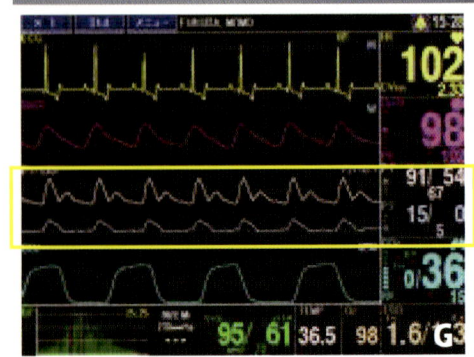

図1-27 観血的血圧測定 測定機器の設定

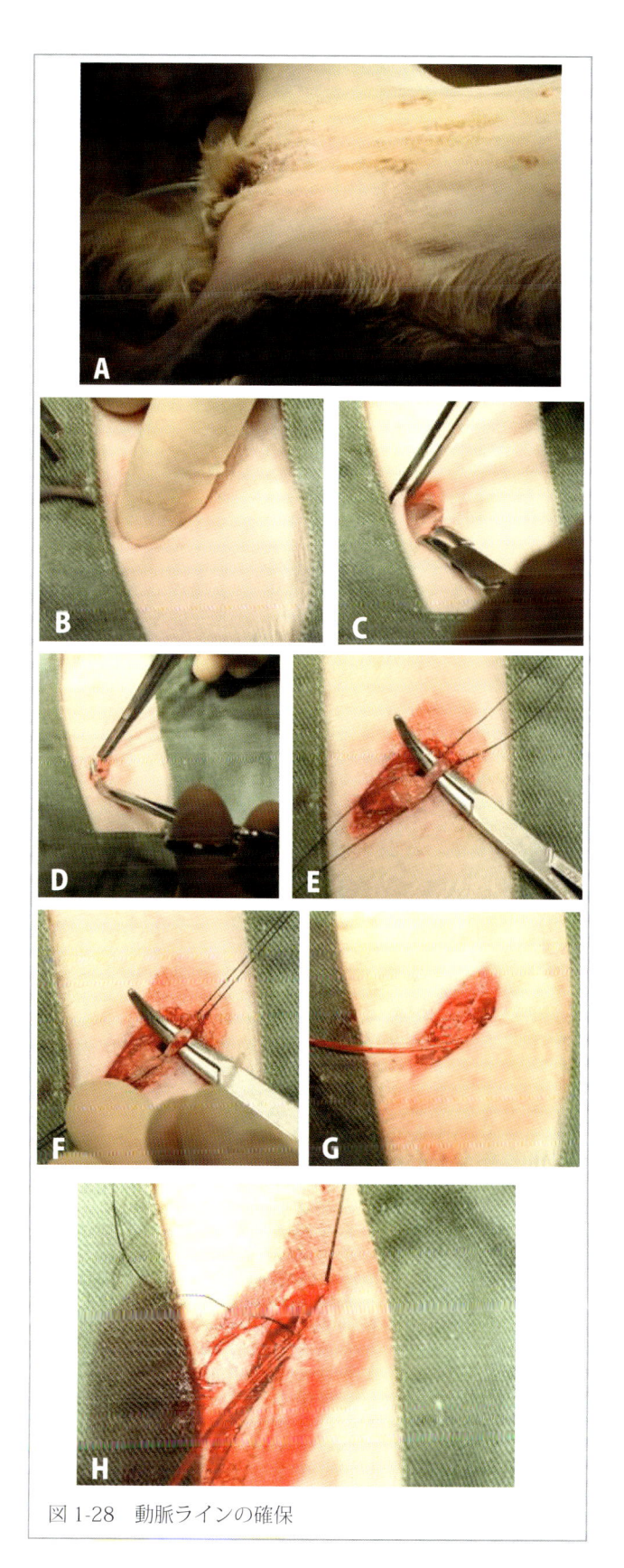

§動脈ラインの確保

①動物を右側横臥位あるいは仰臥位に保定する（図1-28A）。
②左後肢を動物の背側方向に固定する。
③右後肢を伸展した状態に維持する。
④右側大腿動脈の走行を触診により確認する。
⑤右側大腿動脈上の皮膚に対して，通常の手術法に準じた除毛ならびに消毒を行う。この際，皮膚の消毒は広範囲に行う。
⑥ドレーピングを行う（図1-28B）。
⑦右側大腿動脈上の皮膚を血管の走行に併走して約3cm（場合によってはそれ以上）切開する（図1-28C）。
⑧モスキート鉗子あるいはケリー鉗子を用いて皮下組織を剥離する。動脈の側枝からの出血に注意し，結紮あるいは凝固により止血を行う。
⑨大腿動脈を2cm以上の距離を設け露出させる（図1-28D）。
⑩血管周囲の余分な組織をトリミングして，血管カテーテル挿入予定部より求心部と遠心部の2か所に血管を1周回す様に支持糸を設置する（図1-28E）。
⑪支持糸を挙上させることにより，支持糸間における大腿動脈の血流を遮断する（図1-28F）。
⑫大腿動脈の全周1/3以内になるように，メスあるいは血管鋏により血管と垂直方向になるように切開を加える。
⑬出血を制御しながら切開口から血管カテーテルを求心方向に挿入する。測定値の信頼性はやや劣る可能性があるものの，血管カテーテルの代替として留置針の外筒やアトム栄養チューブでもよい（図1-28G）。
⑭遠位側に三方活栓を接続した耐圧式の延長チューブと，血管内に挿入したカテーテル類とを接続する。延長チューブと三方活栓には予めヘパリン加生理食塩水を満たしておく（接続時にある程度はチューブ内から漏出してしまうが問題はない）。また，予め動脈血が逆流出しないように，閉鎖回路が形成されるようにチューブ内の三方活栓をロックする。
⑮支持糸を利用して，一方（求心側）は大腿動脈と動脈内の血管カテーテルを一緒に結紮し，カテーテル抜けを防止するために予備としてさらに1本の糸で同様に結紮する。もう一方（遠心側）は，カテーテル挿入より遠心

図1-28 動脈ラインの確保

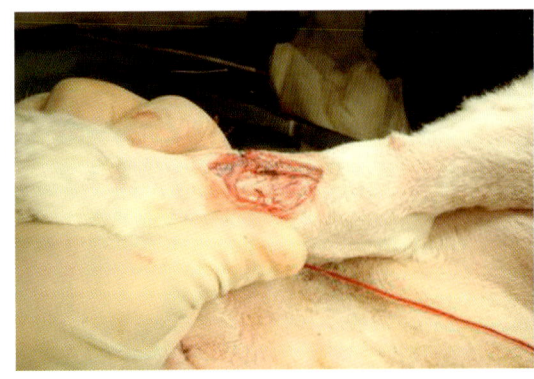

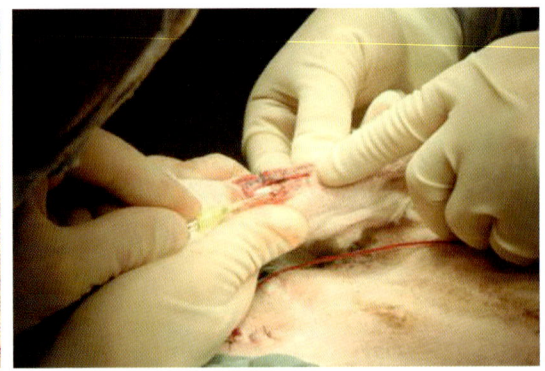

図 1-29　足背動脈の確保

側の大腿動脈のみを仮結紮する（測定終了時にはカテーテルを抜去し，血管を縫合することで血流を再開させるため）。どちらの支持糸も切断端を長めにしておいたほうが，微調整のための操作や抜糸処置が行いやすくなる（図 1-28H）。

⑯ 測定機器側の回路（トランスジューサー側のチューブ）と動脈ライン側の回路（チューブ）を接続する。

足背動脈の確保：大腿動脈ではなく足背動脈を確保し，ここを動脈ラインとして利用することもある（図 1-29）。

§ 動脈内カテーテルの抜去と血管縫合処置

① 改めて 2 本の支持糸を，血管カテーテル挿入部より求心部と遠心部に設置する。この場合も，血管を 1 周回す様に支持糸を設置する。

② 挿入時に支持糸として利用し結紮していた糸を，メスあるいは鋏により切断し除去する。これにより後から設置した（この説明の①）支持糸 2 本により出血が制御されることになる。

③ 出血を制御しながら，血管カテーテルを大腿動脈内から抜去する。

④ 血管縫合は，丸針付きプロリン（5-0 以下のサイズ）により連続の全層縫合を行う[*2]。

⑤ 縫合を終了したら，遠心側の支持糸を緩めることで縫合部位からの出血の有無を確認する。出血がないことが確認できたら，次に求心側の支持糸を緩めることで縫合部位からの出血の有無を確認する。わずかに血液が滲む程度であれば 3 分以上の圧迫による止血を試みる。

⑥ 支持糸を除去して，通常通りに皮下組織ならびに皮膚縫合を行う。この際も出血の有無を確認し，出血がある場合はその対処を行う。

6）酸素飽和度

血液ガス分析装置により計測された酸素飽和度を SaO_2 と表す。手術中には連続的に酸素飽和度を知る必要があるため，臨床的にはパルスオキシメーターを利用することで，経皮的動脈血酸素飽和度（SPO_2）が測定されているのが現実である。$SaO_2 = SPO_2$ ではないものの，ほぼ近似の値を示す。また，パルスオキシメーターでは脈拍数も同時に測定されるという利点もある。パルスオキシメーターは，心臓の収縮と拡張毎に圧が周期的に変化する拍動波（動脈血流）の酸素飽和度を計測の対象としている。ヘモグロビンには，主に動脈血中にあり，酸素と結合し鮮やかな赤色を示すオキシヘモグロビンと，主に静脈血中にあり，酸素と結合しておらず赤黒い色を示すデオキシヘモグロビンに大きく分類される。鮮やかな赤色を示すオキシヘモグロビンは，赤色光（660 nm）の吸光度が低い（赤色光をよく通す）。一方，赤黒い色を示すデオキシヘモグロビンは，赤色光の吸光度が高く赤色光を通しにくい。また，オキシヘモグロビンとヘモグロビンのどちらも赤外光（940 nm）の吸光度は低く赤外光をよく通す。オキシヘモグロビンが増加しデオキシヘモグロビンが減少すれば，センサーが受け取る赤色光が多くなり，赤外光はあまり変化しないことになる。一方，その逆ではセンサーが受け取る赤色光は少なくなるが，赤外光はやはり変化しないことになる。センサーの受け取る赤色光と赤外光の比が分かれば，オキシヘモグロビ

[*2] 一般的に大腿動脈を結紮しても生活には支障がないが，再度の血圧測定や血液ガス測定などを考慮して縫合処置を行う方がベストである。

表 1-18　パルスオキシメーターによる測定に制限を与える事項

測定部位の被毛の存在
測定部位の色素（黒色系）
動脈拍動の不明瞭化
一酸化炭素中毒やメトヘモグロビン血症などのヘモグロビン異常
測定部位の乾燥
末梢循環の不良

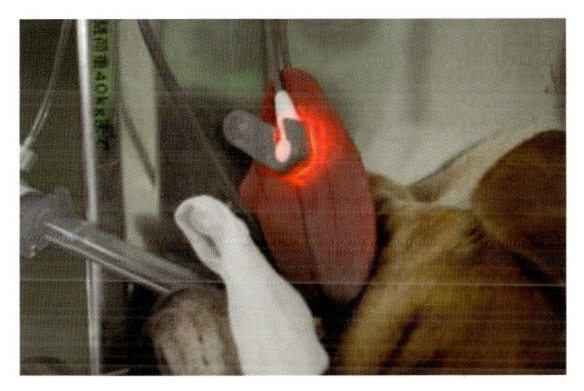

図 1-30　舌に設置した酸素飽和度センサー

ンとデオキシヘモグロビンの比，すなわち酸素飽和度が分かることになる。これらの測定原理のためそれに一致した制限事項も存在する（表 1-18）。麻酔中の犬・猫のSPO_2は，ほとんどの場合は舌にて測定される（図 1-30）。その他の部位として耳，四肢いずれかのパッドが選択される。しかし多くの場合，被毛や色素の存在により我々が思うような満足する結果を得ることができない。舌を測定部位に選択した際に，舌の乾燥による測定不能あるいは偽の低値を示すという事象によく遭遇する。その場合には，舌を水で湿らせる，あるいは湿らせたガーゼをパルスオキシメーターのプローブと舌の間に挟む，などの処置を行う。また，舌を湿らせる場合は，動脈の収縮を防ぐために火傷を与えない程度の湯で実施した方がよい。一方，プローブのバネが強いと舌を圧迫し同部位の循環不良を招くことがあるため，適切な強さに調節する必要がある。

　SPO_2とSaO_2は，動脈血中のヘモグロビンのうち何％が酸素と結びついているのかを示している。この両者と似たような語句にPaO_2というものがある。これは動脈血酸素分圧のことであり，血液中にとけ込んでいる酸素の量を分圧（Torr あるいは mmHg）で表したものである。PaO_2が高い場合，ヘモグロビンは酸素と解離しにくくオキシヘモグロビンの比率が高くなる（すなわちSPO_2とSaO_2の値も高くなる）。それに対し，PaO_2が低ければオキシヘモグロビンは酸素を放出することでデオキシヘモグロビンになるものが増加し，SPO_2とSaO_2の値は低下する。しかしながら，その関係性は直線ではなくS字状を示す。このS字状曲線をグラフで表したものが「ヘモグロビンの酸素解離曲線」である（図 1-31）。

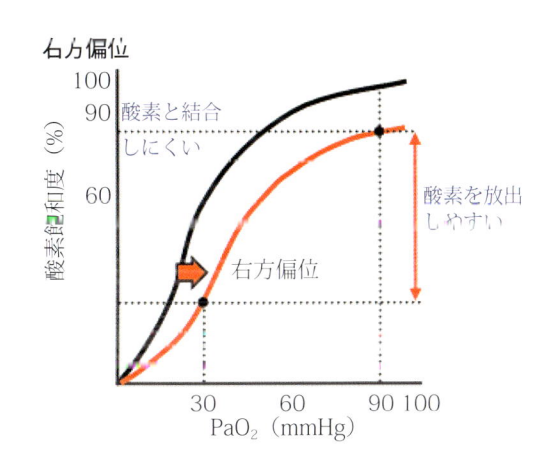

　ヘモグロビンの酸素解離曲線は，平地に住む健康な人間が，体温 37 ℃，pH 7.40，動脈血二酸化炭素分圧（$PaCO_2$）40 mmHg だと仮定したときのものである。言い換えれば，ヘモグロビンの酸素解離曲線は，体温，pH あるいは$PaCO_2$などの変化によって左方あるいは右方にシフトしてしまう。酸素解離曲線の右方シフトは，ヘモグロビンがデオキシヘモグロビンとなって組織に多量の酸素を与えやす

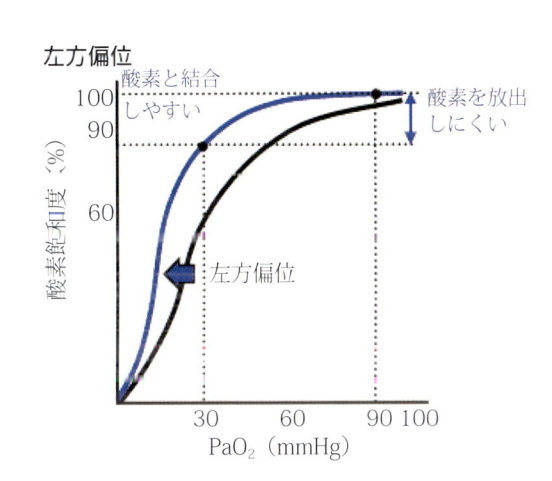

図 1-31　ヘモグロビンの酸素解離曲線

表 1-19 酸素解離曲線の左右シフトの要因と作用

	右方シフト	左方シフト
要因	アシドーシス, 高体温, 高 CO_2 血症, 2.3DPG の上昇	アルカローシス, 低体温, 低 CO_2 血症, 2.3DPG の低下
作用	組織に酸素を放出しやすく,動脈血酸素分圧が高くないと Hb と結合し難い。	組織に酸素を放出し難いが,動脈血酸素分圧が低くても Hb の酸素化が可能。

くなることを示す。

例として,激しい運動を行う→筋肉が多くの酸素を消費する→多くの酸素を燃焼するため体温が上昇する→酸素が不足し嫌気性代謝により乳酸アシドーシスになる→酸素解離曲線が右方にシフトして組織に酸素を与えやすくなる。というように,非常に合理的な仕組みになっている。しかし,極端な右方シフトは酸素運搬能力の障害が高度となって危険な状態に陥ることになる。

グリセリン 2,3 リン酸（2,3DPG）は,赤血球で生産される酸素解離曲線移動の調節物質だといえる。たとえば高地で飼育されている動物や慢性呼吸不全動物など,長い間低酸素血症に陥っている動物では 2,3DPG が増加して酸素解離曲線が右方シフトしており,組織に酸素を与えやすい状態になっている。また,貧血の動物も 2,3DPG の作用によって酸素解離曲線が右方シフトしている。一方,採血後の保存血は,2,3DPG が減少する。そのため,輸血をするとヘモグロビンは増加し組織へ運搬される酸素の量は増加するが,保存血を大量に使用すると 2,3DPG が減少しているので酸素解離曲線は左方シフトする。そのため逆に,組織に酸素を与えにくくする可能性がある（表 1-19）。

健常な犬・猫において,100％酸素を吸入しているときの SpO_2 の正常値は 95％以上である。酸素解離曲線から算出した場合,SpO_2 あるいは SaO_2 が 95％未満（PaO_2 が 80mmHg 未満）であるときは,可及的速やかにその原因を探知し対処しなければならない（表 1-20）。

7）尿　量

手術中において心電図,酸素飽和度などの多くの項目が間接的（そして機械的）に生体機能をモニターしているのに対し,尿量の測定は直接的に生体機能をモニターしている。覚醒時の健常犬・猫の尿量は,およそ 2 ml/kg/hr である。したがって,手術中の動物においてもこれに準じて必要尿量をモニターしなければならない。手術中の動物は出血,開腹ならびに開胸に伴う臓器表面からの空気中への水分喪失が生じうる可能性を有している。しかし,そのような場合でも最低で 2 ml/kg/hr の尿量は維持されなければならない。そのため,これらを加味して循環維持の目的に静脈内輸液が実施される。手術中の乏尿は術後の腎不全を引き起こす可能性があり,たとえ出血が認められない場合にも頻繁に認められる。これは,心拍出量の低下や低血圧に起因する腎血流量の不足が原因であると思われる。一方,血圧が高すぎる場合にも過剰な腎血管の収縮が引き起こされ尿量が低下することがある。したがって,そのような場合は,血圧測定値に基づき降圧薬を投与する必要がある。また,尿量モニターの実際は,尿道カテーテル内を通過して体外へ排泄される尿の総量を測定することによって行われる。したがって,手術直前に膀胱内の尿量をゼロ(0)にしておかなければならない。カテーテル内の尿は,目盛りのついている容器に排泄させるか,ペットシーツに排泄させ尿量（重さ×尿比重）を測定する。いずれにしても尿道カテーテルに延長チューブを接続して回路を形成させることが多いが,回路長が長かったり使用するカテーテル径が太かったりした場合には同時に尿比重や尿色も確認する必要がある（表 1-21）。尿比重が高い場合は循環血漿量の

表 1-20 SaO_2 と PaO_2 の関係（ヘモグロビン酸素解離曲線に右・左シフトがないと仮定した場合）

SaO_2 (%)	PaO_2 (mmHg)	SaO_2 (%)	PaO_2 (mmHg)	SaO_2 (%)	PaO_2 (mmHg)
99.9	500	97.5	100	94	70
99.8	400	97	92	93	66
99.7	300	96	82	92	63
99.4	200	95	75	91	60

表 1-21　健常犬と健常猫の尿比重

	尿比重
犬	1.015 ～ 1.045
猫	1.015 ～ 1.060

表 1-22　周術期の低体温とその欠点

覚醒時の悪寒	末梢冷感
ノルアドレナリンの分泌増加（血圧上昇，末梢血管収縮，不整脈，および心筋虚血など）	震え
低心拍出量による臓器虚血率の増加	人工呼吸器装着率の増加
血液凝固障害	出血量の増加
薬物代謝の遅延	麻酔覚醒遅延
免疫機能の低下	医療費の増大
術後感染率の増加	疼痛の増強

不足や心拍出量の低下が推測される。また，基礎の腎疾患がない動物における尿比重の低下は，水和の適切～過剰が推測される。一方，尿色の変化は膀胱内の不適切なカテーテル位置による膀胱出血，黄疸，輸血不適合，DICなどの存在下で認められる。また，尿比重が高い場合は黄色が強く，低い場合は尿色がうすく無色透明に近い。

8) 体　温

一般的に手術中の動物は，投与される麻酔薬の直接的影響，代謝および筋肉運動の低下，皮膚の消毒処置に起因する気化熱，開腹・開胸手術による腹腔内や胸腔内からの放熱，体温より低い点滴剤の静脈内投与などにより，体温は低下する。手術中に低体温となった動物では，覚醒時の悪寒，末梢冷感，血液凝固障害，および疼痛の増強などが引き起こされる（表 1-22）。一方，手術中における低体温状態の利点は，組織の代謝・酸素消費を低下させることにある。これは，手術に際し血液循環を遮断しなければならない心臓外科や脳外科分野で好まれる。しかし，一般的な手術の際には体温を維持した方が，圧倒的にその利点が多い。一旦，手術中に低下した体温は，末梢血管が収縮することにより容易には元に戻らない。また，復温したように見えても体内の熱量は十分でないことが多い。また，高齢および若齢動物に対する手術，甲状腺機能低下症やアジソン病の動物に対する手術，侵襲の大きい手術，長時間手術および出血量の多い手術では，体温低下が起きやすい。また，手術侵襲による内因性発熱物質の分泌により，体温調節中枢のセットポイントが上昇する。そのため，正常体温へと復温したとしても，その動物にとって十分な体温とは認識されず，覚醒時に震え（シバリング）や発作などが生じることもあるので注意を要する。したがって，基本的には麻酔導入時から体温を下げない努力が必要である。

臨床的に手術中の動物の体温は，直腸温あるいは食道温を測定することにより判断される。このうち直腸温測定は，手術中において最も多く行われていると考えられる体温測定法である。利点は極めて簡易であることが挙げられる。

欠点としては，生体の温度変化に対する反応が遅い，腸内ガスや糞便の影響を受けてしまう，下腹部手術時に外気や洗浄水の影響を受けてしまう，測定プローブの再生使用の衛生的な問題がある，極めて頻度は少ないものの測定時における直腸穿孔の合併症発生の可能性があるなどが挙げられる。また，手術中に肛門括約筋がゆるみプローブの脱落や位置移動がしばしば認められる。そのよう場合は，直腸壁に体温計のセンサー部位が接着しないという問題が生じる。

一方，食道温測定は，大動脈温を反映するため信頼性が高いことや，急激な体温変化に迅速に追随するなどの利点が挙げられる（図 1-32）。しかし，形状が特殊な専用プローブを下部食道まで挿入しなければならない，気管内への誤挿入の可能性がある，食道粘膜損傷の可能性がある，極めて頻度は少ないが測定時に食道穿孔の合併症発生の可能性

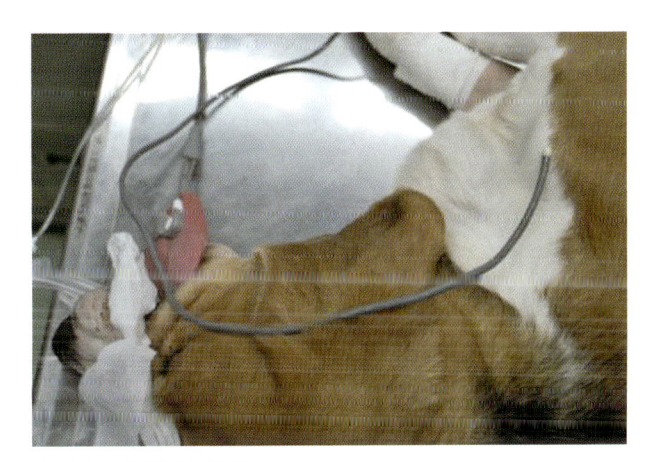

図 1-32　食道温の測定
予めプローブを挿入する位置を目視で確認し，喉頭鏡を使用することで確実に食道内へ誘導しなければならない。

がある，麻酔からの覚醒時における歯牙によるプローブの損傷などの欠点が挙げられる。手術中に肛門部を頻繁に確認することは困難なことが多く，また衛生的な観点からも推奨はできないため，測定状況が把握できる食道温測定が好まれる場合も多い。食道温測定を行う際には予めプローブを挿入する位置を目視で確認し，喉頭鏡を使用することで確実に食道内へ誘導しなければならない。

(1) 体温の維持

手術中の体温を維持するためには，いくつかの工夫が必要となる。

§室温の維持

28～30℃の室温なら体温は低下しない。しかし，室温をあげて体温を維持することは非効率的なうえ，手術を実施する術者にとっては不快である。したがって，実際には，術中は室温を25℃前後に設定し，手術終了前に室温を上げていくことになる。

§輸液や輸血の加温

輸液の加温により体温を上昇させることは不可能であるが，熱喪失を防ぐことが可能である。およそ40℃に調節した輸液剤を使用する。電子レンジによる輸液剤の加温は簡易であるが，あまり高温に調節すると薬剤の変性や容器・チューブ類の輸液内への溶出が発生する恐れがある。湯たんぽなどにより輸液ラインを温める方法があるが，たいていは上手くいかない。現在，いくつかのメーカーから輸液ラインを温める器械が市販されている（図1-33）。

§保温と加温

ブランケットやタオルケットで体表面を覆うことにより被覆部位からの熱喪失をいくらか減少できる。術後にドライヤーによる温風を利用して加温を行うことがあるが，火傷を予防するためにも，動物に対して直接に温風が当たらないように心がける。また，体表面からの加温により過度の血管拡張が引き起こされ，血圧が低下することもある。そのため，動物を加温する際には心電図モニターならびに血圧モニターを同時に行う。我々は袖の着いた衣類を利用するなどして，温室を作り上げ，体全体を温めるようにしている（図1-34）。

§アミノ酸輸液

近年ヒト医療では，アミノ酸輸液を用いて，術中の体温の維持や低下した体温の復温が試みられている。ヒトではアミパレン（200ml）1本を15～30分かけて1～2本を投与することが行われている。これは，犬・猫に当てはめると約3～5 ml/kgを15分以上かけて投与することになる。また，ヒトにおいて長時間手術の際の体温維持に関して，1％以上を含有するブドウ糖液の投与も効果があるとされる。ただし，重度の腎障害，肝障害あるいは呼吸不全などを有する動物に対して，アミノ酸輸液は悪影響を与える可能性があるためその投与は控えるべきである。

(2) 体温の上昇

特定の動物では，手術中に体温が過剰に上昇することがある。原因は，肥満，短頭種気道症候群や喉頭麻痺に代表される呼吸喚起障害，感染症，疼痛，甲状腺機能亢進症，

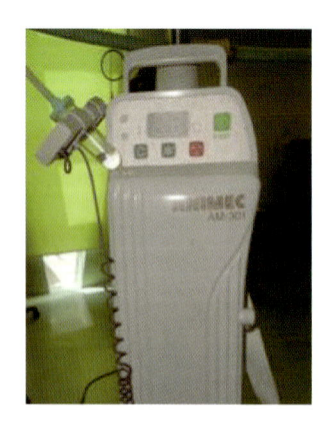

図1-33 輸液剤の加温
輸液ラインを温めることにより，生体に投与される液体の温度を上昇させる。図の輸液加温器はANIMEC（エルテック株式会社）

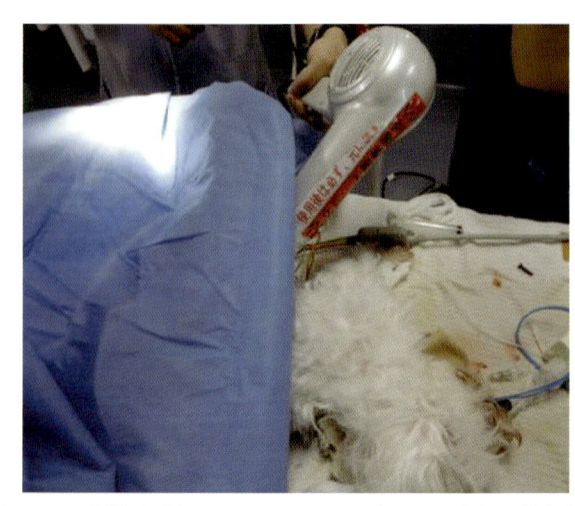

図1-34 手術用ガウンとドライヤーを利用した保温（復温）

褐色細胞腫および体温調節手技における失宜などが挙げられる。小型犬と比較して大型犬でよりこのような状態に陥りやすい。高体温は多臓器不全や播種性血管内凝固を引き起こすことになる。したがって，手術中には低体温のみならず高体温の発生にも十分に注意する必要がある。高体温はその発症メカニズムの違いによって，"うつ熱"と"発熱"の2つに大別される。手術中の高温は，主に高温環境や放熱機構のトラブルから生じる"うつ熱"である。うつ熱は，発熱と異なり直接体温調節中枢に作用するのではなく産生された熱が放散された熱よりも大きくなった場合や，体温調節機能が限界を超えたり，未熟だったりした場合に発生する。多くの原因は過剰な保温・加温，パンティングを含めた呼吸異常などである。手術中の"うつ熱"の高体温に対しては，冷却輸液，四肢のパッドあるいは手術に支障がない部位へのアルコール噴霧，アイスパックを利用した太い動脈部位を中心とする冷却処置，必要であれば自発呼吸を停止させての換気の改善，筋弛緩剤の投与など熱中症の治療に準じた対処を実行する。ただし，過剰に体温を下げすぎないように十分に注意する。

9）血液ガス分析

血液ガス分析は，血液中の酸素分圧（PaO_2）と二酸化炭素分圧（$PaCO_2$）さらには重炭酸イオン（HCO_3^-）を測定することである（表1-23）。また，それにより動物の酸塩基平衡ならびに換気状態を正確に把握することが可能であり，非常に優れた生体モニターツールであるのは疑いようもない。

しかし，その他の術中の各モニター項目が，市販の生体モニター機器に組み込まれている場合があるのに対し，血液ガス分析は別の機器を使用しなければならない（図1-35）。

また，理想は動脈血を採取しなければならないため，観血的血圧測定を実施するためのルートが確保している場合を除き，ある程度のテクニックが必要となる。採取するための動脈は大腿動脈，足背動脈，耳動脈あるいは舌動脈な

どが選択される。また，開腹手術時には採取可能な動脈を選択することも可能であるが，止血は確実に行わなければならない。そのため，深部や太すぎる動脈など止血困難な動脈や止血操作による圧迫が悪影響を来す部位からの血液採取は絶対に避ける。

動脈血サンプルは，空気曝されるとサンプル内のO_2は空気の値に近似するようになってしまうため，嫌気的に採取する必要がある。また，小さな気泡も速やかに除去する必要がある。また，採取時に余計な陰圧をかけてしまうと，サンプル内に溶存しているガス成分を血液中から引き出すことになり，数値に変化を来してしまう。サンプルを採取したら直ちに測定を行う必要がある。その理由として，有核白血球と血小板が酸素を消費し，二酸化炭素を産生する結果，赤血球がグルコースを消費し乳酸（炭酸を介して二酸化炭素を増加）が産生されるためである。採取後に直ぐに測定できない場合には，氷水で保存する必要がある。4℃以下で採取後6時間まで測定可能とされているが，手術中の動物を評価するツールであるため，やはりサンプル採取後には迅速に測定すべきである。採取時には注射針やシリンジ内をヘパリンコーティングすることがある。しか

図1-35　血液ガス測定器
数社から血液ガス測定器が市販されている。図の測定器はOPTI CCA TS（Sysmex）。

表1-23　犬・猫の血液ガスの基準値

	pH	PaO_2（mmHg）	$PaCO_2$（mmHg）	HCO_3^-（mmol/L）	BE
犬	7.35～7.45	92（80～105）	37（32～43）	25（21～27）	−2～+2
猫	7.35～7.45	105（95～115）	31（26～36）	25（21～27）	−2～+2

し，ヘパリン量によるサンプルの希釈，ヘパリンに含まれるO_2やCO_2，そしてヘパリンのpHが測定値に影響するためにシリンジ内コーティングは最低限に抑え，余分なヘパリンの存在は確実に除去しておく。また，測定時における分析装置内の気泡混入により，PaO_2は上昇し，$PaCO_2$は低下してしまうので注意を要する。血液ガス分析においての混合比は，体温により変化する。

多くの血液ガス分析装置は，体温37℃の条件下での測定を初期設定としている。手術中の動物は37℃よりも低体温の場合もあり，覚醒間近であれば高体温の場合もある。測定時の体温が37℃よりも低い場合には，実際の動物のPaO_2と$PaCO_2$の値よりも高く表示され，pHは同様に低く表示される。したがって，測定時の動物の体温をもって補正を行う必要がある（表1-24）。通常は，分析器に体温補正機能が内蔵されている。

動脈血と静脈血の数値解釈は異なる。しかし，その差異を十分に理解することにより，静脈血でもある程度の情報は得ることが可能である。表1-25に動脈血と静脈血の差異を挙げる。

正常な動物では，酸素運搬能（DO_2）は酸素消費量（VO_2）を大きく上回っており，静脈血酸素分圧（PvO_2）は40～50 mmHgに維持されている。心拍出量の低下，貧血，低酸素血症あるいは血管収縮などによりDO_2が低下しても，VO_2は大きく変化しないため，PvO_2の低下として示される。また，何らかの原因によりVO_2が増大してもPvO_2の低下として示される。しかし，多くはDO_2の低下である。PvO_2が30mmHg以下である場合には，強心薬，血管拡張薬，酸素吸入などを随時選択し速やかに治療を行う必要がある。

健常犬と健常猫の血液pHは7.35〜7.45という狭い範囲に収まっている。pHが7.4未満である場合をアシデミア，pHが7.4以上である場合をアルカレミアと表現する。また，アシドーシスとは体内のpHを下げる（酸性側へと傾けさせる）プロセスであり，アルカローシスとは体内のpHを上げる（アルカリ側へと傾けさせる）プロセスである。したがって，アシドーシスとアルカローシスが体内で同時に存在する場合は，その程度によって，正常，アシデミアあるいはアルカレミアの状態のいずれもが成り立つこととなる。前述のように正常動物において，血液のpHを7.35〜7.45の狭い範囲に留めるように様々な調節系（緩衝系）が働いている。これらの緩衝系は，主に体液による緩衝作用，呼吸によるCO_2の調節，および腎臓によるHCO_3^-調節の3つに大きく分類される。体液による緩衝系はpHの変化に対して迅速に働き，呼吸によるものは数時間後，そして腎臓によるものは数日後に認められるようになる。体液の緩衝系には，重炭酸緩衝系，ヘモグロビン系，血漿タンパク系，およびリン酸系などがあるが，いずれも陰イオンがH^+を中和して，血液pHの変動を防いでいる。呼吸による調節では，体内で生成された弱酸性のCO_2を，換気様式によりその排泄量をコントロールすることで血液pHの変動を防いでいる。そして，腎臓ではH^+を排泄し，HCO_3^-を再吸収することで血液pHの変動を防いでいる。いずれの緩衝系にしても血液pHを規定する大きな要因は$PaCO_2$とHCO_3^-の変化といえる。塩基平衡障害の基本型として，代謝性アシドーシス，代謝性アルカローシス，呼吸性アシドーシスならびに呼吸性アルカローシスの4つがある（表1-26）。

代謝性は主に腎臓あるいは細胞での代謝機能障害で起こり，呼吸性は肺の障害で起こる。そのほかにこれらの合併した混合性酸塩基平衡障害が存在する。臨床の場ではこの混合性酸塩基平衡障害が多く，その鑑別診断が重要である。

表1-24　酸塩基平衡値に及ぼす体温の影響

体温	pH	$PaCO_2$	HCO_3^-	PaO_2
25℃	7.58	24	22.0	37
30℃	7.50	30	22.7	51
35℃	7.43	37	23.5	70
37℃	7.40	40	24.0	80
40℃	7.36	45	24.0	97

表1-25　正常犬における採血部位による測定値の差違

	動脈血	頸静脈血	橈側皮静脈
pH	7.40 ± 0.03 (7.34〜7.36)	7.35 ± 0.02 (7.31〜7.39)	7.36 ± 0.02 (7.30〜7.38)
PO_2	102 ± 7 (88〜116)	55 ± 10 (35〜75)	58 ± 9 (40〜76)
PCO_2	37 ± 3 (31〜43)	42 ± 5 (32〜52)	43 ± 3 (37〜49)
BE	−2 ± 2 (−6〜2)	−2 ± 2 (−6〜2)	−1 ± 1 (−3〜1)
HCO_3^-	21 ± 2 (18〜25)	22 ± 2 (18〜26)	24 ± 2 (20〜29)

（　）内は平均±2標準偏差を示す。

表 1-26 酸塩基平衡異常の特徴

酸塩基平衡異常	pH	$PaCO_2$	HCO_3^-（BE）	代償反応の発現
呼吸性アシドーシス	↓	↑	→	HCO_3^- ↑
呼吸性アルカローシス	↑	↓	→	HCO_3^- ↓
代謝性アシドーシス	↓	→	↓	$PaCO_2$ ↓
代謝性アルカローシス	↑	→	↑	$PaCO_2$ ↑

また，生体反応として，呼吸性には代謝性で，アシドーシスにはアルカローシスをもって代償しようとする。

酸塩基平衡異常を診断するためには4つの基本的ステップを踏む必要がある。

■**ステップ1**：動脈血ガス分析におけるpHからアシデミアかアルカレミアかを判断する。ここでは，7.35未満をアシデミア，7.45以上をアルカレミアと規定する。

■**ステップ2**：酸塩基平衡異常がHCO_3^-の変化によるものか，$PaCO_2$の変化によるものかを判断する。HCO_3^-の変化は代謝性障害あるいは腎臓性障害で起こり，$PaCO_2$の変化は呼吸性障害で起こる。この変化から，基本的障害が代謝性か呼吸性かを鑑別する。またBEから判断するのが有用である。

■**ステップ3**：アニオンギャップ（AG）[*3]を計算する。さらにAGが増加している場合には補正HCO_3^-を計算する。AGとは通常の検査では測定されない陰イオンであり，硫酸イオンや硝酸イオン，乳酸イオン，ケトン体などが含まれる。この計算はAG = Na^+ －（Cl^- + HCO_3^-）による（基準値：12 ± 2 mEq/L）。さらに代謝性アシドーシスが存在する場合には，補正HCO_3^-を =（AG － 12）+ 測定HCO_3^-として計算する。これは代謝性アシドーシスを改善させた場合に正常の範囲に入るかどうかを検討し，もし入らない場合には他の酸塩基平衡異常が合併している可能性を考慮する。

■**ステップ4**：血液ガス所見と現病歴，身体所見，検査所見とを総合して，最終的な病態生理を理解し，診断する。

臨床的には，AG = Na^+ －（Cl^- + HCO_3^-）で計算され，その基準値は12 ± 2 mEq/L である。AGの増加は，代謝性アシドーシスの存在を示す。しかし，代謝性アシドーシスでありながらAGが増加しない場合がある（高Cl血性代謝性アシドーシス）。そのため，AGの評価は，代謝性アシドーシスの原因を鑑別する指標となる。ただし，低アルブミン血症（Alb^-の低下），高Ca血症（Ca^{2+}の増加），高Mg血症（Mg^{2+}の増加），あるいは高K血症（K^+の増加）などではAGの増加がマスクされるので注意を要する。AGの増加する代謝性アシドーシスは，血中に不揮発性酸（固定酸）が増加した際に認められ，糖尿病性ケトアシドーシス，乳酸アシドーシス，腎不全およびサリチル酸（アスピリン）中毒などがその代表である。一方，AGが正常の代謝性アシドーシスは，重炭酸塩基（HCO_3^-）が体外に異常に失われた場合にみられ，尿細管性アシドーシスや下痢などがその代表である。この場合，HCO_3^-の喪失に対しCl^-が代償性に同量増加するためAGは正常値を示す。そして，代謝性アシドーシスが存在する場合には，補正HCO_3^- = HCO_3^- +（AG － 12）を計算する。これは代謝性アシドーシスを改善させた場合に正常の範囲に入るかどうかを検討し，もし入らない場合には他の酸塩基平衡異常が合併している可能性を考慮するためである（表1-27）。

余剰塩基（base excess：BE）とは，酸塩基平衡のうちで代謝性要因の状態を表す指標の1つである。基準値は0 ± 2 mEq/L であり，代謝性アシドーシスで基準値より負の値を，代謝性アルカローシスで基準値より正の値をとることになる。

10）異常への対応

(1) 呼吸性アシドーシス

$PaCO_2$は45mmHg以上である。呼吸性アシドーシスは

[*3] アニオンギャップ（AG）：細胞外液中の陽イオン（カチオン）と陰イオン（アニオン）は等量存在している。陽イオンはNa^+と測定されない陽イオン，陰イオンはCl^-，HCO_3^-と測定されない陰イオンからなる。血液中の陽イオンの総量と陰イオンの差をアニオンギャップ（AG）という。ここでいう測定されない陽イオンには，K^+，Ca^{2+}，およびMg^{2+}が含まれるが，約11 mEq/Lと一定である。一方，ここでいう測定されない陰イオンは，硫酸イオン，硝酸イオン，乳酸イオン，ケトン体などが含まれる。

表1-27　それぞれの酸塩基平衡異常とそれに対する代償の限界

病型	代償反応	限界
代謝性アシドーシス	呼吸性アルカローシス PCO_2を低下	PCO_2を15 mmHgまで低下
代謝性アルカローシス	呼吸性アシドーシス PCO_2を増加	PCO_2を60 mmHgまで増加
呼吸性アシドーシス	代謝性アルカローシス HCO_3^-を増加	急性：HCO_3^-を 30 mEq/Lまで増加 慢性：HCO_3^-を 42 mEq/Lで増加
呼吸性アルカローシス	代謝性アシドーシス HCO_3^-を低下	急性：HCO_3^-を 18 mEq/Lまで低下 慢性：HCO_3^-を 12 mEq/Lまで低下

呼吸不全によってCO_2が体内に蓄積したために起こるアシドーシスである。これは，呼吸器疾患，呼吸に関与する神経筋肉疾患，あるいは循環器疾患などで起こりえる。また，鎮静剤の投与や延髄の呼吸中枢の障害によっても生じる。呼吸性アシドーシスの治療において，換気を改善することが重要である。また，呼吸改善薬の投与も考慮される。純粋な呼吸性アシドーシスには重炭酸ナトリウムを用いないことを原則とするが，血液pHが7.15以下で，かつ直ちに換気の改善が望めない時にはアルカリ療法が行われる。しかし，副作用の危険性が高い。また，酸素のみ投与すると，呼吸中枢が抑制されるためむしろ呼吸停止を来すおそれがあり危険である（CO_2ナルコーシス）。

（2）代謝性アシドーシス

HCO_3^-濃度は20 mEq/L（BE −3）以下である。

代謝性アシドーシスとは酸性物質が排泄されない，不揮発性酸性物質が過剰に産生されている，重炭酸イオンが排泄されているなどの理由から起きるアシドーシスである。なお不揮発性酸性物質とは呼吸によって排泄されない酸のことである。代謝性アシドーシスによるアシデミアが存在する場合，緩衝系の働きとしてCO_2を排泄する呼吸性アルカローシスを用いてアシドーシスを打ち消そうとする。HCO_3^-濃度の減少は，主である呼吸性アルカローシスに対する代償性の代謝性アシドーシスでも起こるので，治療に当たっては呼吸性か代謝性かを判別しなければならない。代償性の呼吸性アルカローシスにより呼吸が激しくなり，重度の場合は呼吸困難を来たす。代謝性アシドーシスの主な原因はケトアシドーシス，腎不全ならびに下痢などが挙げられる。代謝性アシドーシスにはアニオンギャップ（AG）が増加するものと，増加しない高クロル血性代謝性アシドーシスがある。AGの増加はそれだけで代謝性アシドーシスが存在するといえる重要な所見である。気をつけなければいけないこととしてAGは低下する病態が存在することである。具体的には低アルブミン血症，IgG多発性骨髄腫，ブロマイド中毒，高カルシウム血症，高マグネシウム血症，高カリウム血症が存在する。特に低アルブミン血症のためAGの増加がマスクされることはよくあり，アルブミンが1mg/dl低下するごとにAGは2.5〜3 mEq/L低下することが知られている。これはアルブミンがアニオンであるためである。もしAGが増加していたら補正重炭酸イオンを計算する。これは補正重炭酸イオン＝重炭酸イオン＋ΔAG（ΔAG＝AG−12である）で計算され，これは代謝性アシドーシスを来たした陰イオンの増加分がなかったと仮定した場合の重炭酸イオンの値である。そしてその値をもとに代償性変化が予測範囲内にあるかどうかを検討し，予測範囲外ならばどのような病態が合併したのかを考える。

治療はアルカリ化療法であるが，pHが7.2以下でなければ，酢酸加リンゲル，あるいは乳酸加リンゲル液のような遅効性の緩衝輸液剤の投与で十分である。酢酸と乳酸はそのままでは酸性物質である。しかし，酢酸は筋肉で，乳酸は肝臓で重炭酸に変化することによりアルカリ作用を示す。そのため，乳酸化リンゲル液は重度の肝機能障害が疑われる場合は，逆にアシドーシスを助長させる可能性があるため使用を避けるべきである。我々は，特に理由がない場合には酢酸加リンゲル液を使用している。もし，pHが7.2以下であればアルカリ化剤として重炭酸ナトリウムを用いる。利点として，直接HCO_3^-を供給できること，作用が確実であること，細胞内緩衝の遅れが少ないことなどが挙げられる。しかし重炭酸ナトリウムによる急速中和は，換気が不十分な場合には高CO_2血症を起こすので，十分な

表1-28 重篤度と重炭酸塩ナトリウムの投与量

症候の重篤度	欠乏回復に必要な重炭酸塩ナトリウムの量 (mEq/kg)
軽度	2
中等度	6
重度	10

1/2量を輸液剤に添加し30分かけて投与する。投与後，必要であれば残りの量を追加する。また，pHの補正は12〜24時間かけて行う。

換気が必要である。また，投与速度が速すぎると，脳脊髄液のアシドーシス（パラドキシカルアシドーシス）を起こすことがある。さらに，高Na血症が引き起こされることがあるために，それが不利な条件となりうる循環器疾患の動物に対しては注意を要する。また，ケトアシドーシスの中和の際，代謝が改善されて有機酸が代謝されてしまうとアルカローシスを起こすので，治療は代謝の改善（インスリン投与）を主として，中和は控えめに実施する。

pHの補正は12〜24時間かけて行い，過剰投与にならないよう十分注意しなければならない。血漿HCO_3^-濃度が分かっていれば，投与量の計算は，HCO_3^-の必要量（mEq）＝体重（kg）×0.5×〔24−（患畜のHCO_3^-濃度）(mEq/L)〕あるいは＝体重（kg）×0.3×BEで行い，その1/2量を輸液剤に添加し30分かけて投与する。投与後，必要であれば残りの量を追加する。緊急時に血漿HCO_3^-濃度が分かっていなければ，表1-28を参考にしてもよい。

（3）呼吸性アルカローシス

$PaCO_2$は35 mmHg以下である。激しい呼吸のために起こるアルカローシスである。呼吸数の増加や過換気に起因し，CO_2が過剰に排泄されてpHがアルカリ性に傾く。換気の増加は，低酸素症，代謝性アシドーシス，および発熱などの増加した代謝要求に対する生理反応として最も頻繁に生じる。さらに，疼痛，あるいは不安などでは，生理的必要性はないが呼吸が増加することがある。一方，中枢神経疾患，薬剤，過換気症候群や急性呼吸窮迫症候群（ARDS：敗血症，大量輸血，重症肺炎，胸部外傷，肺塞栓，人工呼吸による純酸素吸入，急性膵炎などで重症の患者に突然起こる症候群）などの重篤な疾患に付随して認められることもある。治療は基礎疾患に対して行う。呼吸性アルカローシスは生命を脅かすことはなく，pHを低下させるための介入は不要である。

（4）代謝性アルカローシス

HCO_3^-濃度は，28 mEq/L（BE1）以上である。代謝性アルカローシスは，血中HCO_3^-濃度を上げるような異常のプロセスの成立や，H^+を喪失することにより引き起こされる。原因は，嘔吐や幽門狭窄や重曹の過剰投与などがあげられる。また，利尿薬や鉱質コルチコイドの過剰投与により，尿中へH^+が過剰排出されることもある。また，これは高カルシウム血症やペニシリン誘導体の投与でも起こりえる。治療は，低Cl性アルカローシス（軽度の低Na，重度の低Kが認められることが多い）ではその組成から生理食塩水やリンゲル液の投与が選択される。強度の場合はNH_4ClやHCl含有剤の投与を行うことがあるが，機能低下が認められる場合は投与してはならない。ほとんどは中性電解質溶液で十分である。KとCl（ECF中のK^+がICFへ）の喪失の著しい嘔吐の時には，上記の輸液剤にKを添加するとよい。Kの補正には表1-29を参考にしていただきたい。この表はヒトにおけるデータであるが，犬においても利用されている。経験的にこの表の半量で十分に効果が得られることが多い。また，原則として血清K値が不明なときは，Kの補充は行わない。しかし，明らかに低K血症の症状が起きているときは，例外として20〜40 mEq/Lを0.5 mEq/kg/hr以下の速度で投与する。その際は，頻繁に心電図波形をモニターする。

表1-29 血清カリウム濃度と輸液剤に添加するカリウム濃度

血清K^+濃度（mEq/L）	1Lの輸液剤に添加するK^+濃度（mEq/L）	最大輸液速度（ml/kg/hr）
2.0以下	80	6
2.1〜2.5	60	8
2.6〜3.5	40	12
3.6〜5.0（正常）	20	25
5.0以上	添加しない	−

カリウム最大投与量を0.5 mEq/kg/hrとする。

表 1-30 アシドーシスとアルカローシスの症状

分類	症状
呼吸性アシドーシス	頻脈，血圧上昇，末梢血管拡張による四肢の温感，振戦，クローヌス，嗜眠，意識の混濁，昏睡
代謝性アシドーシス	過呼吸（最初は深い呼吸，次第に頻呼吸），食欲不振，悪心，嘔吐，運動不耐性，血圧低下，意識の混濁，昏睡，不整脈（心室性期外収縮・心室細動）など
呼吸性アルカローシス	軽度の場合には通常臨床症状に乏しい 急性：心拍出量の低下，意識障害，四肢のしびれ，ミオクローヌス，テタニーなど 慢性：末梢神経の非刺激性亢進による動悸，前胸部不快感，四肢のしびれ，睡眠障害，発汗など
代謝性アルカローシス	軽度の場合には通常臨床症状に乏しい 嗜眠，見当識障害，テタニー，反応過敏，筋肉拘縮，痙攣，不整脈など

11）その他の注意点

（1）酸塩基平衡異常と血清カリウムとの関係

例外はあるもののアシドーシスは高カリウム血症を伴い，アルカローシスは低カリウム血症を伴うことが多い。代謝性アシドーシスでは陰イオンバランスの維持のため細胞内から細胞外にカリウムが移動するといわれている。この機序ではpHが0.1低下するごとに血清カリウム濃度が0.6 mEq/L上昇するといわれている。また，代謝性アルカローシスではその逆が起こりうる。また，代謝性アシドーシスを生じるような病態では組織傷害による細胞内カリウムの逸脱や腎機能の低下によるカリウム排泄の低下が生じていることが多く，高カリウム血症になりやすい（表1-30）。

（2）肺胞気－動脈血酸素分圧較差

PaO_2と$PaCO_2$を利用して肺機能を見る指標の1つに肺胞気－動脈血酸素分圧較差（$A-aDO_2$）がある。CO_2は拡散能が優れているため肺胞気中の分圧と動脈血中の分圧が等しくなり，$PACO_2 = PaCO_2$が成り立つ。これに対し，O_2の拡散能はCO_2の1/20であり肺胞気中の分圧と動脈血中の分圧との間に差が生じることになる。これが，$A-aDO_2$である。$A-aDO_2$が5 mmHg未満であれば正常と考えられる。真の計算式は複雑であるが，大気圧760 mmHg，37℃，水蒸気圧47 mmHg，酸素分圧21 mmHg，ガス交換率0.83と設定すると，次式で表される。
$A-aDO_2 = 150 - PaCO_2/0.83 - PaO_2$（5 mmHg未満）
しかし，何らかの原因により二酸化炭素排出障害の状態が起これば，その較差が増大することになる。$A-aDO_2$が大きくなる要因として，①換気・血流比の不均等分布，②ガス拡散障害，③シャントの増大，④吸入酸素濃度の増大などが考えられる（表1-31）。このうち，換気・血流比の不均等分布である場合が最も多いと考えられる。

§動脈血サンプリング手法（例）大腿動脈

①内筒と外筒間のすべりのよい1mlシリンジを用意する。

②ヘパリンでシリンジ内をコーティングする。その際，十分にヘパリンを除去する。23ゲージ以下の針をシリンジに装着する。針の切っ先はシリンジの目盛り側に揃える。なお，3人（術者，助手Aならびに助手B）で作業するのが好ましい。

③助手A（あるいは助手Bも）が，動物が横臥となるよう

表 1-31 肺胞気－動脈血酸素分圧較差（$A-aDO_2$）の開大の理由

分類	代表的な疾患
換気血流比不均等分布	慢性閉塞性肺疾患，間質性肺炎，肺塞栓など
肺胞低換気	A. 慢性閉塞性肺疾患：肺気腫，慢性気管支炎，気管支喘息など B. 梗塞性障害：肺線維症，胸膜炎，気胸，胸郭の高度変形，肥満など C. 神経筋疾患：重症筋無力症，上位頸椎の障害など D. 呼吸中枢の障害や抑制：麻薬，麻酔剤，鎮静剤，脳幹の血管障害，脳幹腫瘍など E. その他：代謝性アルカローシス，粘液水腫，原発性肺胞低換気など
拡散障害	間質性肺炎，塵肺症，癌性リンパ管腫症，肺水腫など
シャントの増大	先天性心血管奇形，無気肺，広範な肺炎，肺水腫など

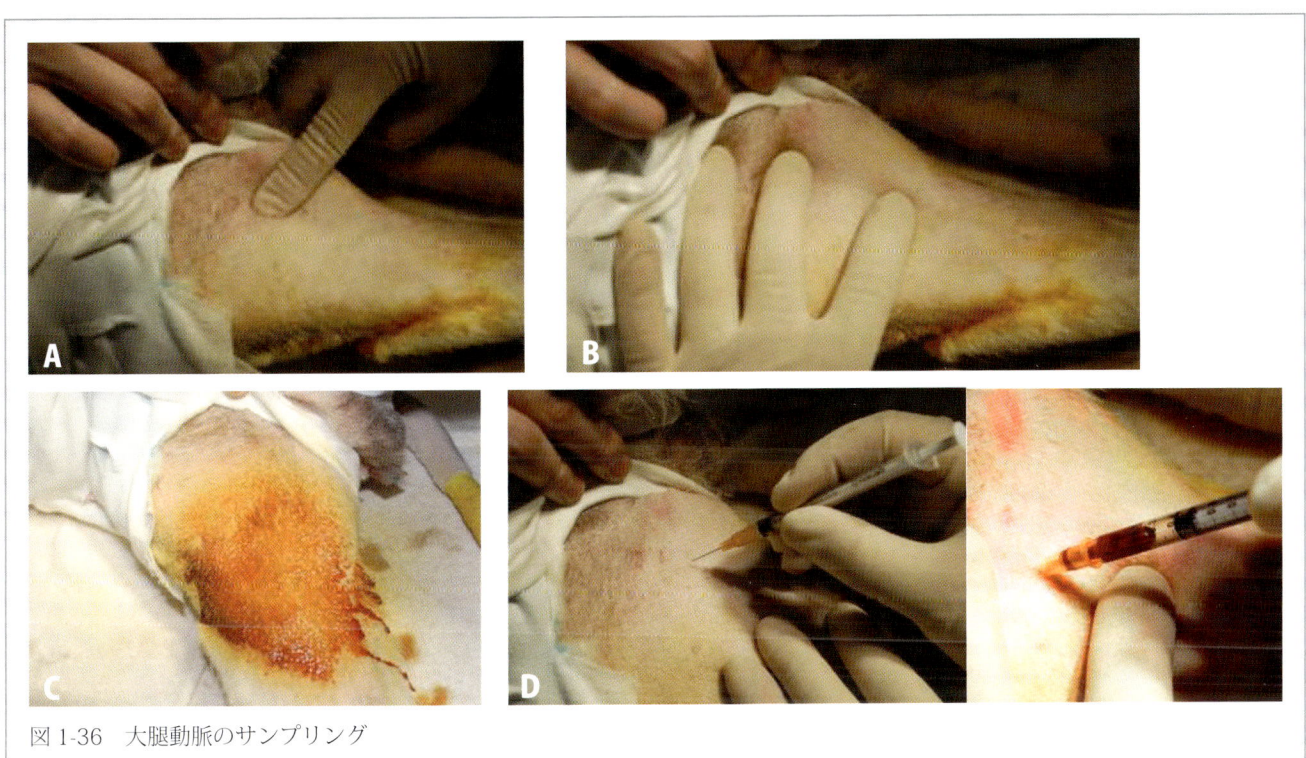

図1-36 大腿動脈のサンプリング

に保定する。
④穿刺予定部位の被毛をバリカンにより除去する。術者が自らの左手の親指と人差し指で、穿刺部位付近の皮膚を伸ばし，右手の人差し指で大腿動脈の拍動を触知する（図1-36A）。
⑤動脈の上部にあたる皮膚をヨード液により十分に消毒する（図1-36B）。
⑥再度，穿刺予定部である大腿動脈の拍動を触知する。その際，穿刺部位が汚染されないように注意する（図1-36C）。
⑦皮膚に対して45〜90°の角度で針を刺入する。ごくわずかに陰圧をかけると勢いよくシリンジに鮮赤色の血液が入ってくるのを確認する。十分量のサンプルを採取したら，皮膚から針を抜く（図1-36D）。
⑧ただちに助手Bにシリンジを渡すのと同時にアルコール綿で穿刺部位を確実に圧迫する。圧迫止血は5分間を目安とする。止血異常が認められる動物では15分以上かけることになるかもしれない。
⑨助手Bは受け取ったシリンジ内の空気をシリンジ外に排出する。

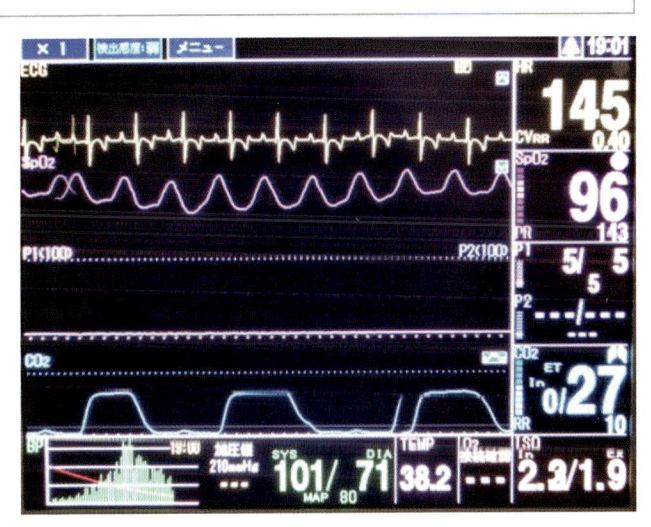

図1-37 生体モニタの画面構成の1例
図の生体モニタはAM130（フクダエム・イー工業株式会社）

⑩直ちに動脈血を利用した血液ガス解析を実施する。5分以内に血液ガス分析が実施できない場合は，シリンジにキャップをつけ，氷をつめた容器に入れ冷やしておく。
⑪止血が完了できた時点で動脈穿刺手技を完了する。

	正常値とポイント	変化と症状		対処法
循環器系	**心電心拍 ECG** 80〜120bpm ノイズや電極はずれおよびT波のダブルカウントに注意する。不整脈の有無を見る。	増加（頻脈） 大型犬 120bpm 以上 小型犬 160bpm 以上 猫 180bpm 以上	・不整脈（発作性頻脈など） ・浅麻酔（疼痛による） ・低酸素症	・不整脈の種類により対処が異なる。 ・麻酔深度調整 ・純酸素の投与
		低下（徐脈） 60bpm 以下	・不整脈（洞性徐脈、房室ブロック） ・深麻酔	・アトロピン投与（改善なき場合は麻酔の中止） ・麻酔深度調節
	血圧 BP 80〜160mmHg〔最高〕 60〜100mmHg〔最低〕 70〜130mmHg〔平均〕 グラフを確認する。	血圧上昇	・浅麻酔（疼痛による）	・麻酔深度調整
		血圧低下 最高血圧が 60〜80mmHg 以下の場合	・深麻酔	・麻酔深度調整 ①股動脈、舌下動脈の脈圧を確認する。 ②ジ・ブチリックサイクリック AMP（アクトシンなど）の投与 20〜40μg/kg/分の持続点滴または、5〜10mg/kg の緩徐静脈注射（2〜3時間間隔） ③ドパミン 3〜6μg/kg/分の持続点滴（低用量で開始） ④ドブタミン 3〜6μg/kg/分の持続点滴（低用量で開始） ⑤上記の治療に反応しない場合は、麻酔中止 尿量を併せてモニター 尿量0.5〜2ml/kg/時を確保 覚醒後、尿量が確保できない場合、フロセミド 2mg/kg 静注
呼吸器系	**動脈血炭酸ガス分圧 ETCO₂** 犬 35〜45mmHg 猫 35〜45mmHg 動脈血炭酸ガス分圧の正常値（40〜45mmHg）よりも通常 5mmHg 程度低く計測される。	急激な上昇 ゆるやかな上昇	・悪性過高熱（体温の測定） ・低換気 ・痛みなどによる代謝率の増加 ・呼気の再吸入	・麻酔を中止し、氷水などで冷却 ・適正換気量（10〜20ml/kg/回の1回換気量）と換気回数（8〜15回/分）を維持（調節または補助換気） ・麻酔深度の調整
		急激な低下	・肺塞栓症 ・心停止 ・低血圧（多出血） ・呼吸回路の異常	・蘇生術 ・輸液量を増量、輸血 ・回路のチェック（漏れ、離脱、気管チューブの屈曲、閉塞など）
		ゆるやかな低下	・過換気 ・心拍出量の低下 ・肺循環の低下	・適正換気、痛みがある場合は麻酔深度を深くする ・アクトシン、カテコラミン（ドパミン、ドブタミン）の投与
	呼吸数 RR 大型犬 8回/分程度 小型犬 12〜15回/分 猫 12〜15回/分 1回換気量を 10〜20ml/kg とし、ETCO₂ を指標に呼吸数を調節する。	増加	・浅麻酔 ・体温上昇 ・過換気	・麻酔深度調整 ・冷却（皮毛へのアルコール噴霧など） ・輸液剤の投与 ・麻酔深度の調節による痛みの制御
		減少	・深麻酔による呼吸抑制 ・体温低下	・麻酔深度の調節または、補助換気を行う ・保温（直腸温を36℃以上に保つ）
	経皮的動脈血酸素飽和度 SpO₂ 95〜100% 脈波を確認する。受光部への光の遮断、照射などに注意する。	95%以下	・低酸素症 ・低換気（ETCO₂ 上昇が目安） ・肺のガス交換機能の低下（循環不全・肺水腫など） ・末梢循環不全（疼痛・低体温・循環不全など） ・プローブによる局所血管の圧迫、血流量の低下	・純酸素の吸入 ・補助換気を行う ・血圧または脈拍（肢動脈、舌下動脈など）をチェック ・輸液量の調整 ・循環改善薬（アクトシン、カテコラミンなど）の投与 ・保温、麻酔深度の調節 ・プローブを装着し直す
麻酔ガス濃度・体温	**麻酔ガス濃度** MAC 値を基に、鎮痛状態や各パラメータから総合的に判断して調節する。前処置薬ならびに導入薬の種類、動物の状態によって変化する。 導入時に 2.0〜2.5MAC で吸入させる。	深麻酔	・血圧の低下 ・心拍数の減少 ・CRT の延長 ・切開創からの出血量の低下	・吸入濃度を下げる ・循環改善薬の投与を開始する
		浅麻酔	・各種覚醒徴候の発現 ・心拍数増加	・手術操作を一時中断し、吸入濃度を上げる
		各種吸入麻酔薬の MAC 値（カッコ内は維持麻酔濃度）		
			イソフルレン　　セボフルレン　　ハロセン　　エンフルレン	
		イヌ	1.28 (1.5〜1.9)　2.36 (2.8〜3.5)　0.87 (1.0〜1.3)　2.06 (2.5〜3.1)	
		ネコ	1.61 (1.9〜2.4)　2.58 (3.1〜3.9)　1.19 (1.4〜1.8)　2.37 (2.8〜3.6)	
	体温 38〜39℃ （術中は 36〜37℃ 以上に維持する）	上昇	・悪性過高熱症候群 ・過度な加温 ・浅い麻酔深度における筋肉活動の増加 ・代謝率の増加による熱産生の増加	・悪性過高熱では、ダントロレンの投与が有効なことがある ・加温、保温の中止 ・大型犬における覚醒時の高体温では、涼しい環境におく ・ビニールシートに包んで、氷水中に浸漬する ・アルコール噴霧を体表面に行う（気化熱を奪うことによる）
		下降	・鎮静薬、麻酔薬投与による基礎代謝率の低下 ・低温環境下への暴露 ・長時間の開腹または、開胸手術による不感蒸泄の亢進	・室温を上げる ・ヒートマット、温水循環装置などで加温する ・金属製の手術台と患者の間に断熱材を使用する ・加温した生理食塩水で、常に術野を湿潤させる

図1-38　犬と猫のバイタルサインチェックシート（監修：多川政弘先生）
フクダエム・イー工業株式会社のご厚意により掲載。

4. 手術後

手術後の適切な創傷管理の善し悪しは退院期間の長さを左右する。理想的には1日2回の術創のチェックが望ましい。

1) 手術創の洗浄

術創は常に清潔に保たなければならない。糞尿などの排泄物の付着により容易に細菌感染や炎症が引き起こされてしまう。汚染を洗い流す目的である術創の洗浄は，多量の流水により行う。この場合，水道水や生理食塩水でもよい。しかし，計画的な解放創や皮下組織が露出している様な術創では，組織刺激性のより低い無添加のリンゲル液が最も適している（図1-39）。

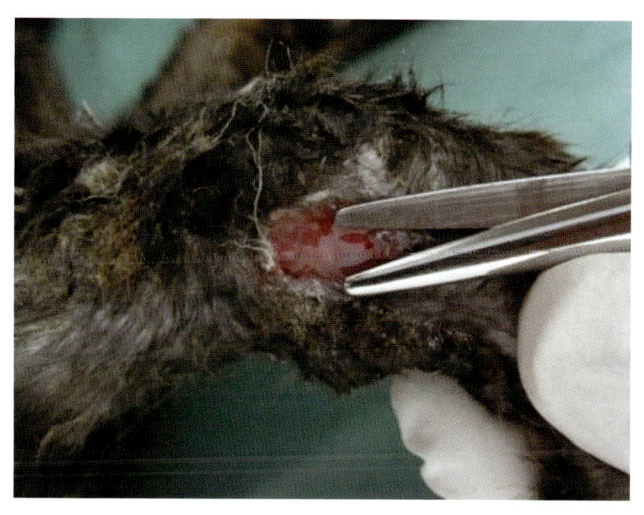

図1-40 デブリードマン

図1-39 リンゲル液による手術創の洗浄

2) デブリードマン

術創の離開や感染などで再縫合を行わなければならないこともある。その場合，創縁や浸出液から採材を行い，必ず腫瘍細胞の存在の有無を顕微鏡により確認しなければならない。術創部における腫瘍細胞の存在，低蛋白血症，および感染などは皮膚の癒合を著しく阻害する。また，副腎皮質機能亢進症の犬や猫白血病ウイルス感染や猫後天性免疫不全ウイルスの感染した猫では術創の回復が遅延する。術創の再縫合の前には念入りにデブリードを行い新鮮創にしておくべきである（図1-40）。

3) 抗生物質の感受性テスト

いかに術者が無菌的に手術操作を行ったとしても，術創が腹側あるいは足底などに存在する場合や動物自ら舐めることにより，術後に術創が感染に冒されることは多々ある。疾患により免疫能が低下した動物では，この事象が十分にありえるだろうし，腫瘍の自壊によりすでに感染が成立している可能性もある。術後において，術創の離開や浸出液が認められるときは抗生物質の感受性テストを速やかに行うべきである（図1-41）。

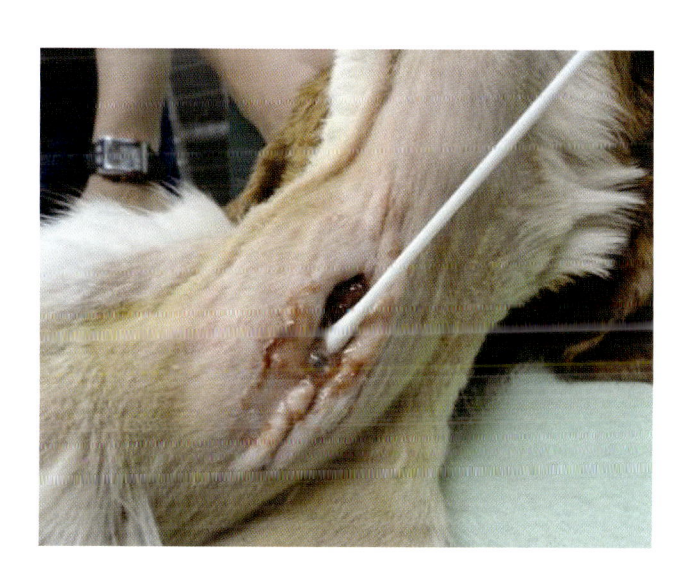

図1-41 感受性テストのための採材

4）血液生化学検査

　総WBC数の測定は単独で行わず，百分比（％）を利用した各血球数で評価した方がよい。桿状好中球の増加は新しい炎症の存在を示唆しており，単球の増加は炎症の慢性化や終息を示唆している。手術侵襲の度合いにもよるが通常は手術3日後には総WBC数は減少していき，それ以上の日数をかけ正常値に近づいていく。もし，増加した総WBC数が正常値まで徐々に減少しないのであれば，感染をはじめとする何らかのトラブルを想定しなければならない。もし，泌尿器や消化器の手術を行った場合であるならば，腹部エコー検査を実施し原因を精査する必要がある。腹部エコー検査により液体が確認された場合には，穿刺により液体を採取し細胞診と薬剤感受性試験を行う。結果が出るまでは，抗生物質の変更や抗炎症により対処を行う。もし感染が原因であり先行投与していた抗生物質が無効であった場合には，変更した抗生物質の効果は速ければ1日で現れる。細菌性腹膜炎やリークが腹部エコー検査と細胞診により確定したら速やかに開腹手術を行い，徹底的な洗浄，修復そして排液を行わなければならない。この処置の成功の有無は時間との勝負である。

　手術後の多くの動物は，興奮や疼痛により交感神経刺激を引き起こしコルチゾール分泌亢進状態にある。そのため，それらの動物は高血糖の傾向にあり，特に猫で多く認められる。しかし，その血糖値（Glu）レベルは200〜250 mg/dl未満であり，鎮痛薬や消炎薬の使用と安静により血糖値は正常値までに低下する。しかし，まれに血糖値が300 mg/dl以上となる動物も存在する。このような動物において前述の処置で効果がない場合は，レギュラーインスリンの投与により速やかに血糖値をコントロールする必要がある。一方，老齢動物や若齢動物では低血糖が認められることがある。これは，術前〜術中の絶食処置，食欲不振あるいは肝機能低下に起因する。低血糖と同時に低体温も同時に認められることも多々あるので，保温と同時に糖質の補給が必要となる。

　手術中に出血が認められた場合には必ず術後にPCVを確認する。しかし，出血後の数時間はPCVの値に反映しないかもしれない。これは，血球と同時に血漿（血清）成分も体外に移行するため，見た目のPCVに変化がないことによる。この場合，点滴や飲水により水和が行われると，急激なPCVの低下が認められることになるため，この点に注意を払う必要がある。出血量とPCVに相関が認められない場合には，心エコー検査により心臓形態を確認するとよい。もし，循環血漿量が不足している場合には，LA/Aoの低下に見られるような心臓内腔の狭小化，乳頭筋の鮮明化，CO低下などが確認される。

　一方，手術侵襲や使用薬剤により不運にも自己免疫性溶血性貧血や播種性血管内凝固症候群（DIC）が引き起こされることがある。この場合，PCVの他に褐色尿の排泄やT-Bilの値を勘案し速やかに治療を行う必要がある。

　血液ガス検査は非常に重要である。腎機能や肝機能の低下であれば改善策の選択肢が比較的多く存在し，また時間をかけて治療することも可能である。しかし，肺機能の低下は生命の危機に直結し，呼吸の維持のためあらゆる手段がとられるものの予後は芳しくない。心肺機能が低下している動物に対して，麻酔処置による呼吸筋機能の低下や疼痛刺激などの手術侵襲が加わった場合には，急激に肺機能が悪化する。理想を言えば，必要時には常に血液ガスサンプルが採取できるような状態が望ましい。しかし，動脈血採取は多くの獣医師にとって馴染みのあるものではない。そのため，スムーズに採血できるように常日頃から技術を研鑽しておく必要がある。また，とくに術前〜中において酸塩基平衡の異常を示した動物，心肺機能の低下した動物，そして手術中にETCO₂とSPO₂の値に異常が認められた動物に対しては，術後に血液ガス測定の継続が強く望まれる。そのため，手術中に予め動脈ルートを確保すると術後の管理が楽になる（図1-42）。しかし，出血や感染のリスクが

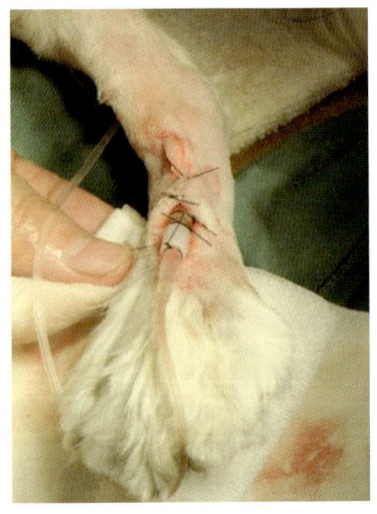

図1-42　術後の血液ガス測定のための足背動脈の確保

増加するために，それらに対して十分に注意しなければならない。

血液ガス検査と同様に動物の心肺機能を評価するために，$ETCO_2$とSPO_2の測定が推奨される。この非侵襲的な検査における異常所見は，心電図検査における異常所見に先立ちかつ鋭敏に現れる。しかし，無麻酔下で意識のある動物の$ETCO_2$とSPO_2の測定は，実際のところ成功しない。そのため，手術中にこれらの異常が認められたら，十分に改善するまで気管チューブの抜管を遅らせなければならない。そのためには，鎮静のみならず麻酔処置の継続が必要となるかもしれない。また，動物によっては，麻酔から覚醒し一度は気管チューブを抜管したとしても，再度の挿管が必要となる。

5）CRP

術後の回復程度を判断するのにCRP（C反応性蛋白）をモニターするのは有用である。また，退院時期を決定するのにも利用できる。手術後しばらくして（2～3日後が多い）急激な白血球数の増加やCRPの上昇，そして発熱が認められ，活力や食欲が低下を示す患者に遭遇することがある。このような場合は，術後の細菌感染症を当然想定しなければならない。しかし，おそらく最も多い原因は，点滴液の皮下組織への漏出である。晶質液の単独の漏出であれば障害は比較的に軽度であるが，塩酸ドパミンをはじめとするカテコールアミン類，ブクラデシンナトリウム，メシル酸ガベキサートなどの漏出であれば激しい障害を引き起こす。これらによる白血球数の増加やCRPの上昇は障害が軽度であっても，数値の下降をみるのに3日以上を要することが多い。また，患者によっては同部位の局所炎症から全身性炎症に関連した多臓器不全が引き起こされ死亡することもある。これらの急激な血液所見や一般状態の変化が認められた場合には，点滴部位のチェックと変更を速やかに実施すべきである。

また，点滴液の漏出以外には急性膵炎の存在を忘れてはならない。腹腔内の手術操作，周術期の薬剤使用や入院ストレスなどにより急性膵炎を発症する動物が存在する。この場合には，CRP以外にもc-PLIを測定するとよい。

6）心エコー検査および胸部X線検査

手術前に認められなかった心不全症状が手術後に発現することがしばしばある。これにはいくつかの機序が存在する。そのうちよく認められる機序として，手術前の脱水や出血により循環血漿量が低下していたものが，術中そして術後の輸液による水和で循環血漿量の回復さらには過剰となったものである。また，老齢動物ではこの現象が強く表れる傾向にある。その1つとして，心臓の拡張能をはじめとする心臓が有する予備能力や腎機能が低下しており，循環血漿量の変動に適応しにくいことが考えられる。また，正常な心筋機能を有する動物の心臓は，フランクスターリングの法則により容量負荷に対応して心収縮力が上昇する。しかし，老齢動物では心筋変性が存在し心収縮力の上昇が弱いことも考えられる。また，中心静脈カテーテルを使用している場合には，容量負荷が心臓に直接影響するためうっ血性心不全が引き起こされることがある。

これらのことから術後1～2日に心エコー検査および胸部X線検査を実施することを推奨する。とくに術前にすでに僧帽弁閉鎖不全症をはじめとする心疾患は言うまでもなく，甲状腺機能低下症，副腎皮質機能亢進症など血中ホルモン量の多少により循環動態に影響を及ぼす可能性のある疾患の場合は，術後も警戒が必要である。

7）心電モニター

ほとんどの獣医師は，手術後ただちに患者の心電図モニターを解除する傾向にある。基礎心疾患のない動物はそのような処置で問題が見られることは少ない。しかし，基礎心疾患を有する動物，心疾患以外であっても心機能の低下した動物，麻酔中に不整脈が認められた動物では術後2日目までは心電図モニターの継続をすすめる。これらの動物は，すぐに不整脈が惹起されやすい状態になっている。不整脈の誘発原因として，炎症，疼痛，低酸素あるいはストレスが挙げられる。したがって，いつ不整脈が誘発されてもおかしくない状態にさらされている。そして，特に注意が必要な動物は，頭頸部腫瘍，脾臓腫瘍（破裂や胃捻転を伴うとさらに危険率が増加する），子宮蓄膿を伴う生殖器腫瘍などの動物である。頭頸部腫瘍では，疼痛や自律神経障害，脾臓腫瘍ではそれに加え酸化ストレスやインターロイキン，子宮蓄膿ではエンドトキシンなどが関与して，

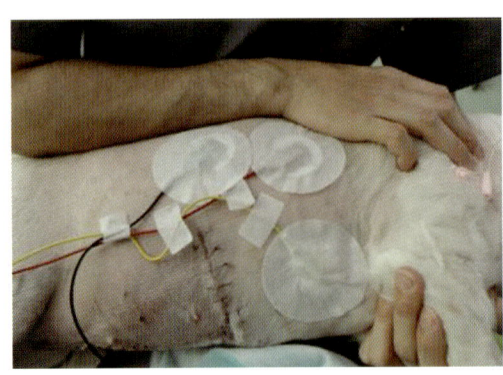

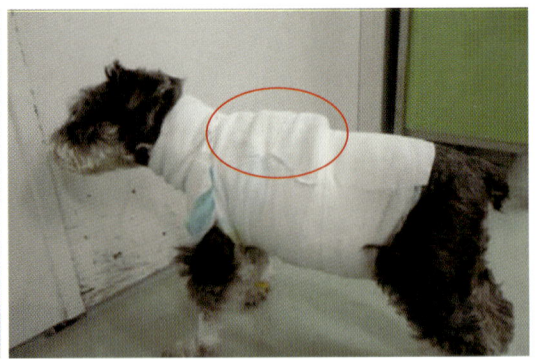

図 1-43　術後の心電モニターのための心電図リードと子機の設置
左図において心基部に陰性極（赤），心尖部に陽性局（黄）を設置している。右図の赤囲みに心電図子機を背負わせている。

生命を脅かす重篤な不整脈を引き起こす。しかも，これらの疾患では，術後12時間以上経過してからはじめて不整脈を示すことが多々ある。おそらく，これらの疾患の術後における突然死を経験している獣医師も多くいるだろう。決して突然死でなく不整脈死であり，明らかに獣医師の管理不足である。したがって，これらの動物では病態が落ち着くまで心電図モニターを継続しておくべきである。また，成書では心原性以外の不整脈は治療の必要がないと書かれていることもある。しかし，実際には心室頻拍時において正常時の70％以下に血圧が低下することもある。また，不整脈時には意識を消失する個体にもしばしば遭遇する。したがって，心原性以外の不整脈であっても，制御する必要がある。

8）腎不全と肝不全対策

術後の急性腎不全は，周術期に最も注意しなければならない事項の1つである。現在までのところ，手術前における患者の腎機能評価はBUN，Creのみからの判断であるのが現実である。したがって，手術前にBUNとCreが基準値内であれば手術実行には問題ないと判断していると思われる。前述しているが，腎機能の残り30％以下までに低下しなければ，これらの数値に反映されないとされている。極端な話を言えば，術前に腎機能が残り35％程度でありBUNとCreでは判断できなかったものが，手術（麻酔）により腎機能が残り30％以下に低下することでBUNとCreにようやく反映されることが十分にありえる。このような場合は，すでに手遅れであることもあるが迅速な対応で回復することもある。術後の急性腎不全を早急に診断し治療するためには，術前から腎不全が存在する場合や手術中に乏尿が認められた場合は手術後直ちにBUNとCreをチェックすべきである。また，手術中に出血が認められた場合や心疾患が認められる場合にはBUNとCreをチェックした方がよい。また，腎機能チェックと並行して行われる血圧測定は，急性腎不全に対する治療薬を決定する上で有用となる。低〜正常血圧であれば心機能を見ながらの輸液量の増量や塩酸ドパミンなどにより加療する。しかし，急性腎不全と高血圧が同時に認められる場合は，血圧上昇効果のある塩酸ドパミンは有効でない場合が多々ある。このような場合には塩酸ジルチアゼムやベシル酸アムロジピンなどのCaチャネルブロッカーが著効することが多い。

いずれにしても周術期の尿量モニターは重要である。少なくともBUNとCreが正常値で安定するまでは尿道カテーテルは設置しておくほうがよい。尿道カテーテル設置は尿量モニター以外にも手術創が尿により汚染されるのを防ぐ。尿による手術創の汚染は，感染や化学的刺激により皮膚壊死を起こす可能性がある。また，泌尿生殖器が手術部位であるときには，手術後の不本意な癒着や離開を防ぐためにも長期に尿道カテーテルを留置する必要がある。尿量は，閉鎖式回路を作成するか，あるいは開放式で行うかは別にしても，必ずその計測ができなければならない（図1-44）。

閉鎖式回路の場合，ルートの途中にフィルターが存在したり，ルートが長かったり，あるいは重力の関係によりバックに尿が貯留しないことが多々ある。特に小型犬や猫では総尿量自体が少ないため，閉鎖式回路の使用は不向きであるかもしれない。一方，開放式であれば的確に尿の排

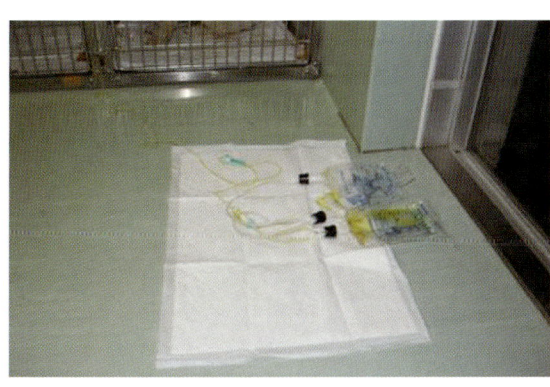

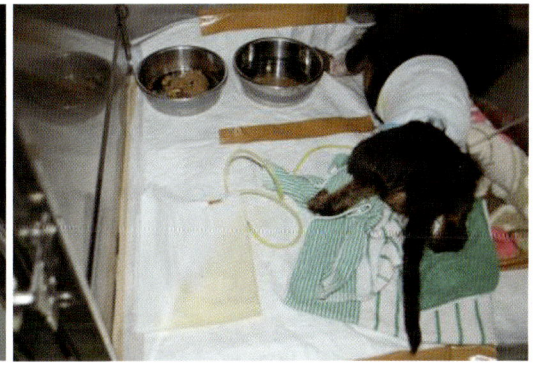

図1-44　尿量の測定のための準備
左図は空の輸液バックを利用した閉鎖回路による尿量モニター，右図はペットシーツを利用した尿量モニター。

出を確認できるが，正確な尿量測定ができないかもしれない。また，感染には十分に注意を払う必要がある。尿量は2ml/kg/hr＋点滴による負荷量を考慮に入れてモニターを行う。また，同時に尿比重，尿糖，ケトン体，血尿および血色素尿などの各項目をチェックすべきである。絶食下であれば，体重がわずかに減少するように点滴量と尿量のバランスを行う。

手術中〜後に肝機能低下が惹起されることもある。これは，心拍出量低下による低環流，肝臓への手術操作あるいは麻酔薬をはじめとする使用した薬物（薬物毒性）などが原因として挙げられる。BUNとCreよりも測定頻度は少なくてもよいと思われるが，術後には測定しておきたい。また，手術による筋肉損傷（切開を含む）では，ALTおよびASTが増加することを念頭に入れなければならない。したがって，ALPやT-BILを測定項目に含むとよい。

9）酸素給与

心肺機能の低下した低酸素血症の動物に対して，酸素給与は一般的に非常に有効な手段である。しかし，二酸化炭素の体外への排泄には大きく関与しないため高炭酸血症には，その治療効果が乏しい。通常，覚醒下の動物に対して酸素給与を行う場合には，酸素室への移動処置が選択される。大気中の酸素比率は21％であるが，既製の酸素室では30〜40％の濃度が得られる（表1-32，図1-45）。また，純酸素（100％酸素）の引き込みによる手製の酸素室ではそれ以上の濃度が得られる。麻酔下や意識の低下した動物

表1-32　術後におけるそれぞれの酸素給与法の特徴

投与方法	最大 O_2 到達濃度（％）	流量（l/分）	長所と短所
フェイスマスク法	50〜60	8〜12	短期間の補給に有用 簡単かつ確実 多い流量が必要 動物により嫌がる
フローバイ法	30〜50	2〜5	簡単 動物が嫌がらない 高酸素濃度が得られにくい
経鼻法	50	0.8〜6	行動を制限しない 経済的 固定操作が必要 鼻の分泌物により閉塞する可能性あり
酸素ケージ	40〜60	2〜3	簡単 非侵襲的 湿度管理が可能

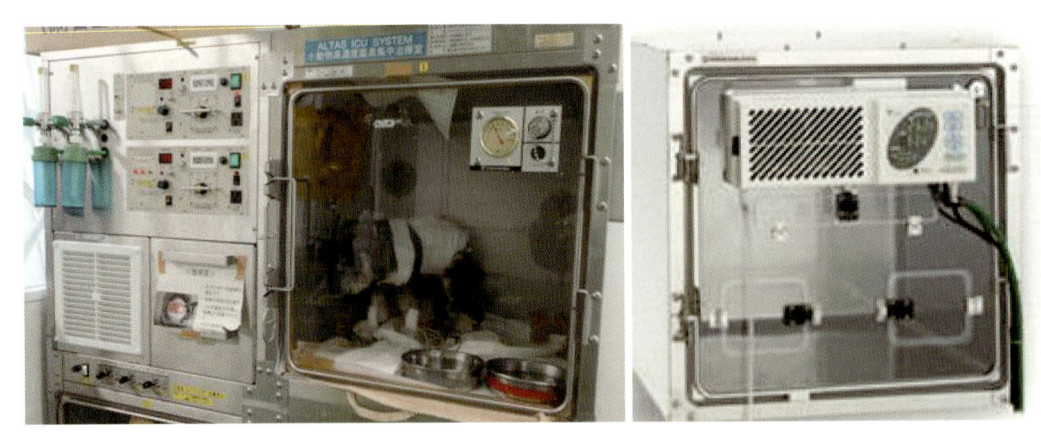

図 1-45　酸素ボックス
左：アルタス 2 ICU ステーション（太陽電子株式会社），右：Dear M10（フクダエム・イー工業株式会社）

には，換気を効率よく行わせるために気管チューブを介した酸素給与が行われる。しかし，純酸素の長期給与は肺胞に障害を与えることがすでに証明されているため，24時間以内にとどめなければならない。この場合は，血液ガス検査により病態を詳細に把握し，純酸素と大気の比率を徐々に調節し，離脱に向けアプローチすることとなる。前述のごとく大気の酸素濃度は 21% であるため，純酸素と大気の混合ガスであっても多くの動物にとって明らかに有益である。我々は，酸素給与が必要と思われる動物には手術中に予めアトム栄養チューブによる酸素鼻カテーテルを設置している（図 1-46）。

覚醒時にも鼻カテーテルを挿入設置することもあるが，動物にとってストレスを与えることになるため，比較的に簡易ではあるものの，ある程度の手技の熟練が必要である。

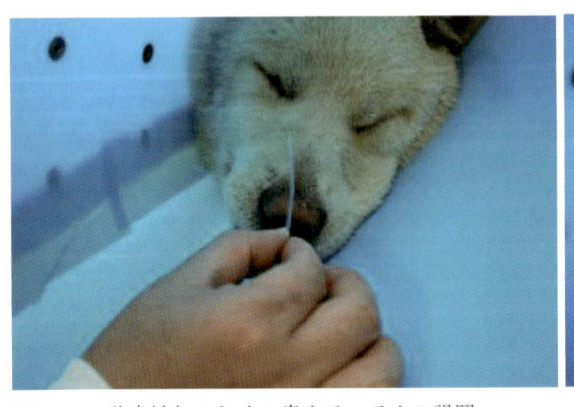

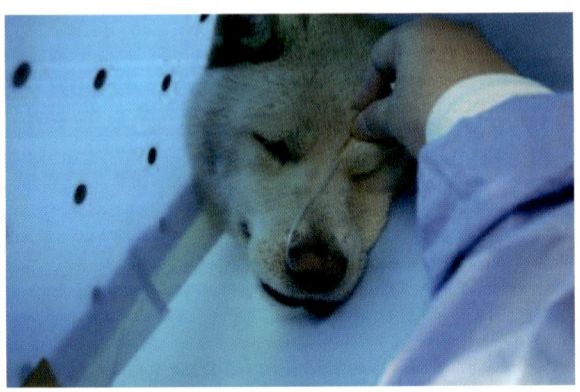

図 1-46　酸素給与のための鼻カテーテルの設置。
挿入するカテーテルの距離は，鼻道長の 1/3 程度で十分である。

コラム　硬膜外麻酔法の手技

　硬膜外麻酔は後肢断脚には欠かせない麻酔法の1つであり，後肢への鎮痛効果は非常に高い。患者を伏臥にして手術台の頭部を下げて腰部をできるだけ丸めるように保定し，なるべく尾は腹部の下に入れ，同時に丸めたタオルを置いて体躯を安定させる。第7腰椎の棘突起の周囲を毛刈りして手術と同様な消毒を行い，有窓ドレープを装着する。次いで投与薬物，23Gのカテラン針，5～10mlのフィルター付きデスポシリンジ，生理食塩水を用意する。

　手術グローブを装着して左手の親指と薬指で左右の腸骨を支点にして人差し指で仙骨に向かって皮膚を押し下げながら腰仙椎間を探る（図1-47，図1-48）。第7腰椎の棘突起と仙骨棘突起間の窪みをランドマークにして（図1-49），約45°の角度で23G針を刺入する（図1-50）。強く刺し過ぎると出血を起こしやすく，針の角度により骨に当たる場合もあるので無理せずに再度穿刺を試みる。針先が黄色靭帯を刺した場合，障子に細い針で穴を開けたような穿通感を得ることができる。電気メスを扱うように小指を皮膚にあてがい針を固定するが，モスキート鉗子で刺入基部の針を挟み込むこともできる。スタイレットを抜き脳脊髄液の露出のないことを確認して少量の空気あるいは生理食塩水を注入する。もし，抵抗感あるいは内筒が押し戻される場合は，直ぐに注入をやめて再度穿刺を行う。誤っ

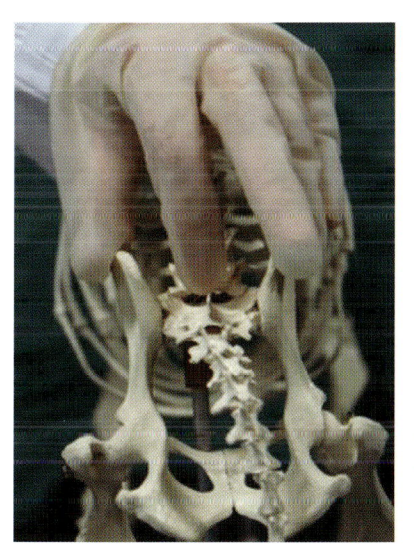

図1-47　親指と薬指で腸骨を支点にして人差し指で腰仙椎間の窪みを探す。

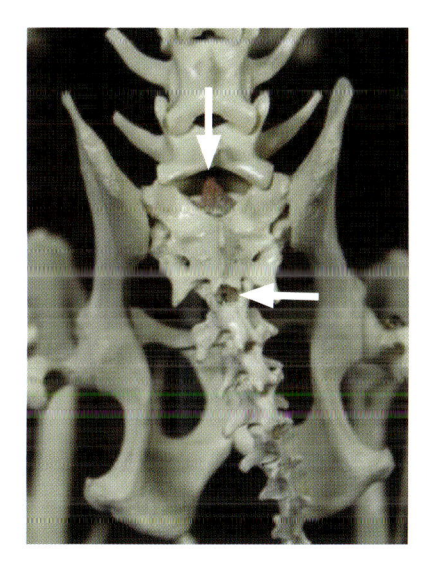

図1-48　第7腰椎の棘突起および仙椎棘突起間（矢印）

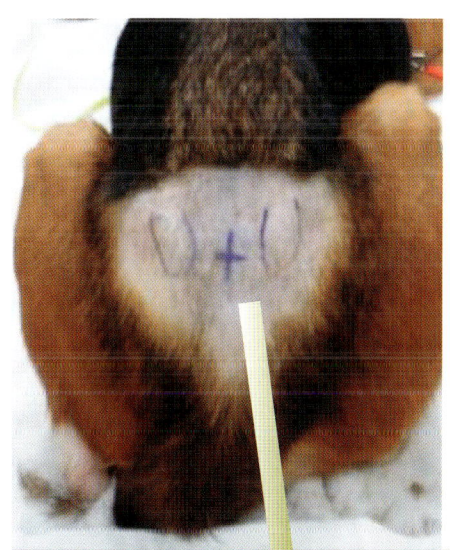

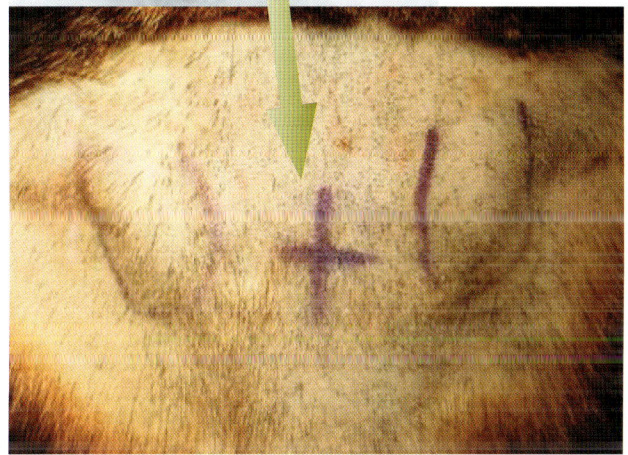

図1-49　腸骨と腰仙椎間（＋）

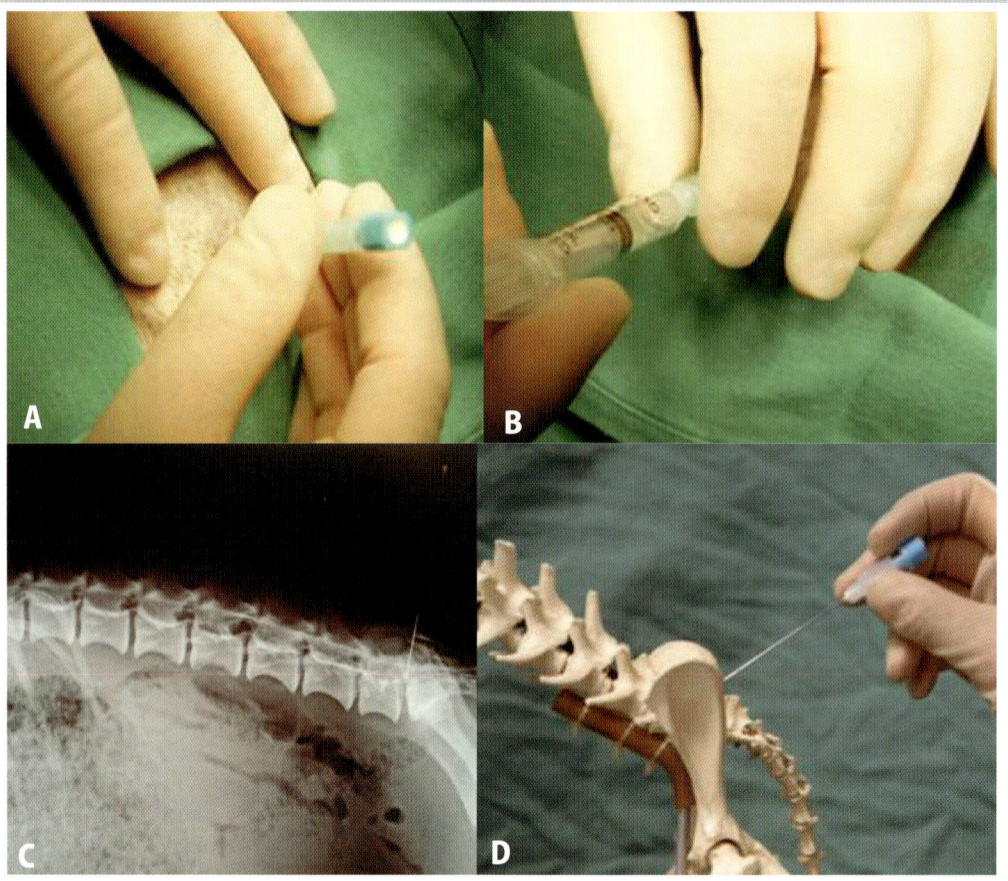

図1-50 腰仙椎間への針の刺入（A, B）とそのX線写真（C），模型による針の刺入の様子（D）。角度約45°で行う。

てクモ膜下腔あるいは静脈叢を穿刺していた場合は，注入速度を急速に行うと心拍数および血圧の低下を招くことがあるため，約1分程度かけて徐々に注入する。麻酔医は薬液注入時にはモニターにより血圧あるいは心拍数の確認を行う必要がある。

硬膜外麻酔・鎮痛に使用される主な薬物と投与量を表1-33にあげる。

表1-33 硬膜外麻酔・鎮痛に使用される主な薬物と投与量

投与薬物	投与量	投与法	作用時間
モルヒネ	0.1mg/kg	生理食塩水希釈（1ml/4.5kg）	20〜24時間
	猫：0.03mg/kg	投与（1ml/4.5kg）	
ブピバカイン	0.25% または 0.5%	0.15〜0.2ml/kg（最大量6ml）	4〜6時間
モルヒネ＋ブピバカイン	0.1mg/kg（モルヒネ）0.25%（ブピバカイン）	0.25%のブピバカインでモルヒネを希釈 0.15〜0.2ml/kg（最大量6ml）希釈投与	24時間以上
フェンタニル	0.001mg/kg	生理食塩水で希釈投与（1ml/4.5kg）	5〜6時間
リドカイン	2%	0.15〜0.2ml/kg（最大量6ml）	1〜2時間
ブプレノルフィン	0.005mg/kg	生理食塩水で希釈（1ml/4.5kg）	12〜18時間

第 2 章　ペインコントロール

1．はじめに

❖ Point
- 周術期疼痛管理は，単に術中の痛みを取り除くという目的にとどまらず，術後全身管理という視点から積極的に取り組む必要がある。
- ヒト医療と同様に，高齢化に伴うがん罹患動物の増加によって，ペットの癌による痛み（癌性疼痛）を取り除いてあげたいという飼い主の社会的ニーズが高まっている。

　腫瘍外科において根治を目的とした拡大切除は，重度な疼痛を伴うことがほとんどである。その実施にあたって，適切なペインコントロールが施された動物と，それがなされなかった動物の麻酔覚醒後の反応や術後経過の差は歴然としている。すなわち，我々獣医師は単に手術に伴う動物の苦痛を取り除くという動物愛護的な観点にとどまらず，術後全身管理という視点からも疼痛管理に積極的に取り組む必要がある。特に腫瘍罹患動物は高齢であり，循環器疾患や呼吸器疾患，内分泌疾患など様々な基礎疾患を有している個体が多く，術前検査において異常が認められなくとも，主要臓器の予備機能は低下していると考えて手術に望むべきである。周術期における精神的なストレスや重度な疼痛は，これらの生理的機能を悪化させるだけでなく，生体の恒常性を障害し，免疫機能の低下などによって術後感染症や創傷治癒の遅延などを引き起こし，様々な術後合併症の危険性を高め，術後の予後にも大きく影響する。動物愛護的な視点からみれば，家族の一員としての伴侶動物に不要な痛みは極力与えたくないというのは飼い主の切なる願いである。現在，我々獣医師は動物の痛みに対する認識を新たにし，適切な鎮痛処置を施すための知識と技術を習得しなければならない時代に入っている。本稿では，疼痛発生の詳細なメカニズムや各種鎮痛薬の薬理作用は他の成書を参照していただくこととして，実際の臨床現場に必要な知識と技術に重点を置いて，①腫瘍外科における具体的な周術期疼痛管理法，②進行・末期がん罹患動物に対する疼痛緩和療法，について解説する。

2．周術期疼痛管理の基本方針

❖ Point
- 周術期疼痛管理に必要な基本戦略は，作用機序の異なる鎮痛薬を併用するマルチモーダル鎮痛と，術前，術中，術後における途切れのない鎮痛で，特に外科侵襲が加わる前に痛みの伝達経路を遮断する術前（先制）鎮痛が効果的である。
- 外科的侵襲の高いハイリスクの症例において，適切な鎮痛を得るには麻薬の使用が必須である。麻薬の使用によって全身麻酔薬の過剰投与を防ぎ，覚醒遅延や術後合併症の頻度を軽減することが可能となる。

　獣医麻酔外科学会・"動物のいたみ研究会"の基本方針にしたがって周術期疼痛管理を実施することが原則であると筆者は考えている。すなわち，その大きなコンセプトは，①マルチモーダル鎮痛，②術前・術中・術後における途切れのない鎮痛，の2点である。

1）マルチモーダル鎮痛

　手術侵襲による痛みの刺激（侵害刺激）は，末梢神経から脊髄を介して中枢へと伝達された結果，その出力の1つとして生体に痛みを引き起こす。鎮痛薬は，この痛みを

生じさせる伝達経路のいずれかの部位を遮断することで鎮痛効果を得るが，鎮痛薬の種類によってその遮断部位が異なる。当然のことながら1点を遮断するよりも，複数の伝達部位を遮断したほうがより効果的な鎮痛が得られることになる。マルチモーダル鎮痛とは，この作用機序の異なる複数の鎮痛薬を効果的に使用して，それらの鎮痛薬の相乗効果を狙った鎮痛法である。手術侵襲の高いプアリスクの動物において，適切な鎮痛を得るには，麻薬（麻薬性オピオイドおよびケタミン）による鎮痛が主体となる。その他，手術部位によっては局所麻酔薬を用いた硬膜外麻酔などの神経ブロックが極めて有効である。その他に使用できる鎮痛剤としては，$α_2$作動薬，非オピオイド鎮痛薬（NSAIDs）および各種鎮痛補助薬がある。作用点の異なるこれらの薬剤を単独で使用するよりも，併用することでより効果的な鎮痛が得られると同時に，単独使用に比べて併用使用の場合は，各種薬剤の投与量を減らしても十分な鎮痛が得られるため，副作用を低減することが可能となる。

2）術前・術中・術後における途切れのない鎮痛

多くの動物は術前から飼い主から離れる不安と精神的な恐怖を感じている。術中は注射あるいは吸入全身麻酔薬によって大脳皮質での疼痛の認知が抑制された状態となっている。しかしながら，疼痛の伝達経路は活性化されており，麻酔覚醒後に大脳皮質から全身麻酔薬の抑制が解除されると，非常に強い痛みを感じることになる。動物によっては，覚醒時に過度な興奮状態に陥り，ときには院内中に響き渡るほど悲痛な泣き声をあげる状態になる。このような状態を回避するには，外科的侵襲を与える前から疼痛の各伝達経路における信号を遮断しておく必要があり，効果的に痛みの程度を軽減することが可能となる。これは，"先制鎮痛"あるいは"先取り鎮痛"と呼ばれ，周術期を通して極めて有効な鎮痛戦略となる。すなわち，強い痛みが出てから鎮痛薬を投与するのではなく，痛みの出る前に鎮痛薬を投与しておくということである。術中は全身麻酔下にあるため痛みの判定は困難となるが，術中にも継続して鎮痛薬を投与することで，強い侵害刺激による心拍や血圧などの上昇を抑制し，吸入麻酔薬などの全身麻酔薬の投与量を大幅に減量することができる。心肺および肝臓，腎臓などの予備能力の高い若齢動物の避妊や去勢であれば，確かに非麻薬性オピオイドやNSAIDsを術前に1回投与するだけで

十分かもしれないが，高齢かつ進行した腫瘍罹患動物に対する手術では，周術期の適切な疼痛管理は必須である。吸入麻酔薬や注射麻酔薬であるプロポフォールでは，麻酔量を増加させても術中の侵害刺激入力は抑制することはできない。麻酔薬によって十分な意識消失が得られているにもかかわらず，術中操作によって麻酔中の動物の心拍，血圧の上昇や自発呼吸などの体動が生じることがしばしば経験される。これは侵害刺激による交感神経系の緊張によるものである。この状態では，全身麻酔量が不十分なのではなく，十分な鎮痛がなされていないと判断すべきであり，麻酔量を増やせば確かに心拍数や血圧は低下するが，これは麻酔薬による直接作用であり，その段階では深麻酔，覚醒遅延を引き起こす危険性があることをよく認識する必要がある。術中の適切な麻薬の使用においては，麻酔からの覚醒遅延が生じることはほとんどなく，覚醒遅延の大部分はあくまで麻酔薬の相対的あるいは絶対的過剰投与の結果であるといえる。また，十分な術中鎮痛がなされていない場合，無事に手術が終了しても，覚醒後に上述したように動物は激痛を感じるため，悲鳴，不穏，頻脈，高血圧などを認め，その痛みの継続は術後合併症の一因となり得る。

上記の1），2）の目的を達成するためには，麻薬を代表に使用できる各種鎮痛薬の作用機序や用量，投与方法，作用時間，副作用等に関する十分な知識と経験が必要となる。

3．腫瘍外科の術式による疼痛レベル

✤ Point
・動物の痛みを客観的に判断することは難しい。したがって，どのような術式が施された場合でも，その動物に対して可能な限り最大の鎮痛法を施すことが望ましい。

動物の痛みを正確に評価することは困難である。動物の痛みの評価法として，心拍数や血圧，呼吸数，血糖値や血中コルチゾール値などの客観的な数値以外に，観察者による動物の行動や顔つき変化など主観的な評価法が提唱されている。実際の痛みがどの程度であるかはその動物にしかわからないため，我々獣医師は侵襲性の低いと思われる外科手術においても痛みを生じさせる可能性があることを十分に認識しておく必要があり，最大限の疼痛緩和処置を

施すのが基本方針であると筆者は考えている。しかしながら，限られたスタッフで行う実際の臨床現場においては，薬剤のコスト，薬剤の副作用，薬剤の調剤などにかかる時間，麻薬使用における帳簿記載などに要する時間なども勘案し，鎮痛処置を選択しなければならないのが現状である。このような現状から，腫瘍外科においてはその術式において，疼痛レベルを以下のように極めて大まかではあるが，高度，中等度，軽度の3段階に分類している。そしてその予想される痛みのレベルにおいて鎮痛法を変えているのが実際である。

①**重度**：開胸術，断脚術，頭頸部手術（下顎骨切除，上顎骨切除，全耳道切除，眼球摘出など），傍肋骨切開開腹術，骨盤切除術，直腸引き抜き術，膀胱・尿道全摘，乳腺全および片側摘出術，体表腫瘍の広範囲切除術など
②**中等度**：腹部正中切開による腹腔内腫瘍切除術（脾臓摘出術など）
③**軽度**：体表の小腫瘍切除術

4．周術期疼痛管理の実際

◆Point
・小動物臨床にも使用可能な鎮痛薬の種類は日々増加している。それらの薬剤の特性を知り，より効果的に使いこなすことが重要である。

1）各種鎮痛薬とその投与方法

§麻薬性オピオイド（強オピオイド）

ピュアなμ受容体作動薬であり，鎮痛薬の中で最大効力を示し，疼痛管理の中核となる薬剤である。なかでもモルヒネが代表薬であり，その他の強オピオイドはモルヒネを基準に比較されることが多い。麻薬性オピオイドは薬物依存を引き起こすが，痛みのある生体への使用では依存性が生じないことが証明されている。

①モルヒネ

最も歴史が長く，注射薬から経口薬（速放製剤，徐放製剤，内服液，散剤）座剤などがあり，ヒトでは癌性疼痛での使用のほか現在でも多用されている。調節性の優れたフェンタニルなどの登場によって，現在，静脈内投与（IV）を主体とする術中疼痛管理に用いられることはほとんどなく

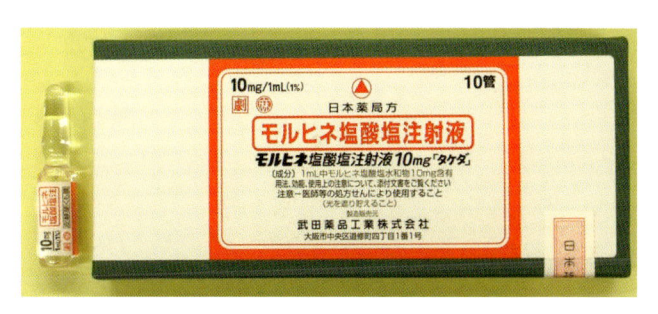

図2-1　モルヒネ

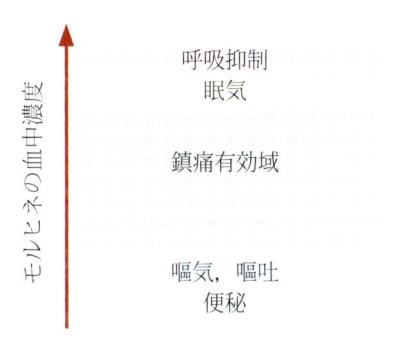

図2-2　モルヒネの血中濃度と作用発現の関係

なったが，逆に作用時間が長いことから硬膜外麻酔などの神経ブロックによく用いられる。副作用としては，ヒトでは嘔吐と便秘が有名であり，鎮痛効果を得るには図のように便秘，嘔吐が生じる血中濃度以上が必要である。それ以上の中毒域では，眠気，行動抑制，呼吸抑制が生じる。急速な静脈内投与ではヒスタミン放出による血圧低下の危険性があるため，一般的に筋肉内投与（IM）されることが多いが，CRIでの持続投与も可能である。筋注した際の作用発現時間は10〜20分，作用持続時間は数〜4時間である。犬では単独で筋注した場合，ほとんどの症例で嘔吐が認められる。

術前：0.2 mg（猫）〜1 mg/kg，IM
術中：0.2 mg/kg/hr，持続定量点滴（CRI）
術後：0.06〜0.12 mg/kg/hr，CRI（24〜48時間）

②フェンタニル

ワンショット静脈内投与ではおよそ5分後に効果が発現し，作用時間は30分程度である。

分子量が小さく，脂溶性が高いため，皮膚からの吸収も良好である。フェンタニルの効力は，フェンタニル：モルヒネ効力比＝100〜150：1といわれている。

術中では，間歇的な急速投与も可能であるが，作用時間が比較的短いため，一般に術前に負荷用量を投与した後，術中はシリンジポンプで持続静脈内投与を継続する。0.1mg/2ml，0.25mg/5ml のアンプル製剤があるがともに薬液の濃度は 50μg/ml である。筆者は，小型犬や猫では，5％ブドウ糖液または生理食塩水にて 25ml シリンジで 10μg/ml とし，中型犬では，同様に 20μg/ml とし，大型犬では原液のままとし，体重にあわせてシリンジポンプで投与速度を適宜調整して使用している。術中での推奨投与量の幅が大きいのは，術中の侵害刺激の強さによって必要となる投与量が異なるためである。心拍や血圧などをモニターし，適宜投与量を調節する必要がある。

術前：1～3μg/kg，IV（猫）
　　　2～5μg/kg，IV（犬）
術中：10～45μg/kg/hr，CRI
術後：1～4μg/kg/hr，CRI（猫）（24～48時間）
　　　2～5μg/kg/hr，CRI（犬）（24～48時間）

また，硬膜外麻酔など局所的に使用した場合，モルヒネと比較して，脂溶性が高いため脊髄への浸透が速いため，鎮痛効果の発現が早く，遅延性の呼吸抑制などの副作用の危険性がほとんどないが，作用時間が短いため，局所投与においては硬膜外カテーテル留置による持続注入が必要となる。

③レミフェンタニル（アルチバ®）

近年，小動物臨床でも使用報告例が増えてきた超短時間作用性のオピオイドである。速やかに血液脳関門を通過し作用を発現するとともに，血中および組織中の非特異的エラスターゼによって速やかに代謝されるため，従来のオピオイドと比べて極めて調節性に優れている。そのため持続静注でしか使用することができない。投与時間にかかわらず投与終了後 5 分以内に作用が消失することから，術後鎮痛は期待できないため，術後疼痛管理を別に考えておく必要がある。また，添加物としてグリシンが入っているため，硬膜外やクモ膜内への局所投与は禁忌である。副作用としては，従来のオピオイドと同様であるが，導入時の徐脈や低血圧に注意が必要とされる。ヒトでの術中の投与量は，0.05～2.0μg/kg/min の範囲で調節が必要とされるが，0.25μg/kg/min（15μg/kg/hr）が標準となっており，適切な鎮痛効果が得られれば，吸入麻酔薬の量を半減することが可能とされる。なお作用発現時間も早いため初回負荷投与は必要ないとされている。その調節性のしやすさから今後，小動物臨床においても術中鎮痛の主役となる可能性のある薬剤と思われる。

§非麻薬性オピオイド

麻薬性オピオイドに比べ鎮痛効果は弱く，軽度から中等度の痛みを伴う手術に使用される。小動物臨床において注射薬として周術期に主に使用されるのは，下記の薬剤である。

①ブトルファノール（ベトルファール注®）

κ 受容体作動薬＋μ 受容体拮抗薬であるため，純粋な μ 受容体作動薬であるモルヒネ，フェンタニル，ブプレノルフィンの効果を低減する可能性があるため，これらの薬剤とは併用しない。作用時間は数時間と短いため，作用時間を超えた場合は，術中あるいは術後に追加投与が必要となる。

図 2-3　フェンタニル

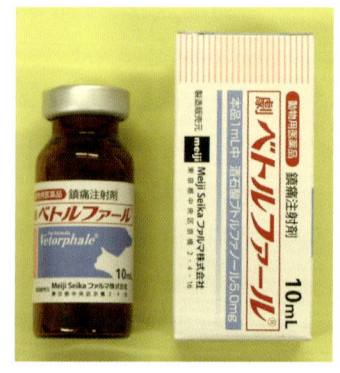

図 2-4　ブトルファノール

術前：0.2 〜 0.4 mg/kg，IV
術中：0.2 mg/kg/hr，CRI
術後：20 〜 24 μg/kg/hr，CRI（24 〜 48 時間）

② ブプレノルフィン（レペタン注®）
μ受容体部分作動薬であり，作用時間はブトルファノールと比較して，6 〜 8 時間と長い。呼吸抑制はブトルファノールよりも強い。座薬もあり，術後疼痛管理に使用できる（後述）。
0.01 〜 0.02mg/kg，IV

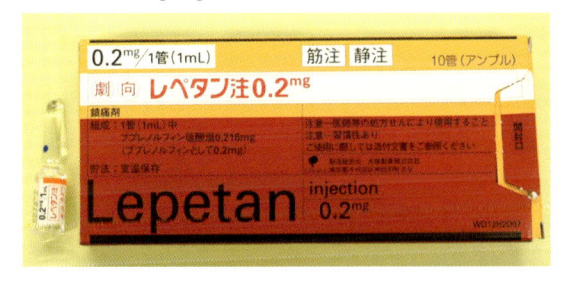

図 2-5　ブプレノルフィン

③ トラマドール（トラマール注®）
μ受容体選択的作動薬であるとともに，ノルアドレナリンおよびセロトニンの取り込み系を抑制する効果を併せ持つ。錠剤もあり，術後疼痛管理に使用できる。
犬 4mg/kg，猫 1 〜 2mg/kg

§ ケタミン
従来，注射用全身麻酔薬として麻酔導入時に用いられていたが，NMDA（N-メチル-D-アスパラギン酸）受容体拮抗作用を有するため，麻酔導入量の 1/10 程度の少量でも鎮痛効果（特に体性痛）を発揮することが明らかとなっている。以前より 0.1％ケタミン微量点滴麻酔法として小動物臨床においても，鎮痛効果を目的としてプアリスクの症例に対して実施されてきている。
ケタミン 50mg/ml を，通常 5％ブドウ糖液などで 1mg/ml となるように希釈してシリンジポンプにて静脈内に持続投与する。
術前：0.5 mg/kg，IV
術中：0.6 mg/kg/hr，CRI
術後：0.12 mg/kg/hr，CRI（24 〜 48 時間）

§ 非オピオイド鎮痛薬（NSAIDs）
術中の組織障害により，局所においてプロスタグランジンやブラジキニンのような様々な内因性炎症物質の放出が起こり，それらが化学的刺激として侵害受容器を刺激する。その刺激は主に C 線維を上行し，脊髄後角において脊髄神経に伝達され，視床から大脳皮質へと入力し，大脳皮質体性感覚野において"痛み"として認知される。NSAIDs はアラキドン酸カスケードのシクロオキシゲナーゼを阻害することにより，プロスタグランジンなどの産生を抑え，鎮痛効果を発揮する。周術期においては注射用 NSAIDs が一般に用いられるが，小動物臨床では，下記の薬剤が用いられることが多い。

・カルプロフェン（リマダイル®：ファイザー）4mg/kg
・ケトプロフェン（ケトフェン注 1％®：メリアルジャパン）2 mg/kg，皮下投与（SC）
・メロキシカム（メタカム 0.5％注®：ベーリンガーインゲルハイム）0.2 mg/kg（犬），0.3 mg/kg（猫）

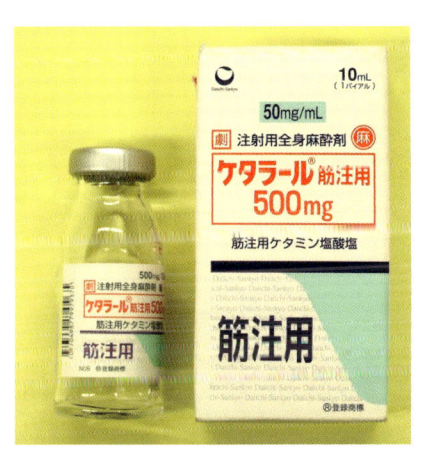

図 2-6　ケタミン

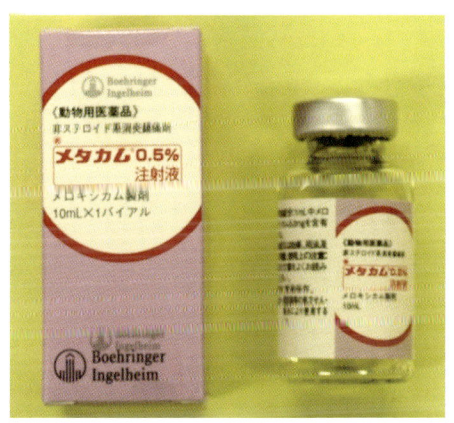

図 2-7　メロキシカム

・ロベナコキシブ（オンシオール2％注®：ノバルティス）
　2 mg/kg，SC

基本的に，NSAIDs に特有の腎臓，胃粘膜，血小板に対する副作用はより COX-2 選択性が高いほど少ないことが予想されるが，獣医学領域で上記の薬剤の効果および副作用に関する明確なエビデンスはなされていない。

§局所麻酔薬

侵害刺激の神経伝達を阻害して鎮痛作用を発揮する。現在，主に使用されているのは，アミド型の局所麻酔薬である塩酸リドカイン（キシロカイン®），塩酸ブピバカイン（マーカイン®），塩酸ロビバカイン（アナペイン®）である。このうちリドカインは効果発現時間が速い（2分程度）が作用持続時間は2時間程度であるのに対して，ブピバカイン，ロビバカインは作用発現時間まで数十分を要するが作用持続時間は6時間程度と長い。この特性を使い分けて，単独または併用して使用する。

リドカイン：5mg/kg
ブピバカイン：2mg/kg
ロビバカイン：2～3mg/kg

局所麻酔薬の使用方法：

①神経ブロック
　・腕神経叢ブロック
　・頭部神経ブロック（眼神経，上顎神経，眼か下神経，オトガイ神経，下歯槽神経）
　・掌神経ブロック
　・肋間神経ブロック
　・下腿神経ブロック
　・術中の神経束ブロック
　・硬膜外およびクモ膜下麻酔

②浸潤麻酔
　・術創周囲への注射
　・術創内に設置したカテーテルを介した投与
　・胸腔内および腹腔内投与

③全身投与による術中鎮痛

抗不整脈薬でもあるキシロカイン（リドカイン静注用）は，低用量で術中に微量点滴することによって，鎮痛効果を発揮することが明らかとなっており，吸入麻酔薬を2～3割軽減できることが明らかとなっている。

術中：1.5～3 mg/kg/hr，CRI

§α₂作動薬

キシラジンに変わって，現在ではメデトミジンが多用されている。用量によって強力な鎮静とともに軽度から中等度の鎮痛効果も併せ持つ。しかしながら徐脈など循環抑制が強いため，プアリスクの症例において周術期に使用されることは少ない。アチパメゾールによってその作用が短時間で解除することができる。

§トランキライザー

単独での鎮痛効果はほとんど期待できないが，鎮痛薬と併用することによって，鎮痛薬の鎮痛効果を増強する。通常の手術では鎮痛薬とともに術前投与されることが多

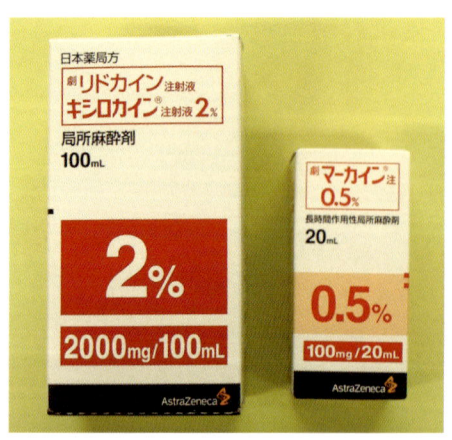

図2-8　リドカイン，ブピバカイン

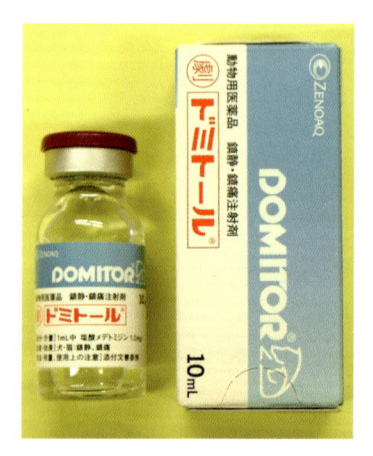

図2-9　メデトミジン

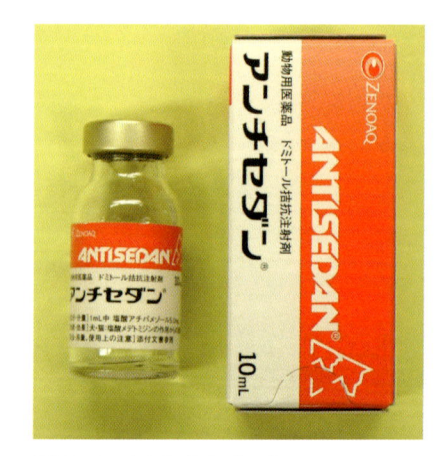

図2-10　アチパメゾール

い。循環動態への作用が少ないベンゾジアゼピン系と比べ，フェノチアジン系トランキライザーは，血圧低下作用があるため，注意が必要である。

2）周術期疼痛管理の実施例

東京農工大学腫瘍科での周術期疼痛管理の実施例を紹介する。

ウエルシュ・コーギー，11歳，雌，体重 8.2kg。重度な痛みが予想される乳腺全摘手術および卵巣子宮全摘術の例（図 2-11〜図 2-15）。

■術前投与

　アトロピン 0.04 mg/kg，SC
　ミダゾラム 0.2 mg/kg，IV
　フェンタニル 2μg/kg，IV
　ケタミン 0.5 mg/kg，IV
　メロキシカム 0.2 mg/kg，SC

■麻酔導入

　プロポフォール 4 mg/kg，IV

■麻酔維持

　イソフルラン 1〜0.5 MAC

■術中鎮痛

　フェンタニル 10〜45μg/kg/hr，CRI
　ケタミン 0.6 mg/kg/hr，CRI

術中，痛みの徴候が認められたらフェンタニル 2μg/kg を適宜ボーラス投与。

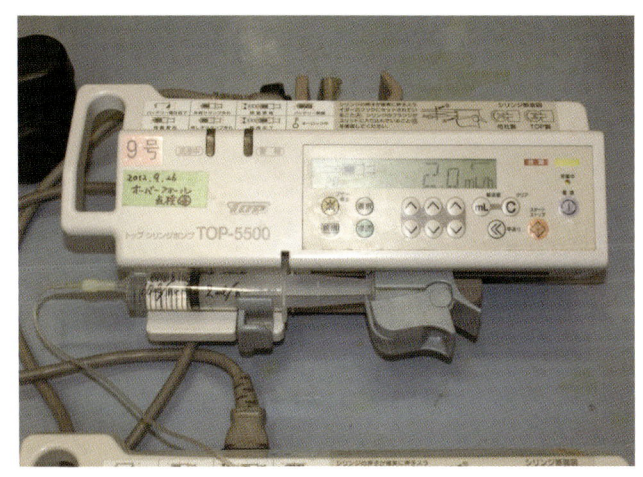

図 2-12　術中のモニタリング

5Fr のアトム栄養カテーテルに 25G 針で側孔を開け，カテーテルの先端は固く結んで，術創皮下に設置，ブピバカイン 2mg/kg およびリドカイン 5mg/kg を局所投与し，浸潤麻酔の効果を得る。

■術後鎮痛

　フェンタニル 2〜3μg/kg/hr，CRI
　ケタミン 0.12 mg/kg/hr，CRI

術創皮下に設置したカテーテルからブピバカインを 1日 3 回投与（2〜3 日間で抜去）。手術の翌日，腎機能，

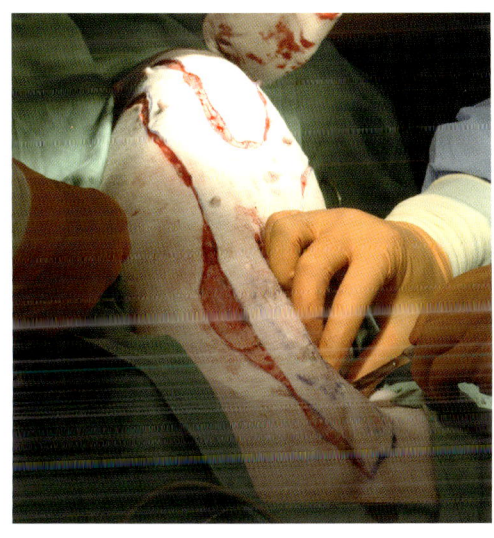

図 2-11　術中（麻酔維持状態）

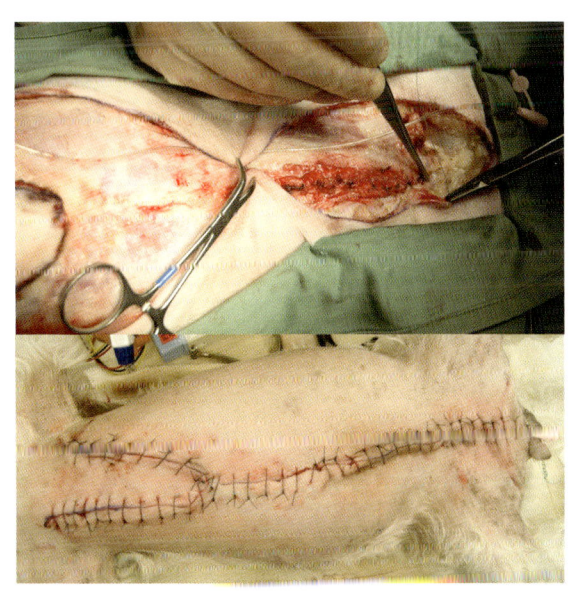

図 2-13　手術終了。25G 針で側孔を多数あけたアトム栄養カテーテルを皮下に設置。皮膚縫合終了後，カテーテルからリドカインおよびブピバカイン（1:1）を生理食塩水で 10ml 程度に希釈して注入。

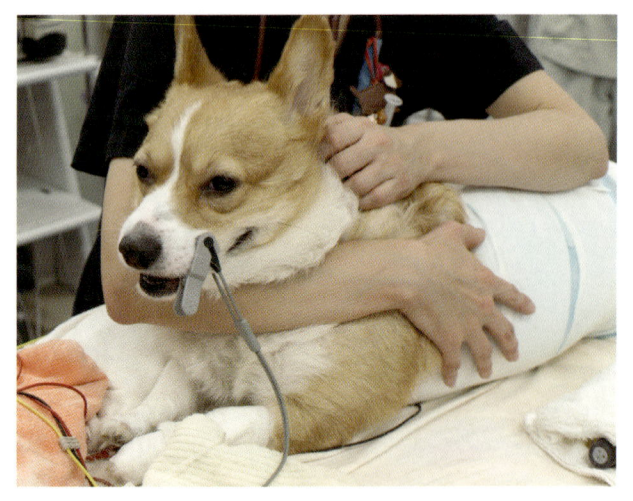

図 2-14　抜管直後の状態。ほとんど疼痛反応は認められない。

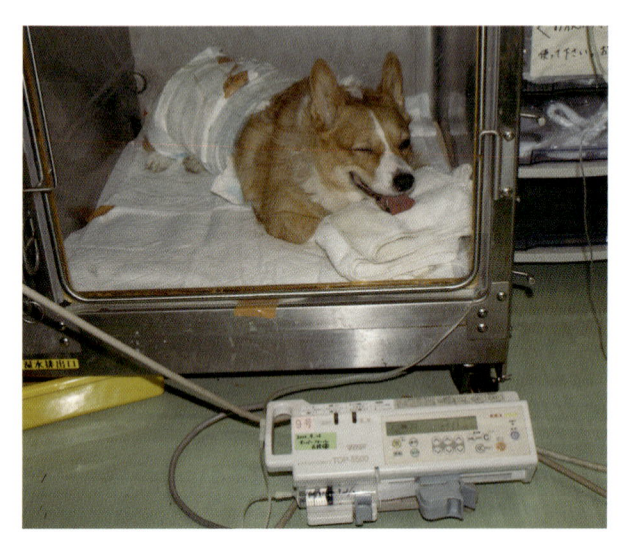

図 2-15　術後 1 時間。フェンタニルおよびケタミン CRI を継続。呼吸，循環動態は安定しており，疼痛反応はほとんど認められない。

止血異常がなく，メロキシカム投与経口摂取が可能となれば，ガバペンチン（後述）等を鎮痛補助薬として投与する。

5．がんによる疼痛への対応

がんによる痛みは，がんの治療が奏功せず進行した場合に多く認められるが，がん自体の進行に伴って，その痛みも急性増悪したり，慢性的な持続的な痛みに移行することがある。ヒトでは進行がん患者の約 7 割に痛みが存在するといわれている。がんによる疼痛は決して末期状態だけに出現するものではないので，がんという診断から死亡するまでの間のどの病期においても痛みに対する治療を行う必要があり，痛みの性状や原因についての検討を進めると同時に，適切な鎮痛薬の投与を開始するべきである。がんによる痛みは，その発生部位によって，さまざまな部位に生じ，性質の異なる痛みが同時に起こる場合もある。担癌動物の疼痛緩和には，がんによる痛みの性質の変化だけでなく，治療による痛みの変化に関しても理解する必要がある。

1）がんの痛みの種類（表 2-1）

(1) 侵害受容性疼痛
感覚神経（体性神経や内臓神経）が何らかの刺激によって痛みを起こす場合。

(2) 神経障害性疼痛
圧迫や切断などの物理的な要因で神経伝達が障害され，その障害によって脊髄の細胞レベルで痛みを伝達する細胞が，持続的に痛み刺激を中枢に送る場合。

(3) 混合性神経障害性疼痛
侵害受容性疼痛と神経障害性疼痛が混合している場合。

2）がんに伴う痛みの種類（表 2-1）

(1) がんの腫瘍自体が原因となる痛み
- 骨腫瘍，骨転移（体性）
- 病的骨折（体性）
- 軟部組織浸潤（体性，神経障害性）
- 内臓の腫瘍（内臓）
- 末梢，中枢神経系の浸潤（神経障害性）脊髄圧迫による痛みを含む

がんの腫瘍自体が原因となっている痛みには上記の痛みがあげられる。この場合には，腫瘍自体が組織に分布する感覚神経に対して何らかの刺激（各種サイトカインなど）を起こし，痛みを起こすと考えられている。

特に，骨の痛みに関しては，①初期の骨膜刺激の痛み（体性痛），②骨転移部位が増大し，神経を圧迫する場合にはしびれなどの麻痺，痛み（神経障害性疼痛）を起こし，③四肢の骨に病的骨折が起こった場合には，急激で激烈な痛み（急性痛，体性痛）を引き起こす。このように同一患者でもがんの病期によって，様々な痛みに苦しむことになる。

表2-1　がんによる疼痛の種類と性質

疼痛		痛みの性質	例
侵害受容体性疼痛	体性痛	局在が明確な鋭い痛み（ズキズキ）	骨転移など
	内臓痛	局在が不明の鋭い痛み（ズーン）	腹膜播種など
神経障害性疼痛		しびれを伴う痛み（ビリビリ）	神経浸潤など

したがって，その病期を正確に把握し，痛みを予測しながら早期に疼痛対策を立てることが重要である。

（2）がんの治療に伴う痛み

手術に関連した痛み：手術直後の痛みは術後の適切な疼痛管理によって改善していくが，中にはそれらが改善せずに慢性化することがある。その多くは手術による神経障害性疼痛である。ヒトでは腫瘍切除に伴う断脚後の幻肢痛，断端肢痛，肺の手術後の開胸後痛などがその代表といわれる。

化学療法に関連した痛み：化学療法の副作用による口内炎や膀胱炎などの痛みは体性痛であるが，ビンクリスチンや白金系抗がん剤は，ヒトでは四肢のしびれ，痛みなどの神経障害性疼痛を引き起こすことが知られている。

放射線治療に関連した痛み：頭頸部癌では放射線治療後に口内炎などの粘膜障害による体性痛を引き起こすことがある。

（3）その他の痛み

褥瘡の痛み，椎間板ヘルニアなど，もともとの疾患とは関係のない痛み。

3）がんによる疼痛への対応法

効果的な治療を行うには，痛みについて適切な診断を行う必要がある。痛みが軽いうちに治療を開始すると，痛みの軽減が安全に，しかも早く得られる。ヒトではWHO（世界保健機関）がん疼痛治療法のガイドラインにしたがって実施されている。それによれば，3段階の徐痛ラダーが推奨されている。すなわち，痛みの強さを3段階（軽度，軽度から中程度，中程度から高度）に分け，非オピオイド鎮痛薬から開始し，効果が不十分な場合は，弱オピオイド，強オピオイドと段階的に鎮痛薬を加えていく方式である。その原則は，必ず1段目から開始するのではなく，患者の痛みの強さに相応した段階から薬剤を選択すること，効果が不十分なときは，必ず上の段階の薬剤に切り替え，その際，患者の生命予後の長短を考慮しない

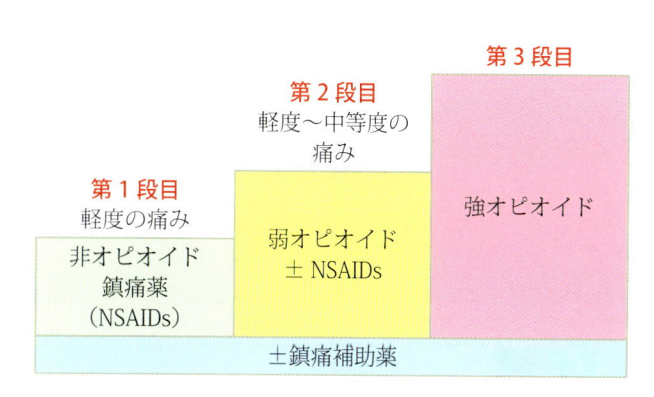

図2-16　WHOの3段階の徐痛ラダー

ことである。これを実際の小動物臨床に当てはめると，基本的に在宅での薬剤の投与が中心となることから，経口薬，座薬，貼付薬が主な薬剤となり，以下に具体的な方法を示す。

§軽度な痛み＝非オピオイド鎮痛薬（NSAIDs）

近年，副作用を低減し，長期投与可能な動物用NSAIDsが開発されており，軽度な痛みに対して有効である。

§軽度から中等度の痛み＝弱オピオイド

ヒトではリン酸コデイン，ジヒドロコデインが用いられているが，犬や猫では使用しにくいため，代用として非麻薬性オピオイドであるブトルファノール，ブプレノルフィン，トラマドールがこの段階での使用に適している。このうち経口薬はトラマドール（犬4～5mg/kg　猫1～2mg/kg）だけであるが，ブトルファノール注射薬を経口投与しても同様に効果がある（承認外使用）。食欲が不安定で経口投与が難しい場合は，ブプレノルフィンの座薬が投与しやすい。

§中等度から高度な痛み＝強オピオイド

モルヒネ徐放錠，モルヒネ座薬，フェンタニル貼付剤が

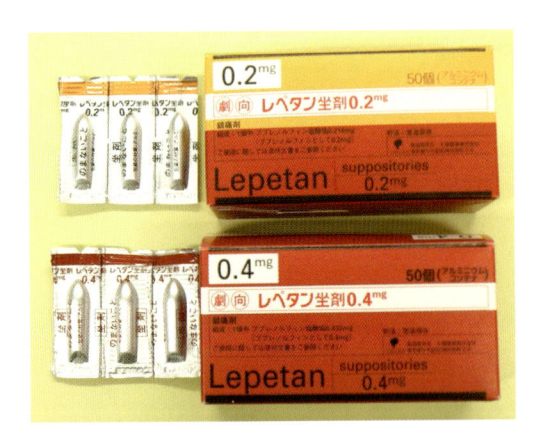

図2-17 弱オピオイド

使用できる。

①モルヒネ製剤

速放製剤である塩酸モルヒネと徐放製剤である硫酸モルヒネがあり，ヒトでは40mg/日から開始し，200mgまで増量（犬1～3mg/kg, 1日2回投与）。座薬は経口投与の1.5～2倍，皮下，静脈内投与は3倍，硬膜外投与は10倍の効果がある。

②フェンタニルパッチ（デュロテップパッチ®）

72時間（3日）ごとに交換する。近年，放出，吸収速度を高めたデュロテップMTパッチ®や，1日ごとに交換するパッチ（ワンデュロパッチ®）が製品化され，より細かい管理ができるようになっている。上述した効力比から2.5mgパッチは，経口モルヒネ薬1日量60～90mgに相当するとされる。小動物臨床においては貼付を維持する手間や配慮と，効果予測や投与量計算などきめ細かな用量調整が困難であることから，やや使いづらい。

§鎮痛補助薬

これらの薬剤は本来，鎮痛を目的としていないが，上記の鎮痛薬の効果を助ける働きが認められている。

副腎皮質ステロイド剤，抗けいれん薬であるガバペンチン，NMDA受容体拮抗薬であるアマンダシン，破骨細胞の機能抑制効果を有するビスフォスファオネートなどが用いられる。これらの鎮痛補助剤は患者の状態に応じて早期（第1段階）から使用しても問題はなく，神経性の疼痛が疑われる場合には積極的に投与することが望ましい。

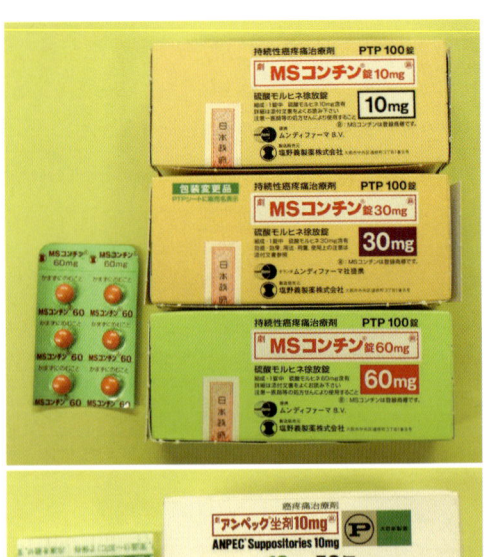

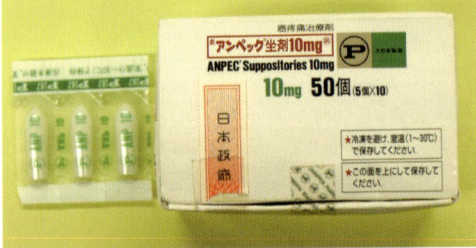

図2-18 強オピオイド

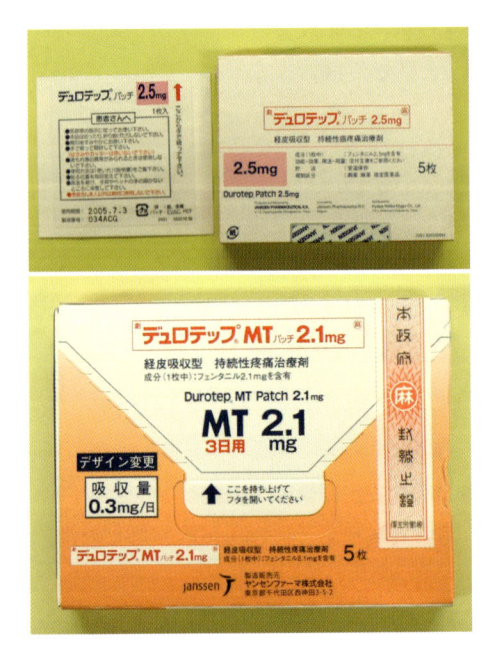

図2-19 フェンタニルパッチ

①副腎皮質ホルモン剤

がん病変が直接的な原因で，オピオイドやNSAIDsが無効な場合や，脊髄圧迫がある場合に使用する。

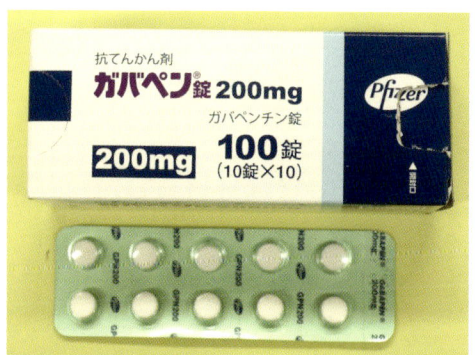

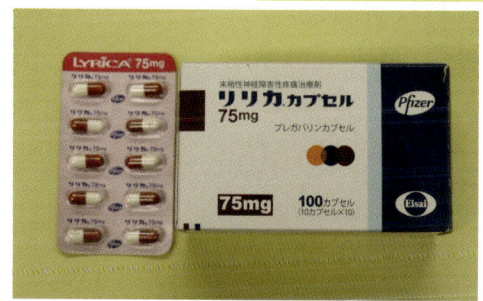

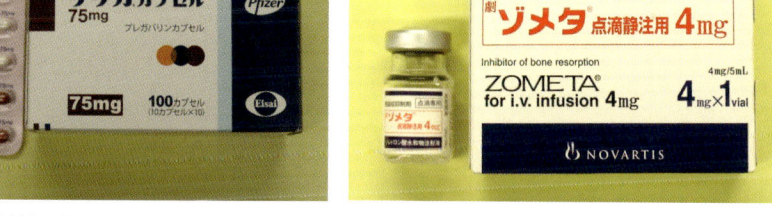

図 2-20　末梢神経障害性疼痛治療薬

②末梢神経障害性疼痛治療薬

ガバペンチン（ガバペン®）：3〜10mg/kg，1日2〜3回投与。GABA類似物質で脊髄背角にあるCaチャネルに作用し，神経性疼痛に効果がある。

プレガバリン（リリカ®）：ガバペンチンと同様の機序により神経伝達物質であるグルタミン酸の放出を抑制する。さらに下行性疼痛抑制系のノルアドレナリンおよびセロトニン経路にも作用し，末梢神経障害性疼痛に有効である。

アマンタジン（シンメトレル®）：3〜5mg/kg，1日1回投与。中枢神経系のNMDA受容体に作用し，神経障害性疼痛に有効性が示されている。

ビスフォスフォネート製剤：注射薬のゾメタ®は，破骨細胞の活性を抑制することで骨破壊の進行を抑制する作用を有し，癌の骨転移や骨原発腫瘍における疼痛緩和に有効性である。

4）痛みに対する治療の効果判定

ヒトにおいては癌性疼痛の治療の目標を，以下の3段階に分けてその効果判定を行っている。

第1目標：痛みに妨げられない夜間の睡眠時間の確保
第2目標：安静時の痛みの消失
第3目標：起立時や体動時の痛みの消失

非常に耐え難い強い痛みに緊急に対処する必要がある場合には，通常の投与開始量より，やや多い量の鎮痛薬を注射し，痛みが緩和したら，漸減して適切量を求める方法がとられている。動物においては痛みの判定が困難であることは先に述べたが，飼い主には自宅での動物の状態や行動に注意深い観察をお願いして，疼痛緩和治療の効果を判定するよう努めるべきである。

第3章 手術装置の基礎

1. 電気メス

　1500年代では，戦場での傷口に焼きごてをあてたり，熱油をかけたりして止血や化膿防止に用いたが，逆に熱傷となって創傷の治癒を遅らせていた。その後，1908年には，L.Deforestが真空管式高周波発生装置を試作したが医師の協力を得ることができず実用化には至らなかった。本格的な電気メスによる止血は，1926年に脳外科医であるHarvey Cushingが脳腫瘍に用いたのが最初であるといわれている。国内では1950年代に開発された三極真空管を用いた高周波発振回路の電気メスが主流を占め，以後，医療の発展とともにスプレー凝固やアルゴンビーム凝固装置など次々と新しい機器が開発されてきた。

　外科医にとって一般的なモノポーラやバイポーラなどの電気メスは，手術時の切開や止血・凝固などに必須とされており，ほとんどの領域で使用されている。しかしながら，日常使用されているにも関わらず，皮膚の熱傷や軽い電気ショックなどの軽微な事故が発生している。このような事故を未然に防止し，適正な使用法を理解することにより，より安全で有効な手術が可能となる。

1）原　理

（1）誘導電流作用

　誘導電流は，体の組織を20,000Hzまでの周波数を有した交流電流が流れると発生する。誘導電流は神経や筋肉の筋収縮を起こすので外科医にとっては極めて厄介なものである。筋肉などの収縮を予め防ぐには，300,000Hz以上の高い周波数の交流電流を用いることである。

（2）熱作用

　人体の組織に少なくとも300,000Hz（300kHz）の高い周波数の交流電流を用いると，誘導電流は発生しないが，熱による効果が引き出される。この作用を応用しているのが高周波手術あるいはラジオサージェリーである。また，この加熱効果は，組織の抵抗率や電流密度あるいは通電時間などにより変化するが，これらの熱を利用して組織を破壊し切開や凝固を行っている。しかしながら，電気メスにおける電極からの出力様式の違いとスパークの強弱により，組織への熱作用が異なり（表3-1，図3-1），用途も違ってくる（図3-2）。また電極の接触状態と形状により出力が変化する（図3-3）

（3）凝　固

　高周波の電流を100℃まで徐々にあげながら組織を過熱させると組織の細胞内・外液が蒸発して，凝固と収縮が起こる（図3-4）。

（4）切　開

　組織を急速に過熱させて（100℃以上）蒸気圧で細胞膜を破裂させる。切開は機械的な力を加えることなく精密な切開が可能となる（図3-4）。

表3-1　組織の熱作用

約40℃	可逆的な組織損傷が起こる。
約49℃	不可逆的な組織損傷が起こる。
約65～70℃	（凝固）コラーゲンはグルコースに変化し，コラーゲン質の組織が縮小する結果，凝固止血が起こる。
約100℃	（脱水/乾燥）細胞内液・外液が液相～気相へと変化する。乾燥により，グルコースには接着作用が生じ，凝固した部分は縮小する。
約200℃	（炭化）組織はIV度の熱傷と同じように組織は炭化する。

62　第3章　手術装置の基礎

＜200V
ソフト凝固

500V
純粋切開

スパークの強弱
1,000V
混合切開

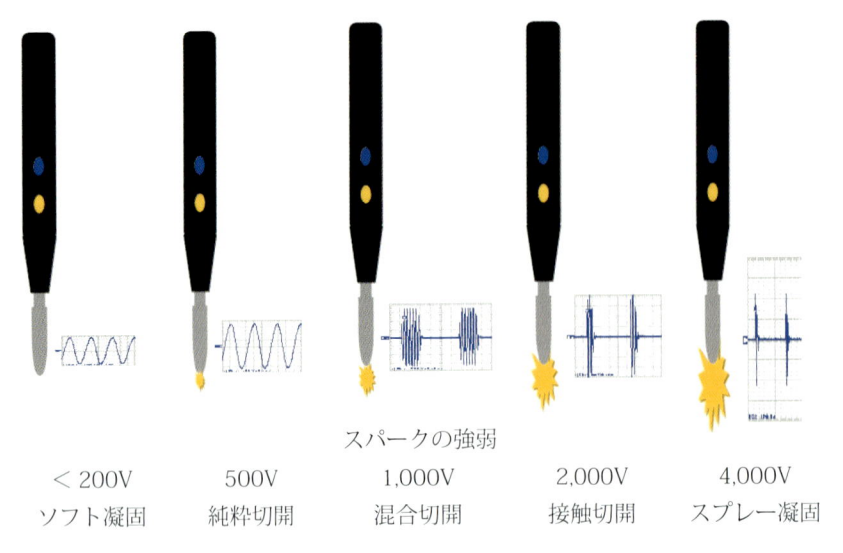

2,000V
接触切開

4,000V
スプレー凝固

図3-1　出力様式の違い

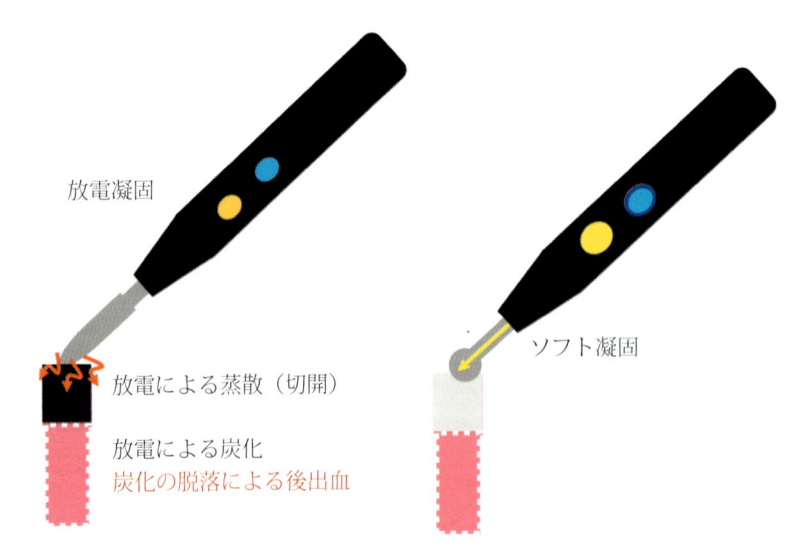

放電凝固

放電による蒸散（切開）
放電による炭化
炭化の脱落による後出血

ソフト凝固

図3-2　スパークの強弱によりその用途が異なる

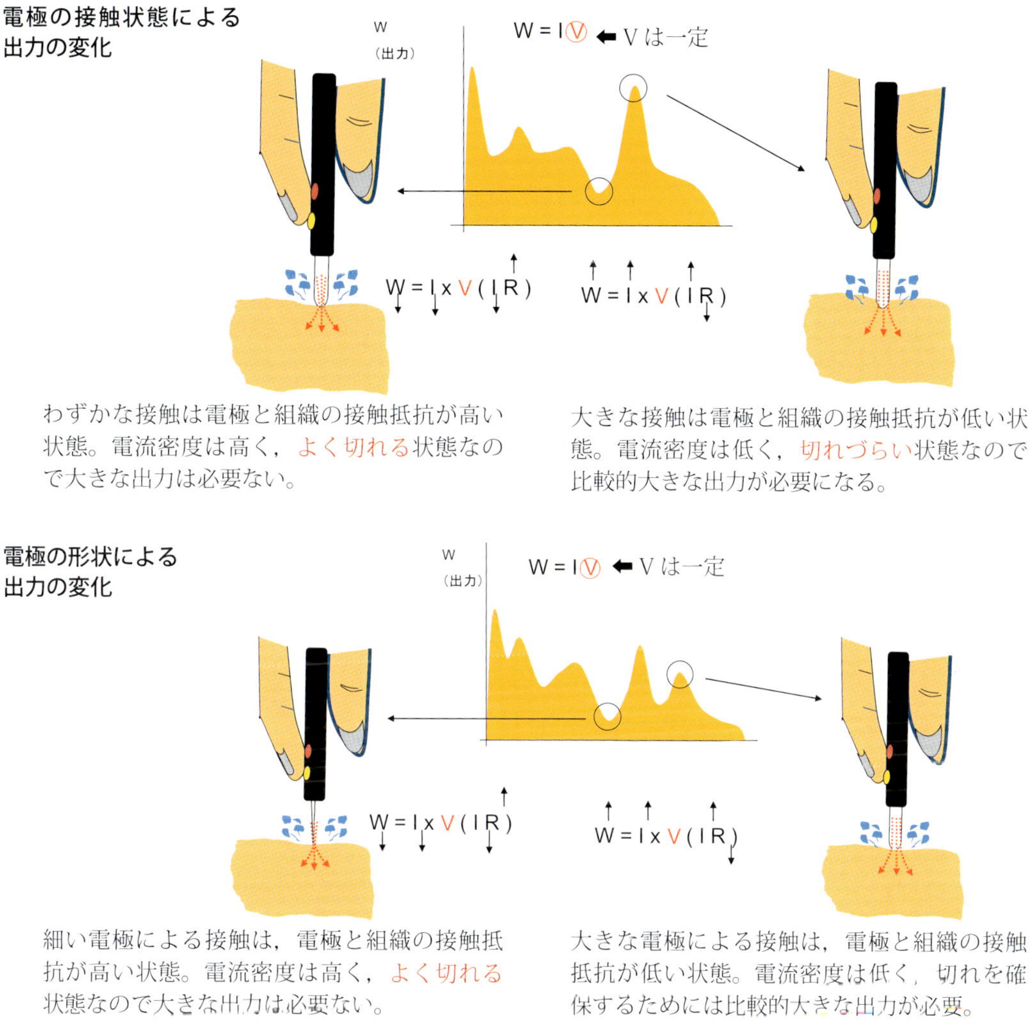

第3章　手術装置の基礎

電極の接触状態による出力の変化

わずかな接触は電極と組織の接触抵抗が高い状態。電流密度は高く，よく切れる状態なので大きな出力は必要ない。

大きな接触は電極と組織の接触抵抗が低い状態。電流密度は低く，切れづらい状態なので比較的大きな出力が必要になる。

電極の形状による出力の変化

細い電極による接触は，電極と組織の接触抵抗が高い状態。電流密度は高く，よく切れる状態なので大きな出力は必要ない。

大きな電極による接触は，電極と組織の接触抵抗が低い状態。電流密度は低く，切れを確保するためには比較的大きな出力が必要。

図3-3　電極の接触状態と形状の違いによる出力の変化

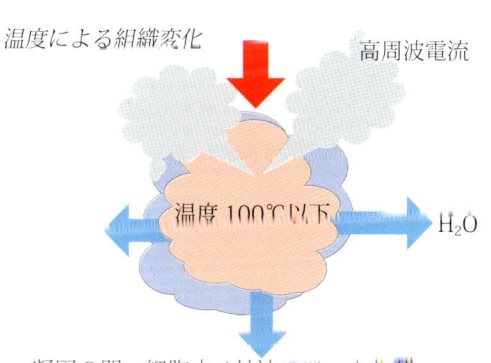

凝固の間，細胞内／外液はゆっくり蒸発する。細胞膜は原型を維持する。

組織を急速に過熱すると蒸気圧が増大し，爆発的な細胞膜の破裂が起こる。

図3-4　凝固と切開における組織の熱作用

2）モノポーラ

ー対極板が必要！ー

（1）切　開

電流は閉鎖回路を流れるためにアクテイブ電極（メス先電極：電気メス作用を発生させる部分，図3-5）と対極板によって回路が形成される。電流はマイナスからプラスへと流れるが，モノポーラはアクテイブ電極から流れた電流が体を通り対極板から装置に戻る（図3-6）。もし，体と対極板の間隙あるいは乾燥により対極板に電流が通らない場合は，アークが生じ強い火傷を起こす（図3-7）。高

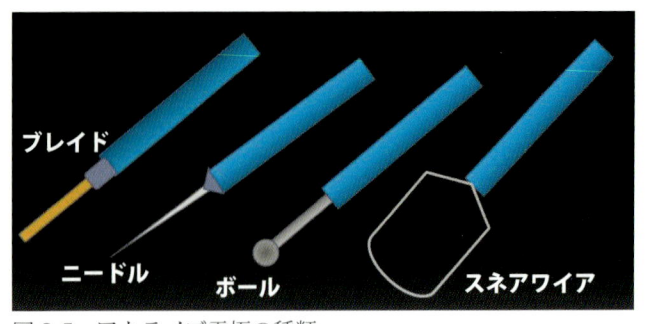

図3-5　アクテイブ電極の種類

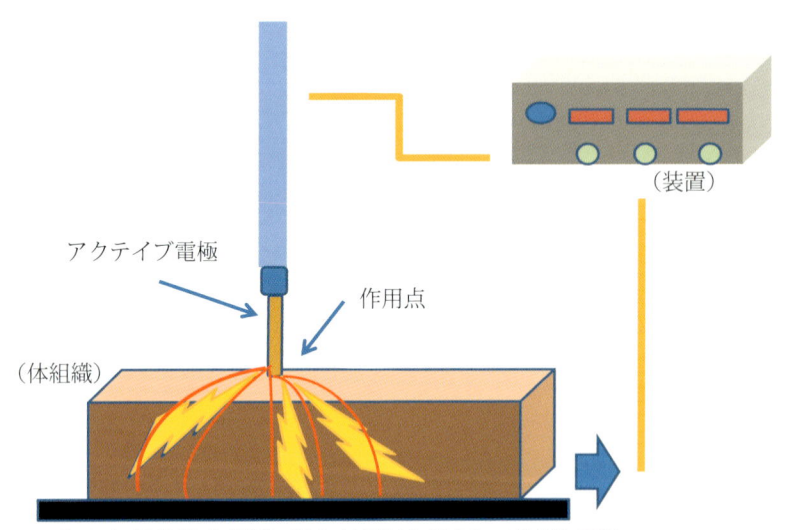

図3-6　モノポーラ型の電流回路

い電流を持続的に使用すると対極板を被覆しているガーゼなどが乾燥して通りが悪くなる。対極板を被覆する布はなるべく厚めにし（厚めのガーゼあるいは布を袋状にする，図3-8），生体のなるべく平らな部位を選ぶことが重要である。生体における組織の切開は，電極と組織間に生じるアークにより起こる。このアーク（0.1mm）が細胞に流れると，その部分が高温になり細胞破裂が次々と連続的に起こり切開が可能となる（図3-9）。通常は電圧が十分に高くないとアークの切開効果がでないことから，一般的な電気手術装置を使用した場合の電圧は著しく変動する。仮に電圧を高くするとアークの強度は増加し，切開時の辺縁部の凝固範囲が広がり不必要な炭化を生じ，電圧が低いと

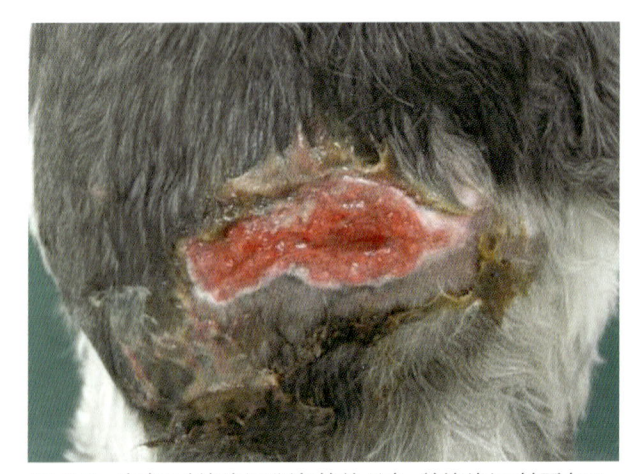

図3-7　皮膚と対極板の腰部接着不良（対極板の被覆布の乾燥）による火傷

第3章　手術装置の基礎

図3-8　対極板の被覆布（タオルを袋状にして使用）

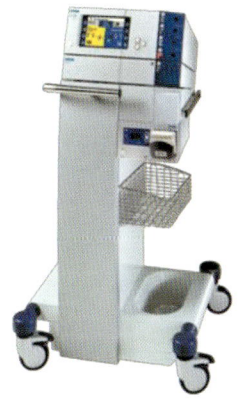

図3-10　自動制御型電気手術装置（株式会社アムコ）

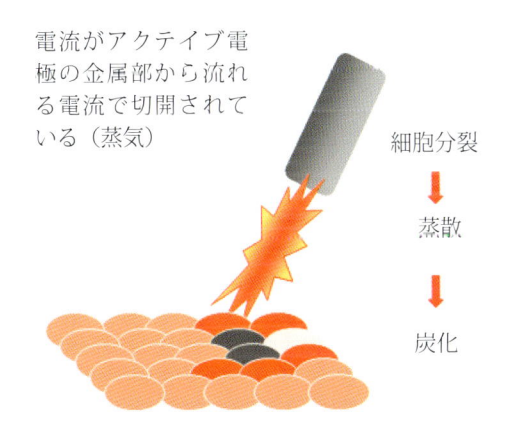

図3-9　電極と組織間のアークにより細胞破裂が連続的に起こる。

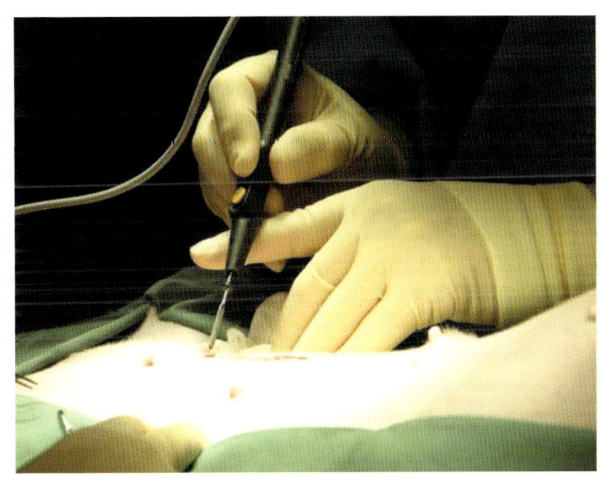

図3-11　左の人さし指を支点にしてアクティブ電極による凝固・切開の操作を行う。

（200Vp以下）スパークが起こらないため切開ができなくなる。そこで，組織の電気抵抗（形状，サイズ，切り込みの度合い）のレベルに従って電流が変化し（電圧制御），切開縁の凝固層の深さがあらかじめ選択され，必要最小限の出力で切開が可能となる自動制御型電気手術装置（株式会社アムコ，図3-10）が開発された。また，ハイカットモードにするとスパークの強度が調整されて切開電極のサイズや形状，切り込みの程度，組織の特性などに影響を受けずに切開の質が再現される（アークの制御）。切開時のポイントは，組織の接触面を最小限にすることである。電気メスの先を軽く組織面に当て，1点に電流を流すことが重要である。電気メスの先端を組織面に強く押し付けると，接触面が大きくなり切開能力が低下する。電気メスを固定する場合は，左の人差し指を支点にすると安定した凝固や切開を行うことができる（図3-11）。

(2) 凝　固

止血を目的とした凝固は組織の変性や血管の収縮によるものである。組織を凝固するには約70℃の温度が必要とされているが温度が高温である場合には，組織が脱水，乾燥を起こし，さらに炭化する場合がある。組織が沸点以下の熱作用を徐々に受けると膠原線維の3重鎖構造がくずれ水分子がこの間隙に入り込んで糊状の物質に変性する。深部の血管を凝固させるときは，周囲の組織に接触して熱傷を起こさせないことが必要である。電気メスの先端にネラトンカテーテルあるいは栄養カテーテルなどで余分な部分を覆い絶縁すると使用しやすくなる（図3-12）。

■ソフト凝固　ソフト凝固はピーク電圧を200Vpより

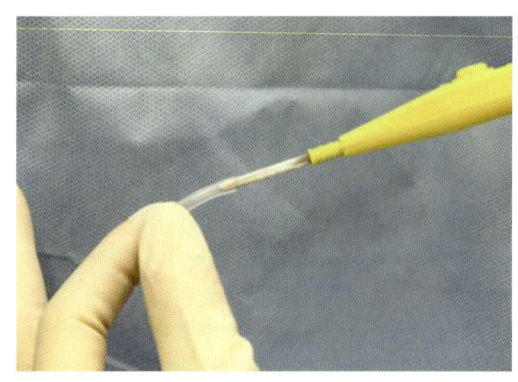

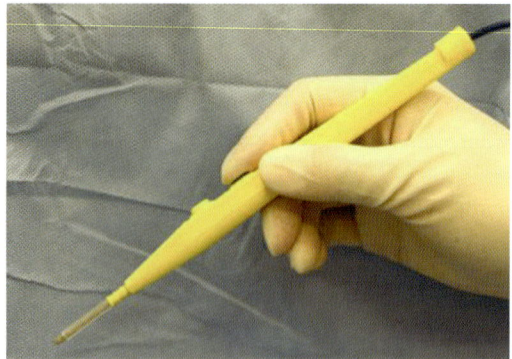

図 3-12　ネラトンカテーテルを電極のブレイドに差し込む。

も低い値に制御してアクティブ電極と組織との間に発生するアークを防ぎ，不必要な炭化を防ぐことができる。組織が高温で炭化すれば，凝固止血後に炭化したシールドが剥がれて出血する可能性が出てくる。しかし，ソフト凝固は，炭化させずに組織の変性を起こすため，脳神経外科や耳鼻咽喉科，血管，あるいは脾臓などの軟部臓器の凝固止血に適している（図 3-13）。さらに，高感度センサーにより組織にアクティブ電極が接触して電流が流れ細胞内外の液が蒸発すると徐々に電流は減少していき制限値に達すると自動的に高周波電流の流れがストップする機能を有している（オートストップ）。このことから，術者はあらかじめ上限の出力電圧を決定し，目的とする組織の凝固深度を調整することができる。術者が止血の凝固範囲を広く（深部）取りたいときは，出力電圧を低めに設定する。また，2.65kVp の高い出力電圧を用いてアークを発生させて，より深い凝固を素早く得ることができるが炭化を生じることもある。

■**スプレー凝固**　スプレー凝固は，高い出力電圧（4kVp）によるアークをスプレーのように広範囲に飛ばして広い組織の凝固を行うものである（非接触凝固）。組織の広範囲にわたる露出性の出血，胸骨，肝臓切除などに対する止血効果や高い電気抵抗を有している脂肪などの切開に適している。

■**アルゴンプラズマ凝固（APC）**　高周波電流をアルゴ

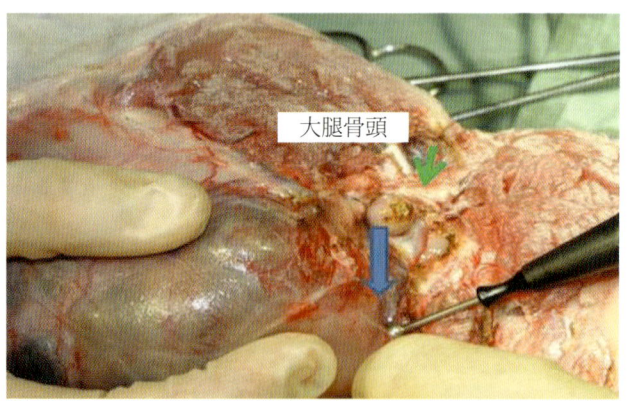

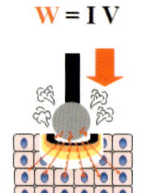

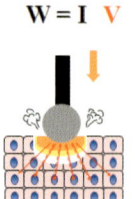

図 3-13　後肢に発生した腫瘍の血管から滲み出てくる出血をボール電極（ソフト凝固）を用いて止血している。
W：電力
I：電流
V：電圧

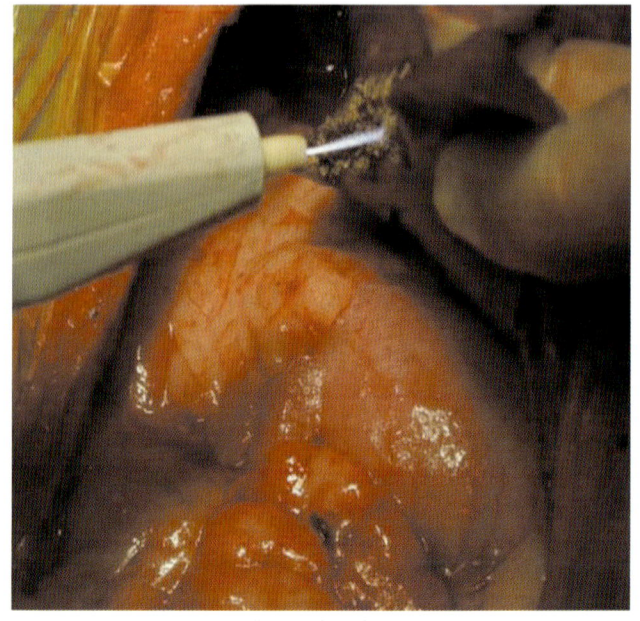

図 3-14　APC による肝臓切除後の表面への凝固

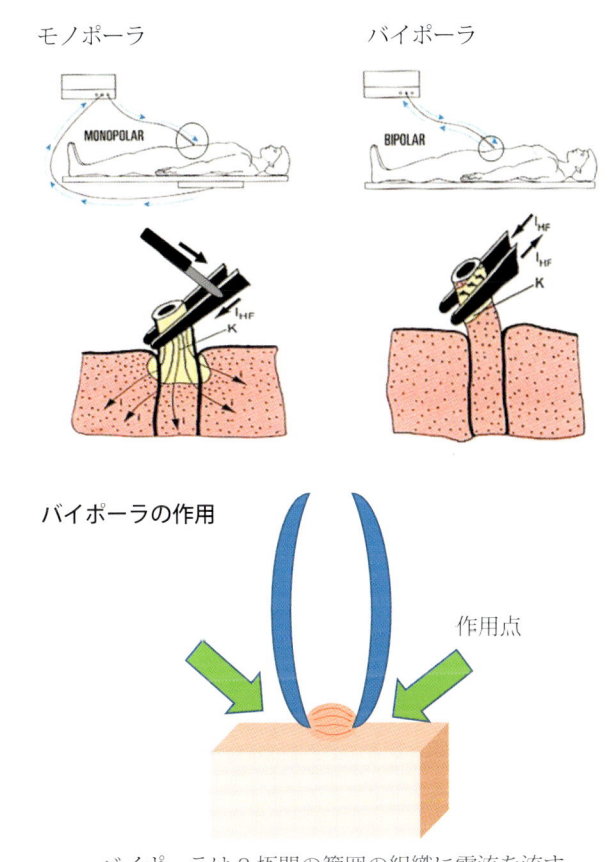

図3-15 モノポーラとバイポーラの違い

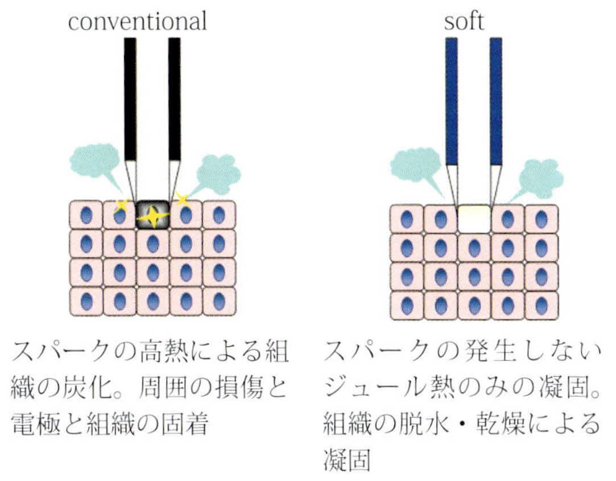

図3-16 conventional と soft（sofy）バイポーラの違い

ンガスの流れを介して組織の出血部に非接触的にあてる。APCは凝固されていない組織抵抗の低いところにビームが向かっていくため，素早く組織の表面が均等に凝固されるのが特徴である。また，ビームの流れを利用して出血している血液を吹き飛ばすようにやや斜めから操作すると血液の炭化を防ぐことができる（図3-14）。

3）バイポーラ

バイポーラはアクティブ電極と対極板の双極をまとめたもので対極板の必要はないが，ピンセットのように左右の摘みが極になるので電流の流れは極めて狭い範囲に限定される。現在開発されているものでは，不必要な出力を出さないように調整され，電極と組織の接触状態を装置が認識すると自動的に凝固を開始するソフトバイポーラ（オートマチックバイポーラ）がある。これは従来から使用されているフットスイッチを使用せずに自動的に凝固を開始させ，最適な凝固が得られたらストップする機能を有し，組織のくっ付きや炭化を防ぐことができる（図3-15，図3-16）。

2．超音波手術装置

超音波凝固切開装置はヒトの内視鏡外科手術において使用されてから約20年が経過している。当初は噴門形成術や大腸切除などの内視鏡外科手術が行われ，より安全な凝固切開装置が要求されるようになってきた。現在では様々な改良が加えられ安全な凝固切開装置が作製されている。

筆者がこの装置と出合ったのは北里大学で腫瘍外科を行っていた15年前であったが，潰瘍を伴っていた巨大な乳腺癌にアプローチしたところ全く出血なく摘出されたことに驚きを隠せなかった。また，肝臓や脂肪組織などをハンドピースの先端プローブの超音波振動により破砕して乳化しながら吸引する超音波吸引装置（USA：ultrasonic surgical aspiration）も開発されていた。この装置は40年前に白内障の手術用に開発されたもので，その後脳腫瘍や腹腔内の肝臓などの外科手術に広く応用されてきた。血管や神経などの弾力性のある組織は超音波振動のエネルギーを吸収して破砕されないため組織内に温存される。このことから，USAは電気メスやレーザーなどと比較して出血も少なく組織の変性もほとんどないので，肝臓，腫瘍および脂肪組織などの摘出に威力を発揮している。筆者らは肝臓癌の摘出を従来の方法と比較したところ出血も少量で明

らかに安全性の高い手術が可能であった。

種々の疾患にこの装置を用いる場合は，必ず基本構造の原理を理解して適切な使用法を把握する必要がある。今回，筆者らはオリンパス株式会社の超音波手術装置（SonoSurgシザース）を使用していることから（図3-17），これらの装置の原理と構造について簡単に述べるとともに，実際の手術における有効性と安全な使い方について述べる。

1）SonoSurgシザースの基本構造

SonoSurgシザースの基本構造を図3-18に示し，重要な部分について以下に解説する。

（1）ジェネレーター

フット装置は高速である100%（右フットスイッチ：100%）および任意の値として10%単位で設定されている（左フットスイッチ：任意）2種類の電流が制御されて用途に応じた超音波がハンドピースに供給される。

（2）ハンドピース

ハンドグリップ内部のトランスデューサーにジェネレーターの電流が送られる。トランスデューサーは送られた電流により23.5/47kHzの振動数が得られる。ハンドグリップの前部にホーンという円錐型の金属が内蔵され，振動数

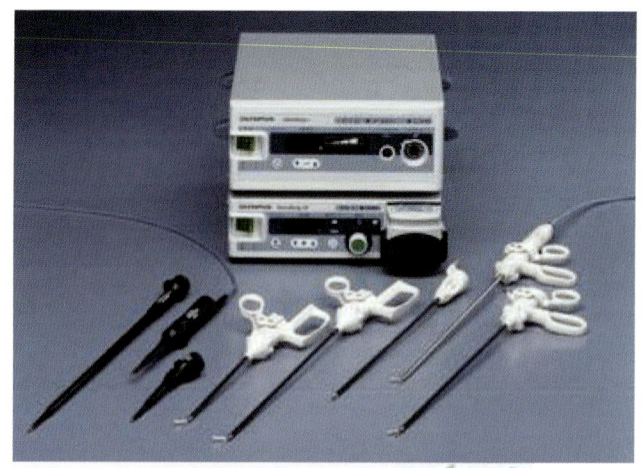

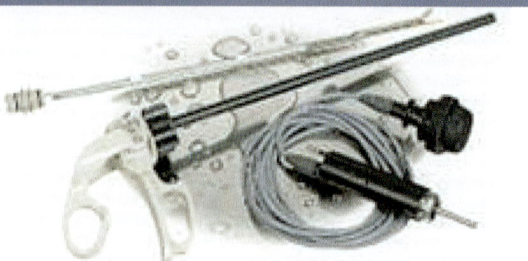

数十回も使用可能でオートクレーブが使用できる

図3-17　超音波凝固切開装置システム（SonoSurgシザース，オリンパス株式会社）

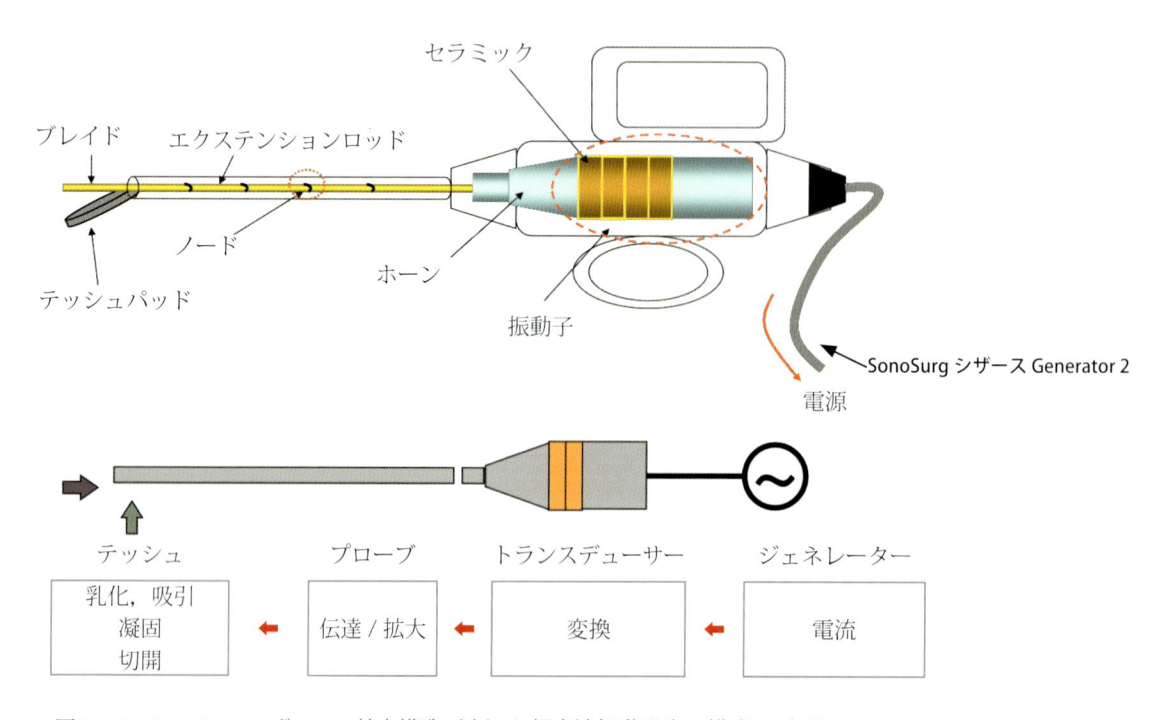

図3-18　SonoSurgシザースの基本構造（上）と超音波振動発生の模式図（下）

は約20～200μm（最大振幅）に増幅されるが，これらは出力設定により変化させることができる。さらに先端のブレイドにつながっているエクステンションロッドと呼ばれる金属の棒が，シャフトで覆われて装着されている。このエクステンションロッドは，共振作用を用いて一定の間隔でノードと呼ばれる結節により，効果的に振動を先端のブレイドに伝えることができる。このためシャフトの長さを自由に設定することはできないが，SonoSurgシザースは内視鏡や開腹時の手術に適用できるシャフトが用意されいる。また，トランスデューサーの重みやグリップの形状も考慮されているため把持力も高く他の製品と比較しても極めて安定感があり使いやすい（図3-19）。

図3-20 様々な形状の先端部

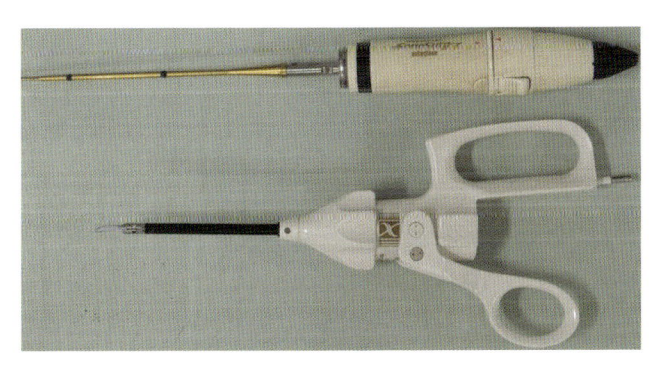

図3-19 ハンドピース

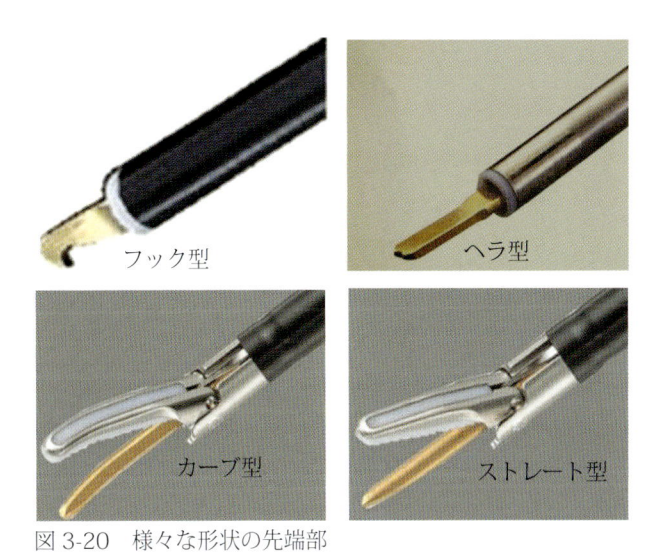

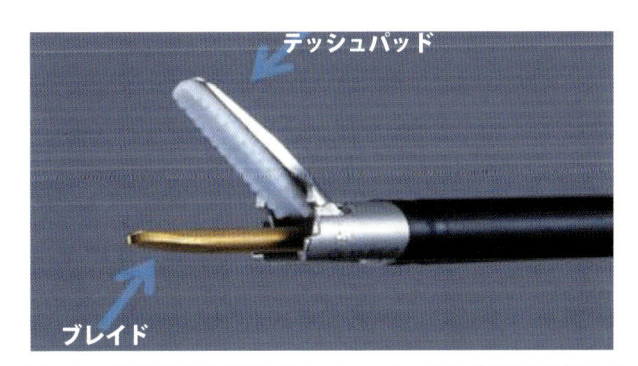

図3-21 先端部分の構造（テッシュパッドは摩擦で摩耗しやすい）。

(3) 先端の構造

手術の用途により様々な形状のブレイドが用意されている（図3-20）。先端のブレイドは，超音波振動による組織との摩擦で熱を発生する。対側部分はテフロン加工されているテッシュパッドと呼ばれる組織を挟むための細い切れ込みを有している部分がある（図3-20）。グリップの開閉操作では，テッシュパッドが上下に作動する。SonoSurgシザースはリユーザブルであるが，テッシュパッドの切れ込みが摩耗してしまうと組織との間に空隙ができて熱を発生することができなくなる。いわばテッシュパッドは，SonoSurgシザースの心臓部であるため，組織を挟まず空打ちをしてしまうと切れ込みが摩耗して使えなくなってしまう。組織を挟み込んで凝固切開が終了すると同時にテッシュパッドを開いて摩耗を防ぐことが大切である。

2）凝固原理

先端のブレイドは毎秒約50,000回転という振動を繰り返している。このブレイドを組織に押し付けることにより摩擦熱が生じて組織中の蛋白が凝固変性を起こして血管が閉塞される。この温度は緩徐に上昇していくため（150℃），細胞の膠原線維の間隙に徐々に水分が入り込み糊状物質に変性し閉塞される。次いで振動しているブレイドで組織を挟み込みさらに閉塞を強くして，最終的に脆弱した組織は潰されて切離される。この点が電気メスと違い組織の急激な温度上昇（350℃）が起こらず破裂，蒸散，および炭化発生が防止される。

3）キャビテーションの原理

キャビテーションとは，ブレイドの先端から高エネルギーショック波が放出されることにより圧迫と高速牽引の繰返し動作が起こり，組織中の水分が気泡化することである（図3-22, 3-24）。ブレイドの先端を目的外の組織に接触させることは避けなければならない。

また，ブレイドを血管に接触させた場合でも，血管の破綻が起こり出血することもあるが，逆に出血している血管の先端にブレイドを接触させてキャビテーションの原理を利用して止血させることも可能である（図3-23）。

キャビテーションの危険性をなるべく回避するために直線を基調としたダイヤモンドカット形状のSonoSurgシザースXが開発されている。これによってキャビテーションが分散され，先端方向へのキャビテーションが著しく減少した。また，テッシュパッドも薄く組織への挿入がしやすくなった（図3-23）。

4）超音波凝固切開装置の使用法

SonoSurgシザースは組織を摩擦熱によって凝固と切開を同時に行う優れた装置である。しかしながら，この装置の使い方を理解して安全に使用するには，以下の内容を把握することが必要である。

キャビテーションの効果	摩擦効果
多大なエネルギー	エネルギーは比較的小さい
叩いて壊す！	摩擦熱が発生する
弾性のあるものは壊しにくい！	凝固能力高い
切除能力高い	切除能力低い
噴霧効果あり	噴霧効果なし
剥離効果あり	剥離効果なし

図3-22　縦の面（キャビテーション）と横の面（摩擦）の効果の違い

（1）トンネリング

SonoSurgシザースは血管をしっかりと挟まないと，ブレイドのキャビテーションや血管の不正確な離断により思いがけない出血を起こすことがある。脂肪組織で血管の存在を把握できない場合は，無影灯などの光を利用して脂肪組織の血管を透視するか，ケリー鉗子などで確実に血管の間をトンネリングして正確に血管を挟むことが大切である（図3-25）。しかし，血管の存在が明らかに目視できる場合は，無理にトンネリングする必要はない。

（2）組織のクランプ

クランプする組織の周囲を目視して，ブレイドとテッシュパッドの位置を決定する。特にクランプしてからもブレ

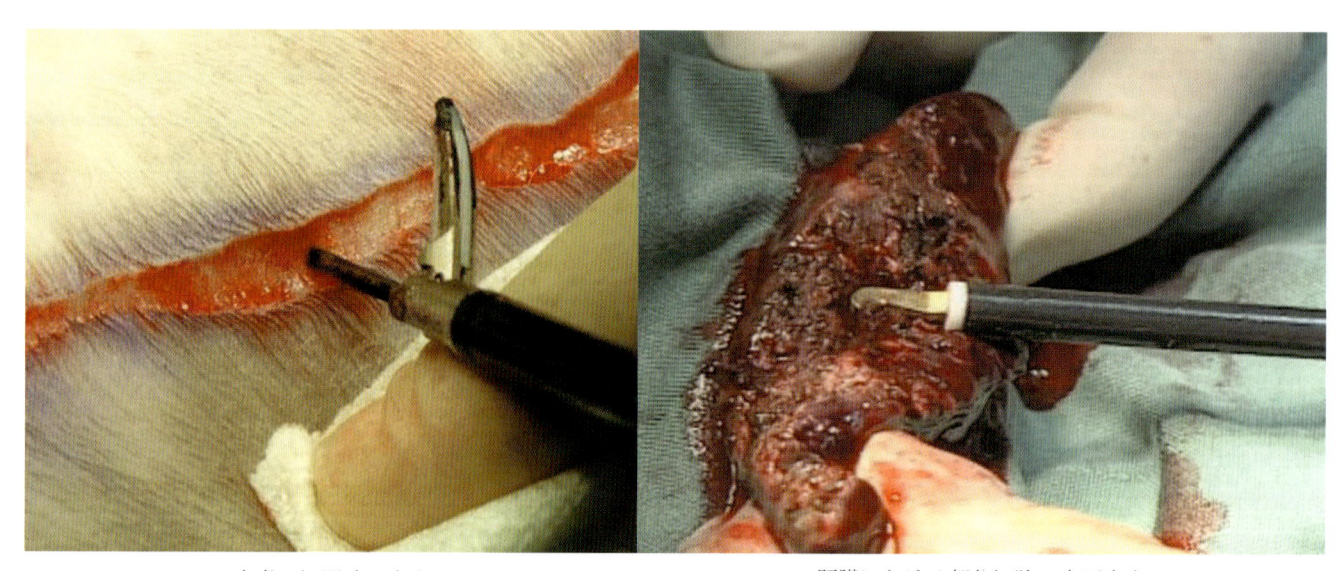

皮膚の切開時の出血　　　　　　　肝臓における部分切除の表面出血

図3-23　ブレイドの先端を出血部に直接押し当てながら止血する。

第3章　手術装置の基礎

図3-24　SonoSurgシザースX（左）と従来のSonoSurgシザース（右）のキャビテーション実験
水中における実験でSonoSurgシザースXのキャビテーションは，従来のSonoSurgシザースに比較して分散され減少している。

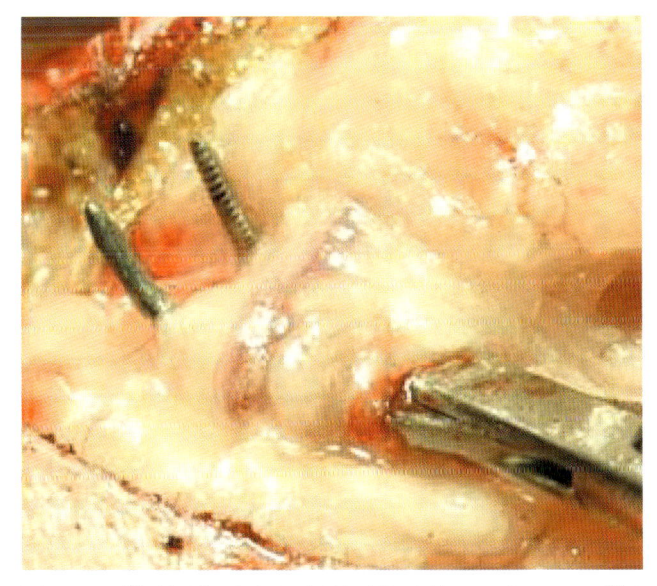

図3-25　鉗子を用いたトンネリングによるSonoSurgシザースの凝固切開

イドが重要な組織に接触していないかどうかを確認してから作動する。

（3）ブレイドの位置

目的の組織をクランプした場合は，ブレイドの位置を動かさずあまり無用な力を加えないように切開する。血管の動脈は三層構造がしっかりしているが，静脈の場合は筋層部の発達が弱いため凝固が不十分であることから，周囲の組織を剥離せず血管を巻き込むように凝固切開するほうがよい。また，血管が太い場合は，作動してから凝固したところ（組織がうすく透けてくる）で止めて，ブレイドを目標に応じて左右あるいは上下に動かして凝固の領域を広くとり，中央部を再度凝固切開すると安全である。この時の凝固と切開の目安は，目視で組織の凝固を確認しながら，作動音数（ピー）およびブレイド周囲組織の白濁を考慮するとよい。

（4）迅速な切開法

脂肪組織，大網や血管が少ない組織を迅速に切開したい場合は，テッシュパッド側にテンションをかけながら切離する。近隣の臓器に注意しながら切離したい組織の裏側にブレイドを滑り込ませてしゃくりあげるように操作する（プレス・ザ・ブレイド）。この場合はブレイドと組織の接触面が大きくなり凝固も効果的に行われ切離が迅速に行われる。

（5）組織の剥離法

組織の裏側に重要な血管が存在しているときは，プレス・ザ・ブレイド法を使用すると血管が破砕される恐れがあるので危険である。また，組織を剥離しているときに血管や

重要組織が存在している場合は，キャビテーションが起こるためブレイドの先端が触れないように注意する。

(6) 太い血管の切離

凝固出力は 70% から開始し，肉眼的に血管を含む組織の先端（ブレイド部分）が白く変色し凝固が肉眼上判断された場合は full power（100%）に切り替えてもよい。作動中にはしゃくりあげたりブレイドの挟みを強くするなど無理なテンションをかけないで，挟み込んだ状態で切離されるまで待つ。

(7) 作動不良

ブレイドは熱を伴うため組織片がテッシュパッドとブレイドのシャフト部分（根本）に接着すると抵抗性が強くなり装置の作動が異常音とともに停止することがある。また，熱によって先端部に膠着した脂肪組織などは，再作動時の熱で先端部分の変形を生じることがある。その場合は，エクステンションロッドを外して，注射針などでテッシュパッドを傷つけないように静かにシャフト内の組織片を除去するか濡れガーゼで組織片の汚れを取り，最後に生理食塩水にブレイドを浸して空作動を行う（図 3-26 ～図 3-28）。

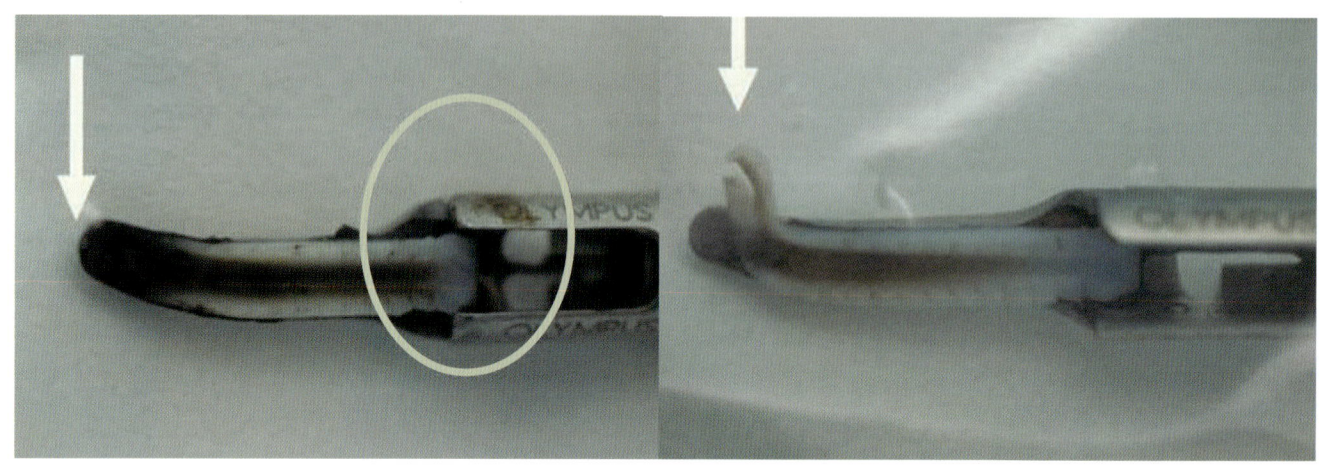

図 3-26　テッシュパッドの熱による摩耗とシャフト内組織片の膠着および先端部のテッシュパッドの変形

図 3-27　手術中にシャフト内あるいはブレイドに組織が膠着した場合は，濡れガーゼで除去したり生理食塩水に浸して full power（100%）で作動させる。

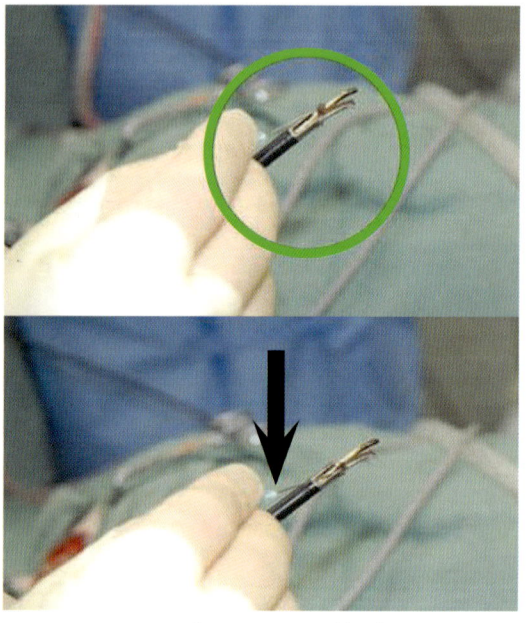

図 3-28　シャフト内に入り込んだ組織は，23G 針あるいはブラシなどで除去する。

(8) ブレイドの金属劣化

鉗子や鋏などの金属にブレイドを接触させたまま振動させるとブレイドの金属劣化が起こり亀裂や破損をきたすことがある。クリップ鉗子や止血鉗子などを用いて組織間が狭く蛋白変性の余裕のない場合は，メスや電気メスなどを用いる。

5) 超音波吸引装置 (USA)

超音波吸引装置 (ultlasonic surgical aspiration：USA) は，ハンドピース先端のチップを超音波振動させて組織を破砕，乳化する。弾性線維の多い皮膚，血管，神経などの組織は破砕されにくいが，逆に弾性線維の少ない脾臓，肝臓，膵臓，脂肪などの実質細胞は温存されない。このことから，USA は，肝臓手術，血管・神経周囲の剥離や脳神経外科などに使用されている。各手術に際し，USA はすべて万能とは言えないが大量の出血防止や神経や血管などの周囲組織からの剥離など多岐に亘って応用可能であり，手術の浸襲が少ない。

(1) 原　理

電気エネルギーをハンドピースに内蔵されているトランスデューサーにより超音波振動に変換して，ハンドピース先端のチップを振動させる。通常，先端部の振動は 23〜36kHz の超音波領域の周波数が使用されているため，弾性に乏しい組織に対しては破砕力が効果的であり，神経や血管あるいはリンパ管などの弾性に富んでいる組織には影響が少ない。このような血管や神経などが豊富な肝臓や脳に対しては，破砕したい細胞のみを特異的に除去できるため極めて安全性の高いものである。

(2) 作動原理

超音波手術器のハンドピースは，チタン合金製のチップと振動子で構成されており，振動子には電歪素子（PZT）が組み込まれている。この PZT にはプラスとマイナスの電極があり，その極性に合わせて電圧を加えると PZT は伸びる方向に変形し，反対の極性に電圧を加えると縮む。これを，圧電効果と言う。この PZT の電極に高い周波数の交流電圧を加えることにより，その周波数に合わせて

図 3-29　Irrigation Unit（SonoSurg-IU，オリンパス）

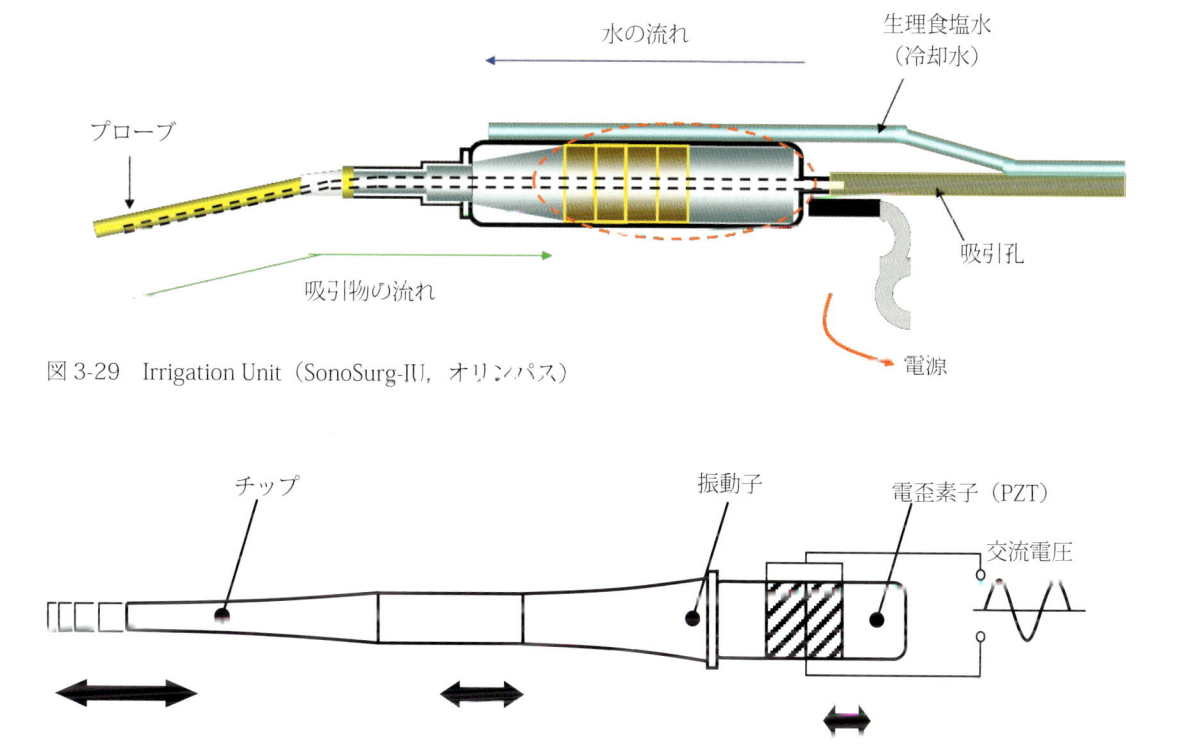

図 3-30　SonoSurg ハンドピースの基本構造

PZTは伸縮を繰り返し，超音波振動を得ることができる。チップと振動子も同様に，PZTに合わせて軸方向に伸縮する。

このPZTの振幅はわずかなものであるが，チップと振動子の形状を工夫し拡大することによって，チップ先端部において大きな振幅を得ることができる（図3-30）。

（3）臓器での使用

対象臓器は主に肝臓と脳であるが，犬などは脂肪による腫瘍，口腔内の腫瘍あるいは胸腔内の胸膜や心膜の播種などに適用される。ヒトでは出力が60％で使用されているが，犬では40％〜60％の範囲で多くの疾患に用いられている。

（4）安全な使い方

肝臓の切離がスムーズに行われるように，基本操作としてコードのたわみを直して，ハンドピースが剣状突起の約10cm頭側まで届くように調節する。肝臓の被膜は弾性に富んでいるためUSAでは切離が困難なため，予め電気メスで切離線を描くように切開する。次いで超音波切開吸引装置を切離線上から撫で下ろすように数回操作して切離面を作製する。肝臓の血管や神経の走行に対して平行にチップを動作して，横走する策状物を引きちぎらないように約5mmの長さで切離していく。チップを縦に使用すると策状物がハンドピースにかかり引きちぎられてしまう危険性があるのでなるべく走行に沿って操作していくことがポイントである。犬や猫の肝臓はヒトと異なり小さいので，筆者は左手を背側に滑らせて肝臓を挙上するようにしてハンドピースを操作していき，背側の被膜にチップが接触したら，残されている策状物をバイポーラあるいはSonoSurgシザースで凝固切開していく。また，太い血管は3-0または4-0のプロリンで結紮した後に切離するが，切除側にヘモクリップを用いて操作すると迅速に操作ができる。

このように超音波手術装置は，止血，凝固，切開を安全に行うことができる優れた装置であるが，その原理と構造を把握し，より安全に使うことが重要である。しかしなが

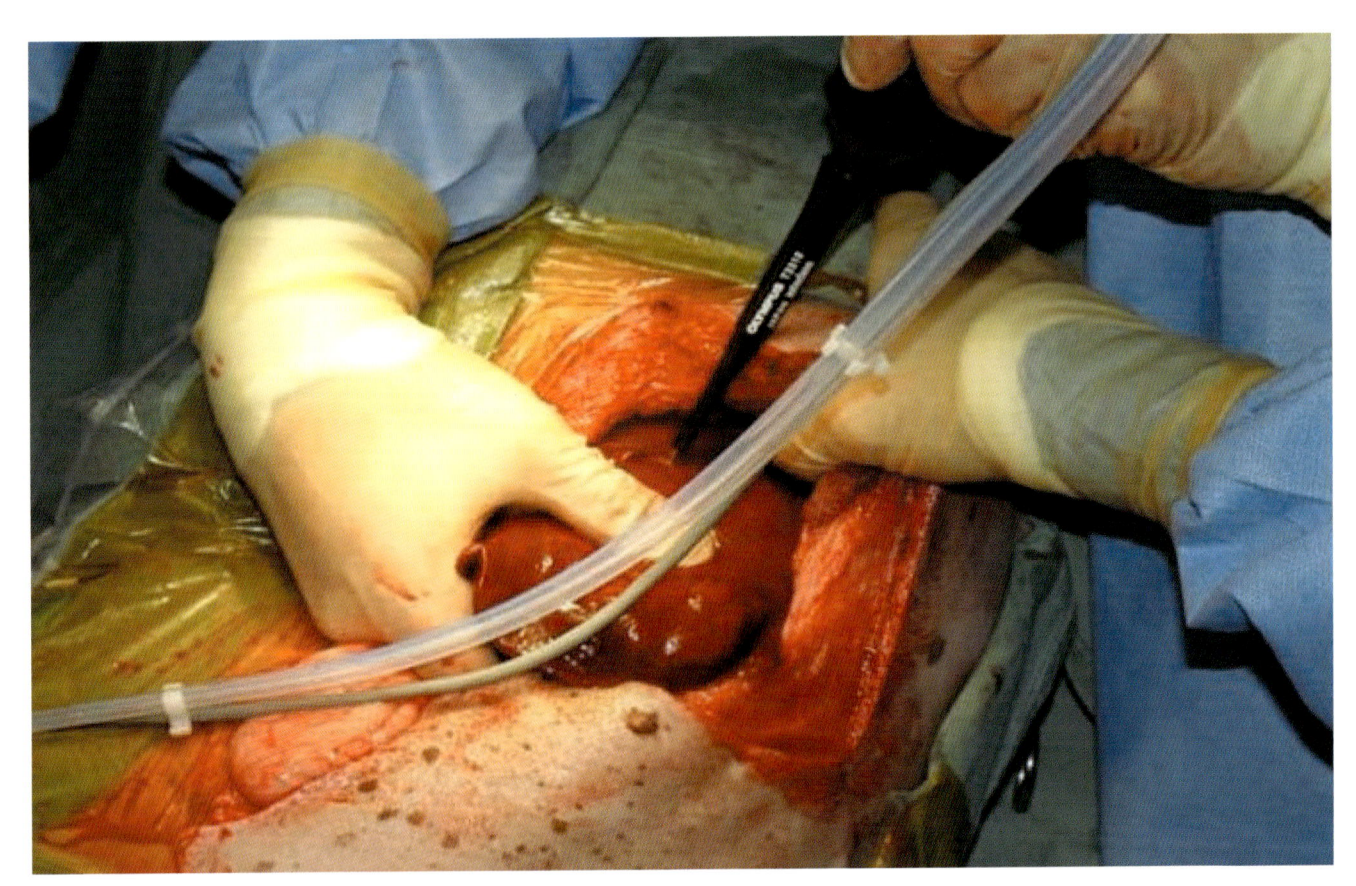

図3-31　吸引チューブ用のたわみを調整しながら摘出手術を行う。

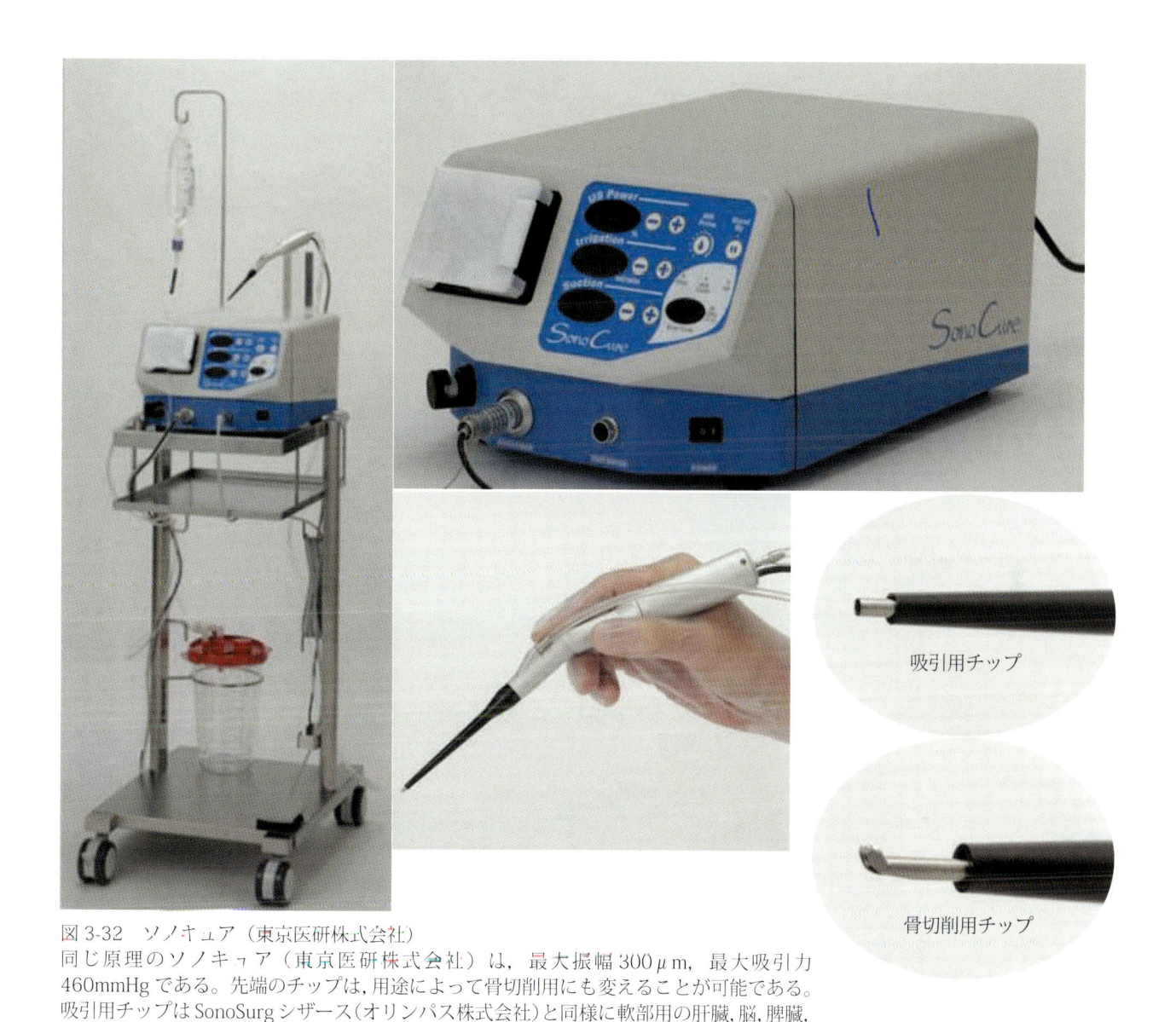

図3-32　ソノキュア（東京医研株式会社）
同じ原理のソノキュア（東京医研株式会社）は，最大振幅300μm，最大吸引力460mmHgである。先端のチップは，用途によって骨切削用にも変えることが可能である。吸引用チップはSonoSurgシザース（オリンパス株式会社）と同様に軟部用の肝臓，脳，脾臓，脂肪，腎臓などの実質臓器の破砕と吸引に使用できる。

ら，この装置に関する使い方の安全性は確立されているわけではなく，個人的な経験とそれに伴う考え方によることが大きい。

（5）骨切削での使い方

骨切削用のチップは先端幅が3mmと小さいため，神経や血管が走行しているところでも極めて安全に使用することができる。さらに，切削部の先端は鋸状であるため切削時間も早く，ドリルと異なり皮膚などの巻き込みもなく骨表面を滑らかに切削することができる。筆者らは主に口腔外科における上顎骨，下顎骨あるいは脊髄腫瘍における脊椎の切削に用いている。粘膜などの組織を剥離して骨を露出してから，切開する部位に左手を支点にして骨削用のチップを当て超音波振動を与えながら骨を離断する。力を入れ過ぎずまた動作を速くし過ぎてもいけない。超音波を利用しているのでなるべく支点のずれを起こさないようにある一定の力で骨削していく。骨削の動作時間が長いときはハンドピースの部分に熱を帯びてくるので，休みながら作業を繰り返していく。

第4章　腫瘍の超音波検査

　超音波診断は小動物の体内における軟部組織の形態異常から腫瘍を検出し，解剖学的発生部位を特定するのに役立つ。しかし，超音波で得られた画像のみで腫瘍のタイプや進行程度を特定することはできないため，確定診断は超音波ガイド下吸引や組織生検によって行わなければならない。超音波画像は腫瘍を疑う病変の検出および病変を構成している組織の特徴的所見から病態を推測し，腫瘍のタイプや治療方針（外科手術の適応，不適応，最適な術式など）を考える上での判断材料を提供する検査法である。最近の超音波装置は高精細な断層像に加えて造影超音波検査や様々なアプリケーションにより形態的，循環動態的な異常を検出しやすくなってきている。本章では，小動物における腫瘍症例を中心に超音波画像を提示する。

1．脾　臓

　脾臓における腫瘍は多発性で浸潤性の病変として脾臓全域に腫大するものや限局的で結節性の高エコー，低エコー，混合エコー，標的様などといった多様なパターンで検出される。

　脾臓のリンパ腫で多く認められるのはハニカム状（蜂巣状）の粗い実質パターンや限局性あるいは多病巣性の低エコー結節などの特徴的な病変像であり，比較的大型の腫瘍や辺縁部に発生した腫瘍は脾臓の輪郭を大きく変形させるため超音波検査による検出が容易となる。脾臓に出現する病変には浸潤性病変，巣状性病変，結節性病変などがあり，腫瘍の組織構成と関連して特徴的な病変として出現する傾向にある。

1）浸潤性病変

　多中心型リンパ腫で見られることが多く広範囲に小結節状で低～無エコーのハニカム状として描出され，軽度に脾臓の腫大を伴う（図4-1）。この病変はリンパ腫の他に多発性骨髄腫や悪性線維性組織球腫(小結節の均一性はない)などでも同様に認められることがある（図4-2）。

2）巣状性病変

　脾体内および辺縁部が局所的に腫大している状態で特に腫瘍の内部に低～無エコーの部屋が存在している場合には，血管肉腫，血管腫（高齢の大型犬において発症が多い）など血液の漏出による所見の可能性が高い。それに伴い腹腔内に液体貯留像が同時に検出された場合には腫瘍表面の自壊部位から出血を伴っていると考えられる。本病変が認

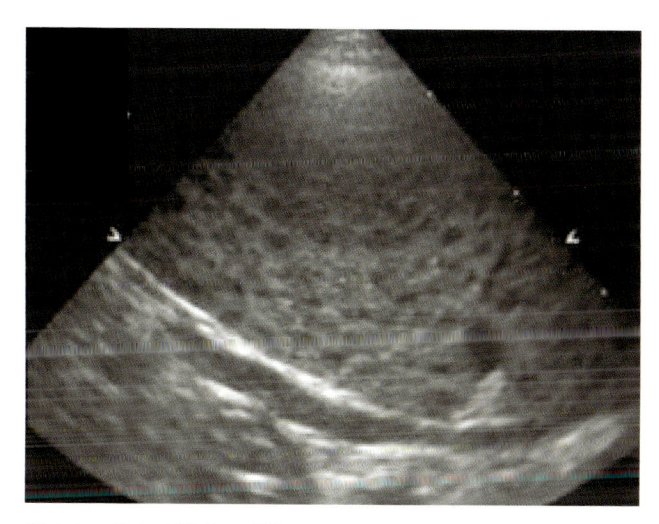

図4-1　多中心型リンパ腫
脾臓腫大および脾臓全域に無エコーの小結節性（ハニカム状）病変がみられる。

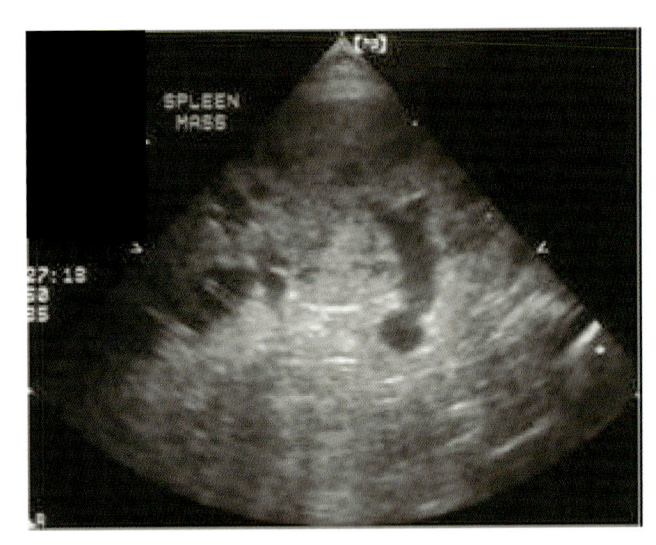

図 4-2 悪性線維性組織球腫
脾臓全域に無エコーの大小様々な結節性病変。

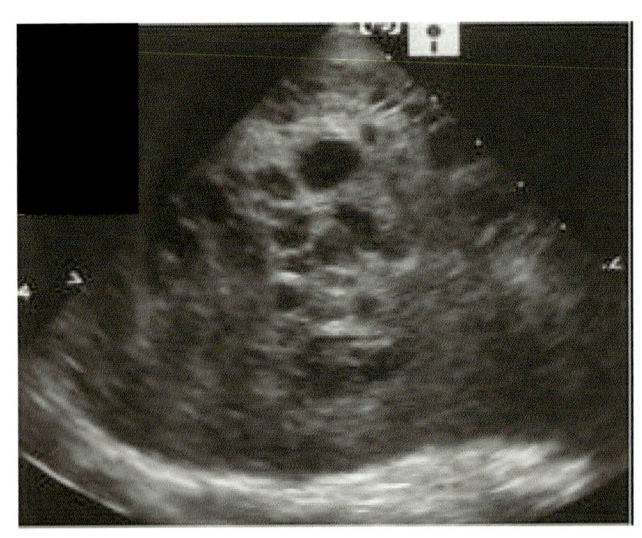

図 4-4 脾臓の血管肉腫
脾体部で円形に拡大した無エコーの巣状病変を持つ腫瘤。上述した血管腫と同所見として描出される。

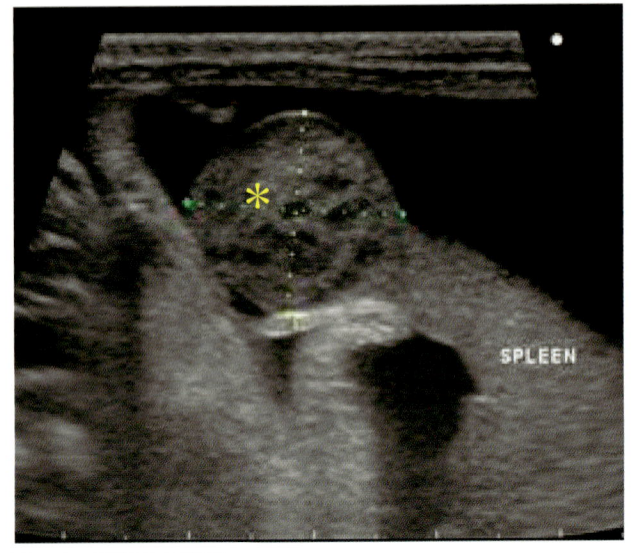

図 4-3 脾臓の血管腫
脾頭部で円形に拡大した無エコーの巣状病変（＊）を持つ腫瘤。周囲の無エコー領域は腹腔内の出血を示している。

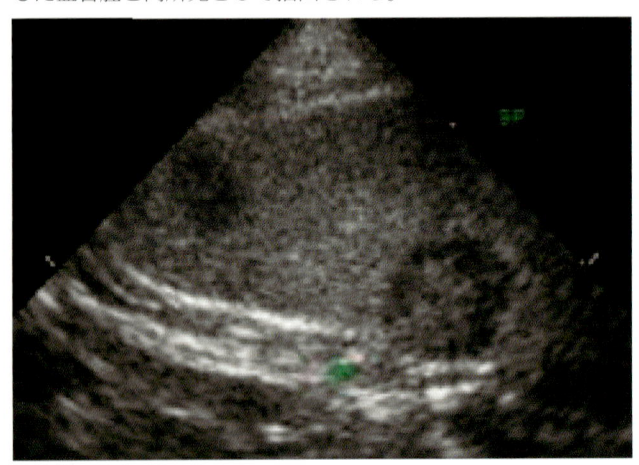

図 4-5 脾臓のリンパ腫
脾体部の 2 か所に低エコーとして描出された結節性病変。

められた場合には腫瘤の FNA（fine needls aspirates）を行うと出血を助長する可能性が高くなるため，腹水中の細胞検査により判断できるようであれば腫瘤の FNA は実施しない（図 4-3，4-4）。

3）結節性病変

結節性過形成は 1 〜 5cm の小結節で単発性あるいは多発性に検出される低〜混合エコー，または高エコーに描出されるため他の腫瘍との鑑別が困難である。さらに結節性病変で中心部が高エコー，周辺部が低エコー（ターゲットサイン，ブルズアイ）の状態で描出されるものとして肥満細胞腫や他臓器からの転移性腫瘍の可能性が考えられる。その他，リンパ腫では結節性にやや低エコー領域の多い混合エコーで描出される傾向にある（図 4-5，4-6）。

2．肝　臓

肝臓における腫瘍を評価する際には肝辺縁の形状，エコーパターン（点状，斑状，低エコー，高エコー，混合エコー，標的様），周囲組織（脾臓，腎臓，腸間膜）との

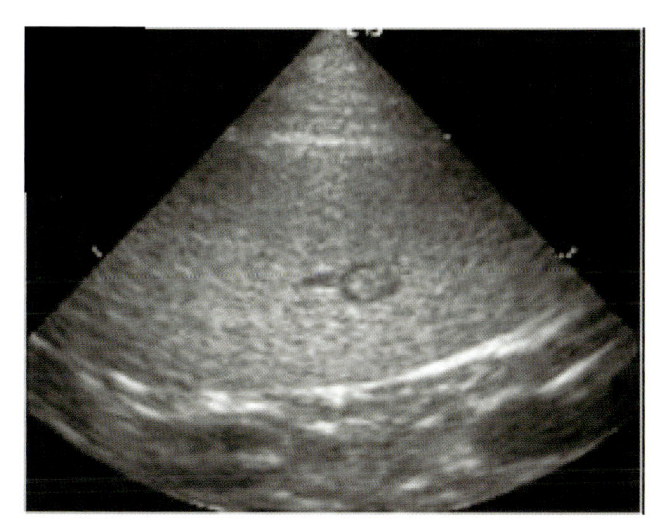

図4-6　脾臓の肥満細胞腫
脾体部でターゲットサインとして描出された結節性病変。

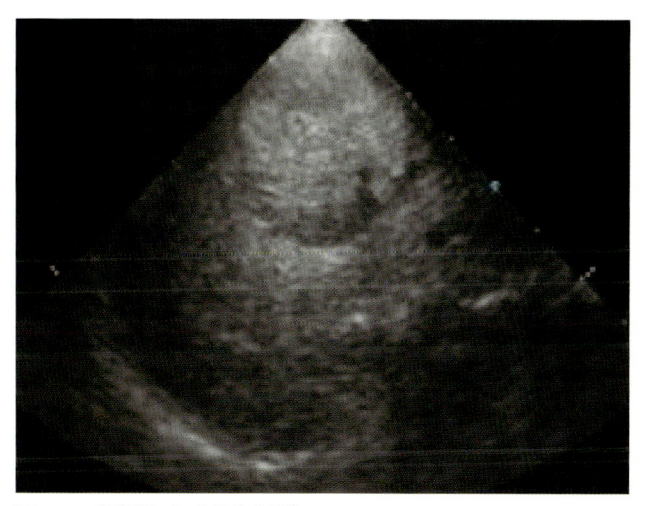

図4-8　肝細胞癌（高分化型）
肝臓内で境界明瞭な高エコーの結節性腫瘤。

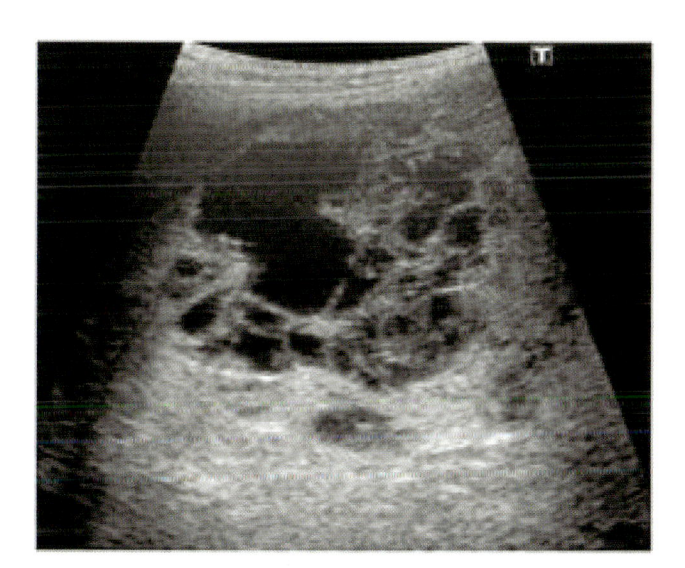

図4-7　肝臓の血管腫
内部が無エコーの不規則な巣状構造をもつ大型腫瘤。

コントラスト，肝内脈管の形状（不明瞭，拡張，狭細，蛇行），病変部位の特定（限局，多発，広範囲）を検出する。原発性肝腫瘍の他にも血液，リンパ系や周囲組織からの転移性腫瘍が発生する。人において肝細胞癌は限局性の高エコーで検出される腫瘤が多く，これは中〜高分化型で多い（図4-7，4-8）。それに対し，低エコーから混合エコーとして限局性や多発性に描出される腫瘤では低分化型で多い傾向にある（図4-9）。肝腫大があり肝臓の実質が正常に描出された場合，あるいは限局性，多発性の低エコー腫瘤が描出された場合には肝門部や脾門部および腸間膜におけるリ

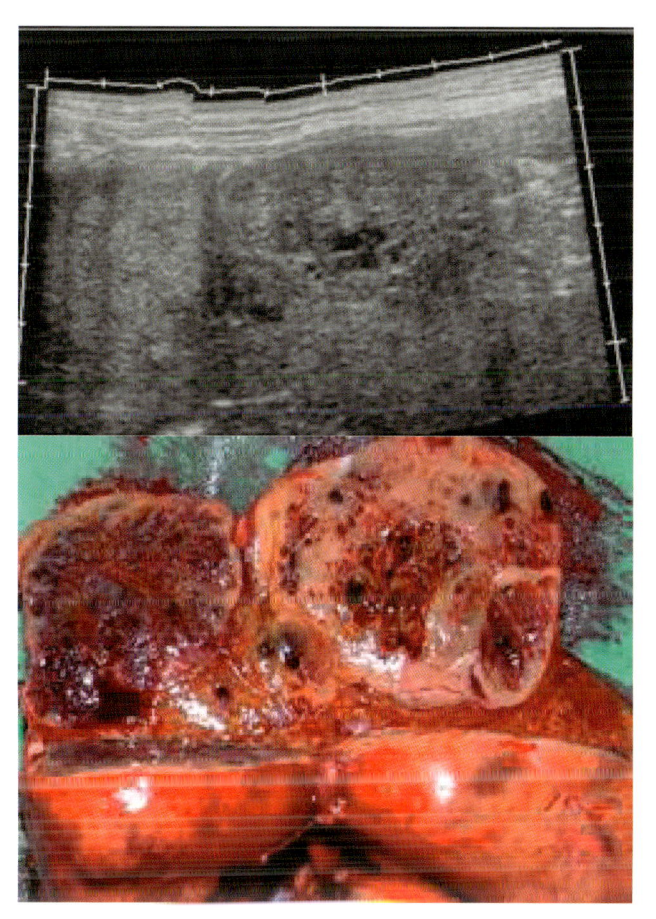

図4-9　肝細胞癌（低分化型）
中心部が無エコーの巣状構造で全体的に低〜等エコーの結節性腫瘤（上：超音波所見，下：摘出時肉眼所見）。

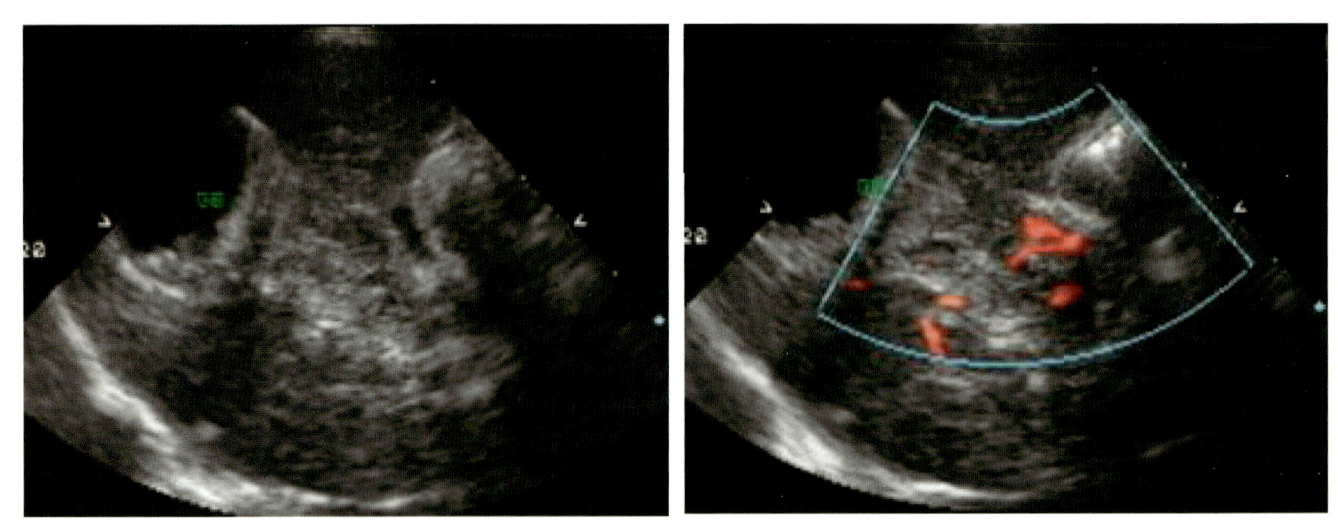

図 4-10 胆管細胞癌（B モード，パワードプラ）
高エコー領域の多い混合パターンとして胆嚢と続く胆管領域に描出された不整形の腫瘤。

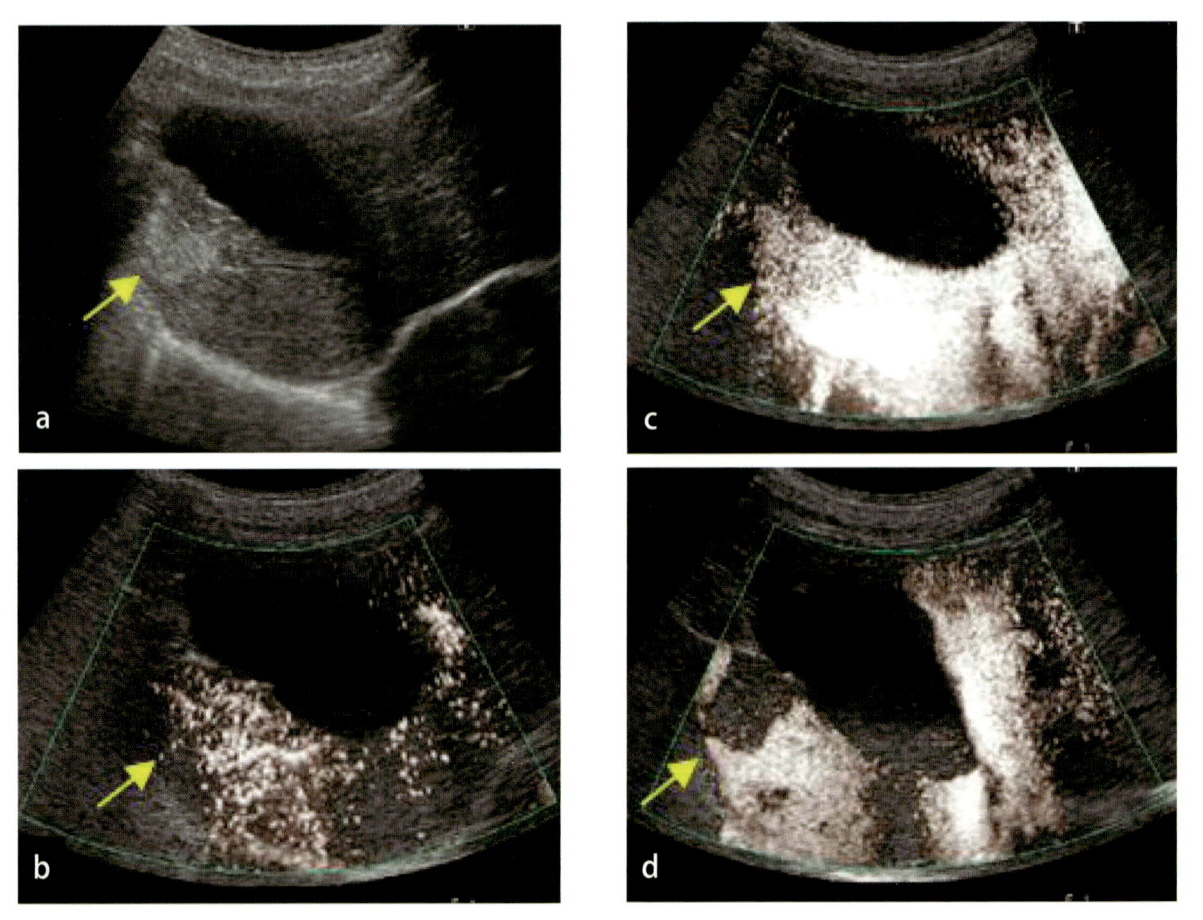

図 4-11
a：胆管細胞癌の B モード像。やや高エコーの腫瘤として描出される。
b：超音波造影検査における early vascular phase。腫瘤内部に侵入する大きな血流と腫瘤内部の組織が増強されている。
c：超音波造影検査における late vascular phase。時間の経過とともに腫瘤内部は周囲の正常組織よりも弱く増強される所見。
d：超音波造影検査における post vascular phase。腫瘤内部はほとんど造影剤が灌流され周囲の正常組織と境界明瞭に描出されている。

ンパ節症が確認されればリンパ腫の可能性が高いと考えられる。また，胆管細胞癌は高エコー領域の多い混合パターンであり，他の腫瘍とは異なり円形ではなく不整形の腫瘍として描出される（図4-10，4-11）。結節性過形成では低エコーから混合エコーの腫瘤として出現するためBモードでは腫瘍との鑑別が困難であり，超音波造影検査による特異的な造影像による鑑別が期待される（図4-12）。また，線維肉腫などは単発もしくは多発性の低エコーや高エコーで描出され，カラードプラ法でも血流像に乏しい。血管腫は脾臓と同様に無エコーの巣状構造をもつ腫瘍として描出される。

　超音波造影剤（Levovist®，Sonazoid®）は検査前に溶解した造影剤から発生するマイクロバブルを造影源とするもので最終的に肝臓のKupffer細胞に付着・貪食されるため，肝臓実質において特に造影効果を発現するものである。この方法は腫瘍組織内へ流入する血管・血流像および腫瘍の造影度合い，一定時間経過後に造影剤の灌流状態を検出することで肝臓に発生した限局性病変（腫瘍・非腫瘍性病変）の鑑別診断に有用となる（図4-12）。

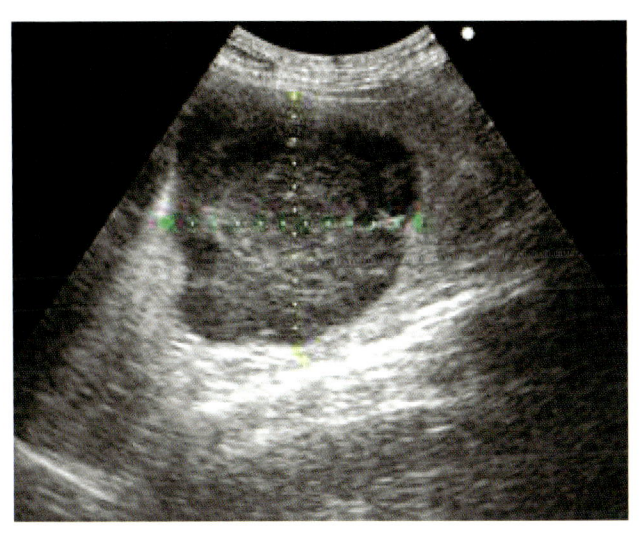

図4-13　右腎の腺癌
右腎頭側で巣状の内容をもつ不整形な等エコーの腫瘤。

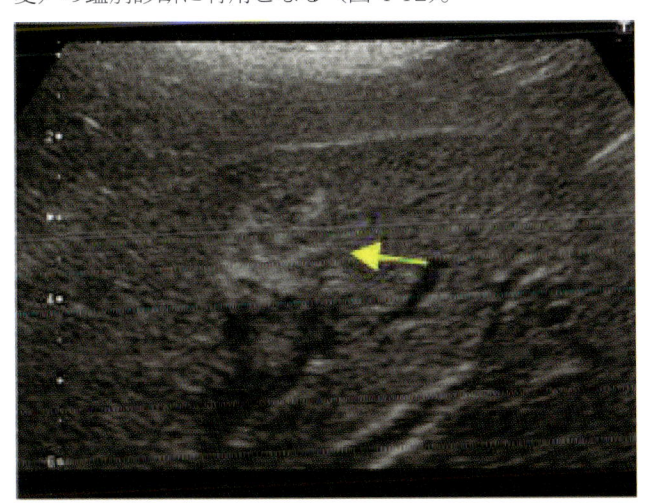

図4-12　肝臓の結節性過形成
低エコーから混合エコーの類円形腫瘤（矢印）として肝実質内で描出。

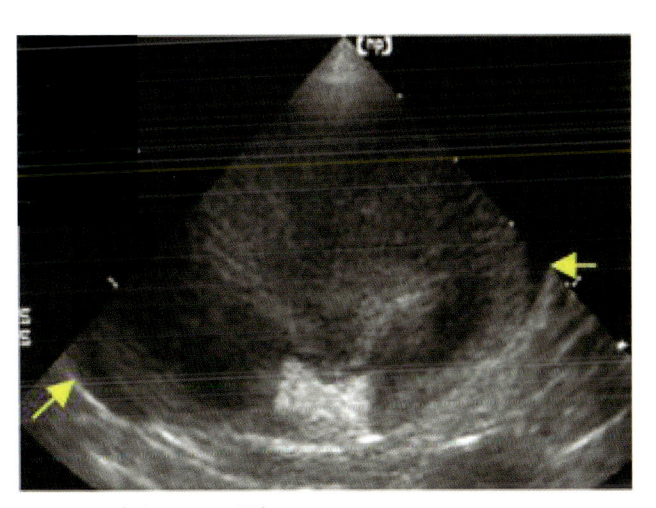

図4-14　左腎のリンパ腫
猫で原発性に発症した腎リンパ腫。腎髄質の構造が消失し円形に拡大した低エコーの腫瘤。皮質と被膜との間に液体貯留（矢印）が認められる。

3. 腎臓，膀胱

　腎臓に発生する腫瘍は低・等・高・混合エコーを呈する充実性腫瘤として描出され，線維性結合組織がある腫瘍やカルシウム沈着がある腫瘍は高エコーを示す傾向にある。

さらに拡大したものでは腎構造が崩壊し，被膜領域も変形した像として描出される。犬では低エコーで描出される腎リンパ腫や巣状の低〜高エコーで描出される原発性腎腺癌，低エコー主体の混合エコーで描出される血管腫などが比較的多く，猫では均一性の低エコーで描出される原発性腎リンパ腫が多く認められる（図4-13，4-14）。また，軟骨肉腫や転移性血管肉腫などは高エコーで描出される。腎腺癌では正常腎構造領域との境界が高エコー帯として線維性被膜により観察されることが多い。また，腎静脈内およ

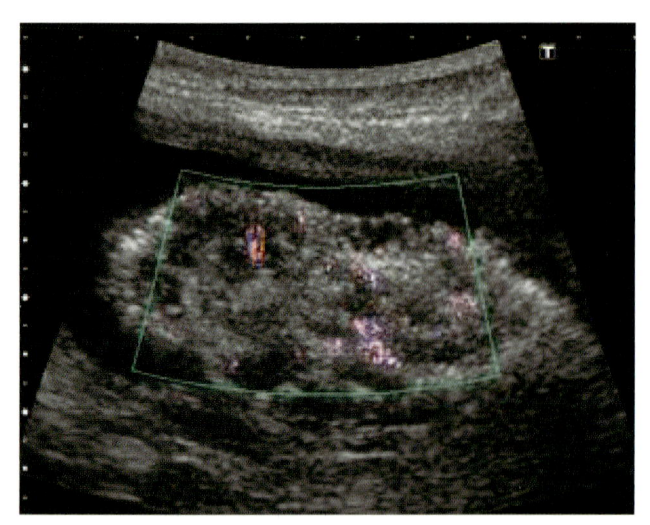

図 4-15　膀胱の移行上皮癌
膀胱頸部から発生し，膀胱内腔で拡大した高〜混合エコーの血流が豊富な腫瘤。

4．副　腎

　副腎に発生する腫瘍は円形あるいは類円形であり，やや低エコーで描出されることが多く，発生は犬に認められることが多い。副腎腺腫および副腎皮質癌は副腎皮質から発生する腫瘍で機能性，非機能性に分けられる。クッシング症候群の場合は片側性または両側性に副腎の腫大を伴い発生し，腺腫では内部が均一の充実性腫瘍として描出される一方，副腎皮質癌では内部が不均一に描出される（図

び大静脈内へ伸展したり，肝臓やリンパ節へ転移する可能性がある。腎臓で描出された充実性腫瘍を診断するためにはFNAおよびコアバイオプシーが必要となる。
　膀胱を観察する際，腫瘍自体や続発症の膀胱炎が刺激となり，ほとんど蓄尿していない場合が多い。その際には尿道内にカテーテルを通して生理食塩水を入れることで膀胱を拡張させ，超音波検査を実施しやすくする工夫が必要となる。超音波検査により膀胱内で腫瘍が検出された場合，注意して観察するポイントとして壁の肥厚状態・腫瘍の浸潤深度，発生領域であり，腫瘍が膀胱三角部に存在し，粘膜から漿膜面までの膀胱壁全域にまたがっている画像が描出された場合には上皮性悪性腫瘍の可能性が高いと考えられる（図4-15）。膀胱内に発生した腫瘍は吸引バイオプシーにより採取された腫瘍組織を用いて病理組織検査を実施する。吸引バイオプシーは尿道内に挿入した6Fr栄養カテーテルの先端開口部が腫瘍へ当たるように超音波画像で確認しながら誘導することで比較的容易に実施可能である。膀胱や前立腺に発生した腫瘍を体壁からFNAすると腫瘍細胞を針の通過部位（腹腔内）に散らしてしまう可能性があるため，体壁からのFNAやバイオプシーは避ける必要がある。

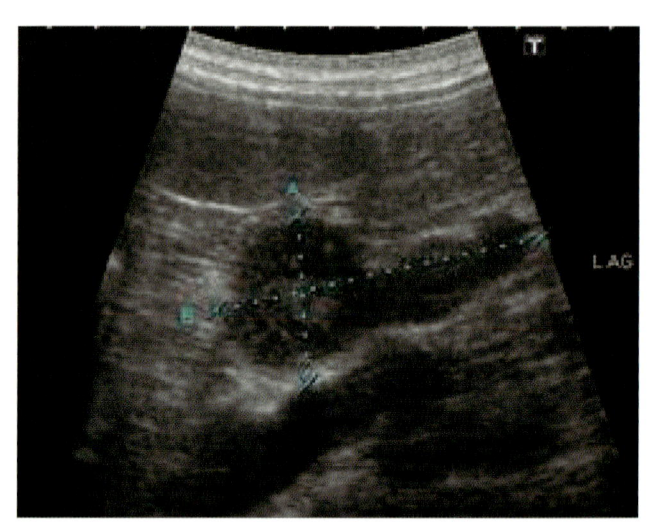

図 4-16　左側副腎の腺腫
副腎頭側に限局した類円形の低エコー腫瘤。

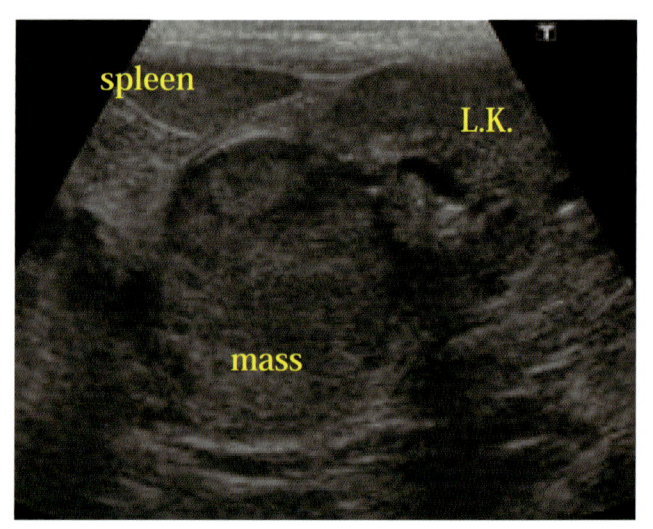

図 4-17　左側副腎の腺腫
副腎全域の重度拡大により左腎や周囲大血管が変形するほど圧迫されている。L.K.：左腎，spleen：脾臓

にもなる。すべての副腎腫瘍は腹大動脈や後大静脈内へ伸展することが知られており，後大静脈内では腫瘍による塞栓がみられる場合がある。副腎腫瘍の超音波ガイド下での生検や吸引を褐色細胞腫で行った場合，高血圧性障害や出血を併発する可能性があるため勧められない。

5．胃腸管

　胃壁の構造は犬において5層として描出され，その厚みは胃の拡張程度により3～5mmの間で変化するが部分的に6mm以上の厚みがあれば腫瘍を疑う。猫での異常は皺の間で2mm，皺の厚い部分で4.4mm以上の場合である。胃の腫瘍は物理的圧迫や機能的な流出路障害により嘔吐などの症状を引き起こすことが多い。嘔吐などの症状が生じると胃内に液体成分が貯留する傾向にあり，その場合には超音波検査において胃壁粘膜面の描出が容易になるため病変を検出しやすくなる。平滑筋腫はやや低エコーで均一な腫瘤として描出される。また，平滑筋肉腫は低エコーの不均一で拡大した腫瘤として描出される（図4-19，4-20，4-21，4-22）。両者とも粘膜下で筋層の低エコー領域に発生する腫瘤であることから筋原性の腫瘍として判断することができる。胃および腸のリンパ腫は均一な低エコーの腫瘤として描出される（図4-21）。筋原性腫瘍との相違点としてリンパ腫では壁層構造の消失所見が認められること，周囲リンパ節の腫脹が認められることなどがある。

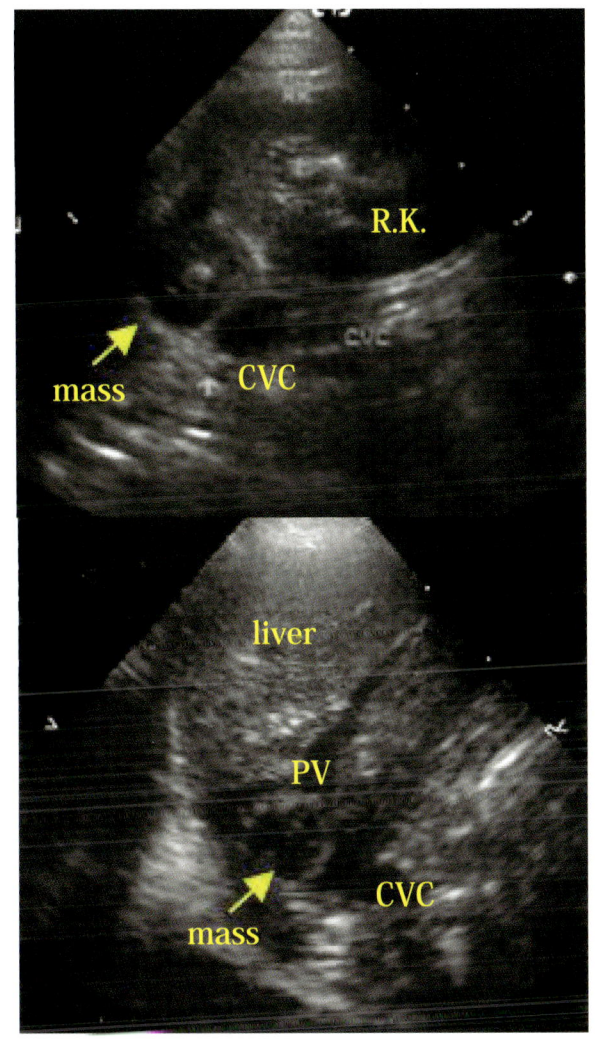

図4-18　右側副腎の褐色細胞腫
上：中心領域に高エコーの結節を含む低エコーの腫瘤。
下：上図と同症例，右副腎から腹大動脈内を伸展して肝静脈付近で描出された低エコー腫瘤の短軸像。
CVC：後大静脈，PV：肝静脈，R.K.：右腎，liver：肝臓

4-16，4-17）。活発なクッシング症候群を示す片側性の副腎腫瘍の場合には対側の副腎は萎縮していることが多く，検出困難となる。褐色細胞腫は神経外胚葉由来のクロム親和性組織から発生する腫瘍で境界明瞭な類円形または楕円形の充実性腫瘤であり大量のカテコールアミンを含有しているため高血圧症が合併することが多い。ほとんどが副腎髄質から発生し，内部が出血や壊死により混合性のエコーとして描出される（図4-18）。副腎の短軸（幅）が2cm以上であれば副腎腫瘍の可能性が高く，犬では5cm以上

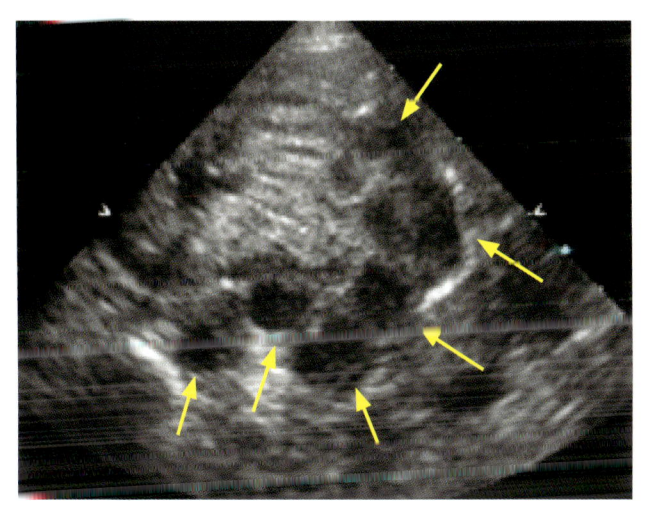

図4-19　平滑筋腫
胃幽門洞領域の短軸像で描出された漿膜面下の低エコー結節性腫瘤（矢印）。粘膜の層状構造は残存している。

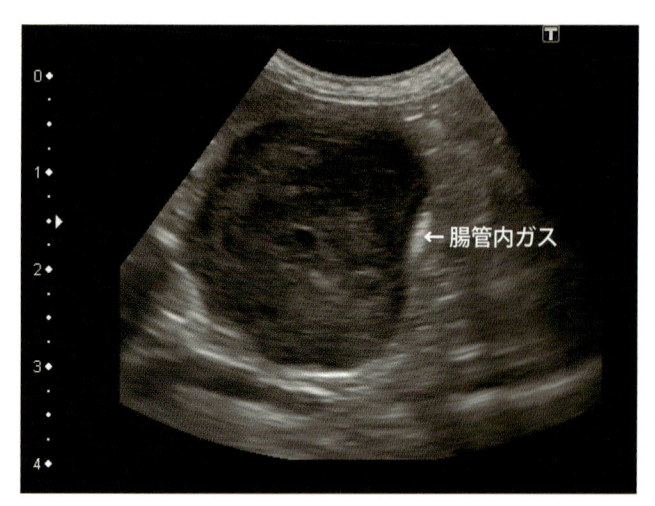

図 4-20　平滑筋肉腫
回腸周囲に発生した低エコーで不均一な平滑筋肉腫

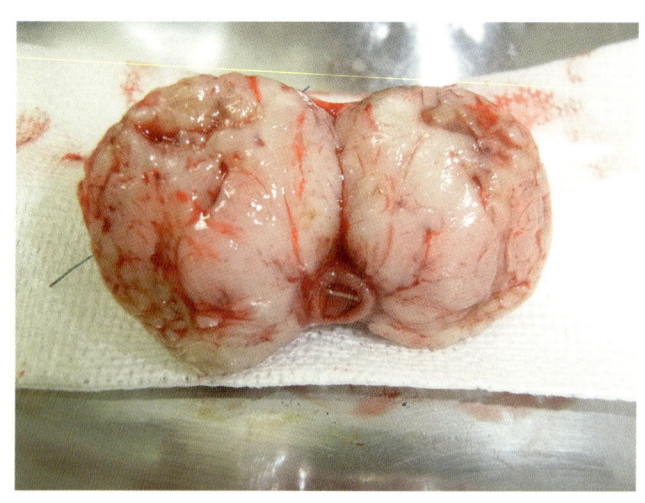

図 4-22　摘出された平滑筋肉腫の割面
腫大した腫瘤による回腸内腔の狭窄。

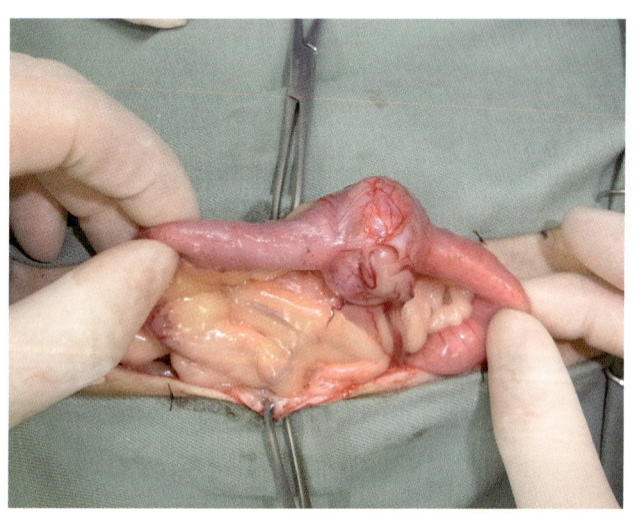

図 4-21　開腹時の平滑筋肉腫
回腸の孤立性で血流豊富な腫瘤。

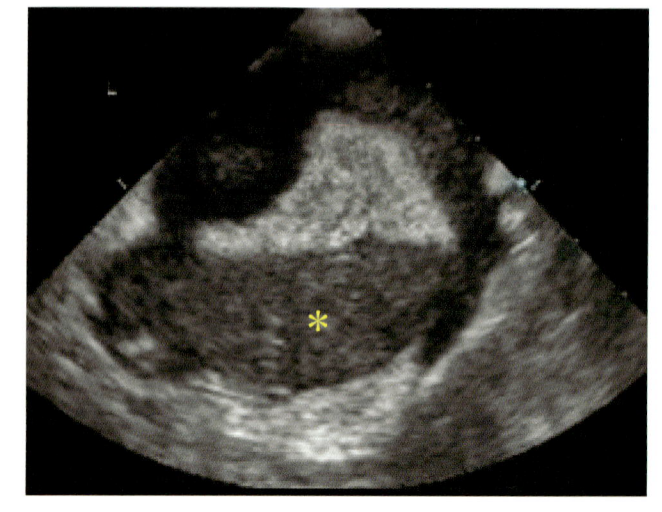

図 4-23　腸管リンパ腫
十二指腸の短軸像として低エコーで不均一に腫大し，壁層構造の消失した領域（＊）。

6. その他腫瘍の超音波画像

1) 甲状腺（図4-24）

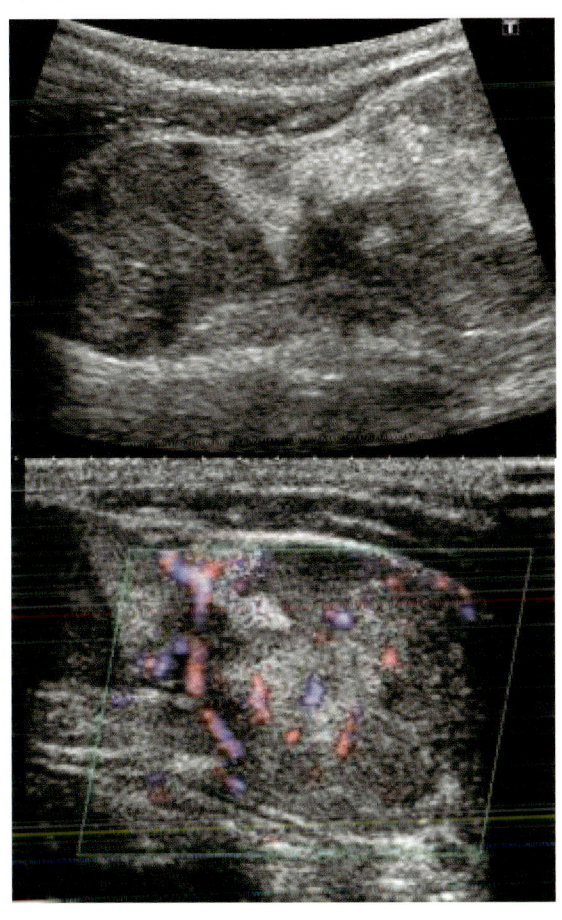

図4-24　左側の甲状腺癌における矢状断像
上：Bモード，下：カラードプラモード
等エコー，高エコー領域を含む混合エコーで描出された大きく拡大し，血流豊富な甲状腺腫瘍が周囲組織を圧迫している。甲状腺は高エコーに描出される被膜に包まれている。

2) 心臓（図4-25，4-26）

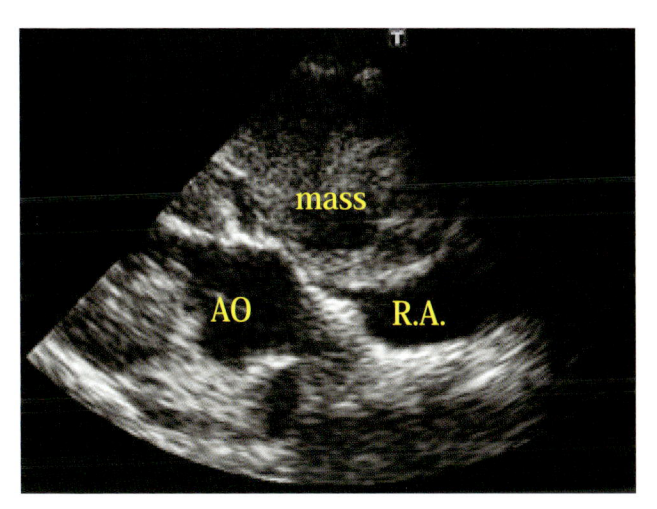

図4-25　心臓の長軸断面像
右心室内における拡大した血管肉腫（mass）による物理的な血流障害が生じている。AO：大動脈，R.A.：右心房

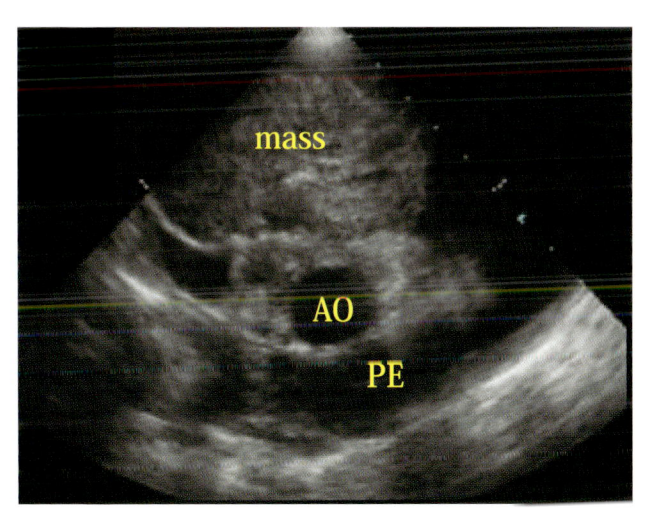

図4-26　心臓の心基部断面像
大動脈近隣から発生した心基部（非クロム親和性傍神経節腫）腫瘍（mass）による右室流出路の圧迫および心嚢水（PE）の貯留像。AO：大動脈

3）肺（図4-27）

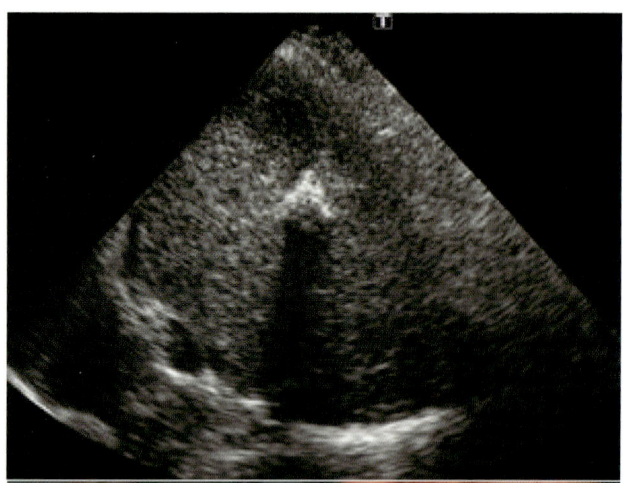

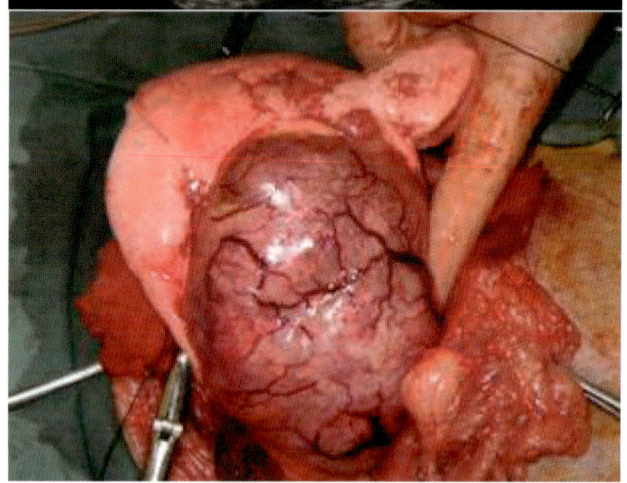

図4-27　肺の右側中葉における超音波断層像（上）と腫瘤摘出時の肉眼所見（下）
中心部に石灰化を伴う均一な低エコー腫瘤として描出された肺腺癌。胸腔内にて心臓を圧迫することにより運動不耐性を示していた。

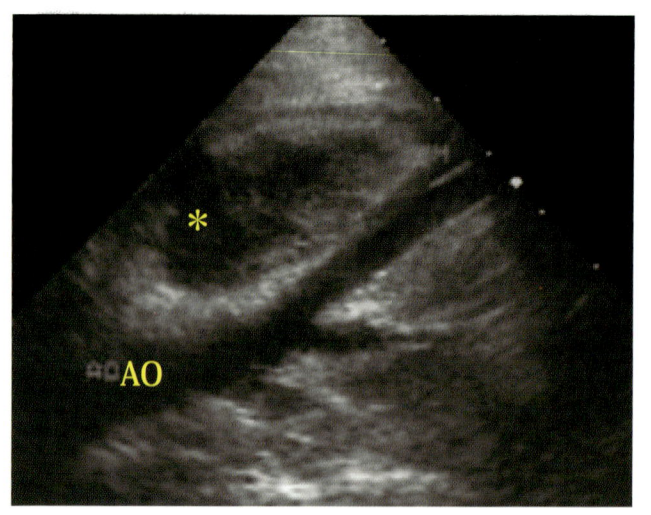

図4-28　腫大した腸骨下リンパ節
外腸骨動脈への分岐部付近で腹大動脈の横に位置しており高エコーの被膜に包まれたリンパ節（＊）。AO：大動脈

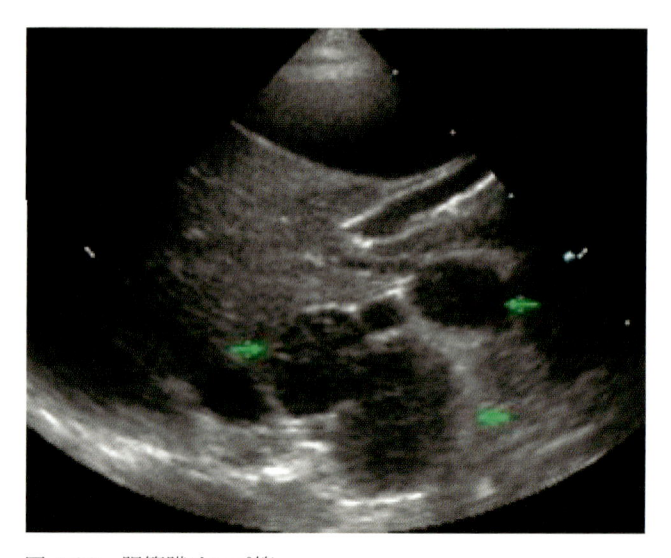

図4-29　腸管膜リンパ節
数個のリンパ節が低エコーで腫脹して血管の周囲を取り囲んで位置している。

4）リンパ節

　リンパ節は腹腔内で容易に描出されるものではなく、炎症によっても腫大するが、腫瘍に伴う腫大が最も疑われる。通常は高エコーの被膜に包まれた状態で低エコーの構造物として描出される。低エコーは時折無エコーの様にも見られることからカラードプラで確認したり、エコーゲインのレベルをあげることで大血管と鑑別することができる。形状は円形から楕円形、腫大の程度により不整形になることもあり、中心領域が高エコーの標的病変として描出されることもある（図4-28，4-29）。

第5章　腫瘍のCT検査

腫瘍のCT（computed tomography）検査では，造影検査が必須である。しかし造影検査精度は，患者ごとの造影剤の選択や撮像のタイミングの設定に加えてCT装置の性能にも左右されるため，施設ごとに最大限の精度を発揮できるよう，造影プロトコルを練る必要がある。またCT検査に限ったことではないが，やはり腫瘍の検出には正常像を熟知しておく必要がある。胸腹部CT検査で最低限確認すべき基本解剖を図5-1に示してある。

1．造影剤の選択

現在市販されているヨード造影剤には，イオン性と非イオン性の製剤がある。イオン性ヨード造影剤は，非イオン性と比較して価格が1/3，場合によっては1/10であるために，獣医学領域における血管造影では暗躍することがあるが，副作用の頻度の高さから，医学領域では特殊な用途を除いて用いられることはない。副作用に関しては後述する。

非イオン性ヨード造影剤は，様々な物性の製剤が発売されており，患者の状態，検査環境，検査目的に合わせて選択する必要がある。筆者の場合，大きく3つの選択肢を用意している。広く利用されており副作用などのデータベースが豊富なもの，浸透圧が血液と等張であるもの，粘稠度が低いもの，である（表5-1）。

1）副作用などのデータベースが豊富なもの

動物用の造影剤は発売されておらず，適用の承認という概念もない。そのため，どの造影剤を使用するかは獣医師の裁量による。また動物からの聴取による副作用発現頻度の調査が不可能である上，ヒトと比較して造影検査総数が少ないために，副作用の情報は医薬品インタビューフォーム等による動物実験データに頼るところが大きい。そのため筆者は後発品を避け，可能な限りヒトでのシェアが大きいものを利用することにしている。

2）浸透圧が血液と等張であるもの

非イオン性ヨード造影剤には，モノマー型とダイマー型製剤があり，ダイマー型製剤の浸透圧は血液とほぼ等張になっている。このためダイマー型製剤では，モノマー型製剤と比較して，投与時の血管痛や造影剤腎症などの副作用が少ないことが報告されている。また，等張であるために浸透圧による水分の移動が少なく，血管内造影剤の希釈が起きにくく，3Dによる血管走行の精査を目的とした造影CT検査ではより精密な画像が得られる（Kishimoto 2008）。

3）粘稠度が低いもの

大型犬等で大量の造影剤を短時間で投与する必要があり，さらにオートインジェクターが使用できず手押しでの投与が必要な場合，より高濃度で低粘稠度の製剤を選択することで投与が簡単となり，造影プロトコルの遂行が確実となる。また造影剤は温めておくことで粘稠度が低下するため，投与時まで37℃に保温しておく必要がある。

2．副作用への対処

造影剤の副作用は，多くの場合血液より高張であることに由来し，血漿量増加による血管拡張・血圧低下，尿細管細胞障害による造影剤腎症，赤血球変形能の喪失による血管塞栓・肺動脈圧上昇などが挙げられる。そのため循環状態の悪い患者，腎機能の悪い患者では要注意となる。最も注意すべきは低血圧性のショックであり，対処するには，

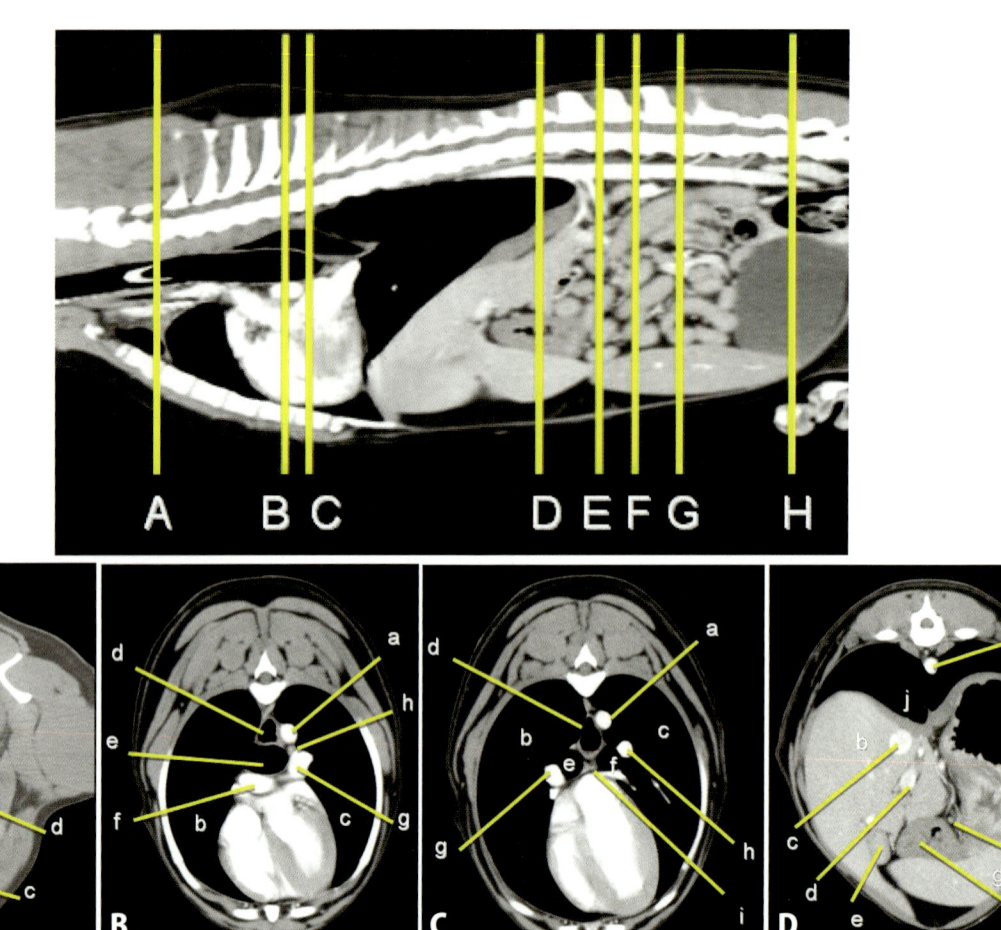

図 5-1 CT 検査で最低限確認すべき胸腹部の基本構造。最上段矢状断像に，図 A〜H の断面を示す
A　a：気管，b：前大静脈，c：胸骨リンパ節，d：食道
B　a：大動脈，b：右肺，c：左肺，d：食道，e：気管，f：右肺動脈，g：左肺動脈，h：肺門リンパ節
C　a：大動脈，b：右肺，c：左肺，d：食道，e：右気管支，f：左気管支，g：右肺動脈，h：左肺動脈，i：肺門リンパ節
D　a：大動脈，b：肝臓内側右葉，c：後大静脈，d：門脈，e：十二指腸，f：幽門，g：肝臓外側左葉，h：胃リンパ節，i：胃，j：肺
E　a：大動脈，b：右副腎，c：後大静脈，d：門脈，e：肝臓外側右葉，f：肝門リンパ節，g：膵臓，h：脾静脈，i：胃，j：脾臓
F　a：大動脈，b：腎動脈，c：後大静脈，d：肝臓外側右葉，e：上腸間膜静脈，f：上腸間膜動脈，g：膵臓，h：脾静脈，i：脾臓，j：脾リンパ節，k：左副腎
G　a：大動脈，b：後大静脈，c：右腎，d：腸間膜リンパ節，e：上腸間膜静脈，f：脾臓，g：腎静脈
H　a：大静脈分岐部，b：大動脈分岐部，c：右腸骨下リンパ節，d：左腸骨下リンパ節，e：膀胱

表5-1 筆者が使用している造影剤の例

分類	一般名	商品名	ヨード含有量 (mgI/ml)	浸透圧比*	粘稠度 (37℃ mPa・s)	販売会社
1) 非イオン性モノマー型	イオヘキソール	オムニパーク300	300	約2	6.1	第一三共株式会社
	イオヘキソール	オムニパーク350	350	約3	10.6	第一三共株式会社
	イオパミドール	イオパミロン注300	300	約3	4.4	バイエル薬品株式会社
2) 非イオン性ダイマー型	イオジキサノール	ビジパーク270	270	約1	5.8	第一三共株式会社
	イオジキサノール	ビジパーク320	320	約1	11.4	第一三共株式会社
3) 非イオン性モノマー型	イオメプロール	イオメロン300	300	約2	4.3	エーザイ株式会社
	イオメプロール	イオメロン350	350	約2	7	エーザイ株式会社

*生理的食塩水に対する比.

酸素吸入，アドレナリン・抗ヒスタミン・ステロイド剤の投与，積極的大量輸液を行う。過去に造影剤排出のために利尿剤が選択されることが推奨された時期があったが，現在では循環動態の維持のために推奨されていない。腎機能の悪い患者では，検査前に予め輸液を行っておくのもよい。動物における造影剤腎症の報告はまれであるが，対処法は知っておくべきである。ヒトでは，造影剤腎症は造影剤投与後 48 ～ 72 時間以内に生じた血清クレアチニン値の 25% 以上の上昇，または 0.5 mg/dL 以上の上昇と定義されており（Birck 2003），長期的な腎機能不全に陥る場合がある。発生機序や確実な治療法は明らかになっていないが，対処法として輸液や透析，N-アセチルシステインおよびアスコルビン酸の投与（腎臓の酸化ストレス軽減），炭酸水素ナトリウム投与（尿のアルカリ化）などが考えられている。

3．造影剤量の決定

肝臓の至適濃染強度を 50 HU 以上とした場合，必要なヨード量は 521 mgI/kg であるという医学領域での考え方から，獣医学領域では 600 mgI/kg が選択されることが多い。しかし体脂肪率の高い肥満患者では，脂肪分のヨード量の過負荷となるため，加減が必要である（Kondo 2008）。300 mgI/ml 製剤を 600 mgI/kg で使用した場合，2.0 ml/kg になるが，例えば 60 kg の大型犬では 120 ml の投与となり，手押しの場合は適合シリンジがなく，投与に時間と労力かかることが考えられ，またインジェクターを利用する場合でも，機種によっては 150 ml シリンジが利用できないことがある。その場合は，高濃度製剤（350 ～ 400 mgI/ml 製剤）を使用することで総量を抑えることができる。ただし，高濃度造影剤を使用する場合，液量が少ない分，投与後に橈側皮静脈～腕頭静脈に残る造影剤は高速で押し流されることがない。そのため，体循環の速度で心臓に到達するため，予定した投与速度は約束されないことになる。この残存分はビーグルサイズの犬で10 ml 程度であり，可能であればデュアルインジェクターを用いて，造影剤注入終了と同時に生理的食塩水によるフラッシュを行うとよい（Kishimoto 2010）。

4．造影法の選択

腫瘍と他臓器・血管との位置関係確認のための 3D 画像作製が目的の場合，時間固定注入法を選択する。時間固定の場合，血管の最大造影効果到達時間は注入終了時となる。そのためスキャンタイミングを工夫する必要がある。30秒または 60 秒全量注入が選択されることが多いが，全身状態の悪い患者では，高速ボーラス投与は循環器系に与える影響が大きいため，可能な限り 60 秒間全量注入を選択するべきである。60 秒間全量注入では，30 秒と比較してやや最大造影効果が劣るものの有意な遜色はなく，逆に造影効果を高く維持できる時間が長くなることがある。そのため，ロースペックの CT 装置を用いる場合は，60 秒を選択することも有効である（Tateishi 2008）。

腫瘍内外の微細動静脈の描出を目的とした血管造影 CT の場合，注入速度を重視し，最低 2.0 ml/s のボーラス投与を行った方がよい。撮影は動脈相および静脈相の両方を撮影する。この撮影を行うことで，動静脈を別々に描出することができるため，手術時の参考画像を作成しやすく

なる。動静脈の厳密な区別を必要としない場合で，画像処理ワークステーションが利用できる場合，体重当たりで計算した造影剤量を生理的食塩水で2～3倍に希釈し，2.0 ml/sで投与しながら50秒付近で撮像を開始することで，明瞭な解剖学的情報が得られる。

5．撮像の体位

筆者の場合，腹部では基本的に手術体位（仰臥）で撮像することにしている。腹部臓器は仰臥と伏臥で大きく位置が異なる。そのため，血管走行やアプローチの距離など手術用の参考画像作成のためには，やはり同体位での撮像が必要である。また巨大腫瘍の場合には，仰臥位手術での腫瘍による血管圧迫に起因する血圧低下等に患者が耐えられるかどうかの目安にもなる。腹部以外の撮像では，不都合がない限り原則としてCTテーブルに安定して保定しやすい伏臥位で撮像を行っている。

6．肝臓の造影

肝臓の腫瘍を疑う場合は，原則として動脈相，門脈相，平衡相の3相撮像が必要となり，これは肝細胞癌の診断で特に重要となる。多血性の肝細胞癌では，動脈相でのみ強く濃染され，門脈相および平衡相では造影剤がwash outされて皮膜のみが造影されるからである。厳密には，動脈相は早期（肝外の門脈がまだ造影されていない）と後期（肝外門脈は造影されているが肝内門脈はまだ造影されていない）に分けられる（図5-2）。多血性肝細胞癌では後期動脈相でよく濃染されるため，両方の撮影を行うべきであるが，犬や猫の心拍数で造影タイミングを決定するこ

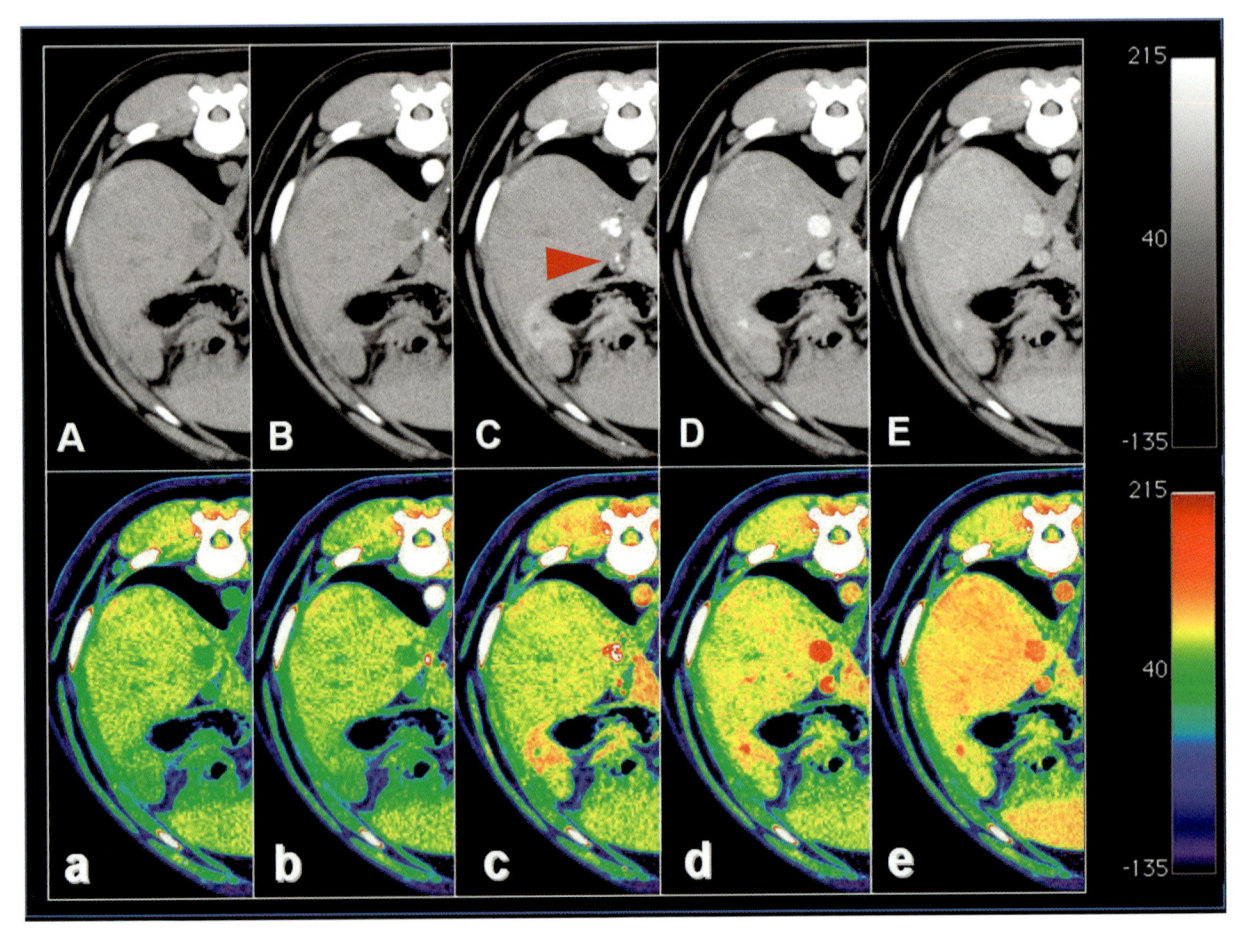

図5-2 肝臓領域のCT横断像。Aは造影前，B～Eは造影30秒後までの肝臓領域の横断像である。Cでは門脈が染まり始めており（矢頭），後期動脈相撮像の目安となる。a～eはそれぞれA～Eと同じ断面であるが，CT値に応じてCLUT（color lookup table）で色づけしてある。肝実質のCT値が上昇しているのが分かりやすい。

とは難しい。そのため，テストボーラス法により，撮像プロトコルを決定することも一案である。テストボーラス法では，単純CT画像から肝，門脈，腹腔動脈を含むスライスを決定し，少量の造影剤（2～5 ml）を実際のプロトコルと同速度で投与した上で，40秒程度のダイナミックスキャンを行う。これにより，各血管・臓器の造影剤到達時間を実測できる。早期および後期動脈相を連続してヘリカル撮像することは，現在獣医学領域で通常利用されるCT装置の性能では難しいことが多い。ヘリカルピッチを大きく，スライス厚を厚く，撮像開始位置へのテーブル戻り時間を省略するために撮像方向を頭尾→尾頭方向で組むなどの工夫もできるが，早期動脈相は肝動脈造影の用途であるため，場合によっては省略して後期動脈相を狙うのがよい。なお，筆者の経験では，ビーグルサイズの犬で大まかに動脈相が10～15秒，門脈相が20～30秒，平衡相が90秒程度である。また，明らかに腫瘍が1つないし2つで，ほぼ同じスライスに入り込んでくる場合は，はじめからダイナミックスキャンを選択してもよい。

　読影の際は，ウィンドウ設定に留意しなければならない。肝臓のような大きな臓器では，広範囲・び漫性にCT値が低下する場合があり，ともするとウィンドウ幅に隠れて見逃しが起きる場合があるからである。後述するリンパ節検索後に肝臓をみる場合などでは，ウィンドウ幅を大きくしたまま読影をしないようにしなければならない（図5-3）。

7．脾臓の造影

　脾臓の場合，動脈相～門脈相にかけて，均一に濃染されず「まだら」に描出されることがある（図5-4）。これは赤色脾髄と白色脾髄の血流の差と考えられている。そのためこれを腫瘍と判断しないよう注意が必要である。また麻酔下では，正常でも脾臓は拡大するのであらかじめ超音波で大きさについて検討を行っておくことが必要である。脾臓では，悪性腫瘍と良性腫瘍の判別について，CT値を利用した閾値が報告されている。Fifeらによれば，腫瘍のCT値が55 HU以下であれば悪性，以上であれば良性の可能性が高い（Fife 2004）。この指標は絶対ではないが，偶発的に腫瘍が発見された場合など，転移巣の検索のために撮像プロトコルを組み直すための簡易的な指標になり得る。

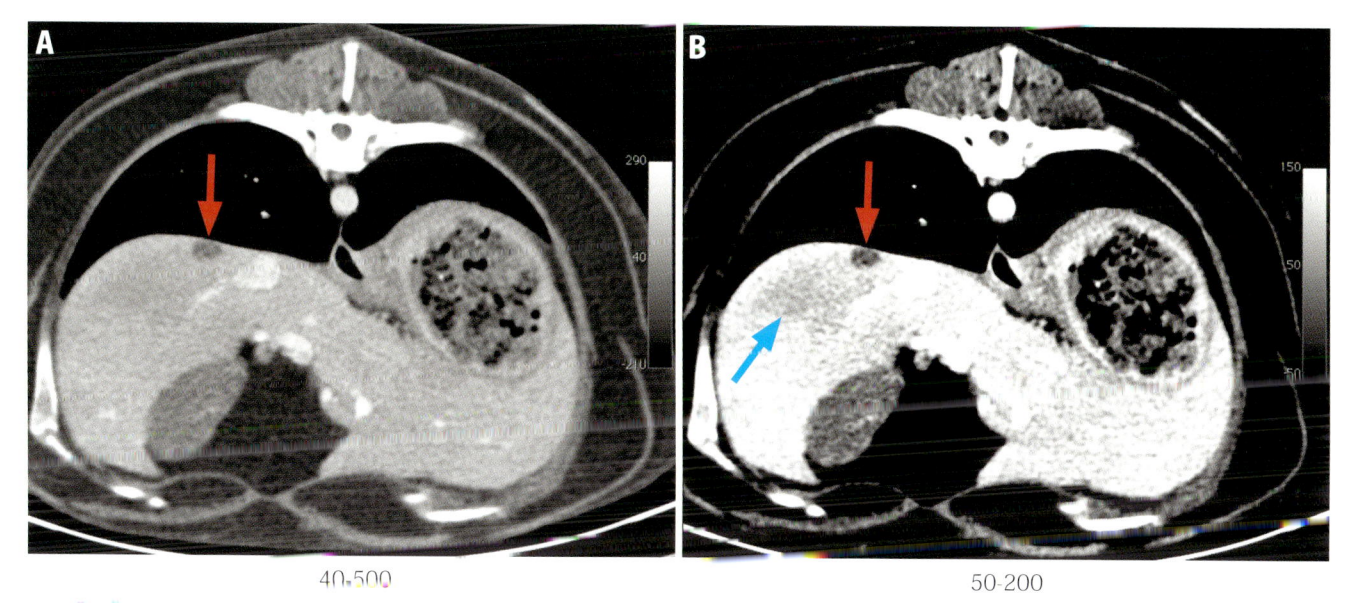

図5-3　肝臓の造影CT像。A，Bいずれの画像でも右葉背側のシストは容易に発見することができるが（赤矢印），Aではウィンドウ幅が広すぎるために，その右腹側にある低吸収領域を検出しづらい。Bでは容易に判別が可能である（青矢印）。

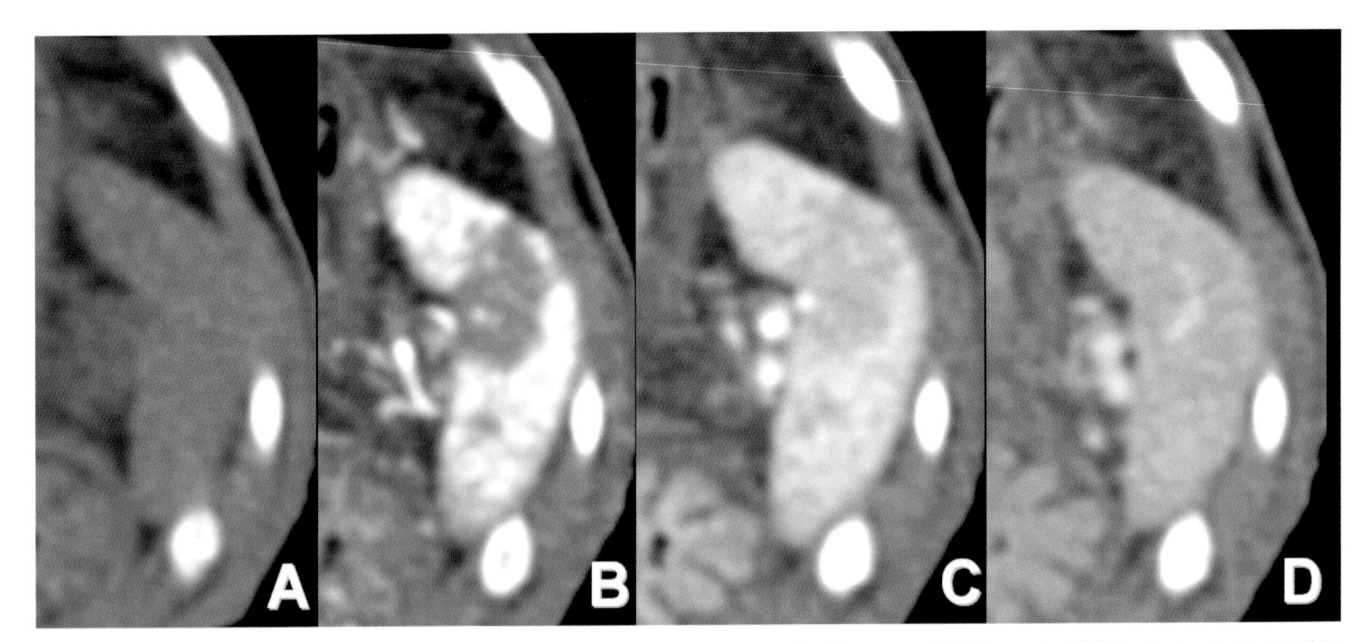

図 5-4 脾臓の造影 CT 像。造影効果を時間経過で並べた。A は造影前，B は動脈相，C は門脈相，D は平衡相である。B, C では造影効果にムラがあり，あたかも腫瘍のように見える。

8．リンパ節

　リンパ節は，解剖学的な位置は明らかになっているものの個体差があり，また大きさが一定でないために，CT 画像上でリンパ節を同定することは難しく，慣れを要する。特に腹腔内のリンパ節は，蛇行する腸管や血管に紛れるためにさらに注意が必要である。いくつかのリンパ節を図 5-5 に示してあるが，リンパ節は 1 断面での判断は不可能である。リンパ節を横断面で見つけるコツは，「よく造影される構造物であって，腸管や血管のように多断面にわたって連続しておらず，前後の数スライスのうちに突然出て突然消える構造物」を探すことである（図 5-5）。ただし腸骨下リンパ節のように頭尾方向に長いものもあるため，やはり解剖学的な位置を知っておくことが第一である。また不定形であることで MPR 像では判断がつきづらい場合が多い。そのためまず横断像で位置を確認後，MPR 像で全体像を把握するのがよい。腹部 CT 画像の観察には，通常腹部臓器を観察しやすいウィンドウ（WL 40, WW 350 など）を利用するが，リンパ節精査の場合は連続性を観察しやすいウィンドウ（例えば WL 0, WW 450 など，観察者の好みによる）を選択するとよい。

9．副腎

　副腎は腎臓の頭背側に位置する臓器であり，CT 横断像での探し方はリンパ節と同様である。副腎のサイズの上限は背腹方向で 7.0～7.5 mm である（Reuch 2005）。小さいものでは 2.0～3.0 mm 程度の場合もあり，スライス厚によっては検出できないこともある。通常，CT 画像で副腎をみる場合，その大きさや造影効果の均一性に注視することが多いが，単純 CT 画像上での CT 値の低下についても注意する必要がある。正常の副腎は造影前の CT 値は 30～40 HU であるが，脂肪を多く含む副腎皮質腺腫などの場合，10 HU 以下になる場合がある。

　褐色細胞腫の疑いのある患者では，造影剤の投与を慎重に行うべきである。褐色細胞腫の患者では，ヨード造影剤によるヒスタミン遊離作用により褐色細胞腫からエピネフリンが遊離され，血圧上昇発作が起こるとされている。そのため，やむを得ず検査を行わなければならない場合には，α および β 遮断薬を十分用意し，血圧上昇，頻脈，不整脈に備えるべきである。

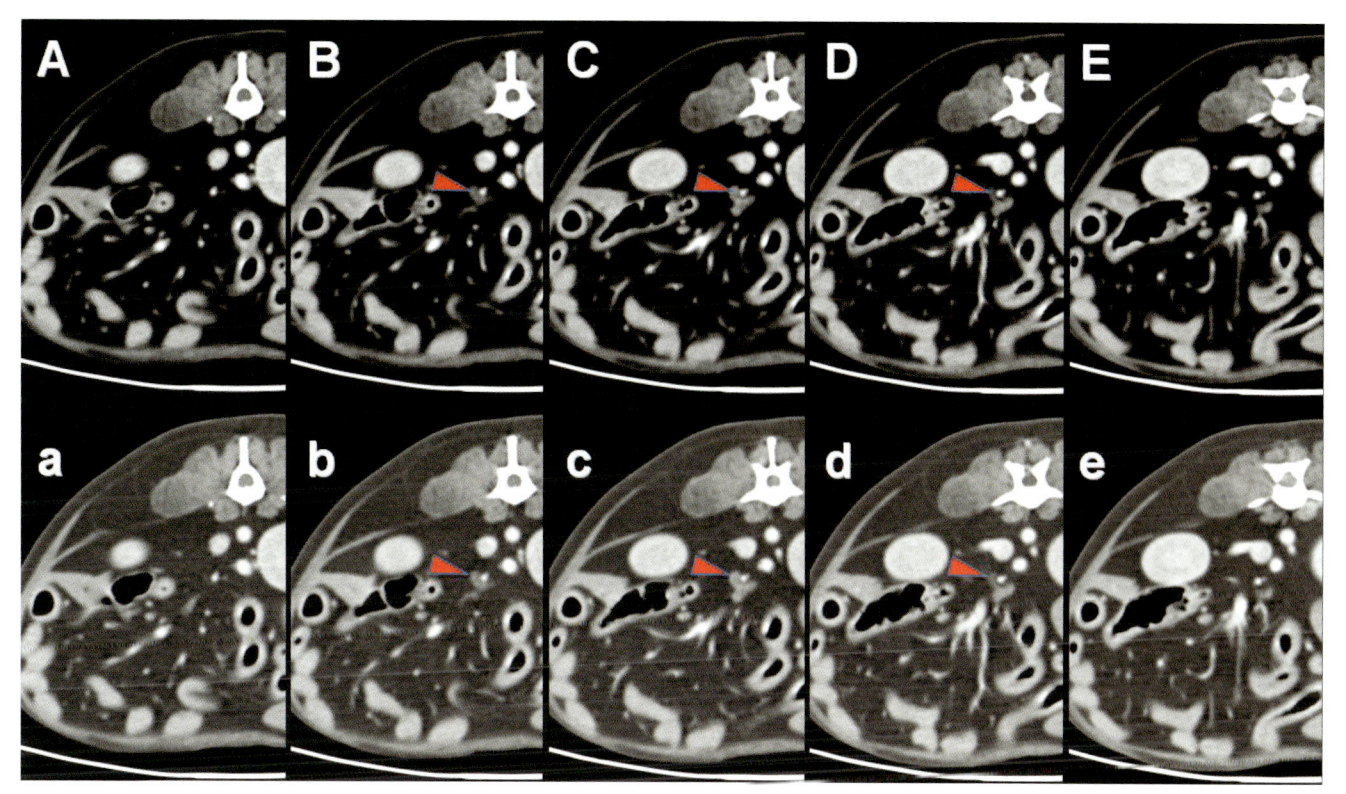

図5-5 リンパ節のCT像。リンパ節は，スライスを前後させることで「突然現れて突然消える」(矢頭)。A～Eとa～eはそれぞれ同じ横断面であるが，ウィンドウ設定を変えてある。A～EがWL 40 WW 350，a～eがWL 0 WW 450である。WL 0 WW 450では周囲の血管や臓器との位置関係の把握がしやすい。

10. 胸部

　腫瘍患者での胸部CTの主な目的は，肺転移および原発腫瘍・リンパ節の検索，縦隔の精査である。肺実質への転移巣検索だけが目的であれば，造影は必要ない。しかし，腫瘍を疑う以上，同時にリンパ節と縦隔構造の確認は必須であるため，やはり造影前後の撮像を行う必要がある。造影および撮像タイミングは基本的に肝臓の門脈相と同様でよい。筆者は，肝臓の門脈相撮像後，平衡相までの間に胸部撮像プロトコルを挿入している。つまり，胸部単純⇒腹部単純⇒肝臓動脈相⇒門脈相⇒胸部造影⇒肝臓平衡相という順番である。リンパ節や縦隔については，腹部ほど周辺臓器との混雑がないために，基本解剖を知っていれば確認は容易である。しかし肺転移と原発性肺腫瘍の区別，および血管，結節との区別に注意を要する。肺転移では，辺縁がスムーズな円状ないし点状の陰影が散発性にみられる。血管との区別は前述のリンパ節と同様，スライスの前後で突然現れることで容易にできる。逆に言えば，1スライスだけでの読影は，血管の1断面を転移像と誤認する可能性があるため，必ず複数のスライスで判断すべきである。また転移巣は血管末梢の胸膜近くに現れることが多い。一方で腺癌などの原発性腫瘍では，辺縁が棘状で毛羽立ち，境界が不明瞭なことが多い。胸膜の陥入像がみられることもある。しかし，獣医学領域では初期の原発性肺癌を発見できることは少ない。ヒトのように肺癌検診がなく，通常検査時は目的部位以外の撮像は行わないためである。無駄な被ばくは最小限にしたいところであるが，動物のCT検査はたいてい全身麻酔下で行うため，気軽に何度でも行えるものではないことを考えると，検査時間に余裕がある場合は，目的部位でなくとも，できるだけ胸部撮像も追加するとよい。良性の結節の場合，造影前の画像で高いCT値（場合にもよるが70～120HUなど）を呈することが多い。
　肺転移の診断の場合は，直径1.0mm程度のものを血管

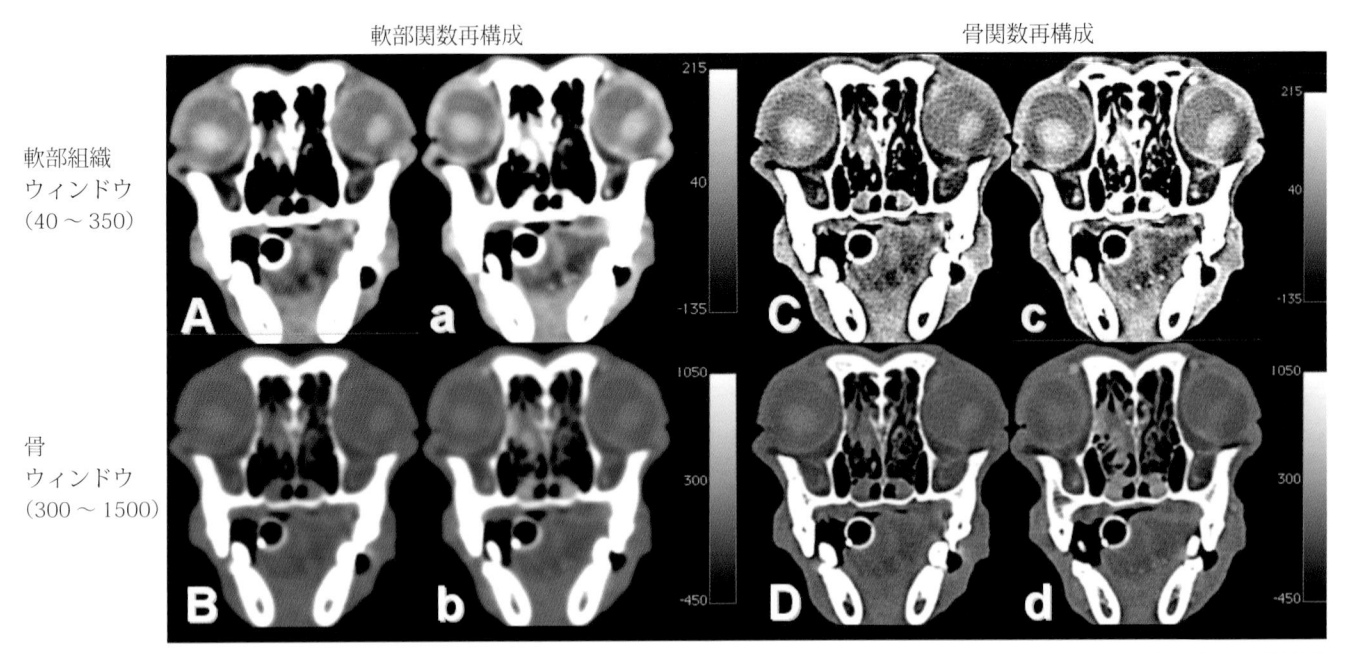

図 5-6　鼻腔の CT 像。A〜D および a〜d は全て同じ断面。A〜D は造影前，a〜d は造影後である。造影後は鼻甲介の粘膜構造が増強されているため，腫瘍と誤認してはいけない。再構成関数とウィンドウ設定により，大きく見え方が変化するため，目的に合わせてウィンドウ設定も厳密に考えるべきである。

と区別をしながら検出する必要があり，高解像度が要求されるため，肺野関数で画像再構成を行い，肺野ウィンドウ（WL -500 WW 1400）で読影を行う必要がある。

11. 鼻腔内腫瘍

鼻腔内腫瘍では，鼻甲介構造の破綻，骨の破壊と脳および眼窩への浸潤に注意する。このために注意すべきは偽の造影効果とウィンドウ設定である。鼻腔病変を疑って CT 検査を行った場合，複雑な鼻甲介構造中に高い造影効果を認める領域があれば，腫瘍と認識してしまうことがある。しかし，粘膜も造影されることを忘れてはいけない。炎症で血管新生が盛んであればなおさらである。鼻炎との区別は，軟部組織ウィンドウで栄養血管（動脈）があるか，骨ウィンドウで，骨破壊による眼窩，口腔内，および嗅球への浸潤があるか，鼻中隔の偏位はないか，をそれぞれ MPR 像で確認する。骨の微妙な破壊像をみるためには，やはり骨関数での再構成が必須である（図 5-6）。

以上，腫瘍の CT 検査において注意すべきポイントを述べたが，造影プロトコルが適切で，解剖学的な情報に精通し，画像観察時のウィンドウ設定が適正であれば，腫瘍や転移の見落としは最小限となる。将来的に，獣医学領域で使用できる CT 装置性能の向上により，鑑別診断のできる腫瘍の種類が増えることが予想される。造影プロトコルは装置性能と密接に関連するため，装置ごとにプロトコルを進化させていく努力が必要である。

第6章 手術手技の実際

1. 体 表

　犬や猫における体表には，上皮系，間葉系，造血系と多くの腫瘍が発生するため，それらの摘出技術は開業医にとって必須である。腫瘤のサイズは大きいものから小さいものまで様々で，その浸潤度合いも腫瘍のステージによって大きく異なっている。FNA（fine needls aspirates）によって腫瘍細胞が上手く採取できれば，悪性あるいは良性を含めて約80％の腫瘍で確定診断が可能といわれている。腫瘍の基本的な手術手技は，局所に腫瘍細胞を残さないことが原則であるが，広範囲に浸潤している場合には，一時的な緩和手術や減量手術を行うことも多い。しかし，最初の手術で腫瘍を取り残してしまった場合は，次の手術がより難しくなることを認識しなければならない。そのためには，まず"最初の手術で腫瘍をすべて取りきる"ということを念頭においてメスを握ることである。体表腫瘍の基本的な摘出術は"できる限り広範に切除する"ことであるが，良性腫瘍は切開の辺縁が1cm以上で，悪性腫瘍は3cmと言われている。また，腫瘍の表面は，偽被膜で覆われていることが多いが，この偽被膜は腫瘍を周囲の組織から隔離させているわけではなく，腫瘍細胞の塊にしか過ぎない。このため，偽被膜をメスや鋏などで破ることは周囲に腫瘍細胞をまき散らす（播腫）ことになる。腫瘍外科医は腫瘍を摘出する前に様々な情報を得ることが必要であるが，特にFNAなどによる病理診断をすべて信頼することは術後に大きな危険性を伴うことにもなりかねない。このことから，執刀者は病理の診断結果と臨床における腫瘍の状況（増殖度，様相，固着性，軟・硬度）を十分に把握して初回手術が成功するように心がけなければならない。

外科手技

　体表の悪性腫瘍を摘出する基本的な手技としては，できるだけ拡大切除して局所への腫瘍細胞の取り残しを防ぐことにある。そのためには術前にCT検査などの画像から多くの情報を得ることが重要である。また，悪性腫瘍は間葉系や上皮系でも摘出の手術手技はほとんど同じである。いかに腫瘍細胞を残さずに取りきれるかということは，手術手技にもよるが腫瘍の発生部位が最も重要な因子となる。例えば，大腿部の様に多くの筋膜と筋層で構成されている部位は，腫瘍を筋層含めて摘出することが可能である。また，四肢の末端で周囲組織のバリアーがほとんどない場合は，断脚を行い腫瘍をすべて除去することもできる。さらに，猫の肩甲骨背部に発生がみられる肉腫などは，頸椎の棘突起や肩甲骨などへの浸潤の度合いに大きく左右されてくる。執刀医は腫瘍と周囲組織のバリアーを念頭にいれて約3cm以上の辺縁を確保するために"できる限り広範囲に"摘出する。

　筆者は腫瘍の状況を把握するためにサイズ，組織との固着性，硬さや柔らかさなどを触診によって把握している。

1）血管周皮腫

　発生部位による体位で保定する。腫瘍と周囲の組織を触診しながら，サイズや固着性（可動するか）などを把握する。次いで腫瘍組織から約3cmの辺縁部を目印にしてサージカルペンを用いて切開線を描く。メスを用いて切開線に沿って皮膚切開を行い，剥離鉗子を用いて筋層をトンネリングしながらSonoSurgシザースで凝固切開を進めていく。周囲の太い血管は70％の凝固切開で十分である。筋層から腫瘍を剥離しながら偽被膜と周囲組織の癒着状態あるいは周囲の血管や神経などを確認し，同じ操作を繰り返し進

96　　第 6 章　手術手技の実際

めていく（図 6-1 〜図 6-18）。重要な神経を切断してしまうと歩行ができなくなるために温存しなければならない。もし，肉眼的に腫瘍が浸潤している場合は，断脚の手法に

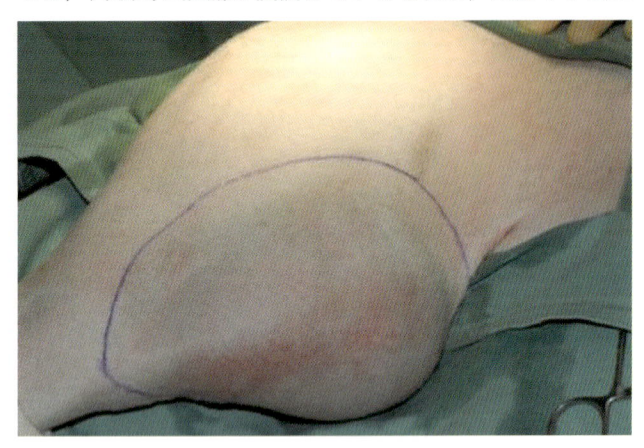

図 6-1　膝関節部に発生した血管周皮腫

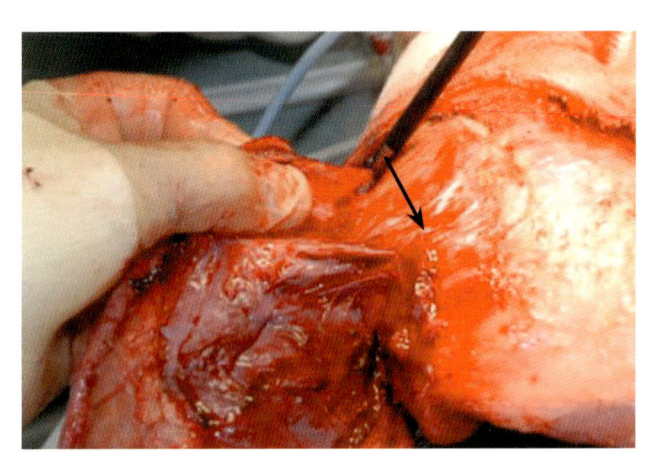

図 6-2　皮下織に腫瘍が広範に浸潤（矢印）しているため，断脚に切り替えた。飼い主からの強い要望により局所の摘出を試みた症例：病理の結果，深部への浸潤が認められた。

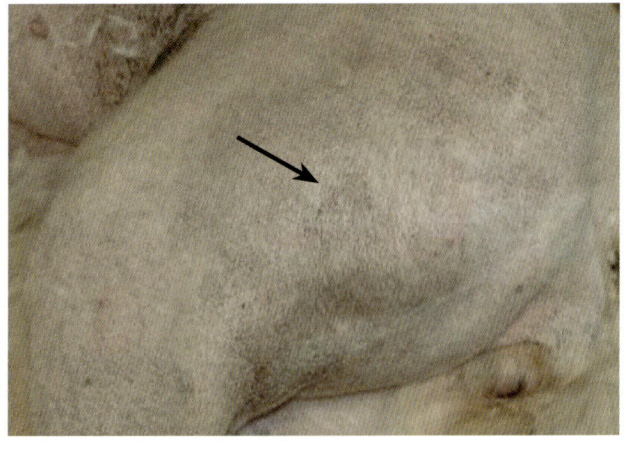

図 6-3　大腿部の皮下織に発生している血管周皮腫（矢印）

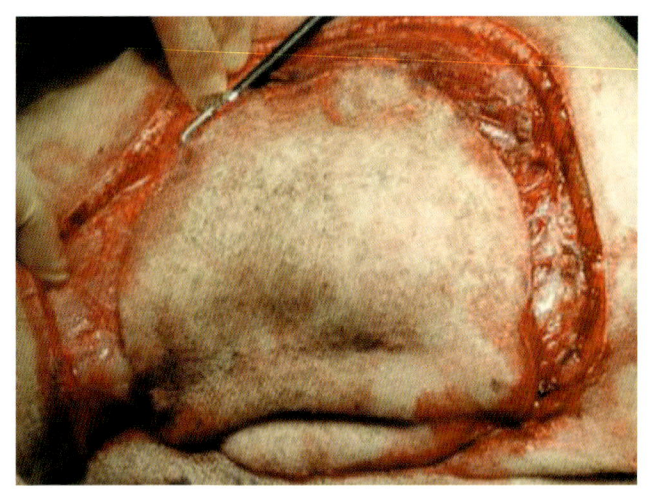

図 6-4　触診をしながら切開線を描き皮膚を切開後，SonoSurg シザースで筋層を 一挙に凝固切開する。

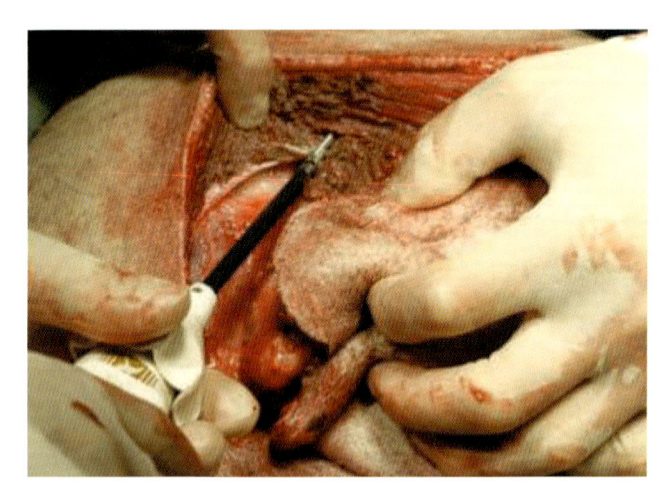

図 6-5　周囲の組織と腫瘍との関連性を確認しながら凝固切開を進めていく。

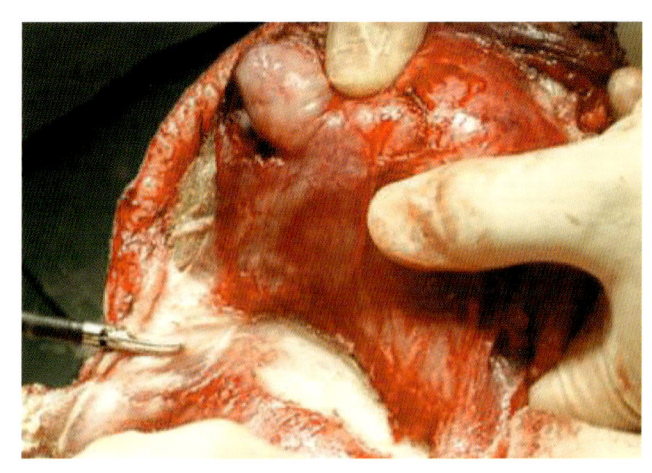

図 6-6　神経は温存して周囲はレーザーメスで蒸散する。バリアーとしての筋層を含めて腫瘍を摘出する。

体　表

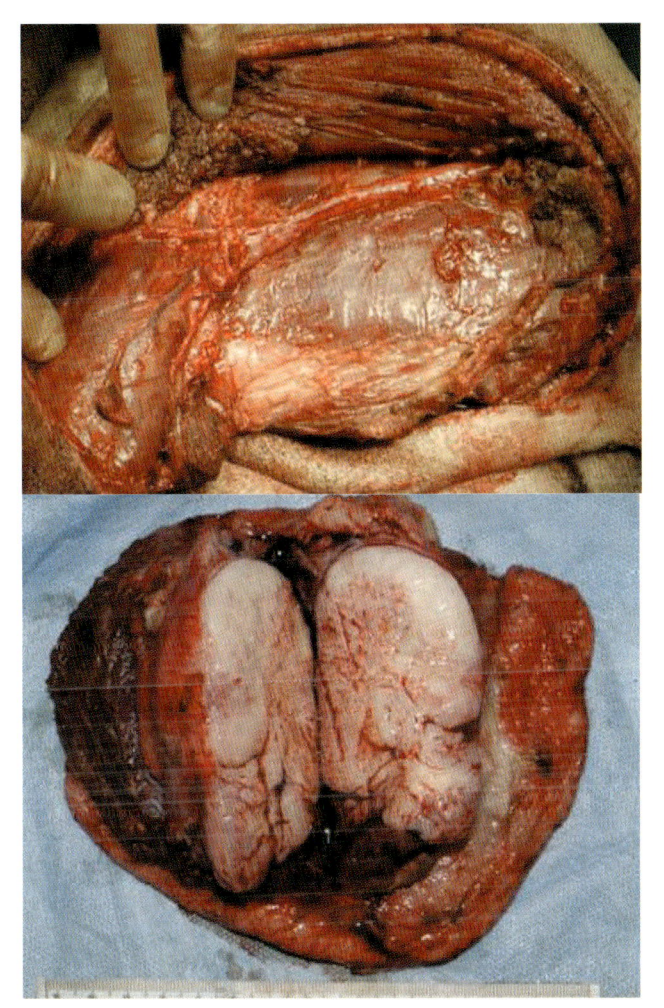

図 6-7　腫瘍には偽被膜が形成されていた。

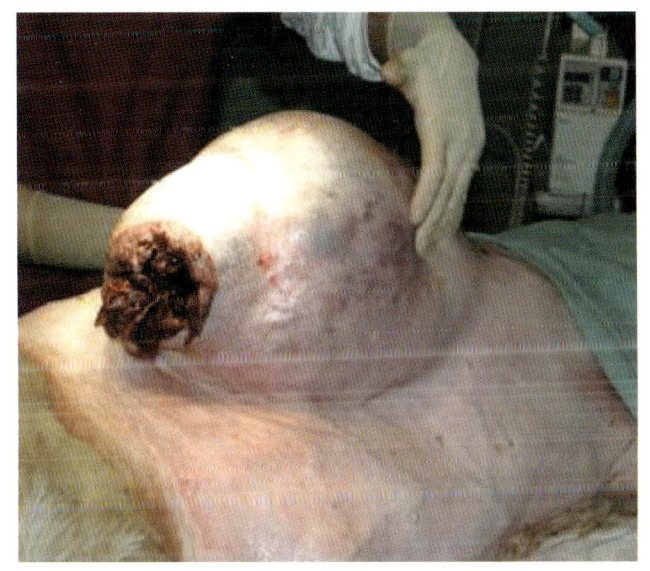

図 6-8　胸部に発生した巨大な腫瘤（血管周皮腫）

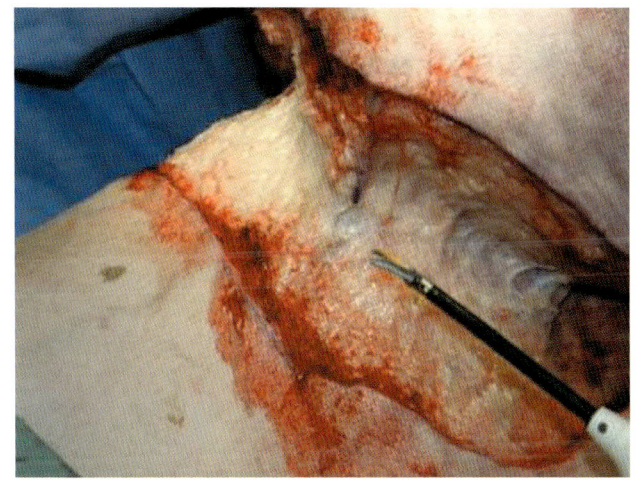

図 6-9　腫瘤の周囲に発生している血管を剥離鉗子で 1 本ずつトンネリングしながら凝固切開する。

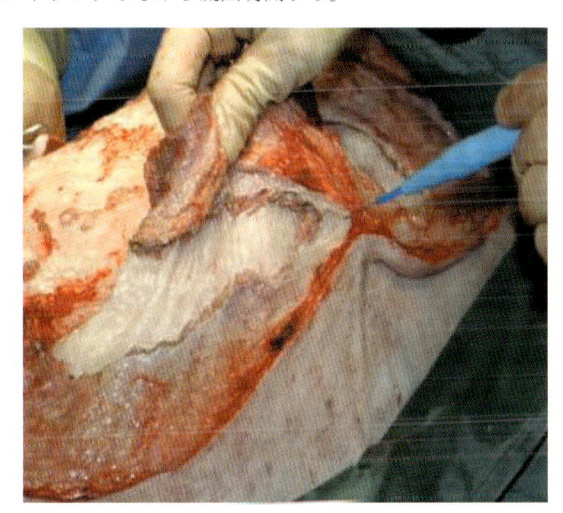

図 6-10　体幹皮筋を電気メスで切開する。

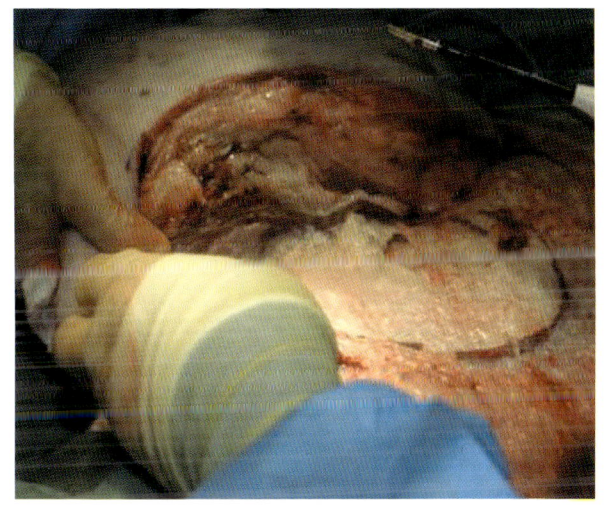

図 6-11　広背筋を一層 SonoSurg シザースで凝固切開する。

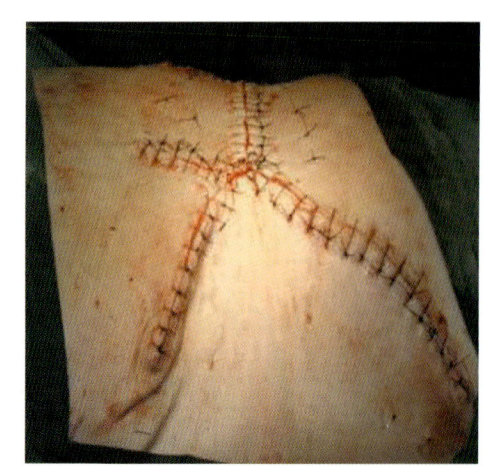

図6-12　伸展皮弁により皮膚を縫合。

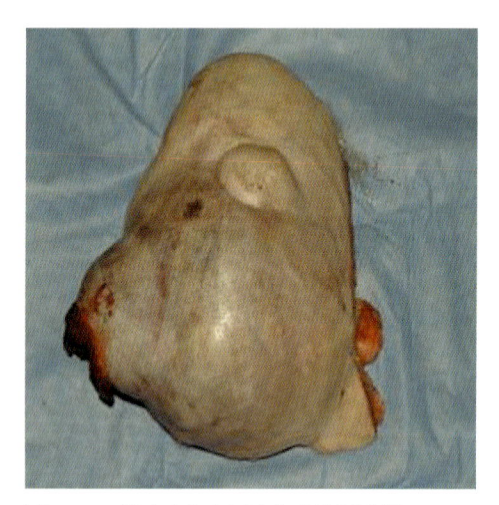

図6-13　摘出された巨大な血管周皮腫

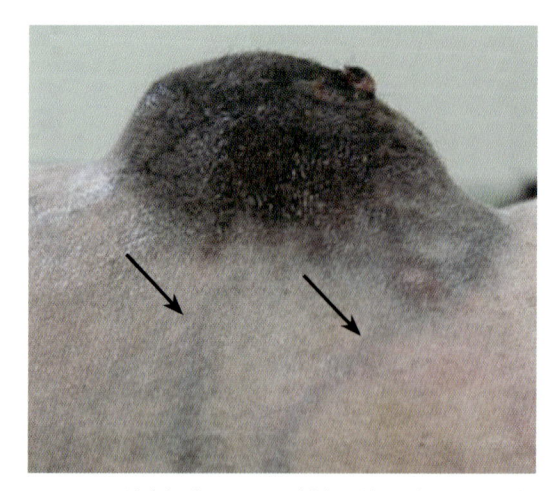

図6-14　腫瘍細胞の周囲の新生血管が確認できる(矢印)。

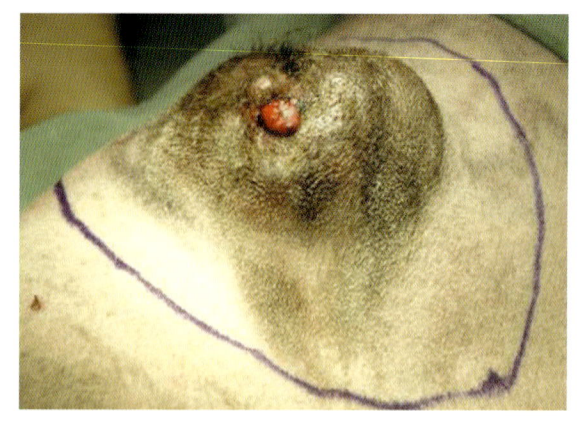

図6-15　腫瘍の辺縁約3cmを目印に切開線を描く。

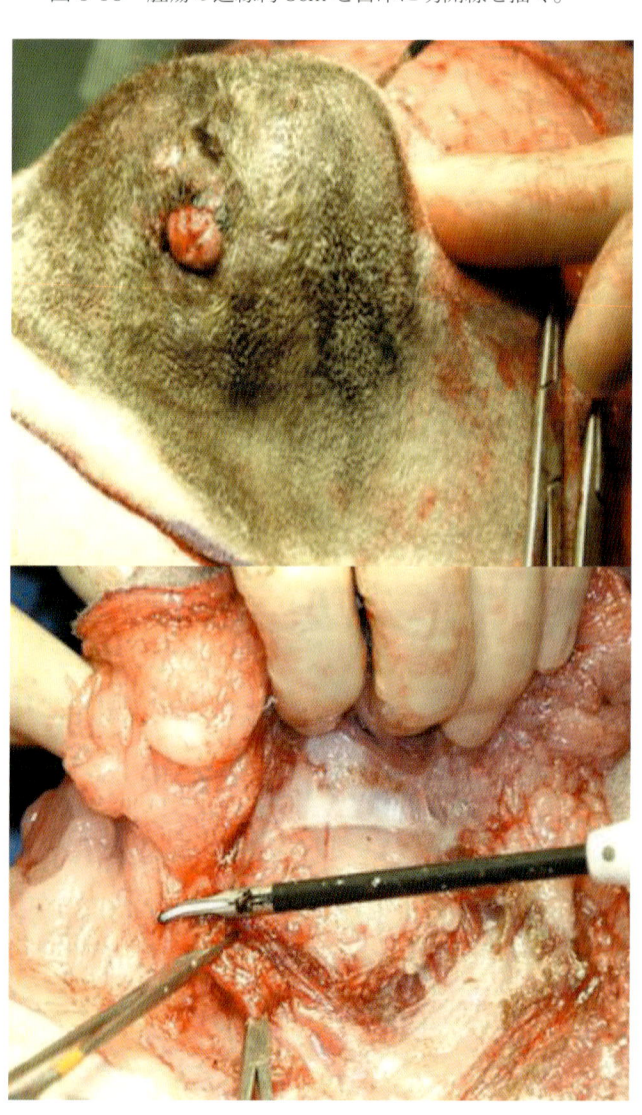

図6-16　皮膚からの出血は電気メスでコントロールしながら切開する。次いで腫瘍と筋層との関連性を把握しながら腫瘍細胞を取り残さないようにSonoSurgシザースで一挙に切除する。

体　表

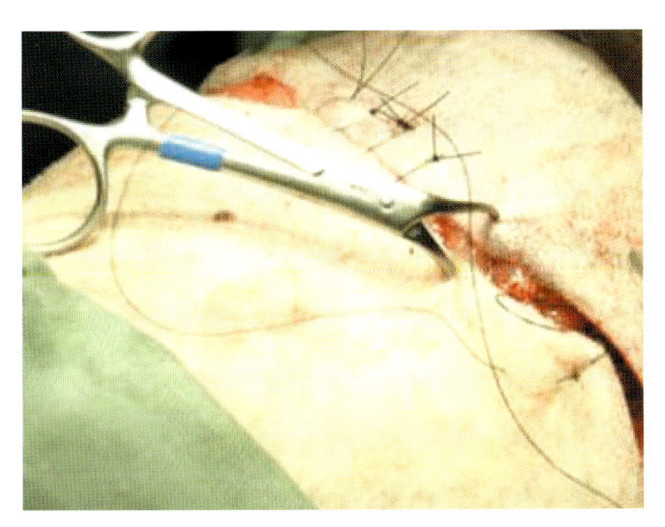

図6-17　予めタオル鉗子を用いて両端を牽引しておく。

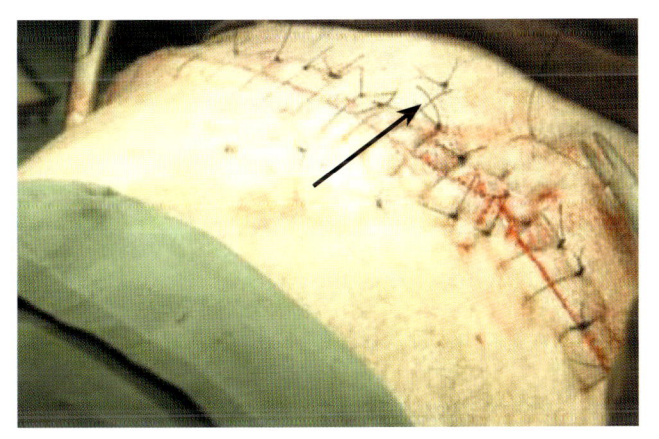

図6-18　切開線の両側の死腔は皮膚と筋層を合わせて縫合する（矢印）。

切り替えなければならない（図6-1～図6-18）。

手術のKey Point
- 腫瘍を触診してその状態（可動性，大きさ，硬さ）を把握するとともに，FNAおよび組織採取により良性と悪性腫瘍の確定診断を行う。
- 腫瘍の発生部位よりバリアー組織（筋膜・筋層など）を確認して，手術法を決定する。
- 腫瘍は筋層とともに周囲からSonoSurgシザースを用いて広範囲に摘出する。

2）頭頸部の皮膚腫瘍

顔面や頭部に発生した腫瘍のバリアーは筋層が薄いので極めて浅い。下顎や上顎の皮膚に腫瘍が発生した場合は，腫瘍を取り残さないように骨を削るかあるいは骨を腫瘍とともに部分摘出しなければならない（下顎切除手術手技を参照）（図6-19～図6-24）。

頸部に腫瘍が発生している場合は，表層の頸静脈および深部の頸動脈，気管支および反回神経に注意しなければならない。腫瘍が深部に浸潤している場合は，血管の存在を確認しながら切除を進めていく。血管が確認できなければ腫瘍部位にこだわらず，尾側の正常な部位の方向へ切開を進めて確実に血管や神経を目視し，さらに腫瘍への入り込みを確認する（図6-25，6-26）。もし，頸静脈や動脈が腫瘍に巻き込んでいる場合は，無理に剥離や分離しようと思わずに血管を切断することが重要である。静脈を剥離しながら，深部のリンパ節の腫脹を確認して摘出する（図

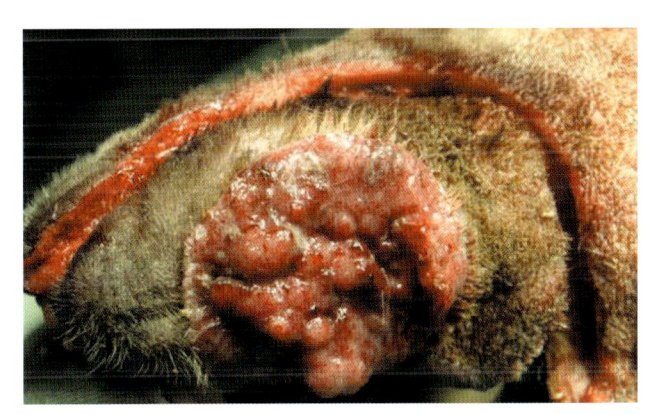

図6-19　下顎に発生した扁平上皮癌（片側部分切除）

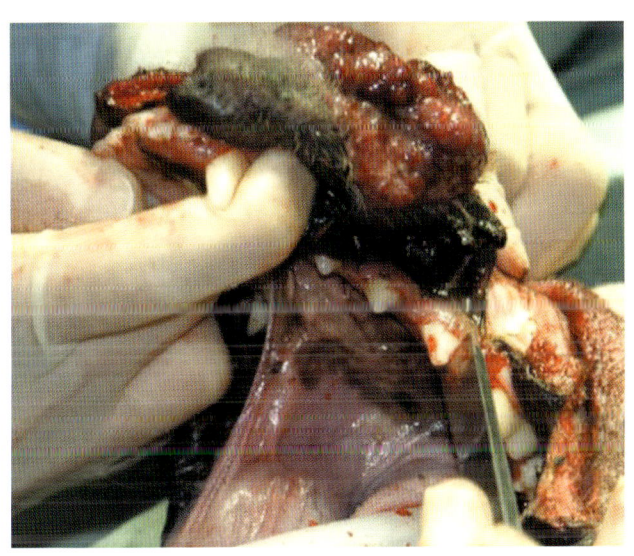

図6-20　ノミで臼歯を割り抜歯を行う。

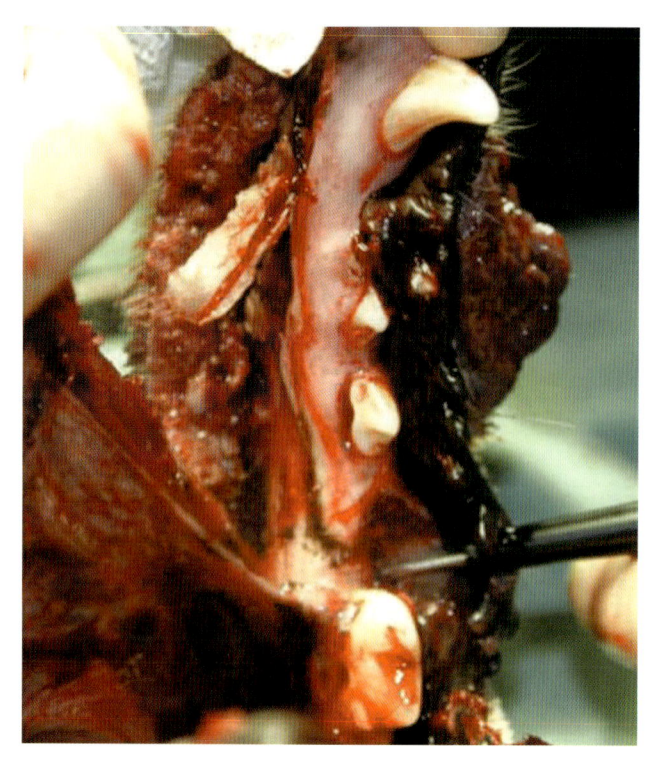

図6-21 ソノペットで下顎を滑削している。

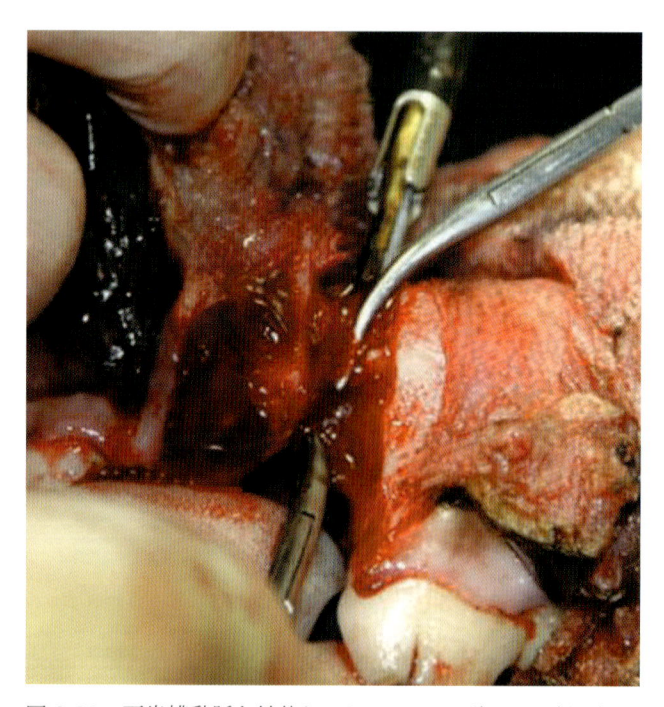

図6-22 下歯槽動脈を結紮し，SonoSurgシザースで凝固切開している。

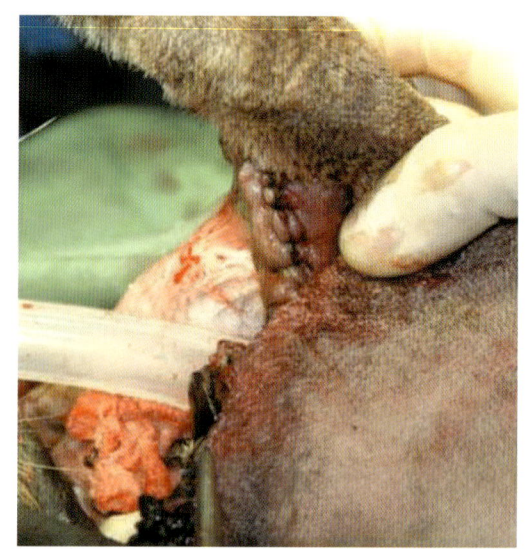

図6-23 片側の部分切除を行った。

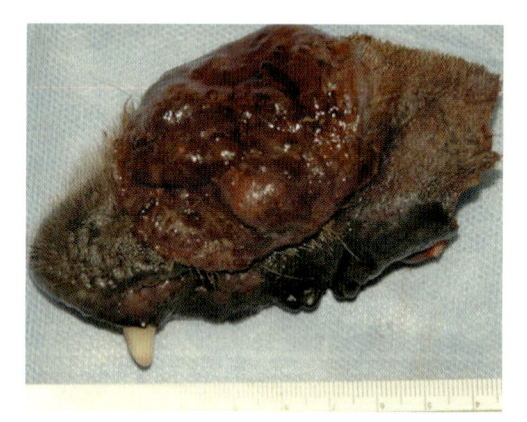

図6-24 下顎とともに切除された扁平上皮癌

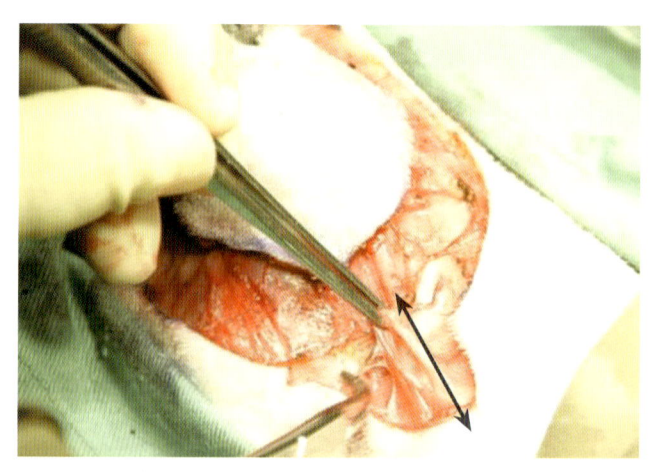

図6-25 頸部の頸静脈が目視できないため尾側に切開を加えた（矢印）。

体　表

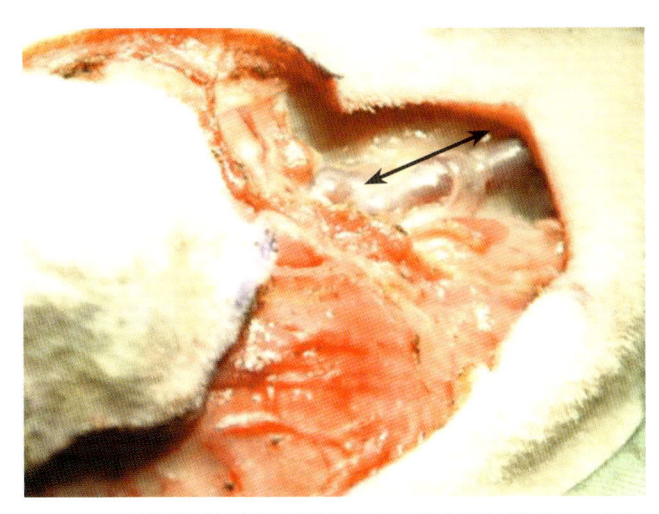

図6-26　頸静脈（矢印）が確認できるとともに腫瘍への入り込みも目視できる。

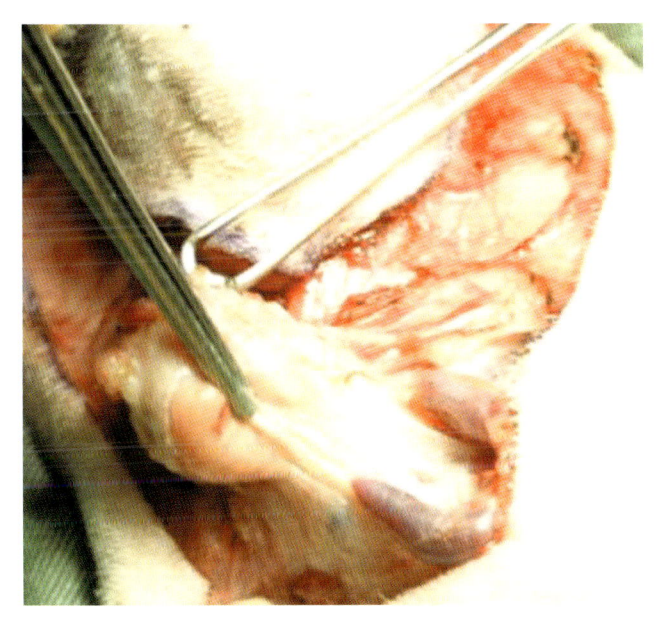

図6-27　静脈剥離を進め、深部のリンパ節の除去を行っている。

6-27）。

❖ 手術の Key Point
・頭部の腫瘍は，バリアーが薄いため，摘出された深部は必ずレーザーを用いて蒸散する。
・顔面部の眼，鼻および口は，なるべく温存するが，腫瘍はできるだけ広範囲（3cm四方を基本）に切除しなければならない。
・頸部には多くのリンパ腺，耳下腺，唾液腺，甲状腺，気管などの重要な器官である神経や血管が走行しているの

で，腫瘍を摘出するときは周囲の組織との関連性や血管走行を把握しながら摘出する。
・血管や神経の走行が腫瘍で把握できないときは，切開線を広くとり，それらの腫瘍への入り込みを目視しながら摘出する。

3）乳腺腫瘍

　乳腺腫瘍は日常の診療で最もよく遭遇する腫瘍疾患である。年齢は高年齢の場合が多く，麻酔もハイリスクを伴うことがある。筆者らの経験では，年齢が8～10歳で局部あるいは片側切除を実施していた患者は，数年後に再び新たな部位に腫瘍が発生している例が多く認められている。そのため，リスクを伴わない患者の場合は，乳腺腫瘍が悪性であっても良性であっても乳腺の全摘出手術を飼い主に勧めている。麻酔によるリスクを軽減し，痛みのコントロールを重視することにより初回の手術で将来の心配が払拭されるのであれば飼い主とよく相談しながらその手術法を決定すべきと思われる。そのためには，術後の合併症をなるべく回避する術式を身につけなければならない。また，腫瘍の大きさは巨大なものから米粒大と極めて様々であるが，さほど部位によって術式が大きく変わることはない。巨大な腫瘍は摘出後における皮膚欠損による皮弁作製が重要となる。若齢犬の避妊手術（子宮全摘手術）は，乳腺腫瘍の発生を高率に予防すると言われているが，乳腺を全摘出した場合，乳腺腫瘍の再発との関連性は極めて低くなる。また，子宮全摘手術の利点としては，子宮蓄膿症などの子宮疾患や腫瘍の予防によるものが大きい。

外科手技

　乳腺摘出の毛刈りは切開部位から20cm四方を基本に行う。乳腺腫瘍における外科手術の消毒は，体表面積が広くなることから術前の体温低下を防ぐためにアルコールを併

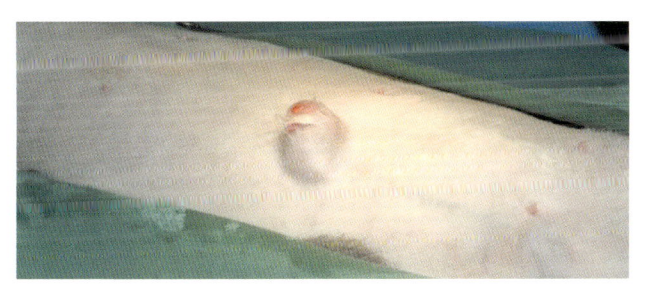

図6-28　第2，3乳腺に乳腺癌が確認された。

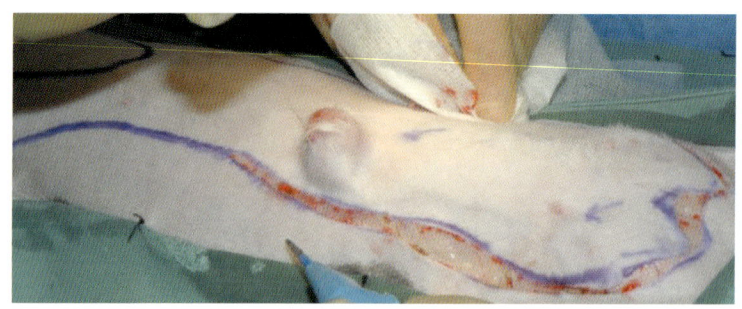

図6-30　摘出するための切開線を描き，メスで皮膚切開後に皮下織を剥離鉗子でトンネリングしながら電気メスで乳腺の切開を行い，出血は電気メスやバイポーラでコントロールする。

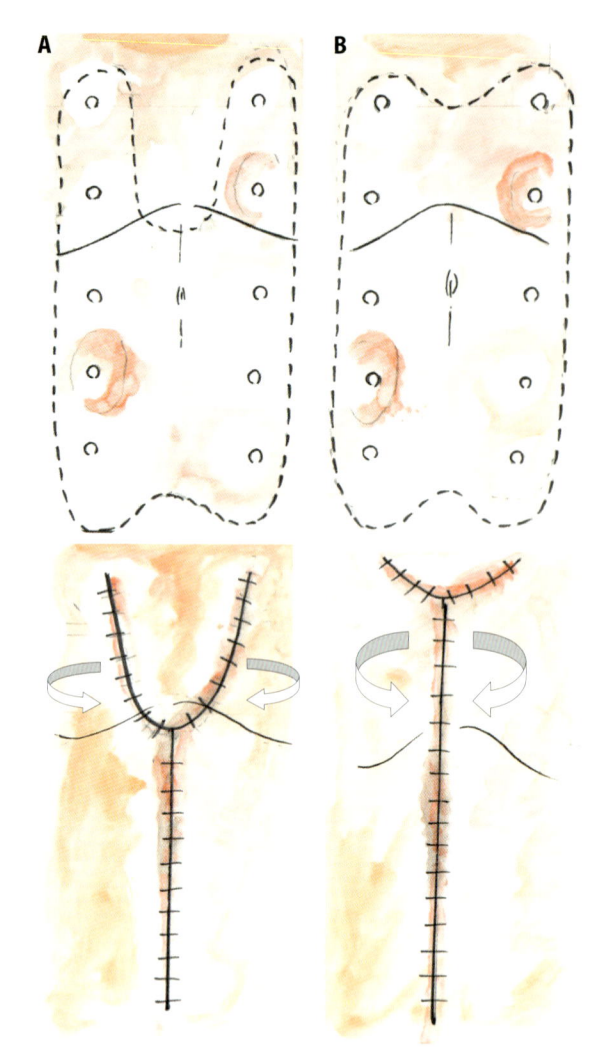

図6-29　切開線をウサギの耳のようにＵの字に剣状突起の直下まで描く（Ａ）。耳を短く描く（Ｂ）と縫合によるテンションが強く胸が圧迫されてしまうため，呼吸障害を起こす危険性がある。また，皮膚の欠損範囲が広くなるため両側の皮膚を中央部まで引き寄せられないことがある。

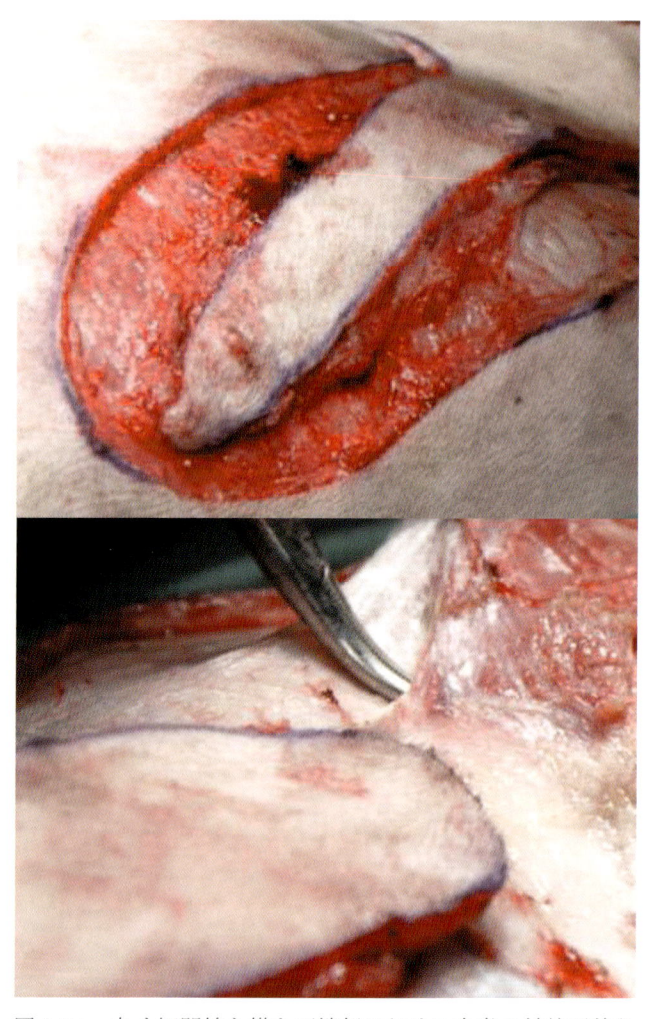

図6-31　丸く切開線を描き両端部における皮膚の付着面積を大きくとる。上：第１乳腺，下：剣状突起部

用するイソジンはなるべく避け，グルコン酸クロルヘキシジンを用いる方がよい。体位は仰臥に保定して後肢は直ちに保定紐を外せるようにする。

　サージカルペンを用いて乳腺外側に沿って乳房から約1cmのマージンを取るように第１乳腺から陰部手前までを切除部位としてマークし，第１乳腺内側から剣状突起まではウサギの耳のようにＵの字型にマークする（図6-29〜図6-31）。剣状突起は肺と横隔膜のつなぎ部分のところでやや突出しているため，Ｕの字の起点はその直下まで

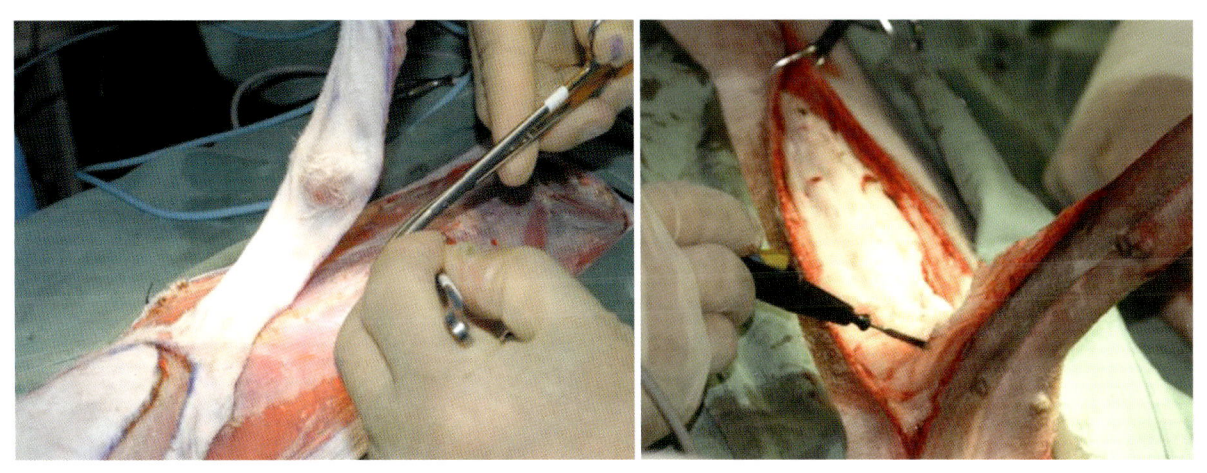

図 6-32　電気メスや SonoSurg シザースを用い，血管に注意しながら剥離していく。

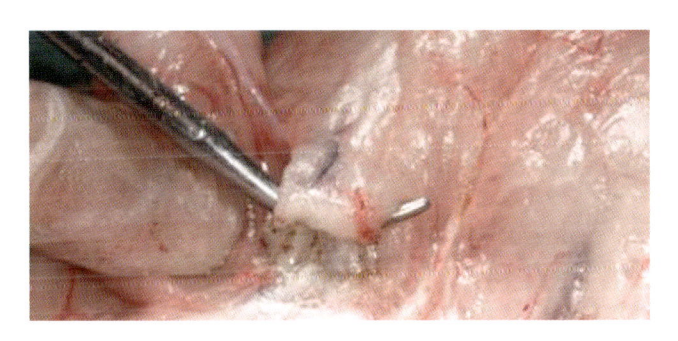

図 6-33　左右の浅後腹壁動静脈（鼠径部）

マークした方がよい。第 5 乳腺は意外と陰部の近くまで乳腺組織が発達していることもあるため乳腺を残さないようによく観察しながら切開すべきである。

摘　出

筆者らは頭側の第 1 乳腺の方からと尾側の第 5 乳腺の方向からアプローチする 2 通りの方法を行っている。これらの方法には，それほど大きな違いはないが，前者はリンパ管および血流を遮断し，浅後腹壁動静脈および第 5 乳腺の部位がクリアに目視できるという利点があり，後者は大きな浅後腹壁動静脈の血管を始めに処理するという違いであると思われる。

前者は第 1 乳腺の内胸動脈，肋間動脈および腋窩動脈から走行している乳腺の血管に注意しながら切開線に沿ってメスで皮膚を切開していく。なるべく出血をさせないように両側の皮膚を押し広げるように皮膚のみを切開するように心がける。もし，皮下織の血管を切開した場合は，電気メスあるいは低周波モノポーラでコントロールしながら凝固していく。次いで第 1 乳腺側から皮下織をメッツェンバウム鋏あるいは剥離鉗子でトンネリングしながら電気メスあるいは SonoSurg シザースを用いて凝固切開する。メッツェンバウム鋏あるいは剥離鉗子はむやみに横に広げて皮下織に死腔を作らないように，むしろ縦に皮下織を剥離しながら凝固切開を尾側に進めていく（図 6-32）。ウサギの耳のような両端部をアリス鉗子で挟みながら挙上して皮膚を剥がすように尾側に牽引しつつ，電気メスあるいは SonoSurg シザースで剥離を進めていく。第 2 乳腺（11 ～ 12 肋骨）の部位には尾側から浅前腹壁動静脈が走行しているため，血管をよく観察しながら切開を進めていく。特に脂肪などが付着している場合は，血管が見え難くなっていることから十分に注意して組織を剥離し，浅前腹壁動静脈を確認したら，SonoSurg シザースで凝固切開を行う。大型犬で血管が太い場合は，SonoSurg シザースで数回凝固を繰り返して最後に切開すると結紮は不用である。同様に処理を進めていくと鼠径部（目安：拇指頭大の脂肪）に左右の太い浅後腹壁動静脈が確認できる（図 6-33）。大型犬ではバイクランプを用いるか，SonoSurg シザースで数回凝固後に離断する（図 6-34，6-35）。次いで第 5 乳腺と尾側の皮下に陰部動静脈が走行しているため，切開線上から SonoSurg シザースで皮下織を含めて凝固切開する（図 6-36）。最後に第 5 乳腺の腺組織を確認して皮膚縫合を行う。皮膚は広範囲に切開していることから左右の両端部に大きなテンションがかかるので，予め皮膚の両端部に数本のタオル鉗子をかけて両側を牽引しておくと皮膚が

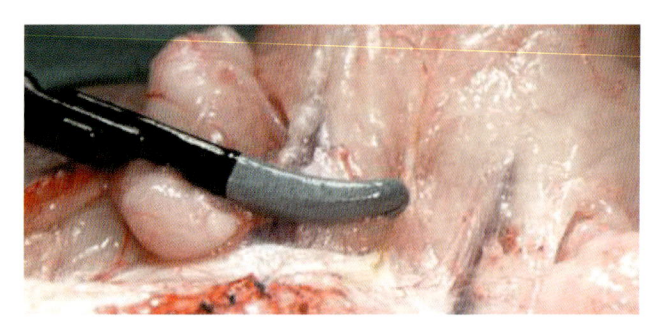

図6-34 浅後腹壁動脈をバイクランプで処理し凝固した。

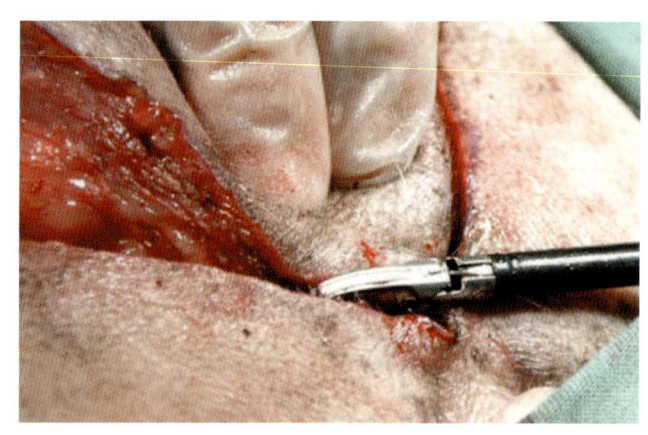

図6-36 陰部動静脈をSonoSurgシザースで凝固切開している。

図6-37 鉗子を予め両端の皮膚に掛けておく。

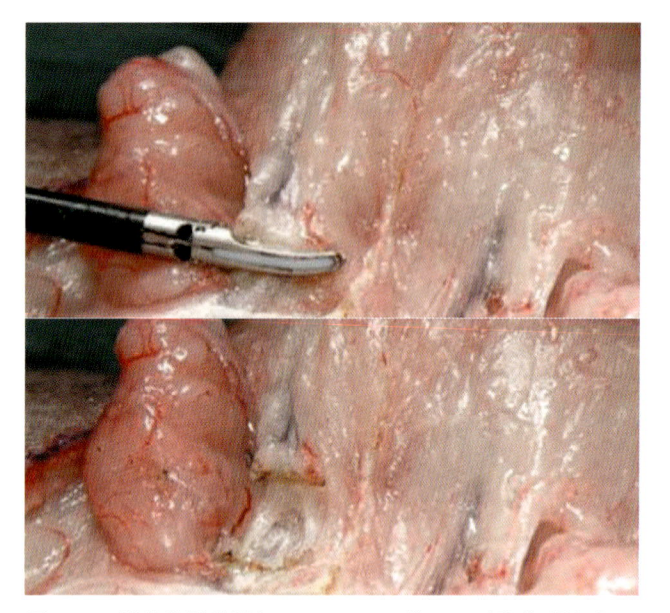

図6-35 浅後腹壁動脈をSonoSurgシザースで凝固切開した。
上：凝固，下：切開後

伸長し縫合がしやすくなる（図6-37）。皮下織の死腔が大きい時は，ウォーキング縫合あるいはナイロン糸で皮膚と皮下織に糸をかけてなるべく皮膚の接着を促す縫合を用いるとよい（図6-38）。ウサギの耳の部分は，短いほど胸が締め付けられるのでできるだけ耳を長くしなければならない（図6-29，6-31）。前胸部の乳腺腫瘍が巨大な場合や大きな腫瘤で耳を長く作製できない場合は，無理せずに皮弁を作製することが重要である。あるいは胸郭が締め付けられて思うように呼吸できない場合は，メスで皮膚に数個のメッシュを作製後，呼気および吸気時の胸の動きやPO_2およびPCO_2の分圧をモニターして呼吸状態を確認する。メッシュを作製した皮膚の傷は感染を起こさなければ自然と数週間で治癒する。

　後者の方法は前者と同じように外側の切開線に沿ってメスで皮膚を切開する。浅後腹壁動静脈は，両側の第5乳腺の数cm後方の鼠径部のやや尾側に位置し，乳腺に向かって走行している。その部分は脂肪に富み血管は深部に埋没して走行しているので，まず，脂肪を丁寧に剥離鉗子あるいはメッツェンバウム鋏で掘りながら進めていく。大胆にかつ丁寧にガーゼを用いながら脂肪をある程度除去すると鼠径部の拇指頭大のコロッとした脂肪の直ぐ尾側に太い血管が確認できる。小型犬あるいは中型犬では剥離鉗子で丁寧に血管のトンネリングを行うので，SonoSurgシザースによる凝固切開が可能である（図6-39）。大型犬はバイクランプあるいは体側の近位の血管のみを結紮してSonoSurgシザースを用いて凝固切開してもよい（図6-39）。次いで陰部から走行している陰部動静脈を前者の方法と同じように片側ずつ丁寧にSonoSurgシザースで凝固切開していく（図6-36）。挟み過ぎると反対側の血管に

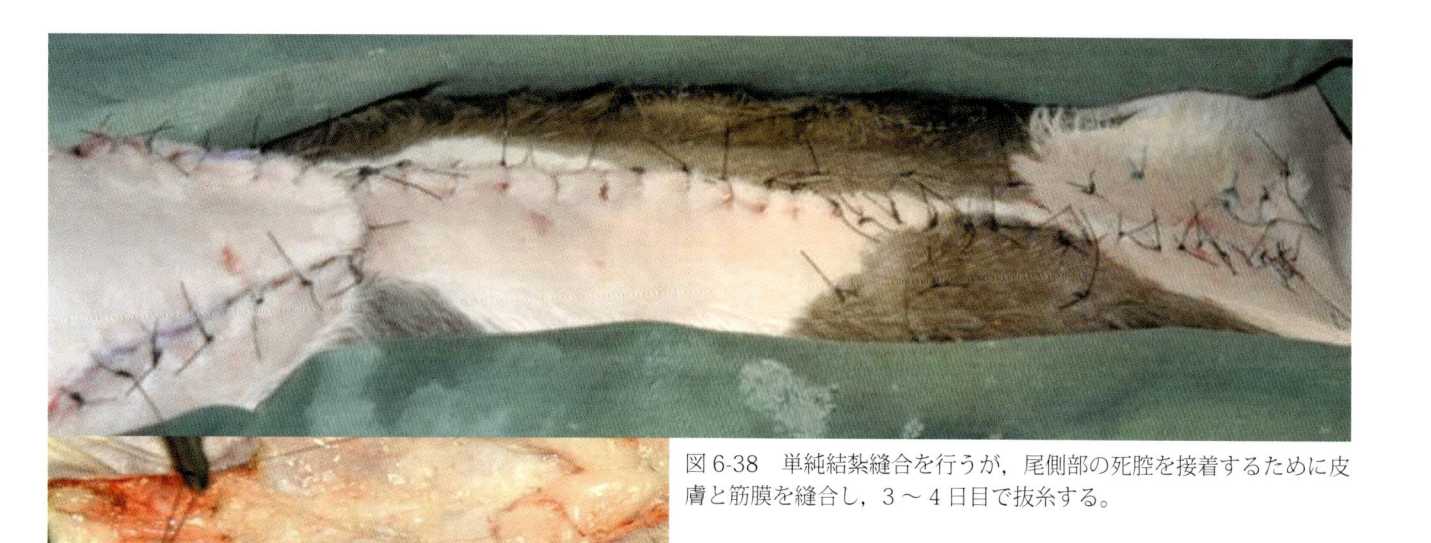

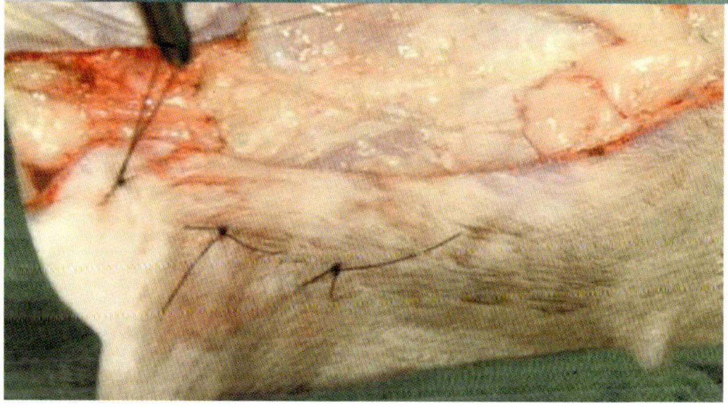

図6-38 単純結紮縫合を行うが，尾側部の死腔を接着するために皮膚と筋膜を縫合し，3〜4日目で抜糸する。

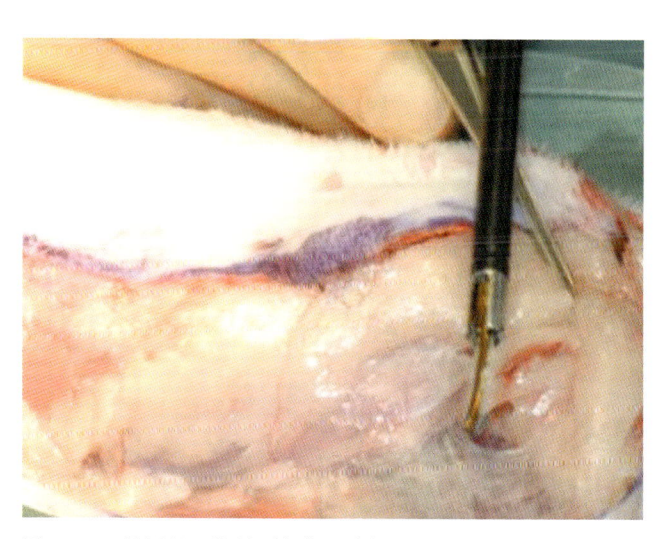

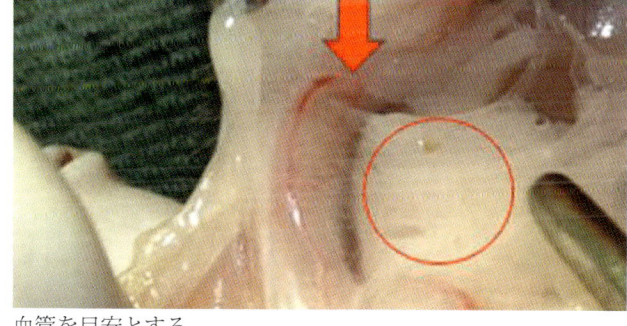

血管を目安とする。

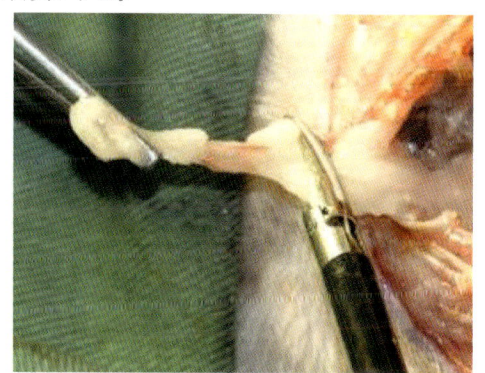

腋窩リンパ節の切除

図6-39 鼠径部の脂肪（拇指頭大）の尾側に走行している浅後腹壁動脈を凝固切開している。

図6-40 矢印はリンパ節の傍を走行している血管で○内の脂肪に小さな腋窩リンパ節が埋没している（猫）。

ブレイドが接触して思わぬ出血を起こすこともある。両側の第5乳腺の両端部をアリスや腹膜鉗子で支え，皮膚を剥ぎとるように電気メスを用いて止血しながら剥離していく。最後肋骨から第11肋骨にかけて浅前腹壁動静脈が走行しているので注意しながら剥離を進めていく。剥離した

ら予め濡れガーゼをあてがいながらタオル鉗子で両端の皮膚を牽引する。鼠径部のリンパ節は第5乳腺の尾側に存在しているのでほとんどが乳腺とともに郭清されている。腋窩リンパ節は脂肪に埋没しているのでその直ぐ傍を走行している太めの血管を目安に探っていくとコリッとしたリ

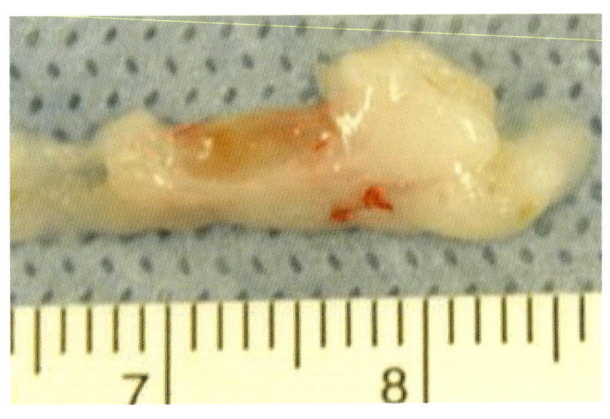

図 6-41　摘出された腋窩リンパ節

ンパ節を確認することができる（図 6-40，6-41）。乳腺腫瘍が前胸部で悪性の挙動を示しているあるいは明らかにリンパ節が腫大している場合は，リンパ節を郭清することにしている。

皮膚縫合は，タオル鉗子にて皮膚を寄せながら皮下組織を吸収性モノフィラメント（マキソン）にて単純結紮縫合し，浸潤麻酔用カテーテルを皮下に設置する（図 6-42）。皮膚を非吸収性フィラメント（ナイロン）で単純結紮縫合する。

組織へ浸潤している乳腺癌の摘出

悪性の乳腺腫瘍が組織に固着している場合や広範囲に浸潤している場合は，筋膜および筋層の一部を含めて除去しなければならない（図 6-43 ～図 6-46）。腫瘍の固着部分の範囲が狭いときは，浸潤状況を把握しながら腹直筋か腹横筋まで除去することが必要である。しかし，腫瘍が広範に浸潤しているときは筋膜あるいは腹直筋の層を同時に摘出し，残された組織にはジアグノグリーン（第一三共株式会社）を注入してレーザーで蒸散する（図 6-47）。皮膚を広範囲に切除するため，術前に皮膚切開線をイメージして皮弁作製を考慮しておくことが重要である。筆者は後肢の皮膚を用いた反転皮弁法を用いることが多い（図 6-48）。

覚醒・ペインコントロール

覚醒直前にブトルファノール 0.1mg/kg を静脈投与する。ペインコントロールのためアトム栄養カテーテル（浸潤麻酔用カテーテル）に 25 ～ 27G 針で 1cm 間隔で孔を開けて先端を創内に装着し，生理食塩水で 2 倍希釈した

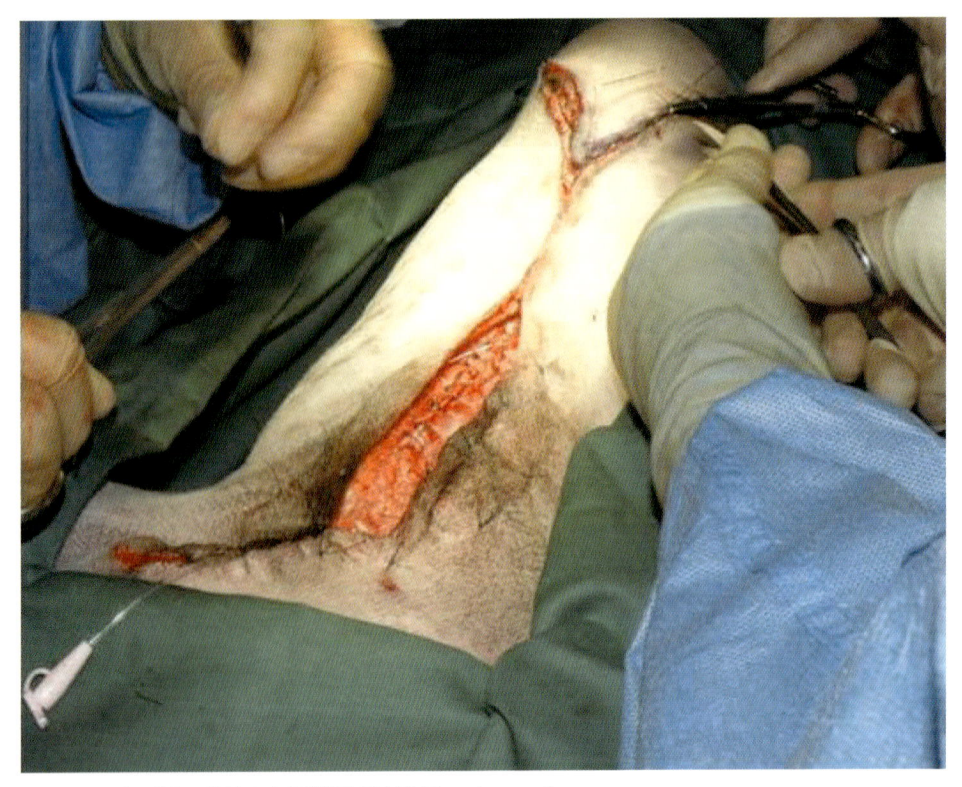

図 6-42　皮下織に装着した浸潤局所麻酔用のチューブ

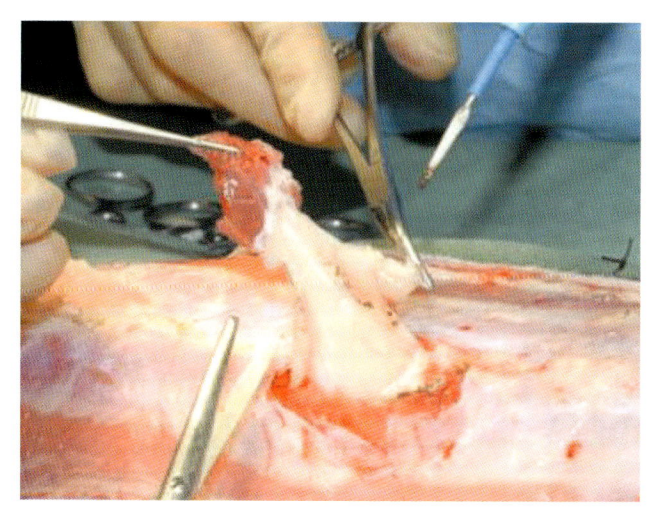

図6-43　筋層に固着していたので筋層を含めて摘出する。

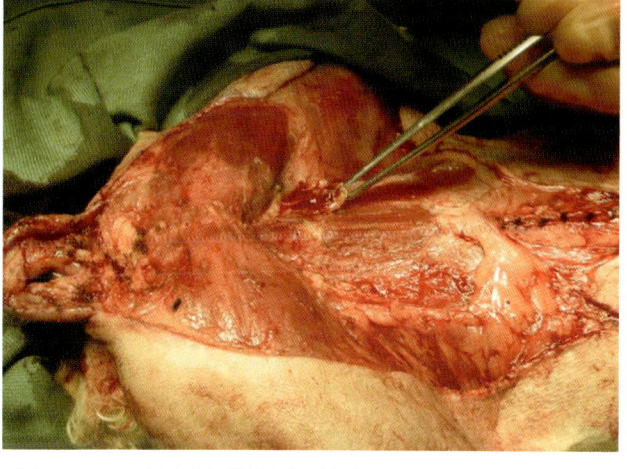

図6-46　腫瘍を広範に筋膜ごと切除。

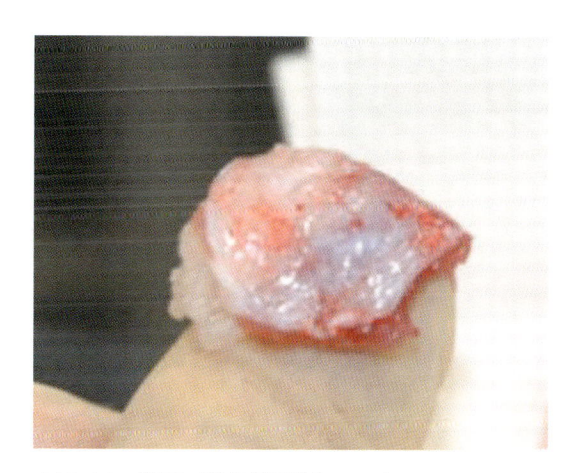

図6-44　筋層に腫瘍が固着していた。

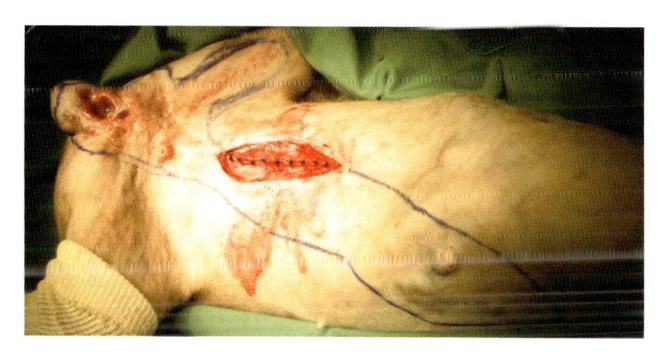

図6-45　再発した乳腺癌

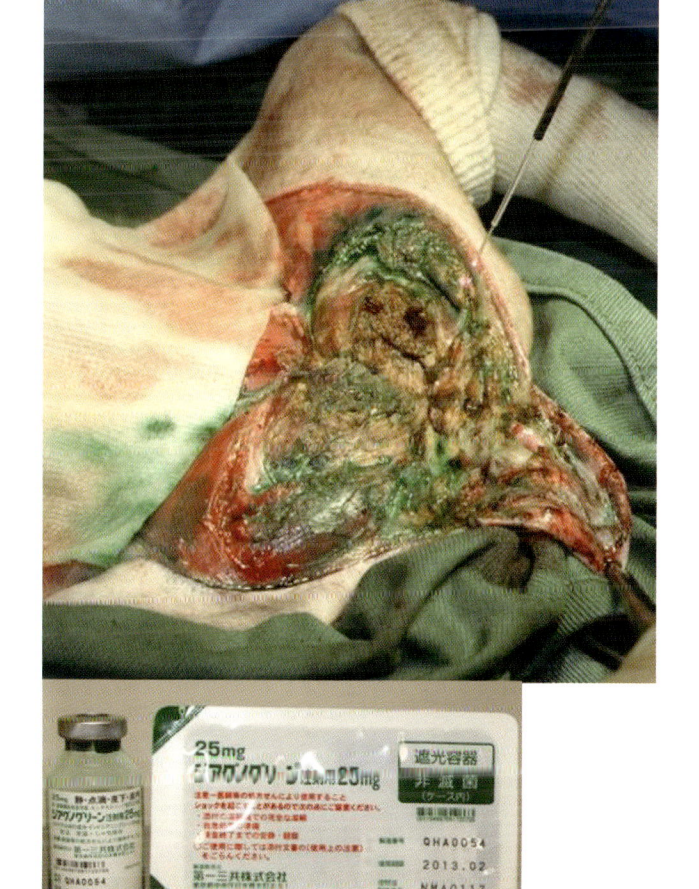

図6-47　ジアグノグリーン（第一三共株式会社）を摘出後の局所に25G針で注入し，残された腫瘍細胞はレーザーで蒸散する。

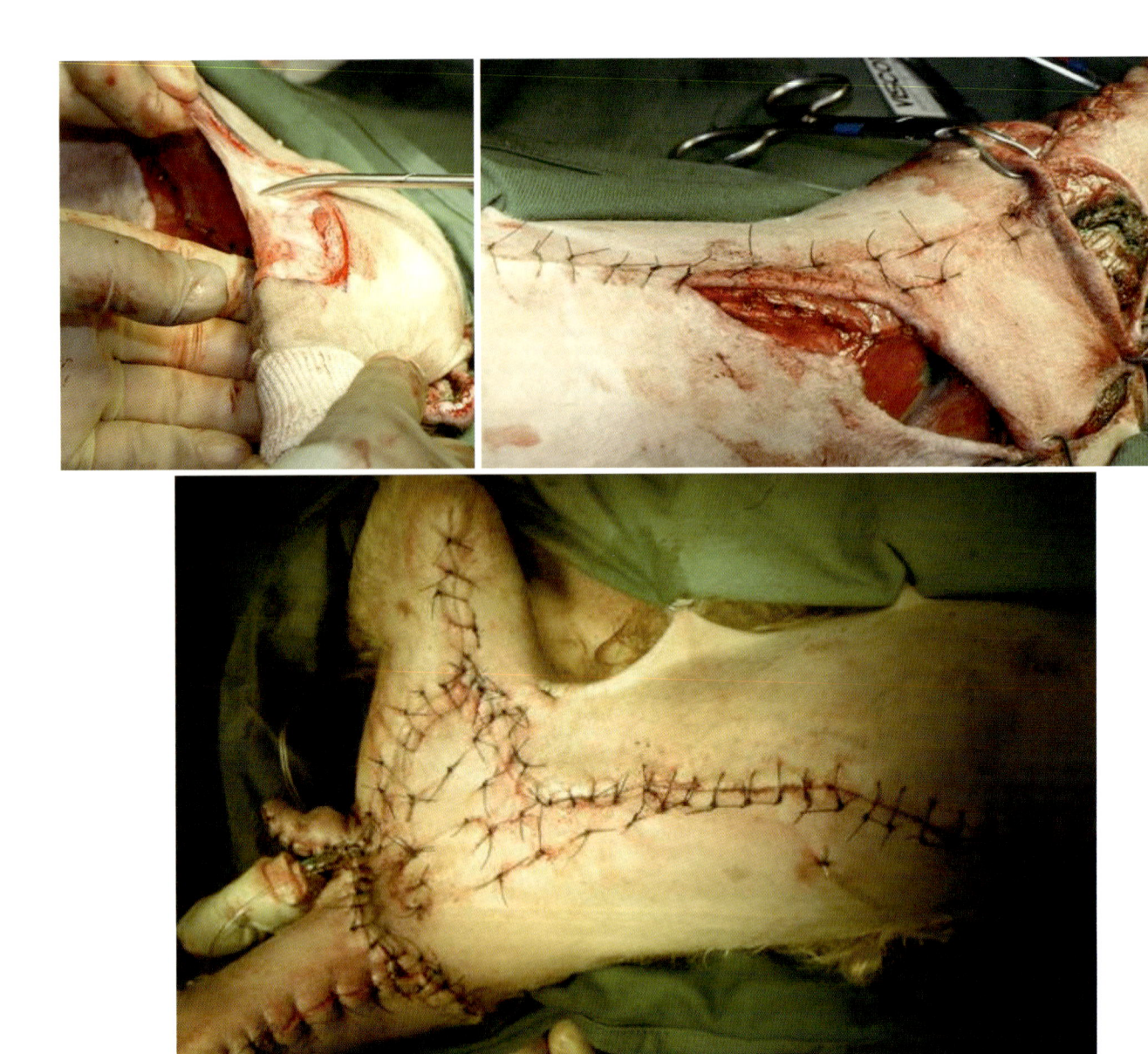

図 6-48　後肢の皮膚を切開して被弁として用いる（反転皮弁法）。

マーカイン（0.2mg/kg）を注入する。
　胸部は縫合すると胸郭が圧迫され呼吸困難になることがあるため，覚醒後は呼吸状態に注意する。

手術の Key Point
・胸部の切開線であるウサギの耳は長くとり，U字形にする。
・皮下織の血管は電気メスで止血コントロールを行う。
・腋窩リンパ節の郭清は傍を走行している血管を見逃さない。
・太い動静脈はトンネリングによる確実な止血が必要。
・局所のペインコントロールは忘れずに行う。
・乳腺は目視により取り残しを防ぐ。

2. 眼

　犬，猫の眼科領域に発生する腫瘍には眼瞼，眼球，眼窩および周囲組織が関連している。眼瞼に発生する腫瘍には腺腫，腺癌，黒色腫（良性，悪性），乳頭腫，組織球腫，肥満細胞腫，扁平上皮癌，血管腫，血管肉腫，神経鞘腫，リンパ肉腫などがみられる（図6-49，6-50）。

　眼瞼腫瘍は眼球と接する組織であるが機能面では異なっていることから周囲の組織を含めて腫瘍を切除することは可能である。しかし，腫瘍の大きさや発生部位により切除領域も異なるため広い領域の切除を行わなければならない場合には術後に接触性の角膜炎，角膜潰瘍，眼瞼機能を著しく損なわないように眼瞼再建のため皮膚や結膜移植などの形成手術手技が必要となる。

　眼球の腫瘍には角膜，結膜，強膜，眼球内構造物に発生する腫瘍がある。角膜に発生する扁平上皮癌，角膜輪部や結膜および強膜に発生する黒色腫などはその領域の大きさや深さにより切除できるかどうかが決まる。角膜や強膜を含めた角膜輪部に発生した腫瘍の切除は可能であるが，角膜移植や強膜移植による修復が必要となる。ブドウ膜（脈絡膜，毛様体，虹彩）に発生する腫瘍（メラノーマ，腺腫，腺癌，リンパ腫）は基本的に視覚機能を残して切除することが困難なため，眼球摘出を行う必要がある。稀に虹彩の一部に限局した腫瘍の場合には腫瘍のみを摘出できる場合がある。

　眼窩の腫瘍は通常，進行性に片側性の眼球突出や瞬膜の突出を伴う。初めのうちは無痛だが進行すると眼球を前方

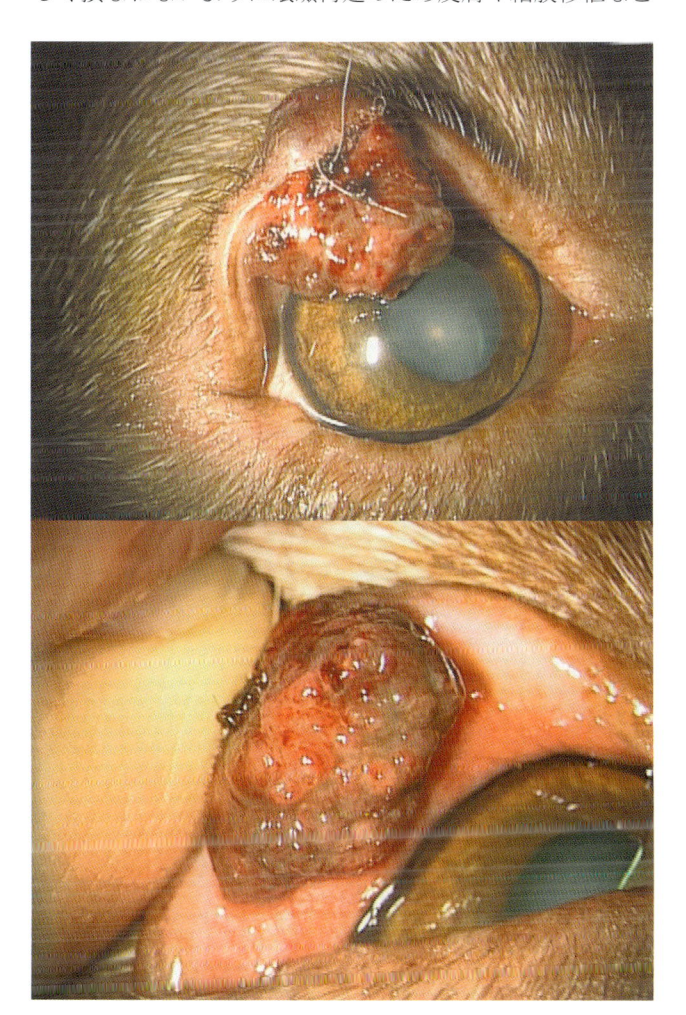

図6-49　犬の右上眼瞼に発生した腺腫

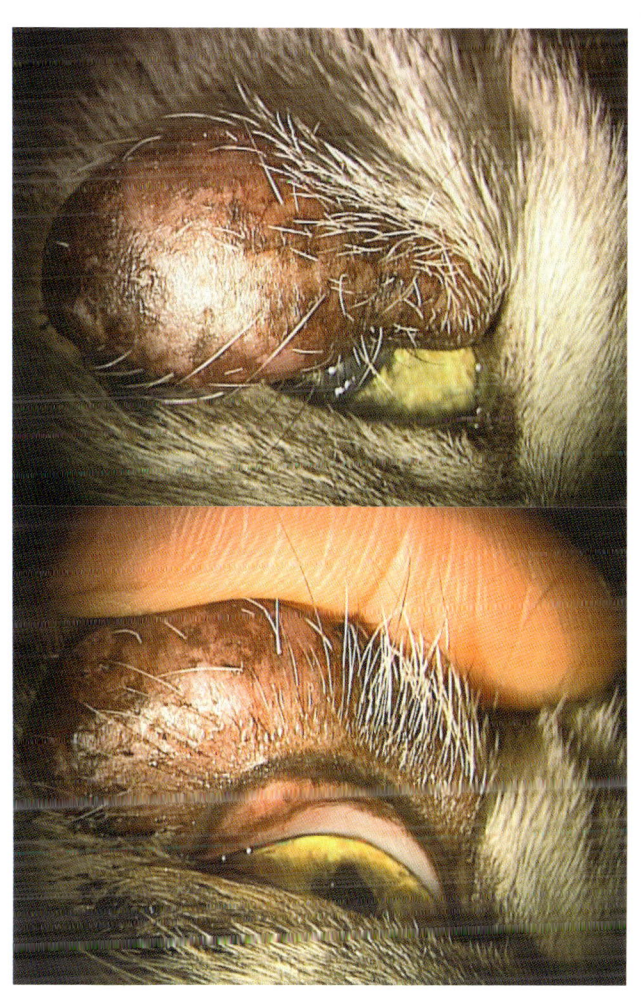

図6-50　猫の右上眼瞼に発生した毛芽腫（手術前）
↑眼瞼縁全域から皮膚側へ腫瘍拡大

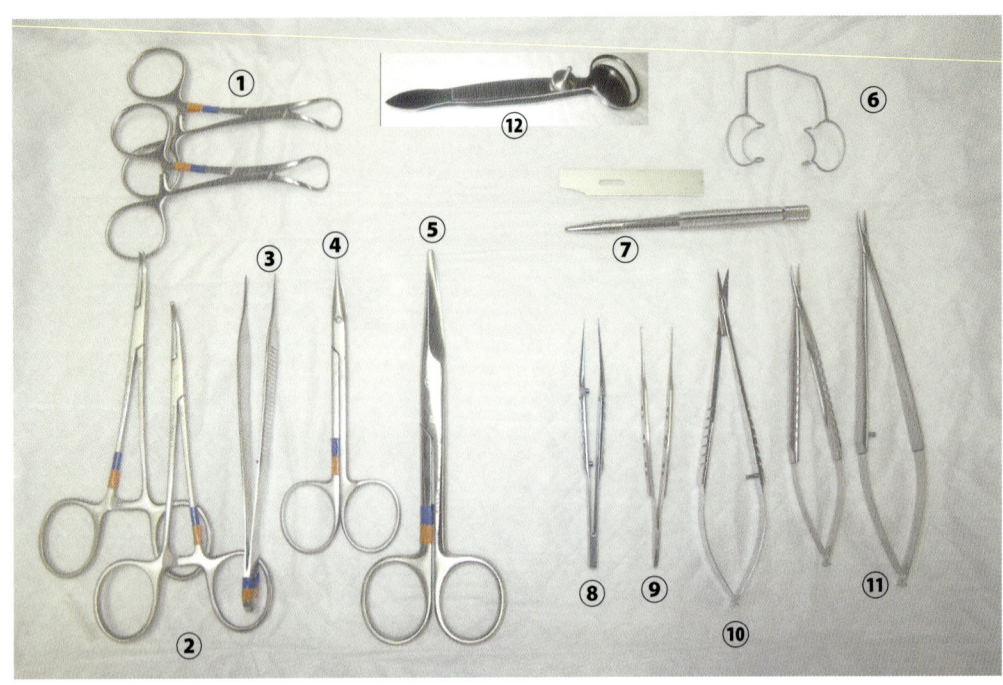

図 6-51　眼瞼形成に必要な手術器具
①タオル鉗子，②モスキート鉗子，③アドソン縫合鑷子，④テノトミー剪刀，⑤メイヨー鋏，⑥ワイヤー式開瞼器，⑦替刃メスホルダー，⑧ 1 × 2 の歯付マイクロ結紮用鑷子（カストロヴィーホーなど），⑨組織鑷子（ビショップハーモン），⑩スプリング剪刀，⑪マイクロ持針器；7,8-0 縫合糸用，5,6-0 縫合糸用（カストロヴィーホー，バラッケ），⑫霰粒腫用狭瞼器。

に圧迫するため疼痛や斜視，眼圧上昇，露出性角膜炎等が生じる。腫瘍は眼窩に発生する原発性のものと鼻腔，口腔などに発生した腫瘍の転移や増殖拡大により出現するものがある。

臨床の現場では眼瞼腫瘍の切除や眼内腫瘍に対して眼球摘出術を実施する機会が多いと考えられるため，これらの手術手技について解説する。

眼科手術器具（図 6-51）

- ワイヤー式開瞼器
- マイクロ持針器（カストロヴィーホー，バラッケ）
- テノトミー剪刀（スティーブンス）
- 替刃メスホルダー
- 1 × 2 の歯付マイクロ結紮用鑷子（カストロヴィーホーなど）
- 組織鑷子（ビショップハーモン）
- 霰粒腫用狭瞼器

眼瞼腫瘍の摘出術および眼瞼欠損部の形成術

1）小・中領域の切除　「V」型全層切除

眼瞼腫瘍が眼瞼の長さの 1/4 以下で全て切除可能であれば，「V」型全層切除（図 6-52）によって上下眼瞼のバランスを保つことができる。ただし，シー・ズー，イングリッシュ・コッカー・スパニエル，キャバリア・キング・チャールズ・スパニエルなど眼瞼裂が広くルーズな犬種であれば眼瞼の長さの 1/3 を切除することも可能な場合がある。ただし，切除した眼瞼の対側で緩みが生じた場合には内反症や外反症となる可能性があるため二期的治療が必要となる。切除は狭瞼器にて周囲の組織を含めて鉗圧するかモスキート鉗子にて切除ラインを鉗圧し，眼瞼縁を「V」型に全層を切り取る。切除後は 5-0 または 6-0 の非吸収性縫合糸（ナイロン糸）を用いて皮膚の深層で単純結節縫合する。その際，眼瞼縁の縫合は 8 の字縫合を用いることで創縁のズレを防ぎ，なおかつ縫合糸の結節部や断端が角膜を傷つけずに済む。皮膚が深部で縫合できており結膜

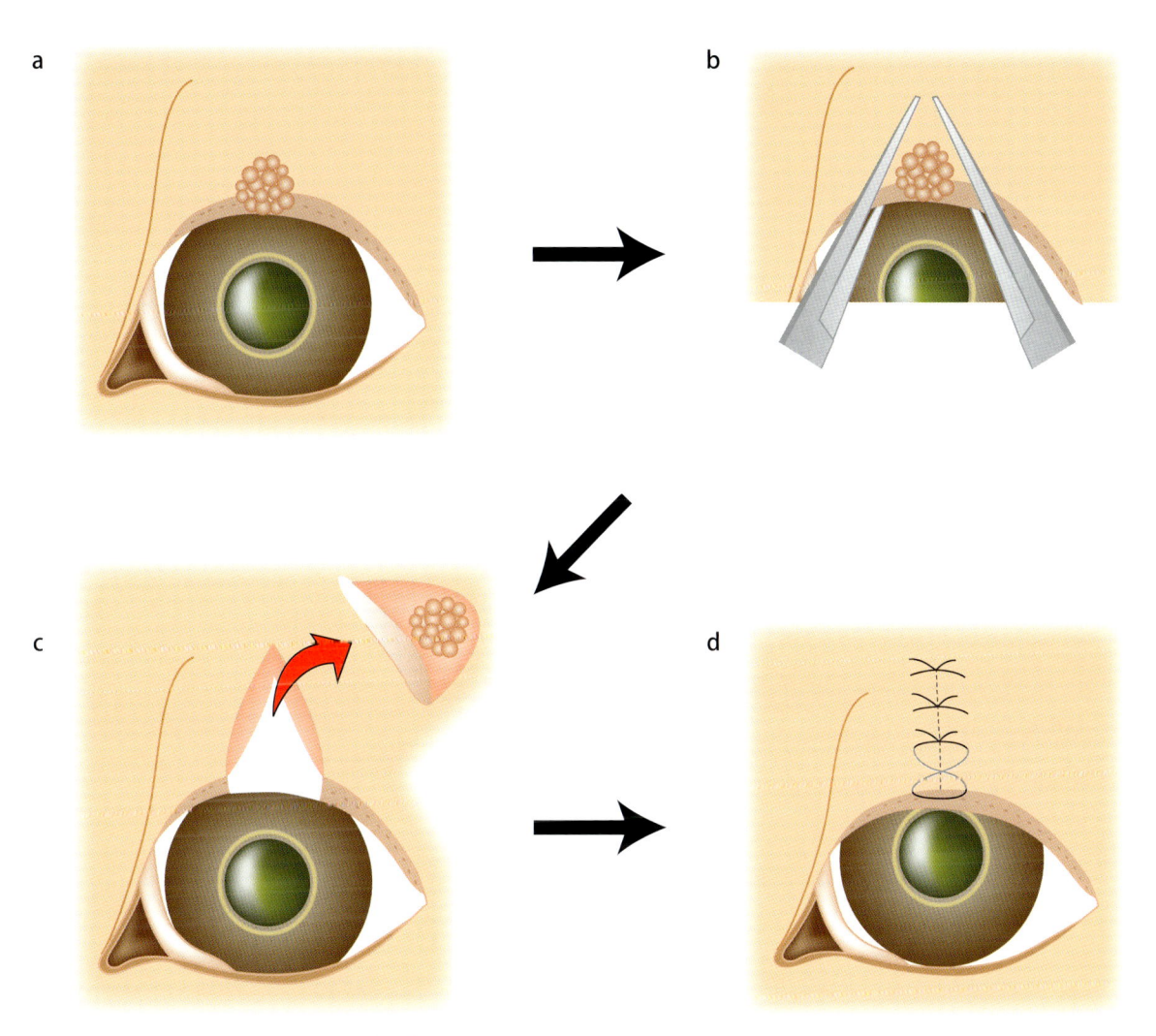

図 6-52 「V」型全層切除　眼瞼腫瘍の外科的切除法（小さな切除領域）
a. 術前の外貌所見。b. 腫瘍の切除ラインを鉗止する。c. 腫瘍部位を含めて眼瞼・結膜を三角形に切除する。d. 眼瞼縁を 8 の字縫合，皮膚を単純結節縫合する。

組織が平行にまっすぐ揃う状態では結膜組織の縫合は必要ないが前述の条件が揃わないようであれば 7-0 吸収糸を用いて結び目が角膜側に出現しないように注意しながら内側から眼瞼縁へと単純連続縫合する。

❖ **手術の Key Point**
・8 の字縫合を行う際は，マイボーム腺の刺出，刺入位置を切開線より，ていでれ 5mm 位の位置で行うことが，皮膚の合わさりをよくするポイントである。

2）小・中領域の切除　Traiangle-triangle 形成術

Traiangle-triangle 形成術（図 6-53）は，眼瞼中央から耳側領域で比較的小範囲に全層の眼瞼腫瘍を切除した後の欠損修復に対して適応となる。腫瘍を含めた領域を三角形（V 型）に全層切除し，外眼角で切除した眼瞼と対側で欠損部の幅と同じ長さの正三角形になるよう皮膚を切除する。皮膚をスライドさせ皮膚の両端を合わせて 5-0 または 6-0 の非吸収性縫合糸（ナイロン糸）を用いて単純結節縫

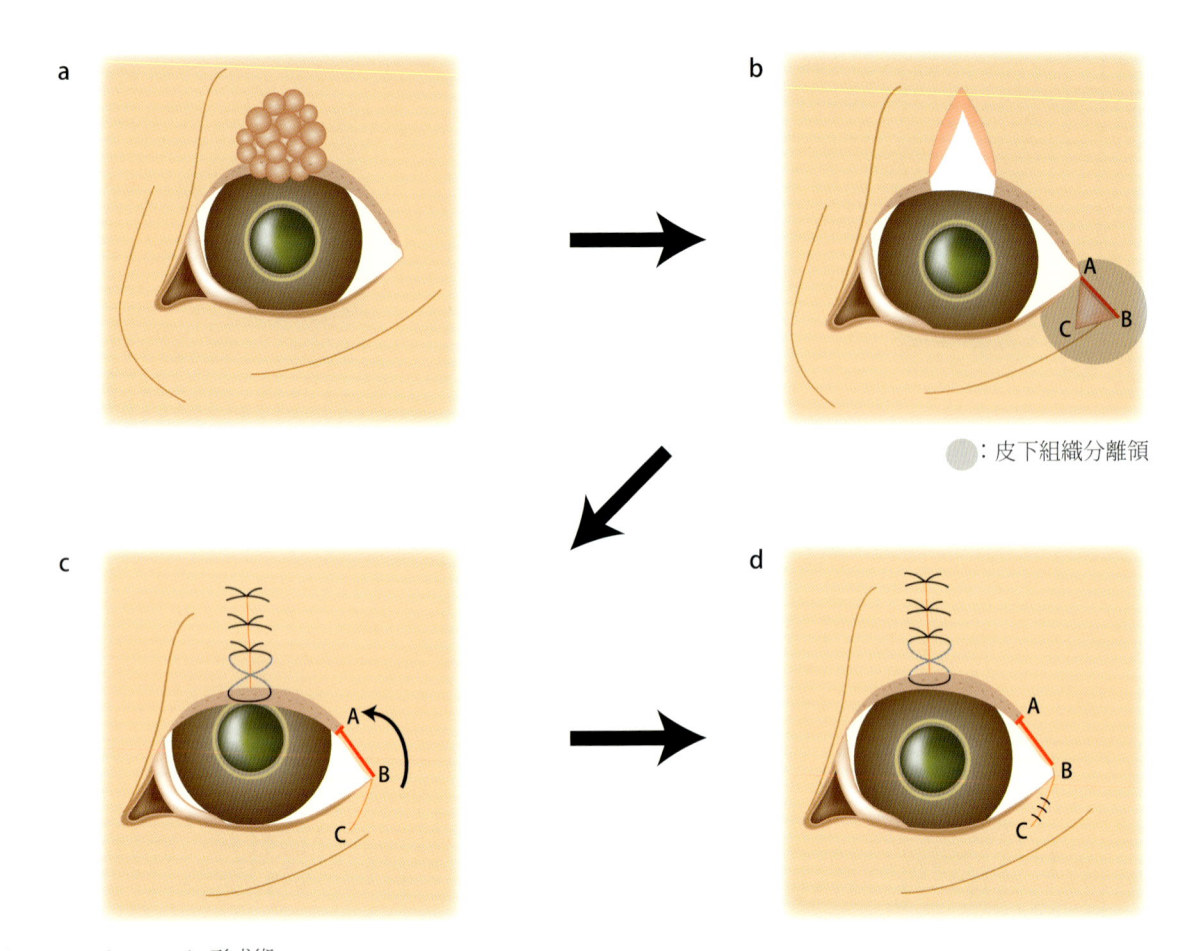

図 6-53　traiangle-triangle 形成術
b. 腫瘤を含めた領域を三角形に切除する．外眼角で欠損部の幅と同じ長さの正三角形となるように皮膚を切除し，皮下組織を分離する．c. 眼瞼欠損部の両端を合わせて 8 の字縫合することで切除した三角形の一辺 A が B の位置へスライドする．d．B-C 間を単純結節縫合する．A-B 間はマイボーム腺の開口部がない領域となる．

合する．三角形の皮下組織を軽く分離してから皮膚弁の先端を三角形が埋まるように移動させる．眼瞼縁の縫合は前述したように 8 の字縫合とし，それ以外は単純結節縫合で創を閉鎖する．結膜組織の縫合も V 型全層切除の縫合と同様に行う．

手術の Key Point
- 欠損部位を埋めるイメージで外眼角を三角形に切除する際，欠損領域に負荷がかかると欠損部が過大評価されることがあるので，慎重に切除の大きさを決める．

3）広範囲領域の切除　スライディング皮弁法

H 型スライディング皮弁法（図 6-54）には，H 型，H 型変法，Z 型があり，眼瞼腫瘍の除去を行う際に結膜組織が残る場合に適応となる．眼瞼腫瘍を正方形あるいは長方形の四角形に切除する．腫瘍の病変がない結膜組織を残す．眼瞼皮膚を切除した領域の両端から下方へ切除した長さと同じ長さで皮膚に切開を加え，切開線の外側で二等辺三角となるように剪刀で皮膚を切除する．その後，皮膚弁の皮下組織を分離してから眼瞼縁のラインまでスライドさせ，移植皮膚弁と眼瞼の断端を同じ高さに合わせて 5-0 また

眼

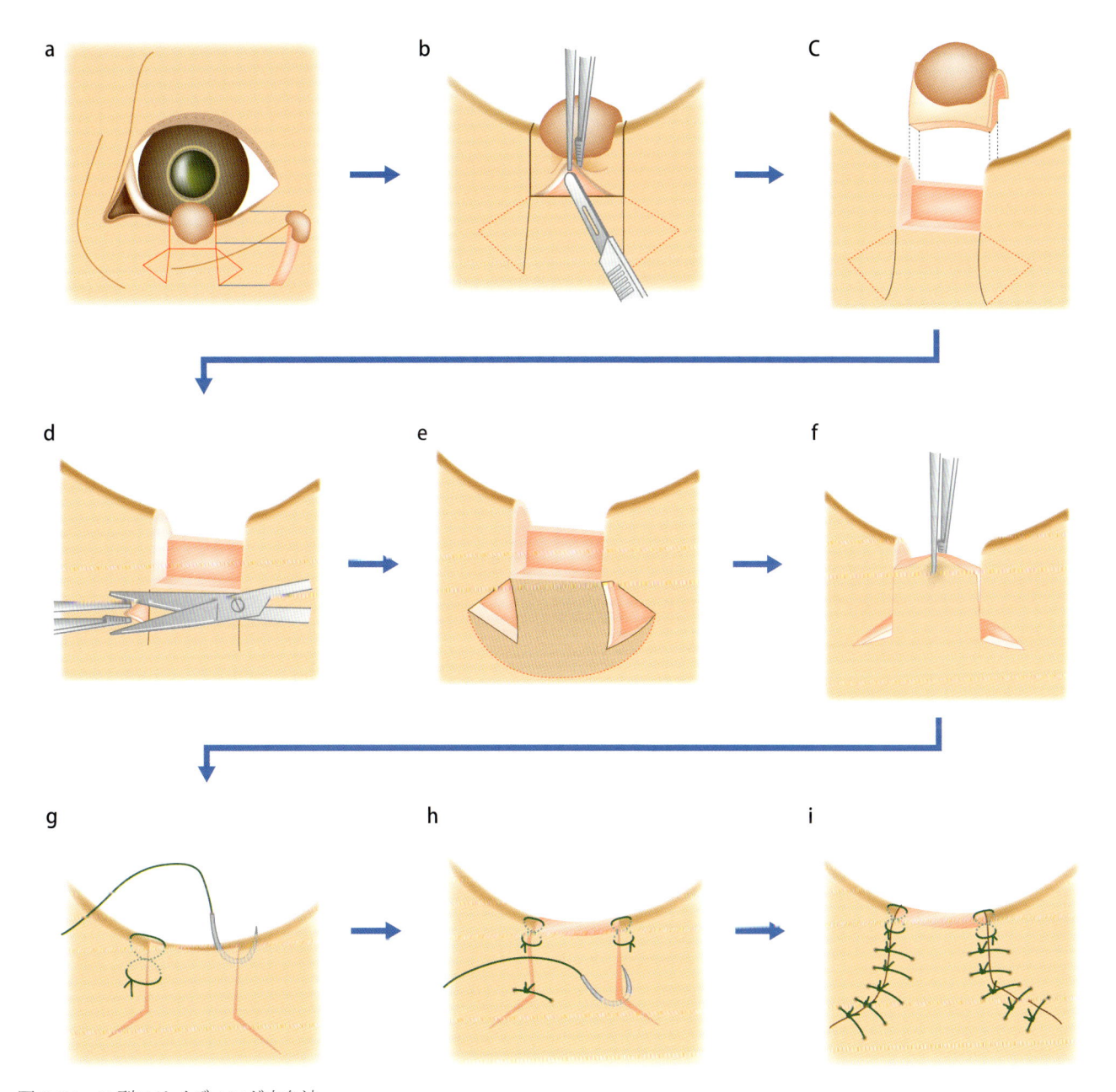

図 6-54　H 型スライディング皮弁法
a．眼瞼の腫瘤を切り取る部位の両端から下方の延長線上に二等辺三角が作られるように仮想線を描く．b・c．腫瘤を含み眼瞼の一部分を切除する．結膜は除去せず残す．d・e．切除ラインの基部で皮膚を三角形に切除し，皮下を剥離する．f・g．皮膚弁をスライドさせ眼瞼縁のラインで移植皮膚弁と眼瞼の断端を 5-0 または 6-0 の非吸収性縫合糸で縫合する．h・i．切除部の角を 2 か所縫合し，残りの領域を 2mm 間隔で縫合する．

は 6-0 の非吸収性縫合糸で縫合する．皮膚弁が容易に移動せずに眼瞼縁に緊張が加わる場合には皮膚弁と結膜間の領域を再度十分に剥離する必要がある．次に切除部の角を 2 か所それぞれ 8 の字縫合で固定し，残りの領域を 2mm 間隔で縫合する．断端の結膜は皮膚を内反させない程度の強さで 6-0 吸収糸を用いて単純連続縫合にて皮膚の端に縫合する．

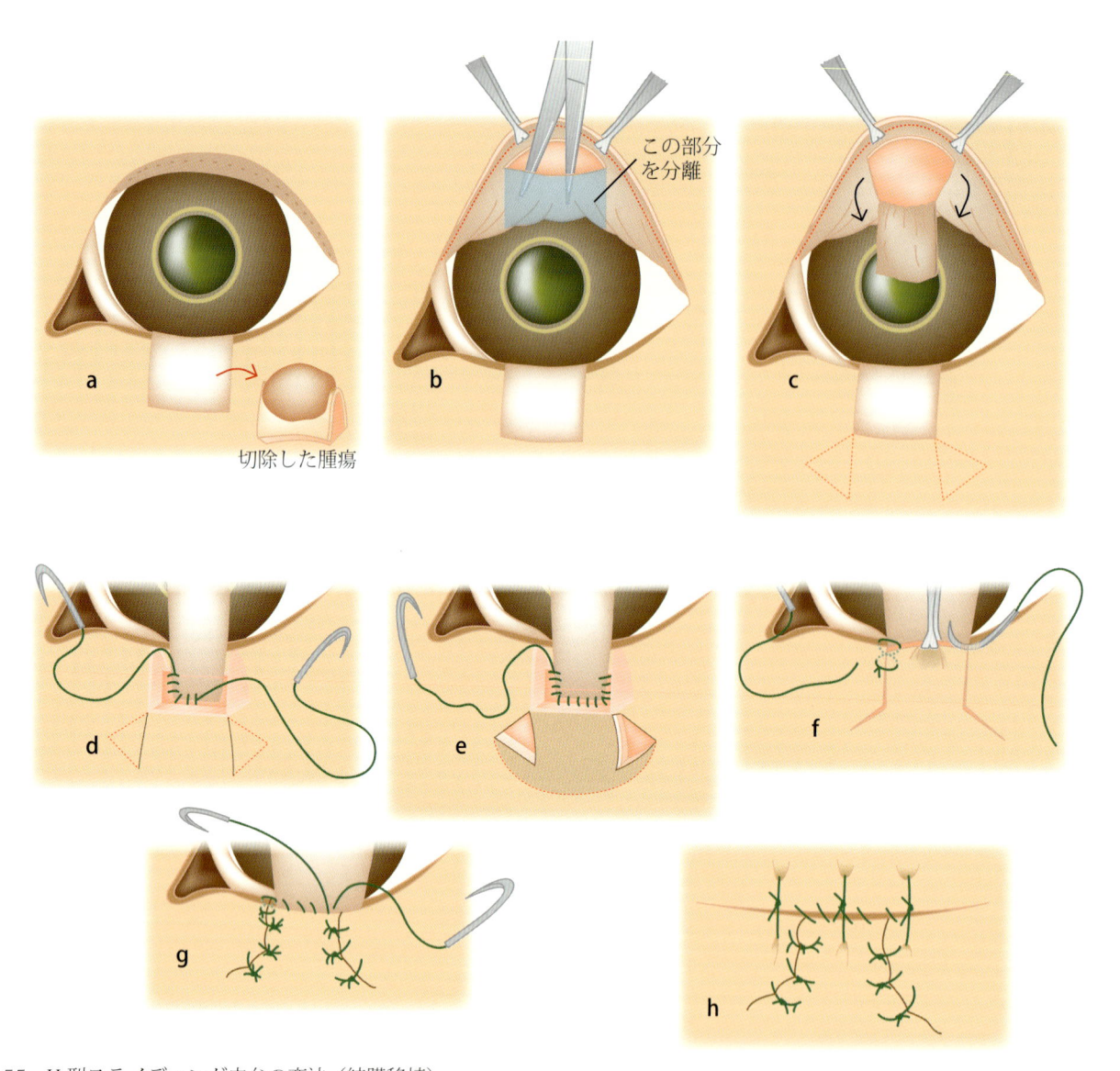

図 6-55　H 型スライディング皮弁の変法（結膜移植）
a．眼瞼の腫瘤を結膜とともに切除する。b．上眼瞼の結膜を下眼瞼の切除した領域よりもひと回り大きく弁状に分離する。c～e．結膜フラップを下眼瞼の欠損部に向かって引っ張り，結膜同士で 6-0 吸収糸を用いて単純連続縫合していく。f・g．皮膚は H 型スライディング皮弁法で説明した方法を用いて縫合する。h．上下眼瞼同士を 4-0 または 3-0 非吸収性縫合糸で瞼板縫合し，1 か月後に下眼瞼縁で結膜切開を行い，開瞼する。

手術の Key Point
・スライドさせる皮膚弁の皮下組織は周囲までしっかりと分離させる必要がある。眼瞼縁の縫合は 8 の字縫合とし，結紮部が角膜と接しないようにする。

4）広範囲領域の切除　H 型スライディング皮弁の変法

　H 型スライディング皮弁の変法（図 6-55～図 6-57）が，結膜組織を含めた全層の眼瞼腫瘍を切除した後の欠損修復に対して適応となる。眼瞼腫瘍を結膜とともに四角形に全

眼　　115

図 6-56　H 型スライディング皮弁の変法を用いた犬の上眼瞼肥満細胞腫切除
a. 結膜を含めて眼瞼の広範囲切除の予定領域を赤い点線で囲っている。b. 腫瘍の切除により四角く欠損した上眼瞼の広範囲領域。c. 欠損領域と同様の大きさでスライド移植する予定の皮弁の外側で二等辺三角となるように剪刀で皮膚を切除（＊）した状態。d. スライドした皮膚を眼瞼の位置で縫合し，瞬膜の結膜組織を遊離して皮膚移植片の内面へ移植した状態。e. 手術直後の外貌（＊；皮膚の移植片），f. 手術から 8 週目の外貌では右眼に比べてやや眼瞼の開きが大きい様に感じられる。g. 結膜移植片および皮膚移植片の縫合部は過度の張力がかかっておらず状態がよい。h. 眼瞼の動きなど機能面の回復とともに角膜の状態も改善。

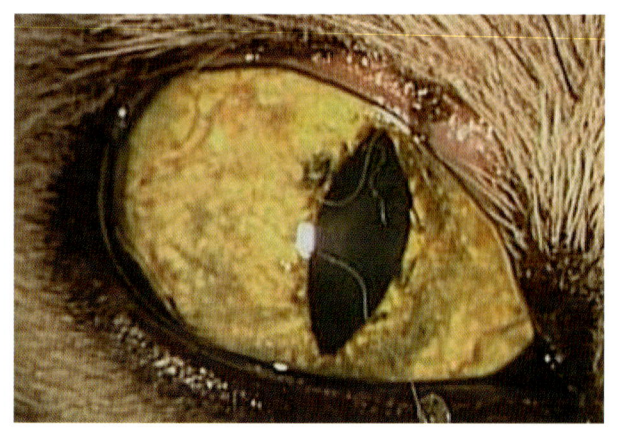

図6-57　毛芽腫切除時の上眼瞼全域でH型スライディング皮弁を施した猫の8週間後の状態（図6-49同症例）
上眼瞼の動きは悪いが角膜への影響はない。

層切除する。上眼瞼の結膜を下眼瞼の切除した領域よりもひと回り大きく弁状に分離する。結膜フラップを下眼瞼の欠損部に向かって引っ張り，結膜同士で7-0吸収糸を用いて単純連続縫合していく。その後，皮膚はH型スライディング皮弁法で説明した方法を用いて縫合する。最後に上下眼瞼同士を4-0または3-0非吸収性縫合糸で瞼板縫合する。2～3週間後にすべての抜糸を行い，結膜フラップを切り揃えて眼瞼を滑らかにする。

手術のKey Point
・上眼瞼から移植する結膜にテンションがかかると血行障害を起こし，生着しない可能性があるため，眼瞼どうしの縫合を3週間はしっかりと行い，1か月後に下眼瞼縁で結膜を切開して開瞼する。

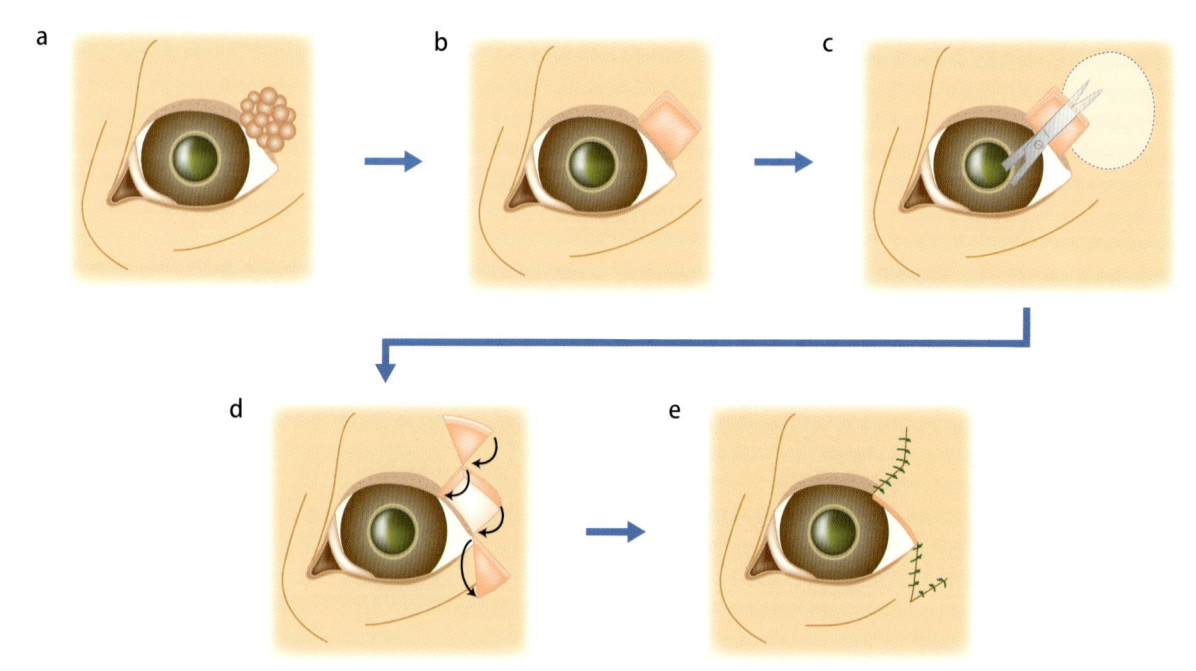

5）広範囲領域の切除　スライディングZ型弁

スライディングZ型弁（図6-58）が，耳側領域で比較的広範囲に全層の眼瞼腫瘍を切除した後の欠損修復に対して適応となる。上眼瞼耳側の腫瘍を正方形または長方形などの四角形に全層切除した後，隣接する皮膚の皮下を広範囲に分離する。切除領域の角にあたる部位を頂点として正三角形に向かい合わせの皮膚を切除する。その際，三角形の辺は四角形に欠損した眼瞼縁の幅と同じ長さに合わ

図6-58　スライディングZ型弁
a. 上眼瞼耳側の腫瘍。b. 腫瘍を正方形または長方形などの四角形に全層切除する。c. 隣接する皮膚の皮下を広範囲に分離する。d. 切除領域の角にあたる部位を頂点として正三角形に向かい合わせの皮膚を切除する。その際，三角形の辺は四角形に欠損した眼瞼縁の幅と同じ長さに合わせる。e. 可動性のある皮膚を欠損部に移動させ，4-0または3-0非吸収性縫合糸を用いて皮膚の各頂点で単純結節縫合を行う。

せる。可動性のある皮膚を欠損部に移動させ，4-0 または 3-0 非吸収性縫合糸を用いて皮膚の各頂点で単純結節縫合を行う。各頂点を縫合した後 2mm 間隔で残りの領域を縫合する。眼瞼結膜の欠損部は 7-0 吸収糸を用いて隣接する周囲の結膜組織を眼瞼縁へと単純連続縫合する。

❖ 手術の Key Point
・本皮弁は内眼側では実施困難なため眼瞼の中央から外眼角側に出現した腫瘍の切除で使用することが望ましい。

眼球摘出術

眼球内に発生した手術不可能な腫瘍により眼内炎や緑内障が続発症として出現すると疼痛，視覚喪失が生じるため眼球摘出術が適応となる（図 6-59 〜図 6-61）。

筆者は経眼瞼アプローチにて眼球摘出（図 6-62）を行っている。それは切開創を眼瞼の皮膚に作成することでマイボーム腺や涙腺，腫瘍細胞を含めてできるだけの切除が可能となり，さらに結膜嚢を切開しないことから結膜を介しての感染が避けられるからである。

アプローチとしてはじめに眼瞼皮膚および眼輪筋層を

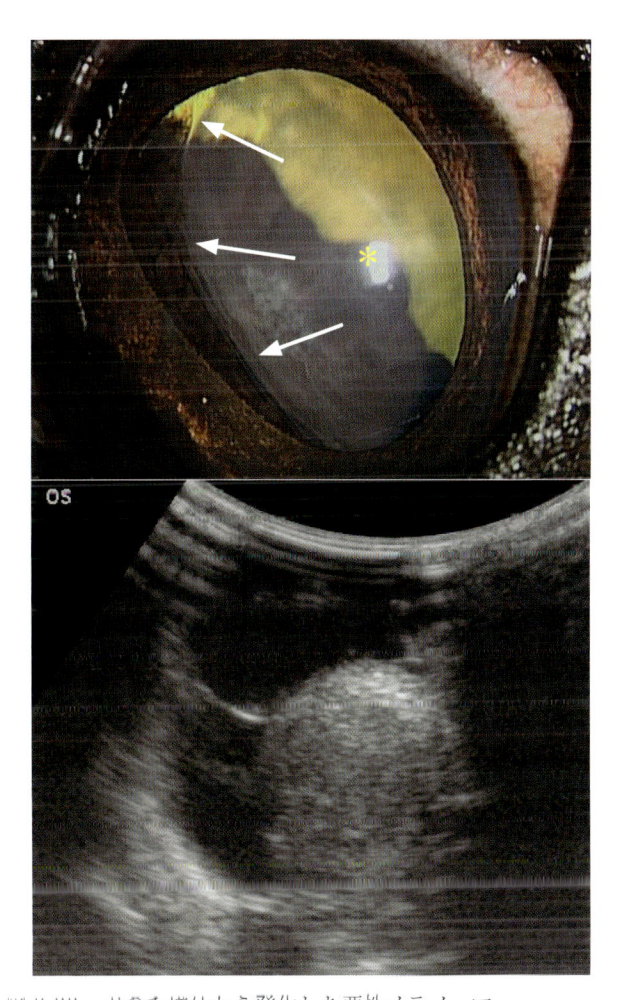

図 6-59 猫の虹彩に発生した無顆粒性メラノーマ摘出後の肉眼像
（上）虹彩根部の前房内隆起物により虹彩の変形所見。
（下）硝子体側から前房領域の観察時に水晶体側面から毛様体領域まで腫瘍の拡大所見。

図 6-60 犬の毛様体から発生した悪性メラノーマ
（上）散瞳時拡大像では硝子体内で腫大した腫瘍により水晶体および虹彩の変位が認められる（矢印：水晶体辺縁部）。
（下）超音波断層像では硝子体腔内の広範囲を占める円形の高エコー像（＊）として描出された。

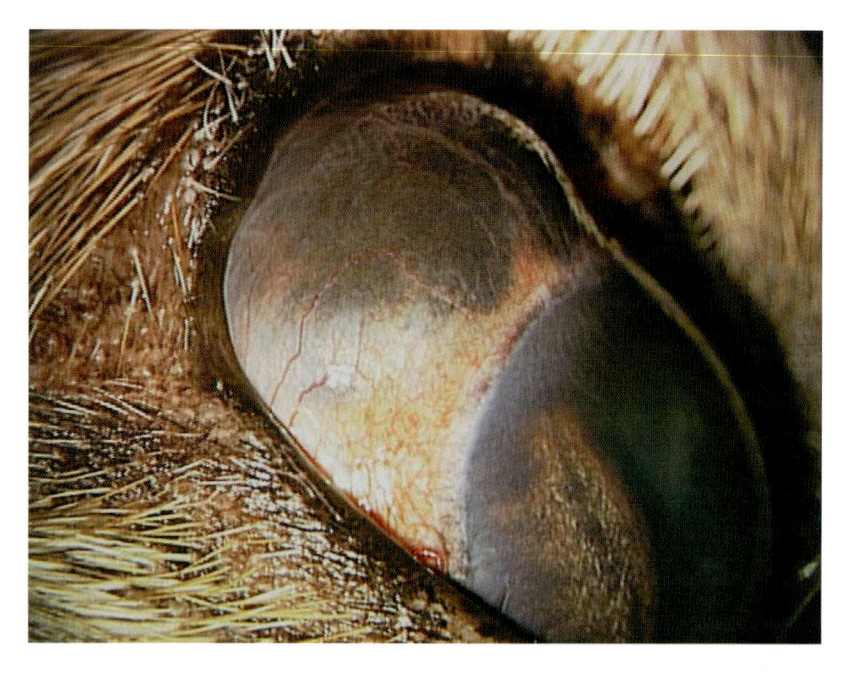

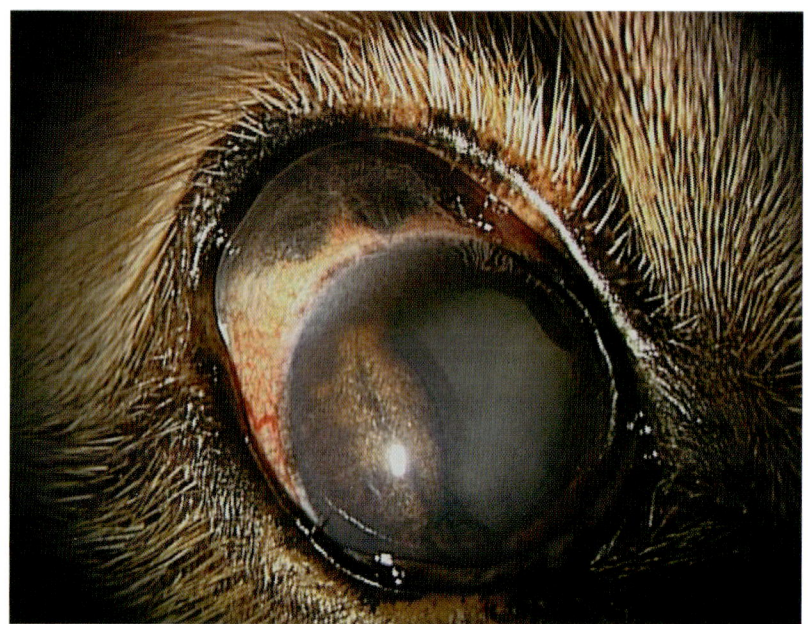

図6-61 犬の毛様体および強膜に発生した悪性メラノーマ
黒色腫瘍が強膜から外側へ向かって隆起している。眼内では7時から12時にかけて虹彩根部の隆起が認められる。

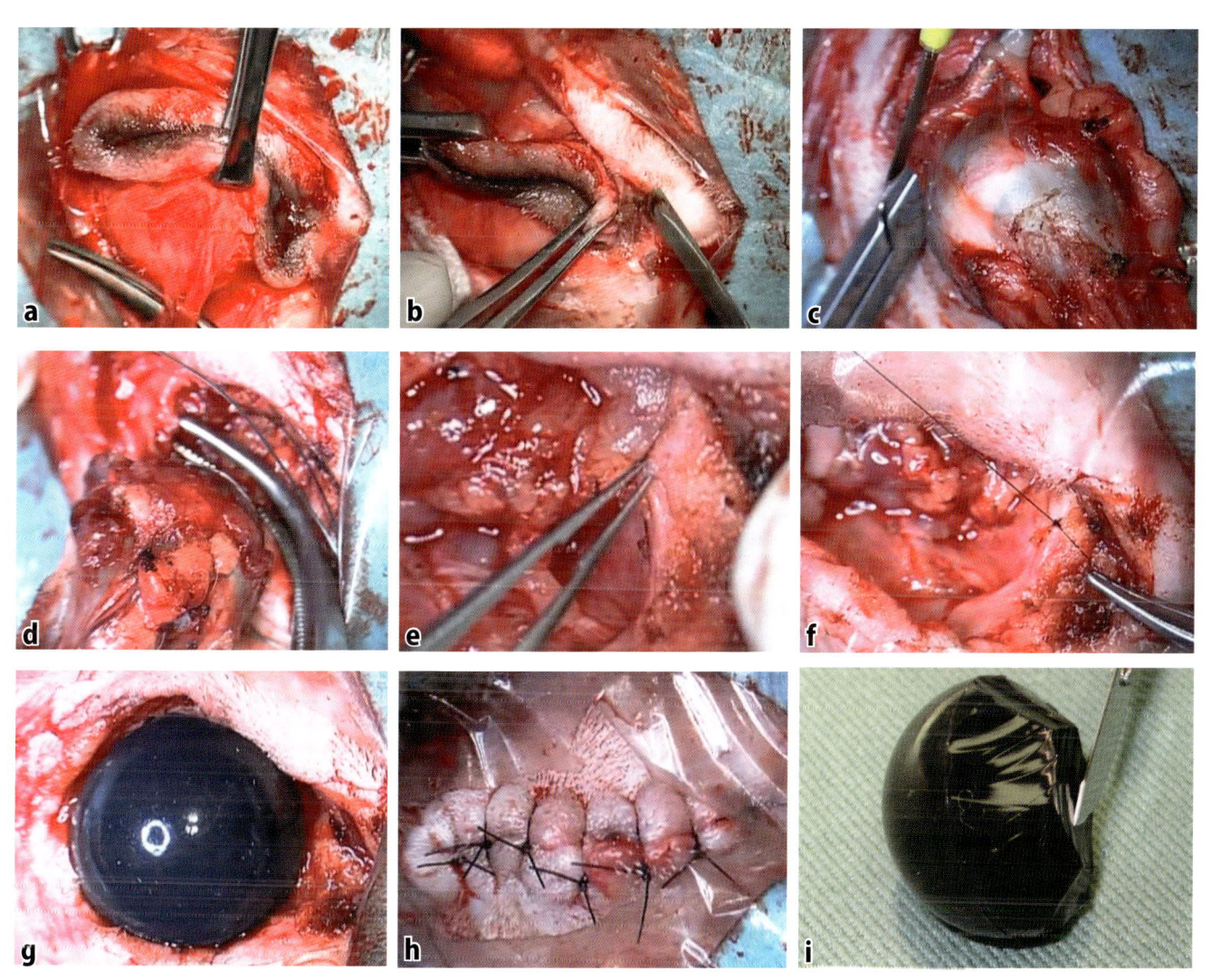

図6-62 眼球摘出手術
a. 眼瞼皮膚および眼輪筋層を360度切開し，眼瞼縁をアリス鉗子で鉗圧して引き上げる。テノトミー剪刀により眼瞼結膜の粘膜下組織を眼球に沿って鈍性に切開する。b. 内眼角および外眼角の直下を電気メスにて切離する。c. 外眼筋を電気メスにて眼球から切開分離する。d. 視神経を直角鉗子や曲のケリー鉗子を用いて鉗圧し，メスにて鉗圧している鉗子の上方（眼球側）に沿って切離する。e. 鼻涙管の断端を確認している。f. 7-0～8-0ナイロン糸にて鼻涙管の断端を結紮する。g. シリコン製義眼を円周の1/3で水平切断し，さらに水平に切断した面の端を6～8か所で斜めにカットしたものをカット面を内側にして挿入する。h. 3-0吸収糸を用いて皮下組織を単純結節あるいは連続縫合し，3-0ナイロン糸にて皮膚を単純結節縫合する。i. 眼摘後に埋没するシリコン製義眼の眼窩側は円周の1/3を水平切断してさらに水平に切断した面の端を6～8か所で斜めにカットすることでフィットしやすくなる。

360度切開し，上下の眼瞼縁をアリス鉗子でまとめて鉗圧して引き上げる。テノトミー剪刀やメッツェンバウム鋏により眼瞼結膜の粘膜下組織を眼球に沿って鈍性に切開し，眼球の赤道面を超えたところでテノン嚢と強膜の間を切開する。次に内眼角および外眼角の直下で強固に付着している領域は出血しやすく，結膜組織も破れやすいため気を付けながら電気メスを用いてなるべく骨側で切離する。その後，外眼筋を電気メスにて眼球から切開分離する。付着部位が視神経のみとなったら直角鉗子や曲のケリー鉗子を用いて視神経を鉗圧し，メスにて鉗圧している鉗子の上方（眼球側）に沿って切離する。鉗圧している鉗子の下方で3-0の吸収糸を用いて視神経および血管を同時に結

術後の疼痛を軽減させる目的で筆者は2％キシロカイン，0.5％マーカインを単独あるいはそれぞれ0.2〜0.3mlずつ吸引し，1mlシリンジに混合し，27G針を用いて視神経乳頭付近と切開分離した外眼筋付近に浸潤させている。さらに術後，鼻炎などにより鼻涙管から逆行性に眼球摘出部へ感染が生じる可能性があるため，それを防ぐため拡大鏡および手術用顕微鏡を用いて7-0〜8-0ナイロン糸にて鼻涙管の断端を結紮する。眼球摘出領域へは眼球外まで浸潤した腫瘍組織や感染が疑われる場合を除いてシリコン製義眼＊を挿入することで術後の皮膚が陥没することなく外観を保つことができる。縫合は3-0吸収糸を用いて皮下組織を単純結節あるいは連続縫合し，3-0ナイロン糸にて皮膚を単純結節縫合する。

手術のKey Point

- テノトミー剪刀により結膜組織を切開分離する際は，眼瞼結膜に穴を開けないように十分注意して実施する。
- 内眼角，外眼角の靭帯は骨の付着面に近い位置で少しずつ電気メスを用いて分離することにより，眼球を引き出しやすくなる。

＊シリコン製義眼は円周の1/3を水平切断してさらに水平に切断した面の端を6〜8か所で斜めにカットする。

3. 消化器系

1) 口　腔

　犬および猫の口腔内に発生する腫瘍は，歯肉腫などの良性腫瘍と，口腔内の3大悪性腫瘍と呼ばれる悪性黒色腫，線維肉腫，扁平上皮癌が代表的である。また棘細胞性エナメル上皮腫のように病理組織学的には良性であっても歯槽骨への浸潤を示し，臨床的には悪性に分類される腫瘍もある。悪性黒色腫以外の口腔内腫瘍の遠隔転移率は極めて低いため，十分なマージンで切除すれば根治させることも可能である。しかしながら，根治を目指した拡大切除は容貌のみならず摂食機能や嚥下機能を損なう危険性をはらんでいる。したがって，口腔内腫瘍における外科手術においては，根治性と機能温存という相反する点を常に考慮して切除範囲を決定することが極めて重要である。口腔内腫瘍は発生部位によって大きく上顎と下顎に分けられるが，さらに腫瘍が片側性か両側性かによって，術式を決定する。体幹部の皮膚あるいは皮下の悪性腫瘍では2cm以上のマージンをもって切除することが一般的であるが，口腔内腫瘍では上記の機能温存を考慮すれば，1cm程度のマージンが限界であると思われる。本稿では，臨床上最も多く適応されると思われる下顎骨片側部分切除術について解説し，さらに下顎骨片側全切除術および上顎骨片側部分切除術について写真を中心に解説する。

(1) 下顎骨片側部分切除術

　下顎部位に生じた悪性腫瘍に対しては，姑息的な切除では再発を繰り返すことになるため，十分なサージカルマージンを確保するには，下顎骨片側部分または全切除が適応となる。口腔に発生する主な悪性腫瘍である扁平上皮癌，線維肉腫，歯原性腫瘍においては根治的切除となるが，口腔メラノーマではほとんどの症例において局所リンパ節への転移を生じているため，根治には至らない可能性があることに注意が必要である。

手術のKey Point

- **舌機能の温存**：舌根部まで腫瘍が浸潤している場合，根治的な切除を実施すれば，正常な舌機能を温存することは困難となり，術後摂食不能になることが予想される。根治的手術を実施するには同時に胃チューブ設置術が必須となる。術後の動物のQOL（quality of life）を考慮し，飼い主と相談の上，術式を十分に考慮する必要がある。
- **出血を最小限にとどめる**：顔面は血流分布が多く，手術の際には出血量が多い。時には輸血を必要とする場合もある。したがって，電気メス，レーザーメス，SonoSurgシザース等を駆使して出血を最小限にとどめる必要がある。総頸動脈を手術中に仮遮断する方法もあるが，これらの止血機器を用い，細心の注意で手術を実施すれば，ほとんどの症例でその必要はない。下顎骨部分切除の際に特に注意が必要なのは下顎骨管内を走行する下歯槽動脈である。
- **術後の離開を起こさない口唇の再建**：下顎骨切除後の口唇の再建にあたっては，縫合部の離開を避けるための注意が必要である。口唇粘膜のフラップ等を作成することによって縫合部のテンションを可能な限り抑え，治癒を遅延させる過剰な縫合は避け，結紮がきつくなり過ぎないように注意する。

外科手技

　実症例で解説する。

　ミニチュア・ダックスフンド，12歳，雄，口腔内悪性黒色腫（図6-63～図6-82）。

　術前処置：口腔内は多数の細菌が存在するので，術前には必ずスケーリングを施し，ルゴール液等で口腔内を十分に洗浄する（図6-63）。

　術野の確保：ドレープはタオル鉗子を用いず，写真のように口唇とドレープを結紮することによって，術野を確保することができる。下顎骨切除の際には，頭部全体を動かす必要があるので，術中に気管チューブが抜けないように注意が必要である。また喉咽頭部へ血液や洗浄液が流入しないように，糸などで確保したガーゼを喉咽頭部へあらかじめ挿入しておく。

　口角部皮膚，粘膜の切開：症例のように腫瘍が巨大で尾側側の境界がはっきりしない場合には，口角部の皮膚および粘膜を切開し，術野を広げる（図6-64）。粘膜の切開には熱損傷を防ぐためにレーザーメスを使用する。

　切除範囲の決定：腫瘍の全体像が把握できたら（図6-66），切除範囲を決定する。通常口腔内の悪性腫瘍の場合，1～2cm以上のマージンを確保する必要があるとさ

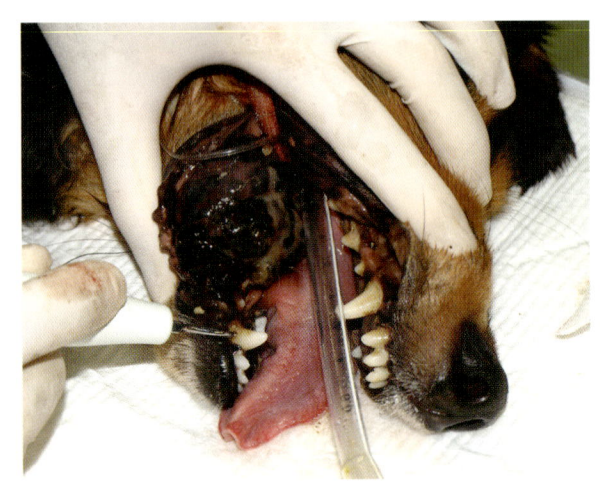

図6-63　下顎骨片側部分切除術の例。口腔内を消毒後，スケーリングを行う。ミニチュア・ダックスフンド，12歳，雄，口腔内悪性黒色腫。以下図6-64～図6-82は同症例の写真。

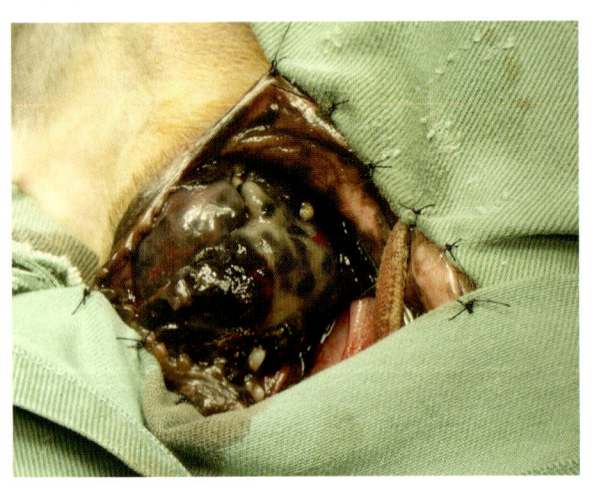

図6-64　下顎に発生した悪性黒色腫。

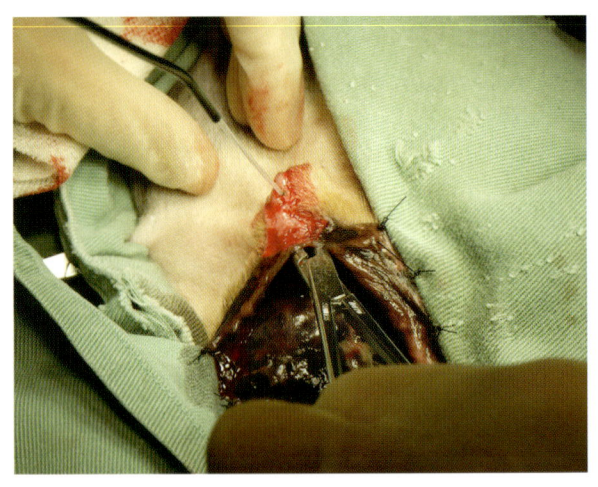

図6-65　レーザーメスで口角を切開する。

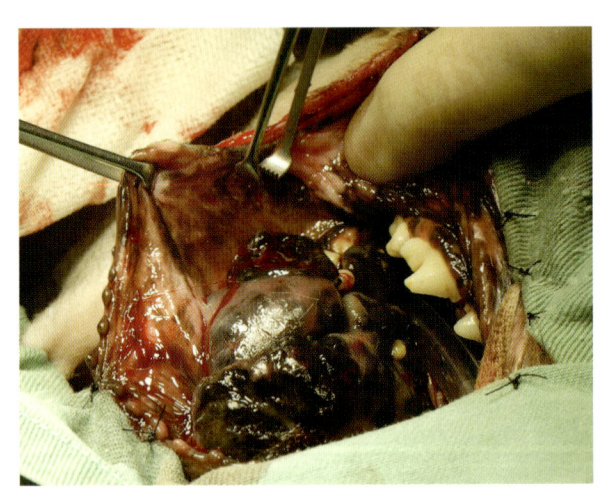

図6-66　腫瘍の露出（全体像）。

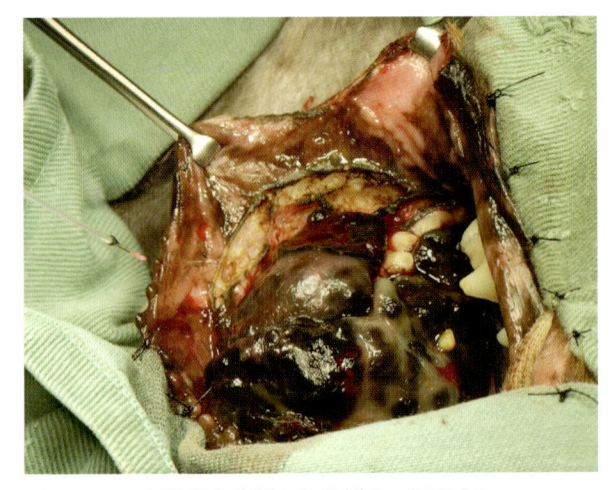

図6-67　口唇粘膜を鼻側から吻側まで切開する。

れている。症例のように巨大化した腫瘍の場合は舌側にそれほどのマージンを取るのは困難な場合も多い。症例では下顎骨の垂直枝は温存できると判断し，第3後臼歯の位置で下顎骨を切断することとした。垂直枝まで腫瘍が浸潤している場合は，顎関節から下顎骨全切除をする必要があるが，その場合は内側の下顎孔に下歯槽動脈が入っているので，その部位を結紮離断する必要がある。症例は下顎孔より吻側で下顎骨を切断するので，下顎骨管内の下歯槽動脈を結紮離断することになる（図6-67）。

口唇粘膜の切開と剥離：レーザーメスを用いて，十分なマージンを確保して，口唇粘膜を尾側から吻側まで切開する。この際は下顎骨を露出させるように，粘膜下組織の剥

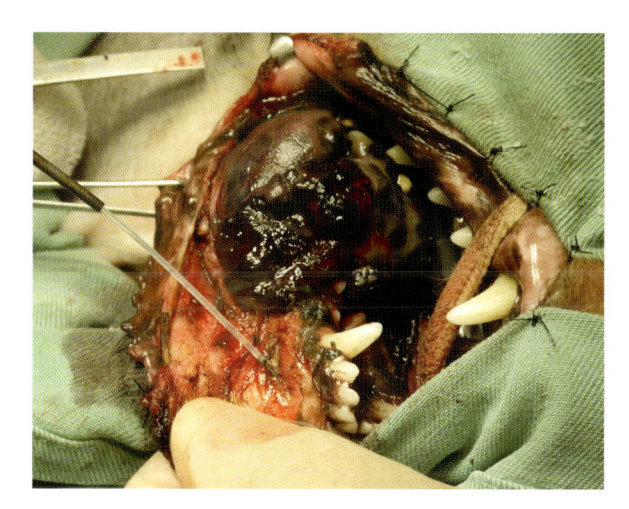

図6-68 粘膜をレーザーで切開して骨を露出させる。

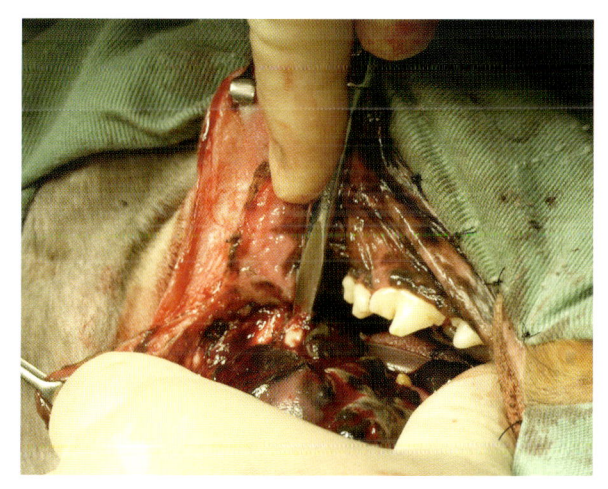

図6-70 ソノペットを用いて下顎の2/3を離断する。

図6-69 ノミで臼歯の中央部を割ってエレベーターおよび抜歯鉗子を用いて抜歯する。

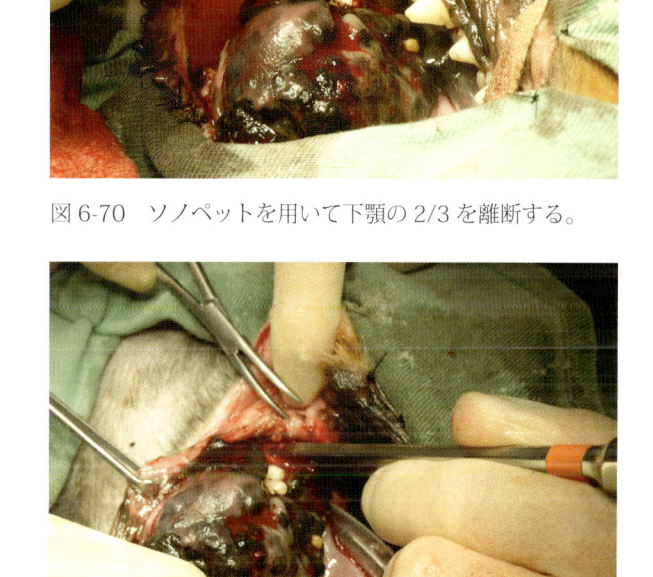

図6-71 ノミを前後に動かして骨を割り下歯槽動脈を露出させる。

離を行う（図6-68）。オトガイ孔から出る下歯槽動脈の分枝は電気メスまたはSonoSurgシザースによって凝固切開する。

下顎骨切除ライン上にある歯の抜歯：症例は下顎骨の垂直枝より手前での切除を行うため，その切除ライン上にある第2および第3後臼歯を抜歯する（図6-69）。

超音波骨メスを用いた下顎骨の切除：ソノペットを用い，下顎骨を切除する（図6-70）。この際，下顎骨管内を走行する下歯槽動脈を傷つけないように細心の注意を払う。まず，上方から骨を切削し始め，徐々に周囲に広げていく。

下顎骨の切断：ある程度，ソノペットで離断したら，骨ノミを用いてテコの原理を用いて割るように下顎骨を離

断すると，下顎骨の中心部にある下歯槽動脈を傷つけずに露出することができる（図6-71）。下歯槽動脈にモスキート鉗子をかけSonoSurgシザースにて切断する（図6-72, 6-73）。

左右下顎骨結合の分離：下顎骨の吻側において口唇粘膜を下顎骨から剥離したら，左右下顎骨間の正中の軟骨結合を分離する。その際，下顎骨の内側の粘膜をまっすぐに舌下小丘まであらかじめレーザーメスで切開して，そのラインに沿って骨ノミを刺入させ離断する（図6-74）。

舌側の粘膜の切開：舌側の粘膜をレーザーメスにて下顎骨を切除した部位まで切開する（図6-75）。このとき舌の下部を走行する舌下静脈および唾液腺管を傷つけないよう

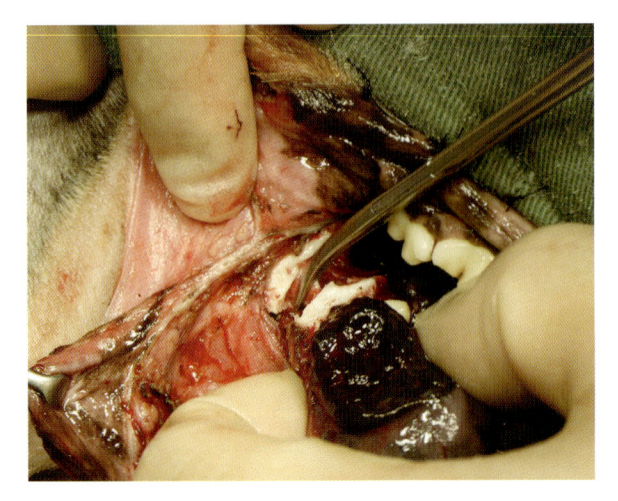

図6-72　下歯槽動脈を鉗圧する。

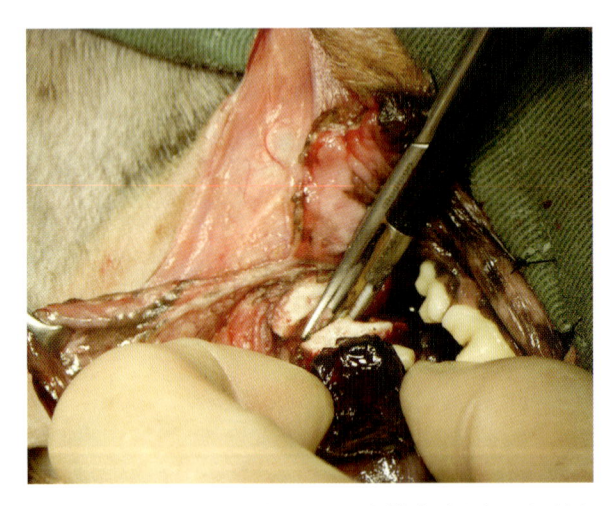

図6-73　SonoSurgシザースで下歯槽動脈を凝固切断する。

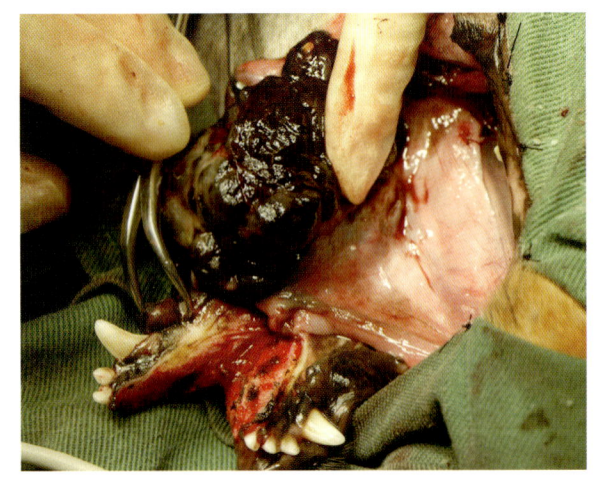

図6-74　左右の下顎骨結合部をノミで離断する。

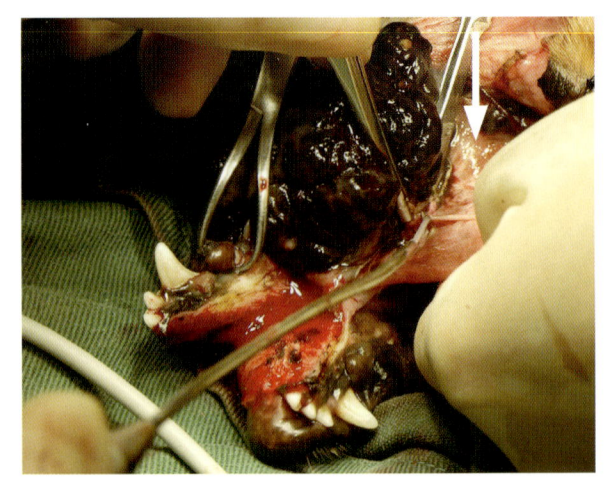

図6-75　舌側の粘膜をレーザーメスで切開する（矢印）。

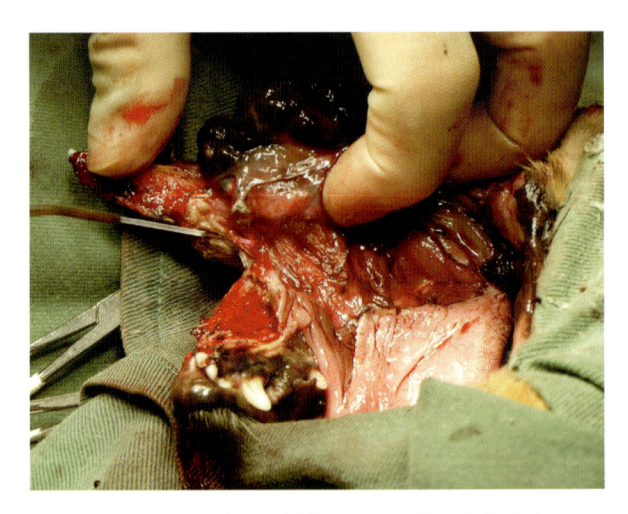

図6-76　下顎骨の腹側に付着している筋層を除去する。

に注意する。この部位は大型の腫瘍の場合は十分なマージン確保が最も難しい部位である。

下顎骨に付着する腹側の筋群の切開：遊離状態となった下顎骨を外側に牽引しながら，下顎骨の腹側に付着しているオトガイ舌筋，オトガイ舌骨筋，顎舌骨筋，翼突筋をレーザーメスまたはSonoSurgシザースにて切開し（図6-76），下顎骨を含めた腫瘍の摘出が完了する（図6-77）。

下顎骨の切断端の処理：次に口唇の再建を行うが，下顎骨の切断端が鋭利なままの場合は，それが縫合の際に邪魔になるので，ソノペットで角を削っておく（図6-78）。

口唇粘膜と舌下部の粘膜の縫合：尾側より4-0マキソンにて単純結節縫合にて口唇粘膜と舌下部の粘膜の縫合を行う（図6-79）。この際，テンションがかかる場合は，口唇

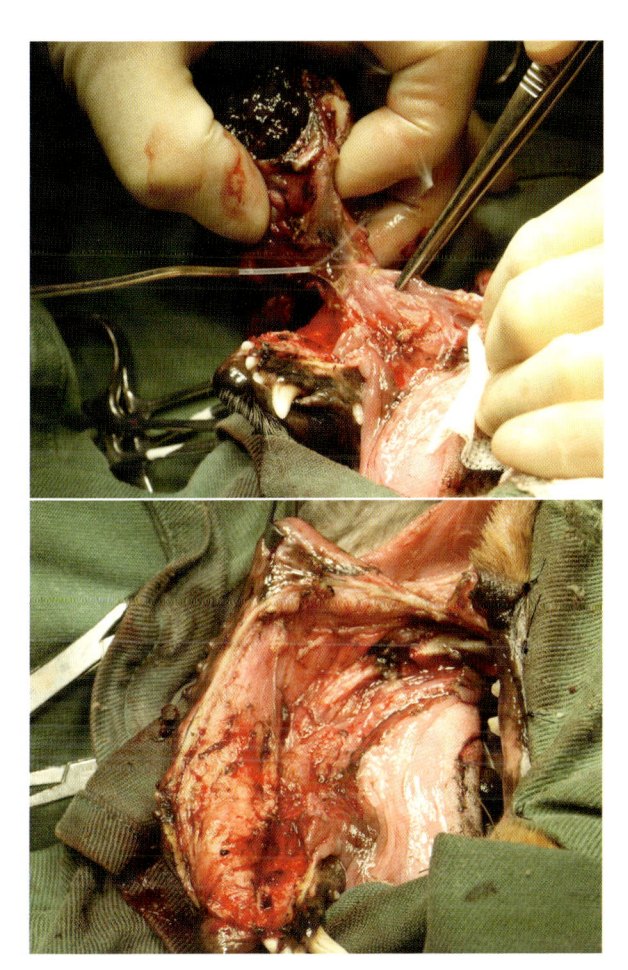

図6-77　腫瘍を含めた下顎骨を切除した。

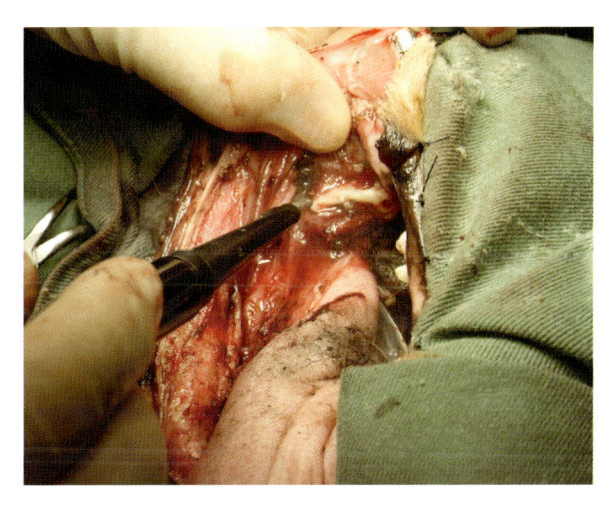

図6-78　骨の切断面をソノペットで削る。

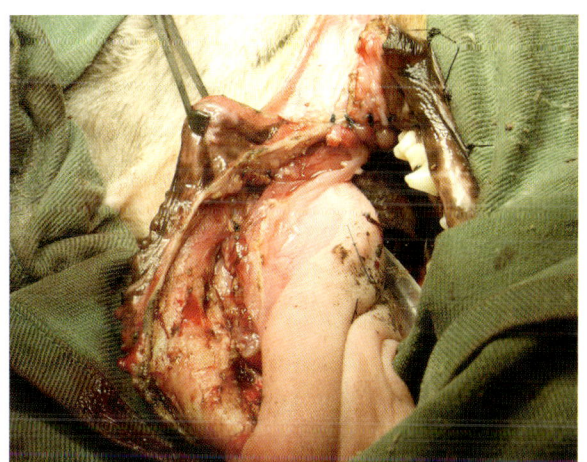

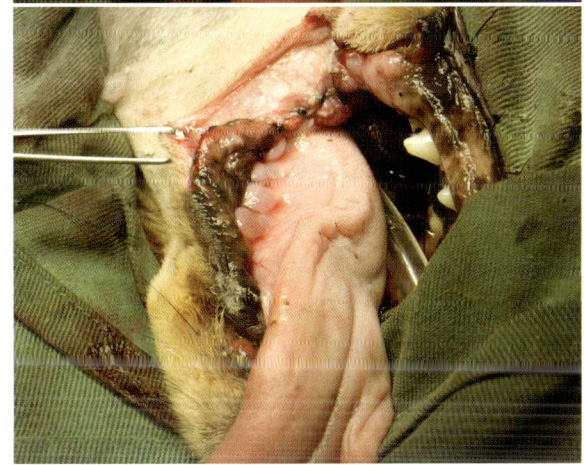

図6-79　口唇粘膜と舌下部の粘膜縫合を行う。

粘膜の粘膜下組織を鈍性に剥離してフラップを作成する必要がある。なるべく死腔を作らないようにウォーキング縫合を行い，あまりきつく締めすぎないように結紮を吻側まで行う。吻側部では残した反対側の口腔内側粘膜を下顎骨から遊離させ，その部位に糸をかけるようにする。この部位は術後に離開し，反対側の下顎骨の切断部が露出することが多いので，しっかりと縫合する必要がある。また口唇の皮膚が余る場合は，それを折りたたむように縫合する。

下顎リンパ節の摘出：悪性口腔内腫瘍において下顎リンパ節への転移が疑われる場合は，下顎リンパ節の摘出を同時に実施する。特に口腔内メラノーマにおいては病期判定という意味でも重要である（図6-80，6-81）。

術後の注意点

①本術式は重度な疼痛を伴うので，術前，術中はもちろん術後も疼痛緩和を実施すべきである。少なくとも術後

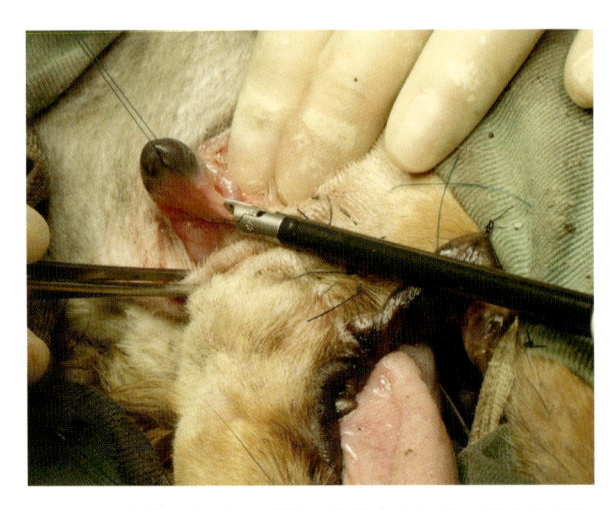

図 6-80 転移したリンパ節に支持糸をかけ，引き上げながら基始部を SonoSurg シザースで凝固離断する。

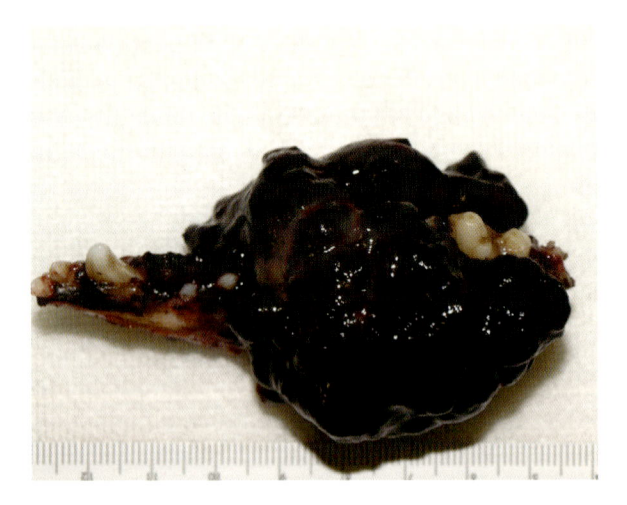

図 6-81 摘出された悪性黒色腫。

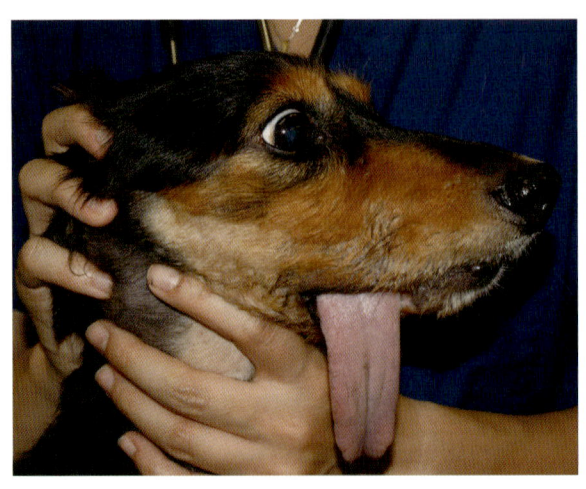

図 6-82 摘出後数週間経過した外観。

24時間はフェンタニル，ケタミン，あるいは両者を併用して微量点滴を継続する。

②術後数日間，舌下部に炎症性の浮腫が生じる。重度であれば唾液などの嚥下困難を引き起こす危険性があるので，術後ステロイドの投与を行うこともあるが，一般には数日間で自然に消失する。

③食事の開始：術創が安定するまでの2〜5日間，流動状のものを与える。また舌の機能障害が予想させる場合は，あらかじめ胃ろうや咽頭チューブを設置しておく。

(2) 下顎骨片側全切除術

実症例を写真で示す。

シー・ズー，12歳，雄，線維肉腫（図 6-83 〜 図 6-93）。

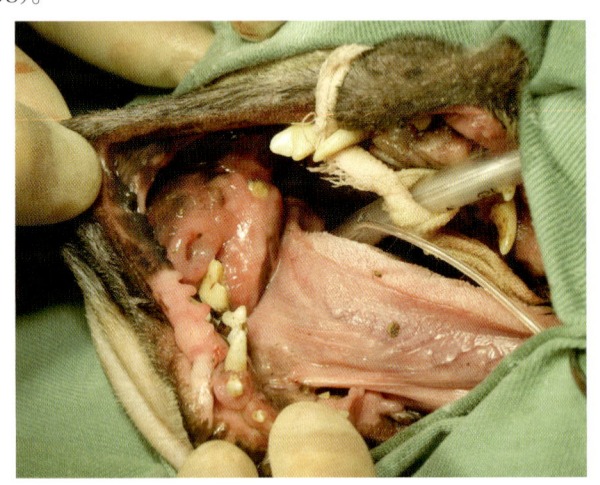

図 6-83 シー・ズー，12歳，雄，線維肉腫。下顎歯肉に発生した線維肉腫。下顎骨片側全切除の例。以下図 6-84 〜 図 6-93 は同症例の写真。

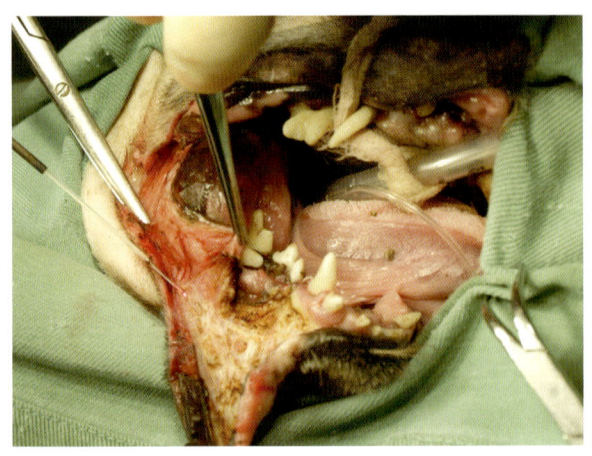

図 6-84 歯肉をレーザーで切開して骨を露出する。

消化器系　127

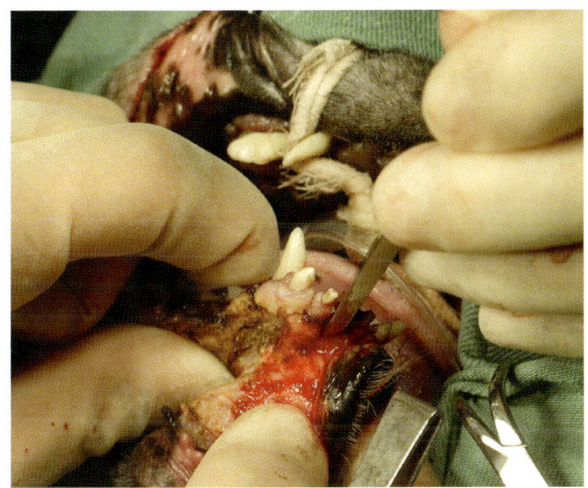

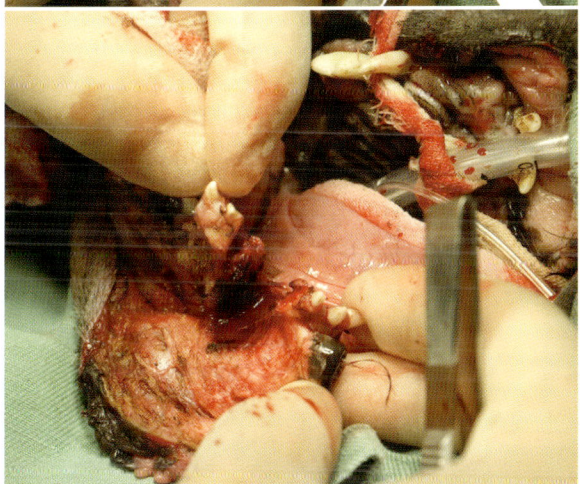

図 6-85　抜歯後，ノミを刺入して骨を離断する。

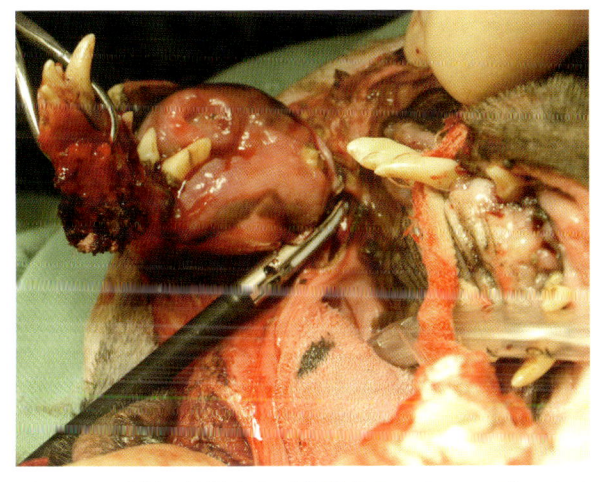

図 6-86　舌側の粘膜および筋群を SonoSurg シザースで凝固離断する。

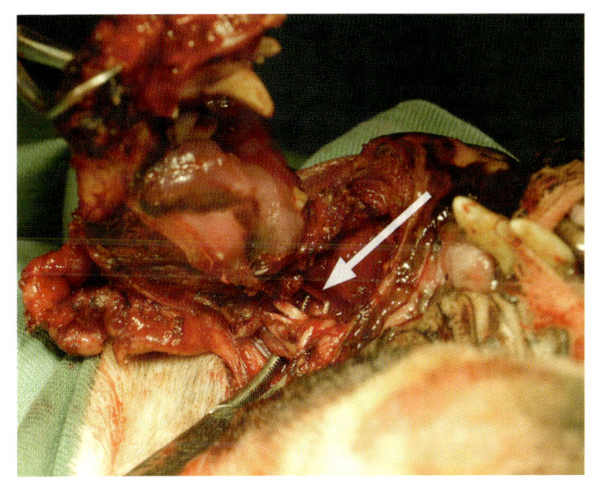

図 6-87　下顎骨の吻側部がある程度遊離できたら，下顎骨の内側の下顎孔に入る下歯槽動脈（矢印）を確保し，結紮または SonoSurg シザースで凝固離断する。

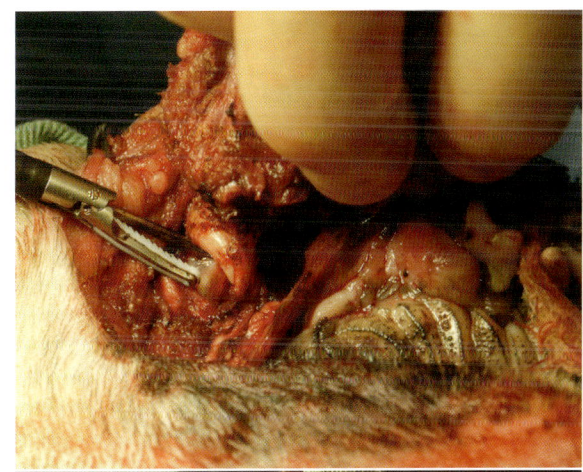

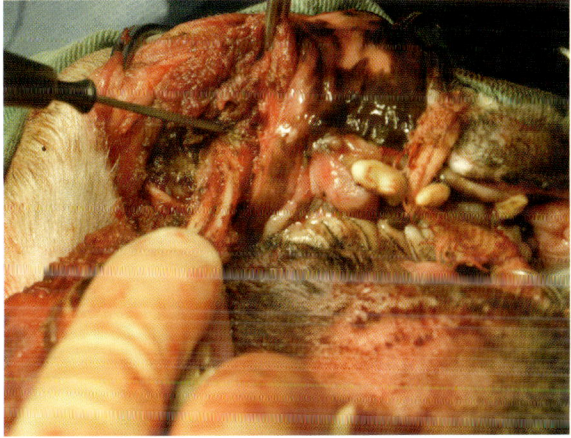

図 6-88　顎動脈を損傷しないように注意しながら，顎関節周囲の筋群を切開する。

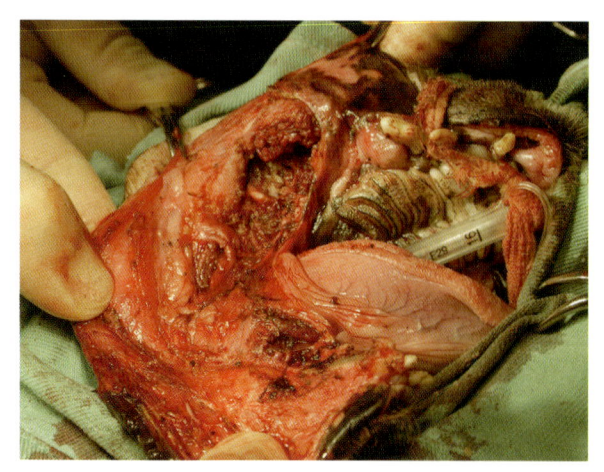

図 6-89　片側下顎骨が切除された粘膜。

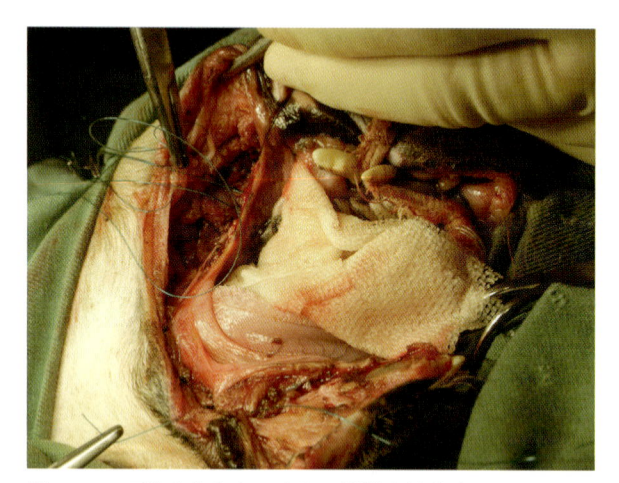

図 6-90　死腔を作らないように粘膜を縫合する。

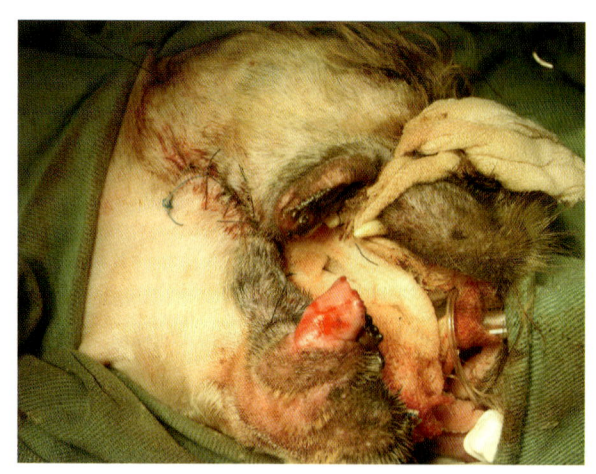

図 6-91　皮膚の縫合が終了した。

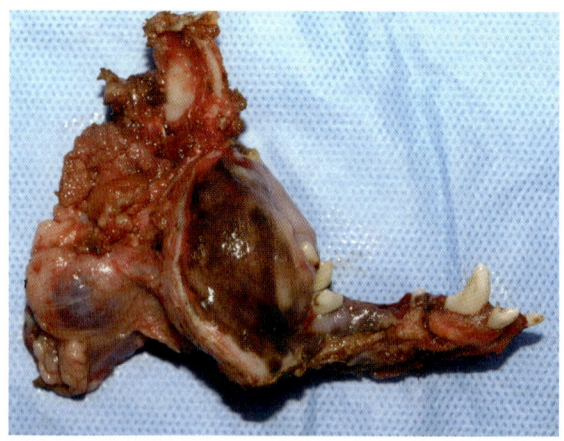

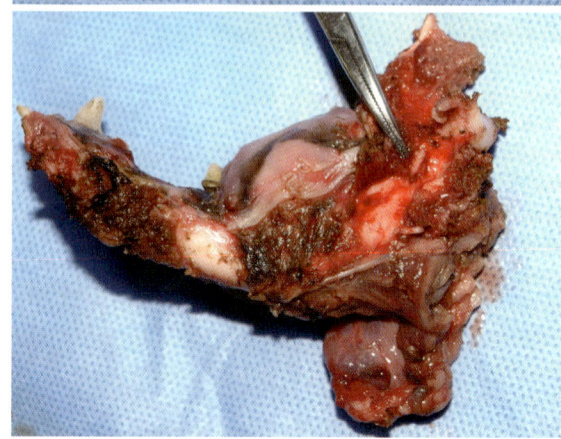

図 6-92　摘出された片側の下顎骨および腫瘍。

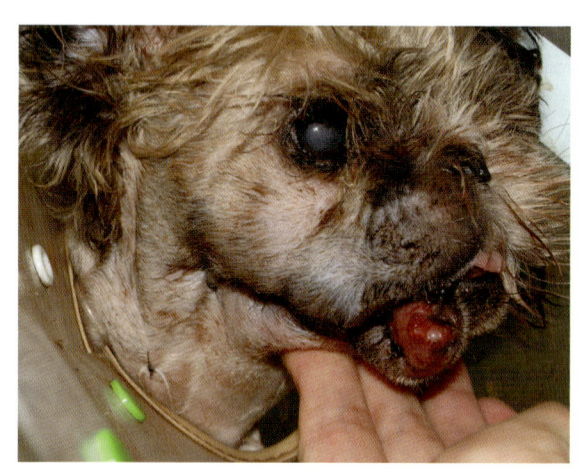

図 6-93　摘出後の外観。

(3) 上顎骨片側部分切除術

実症例で解説する。

症例1（図6-94～図6-97）

ミニチュア・ダックスフンド，8歳，雌，上顎に発生した骨形成性エプリス。

見た目には大きいが，基部は有茎状になっており口唇粘膜とも遊離している（図6-94）。

粘膜の熱傷を最小限にするために電気メスの切開モードもしくはレーザーメスで歯肉粘膜を切開する（図6-95）。

このように腫瘍が大きく歯肉との基部が見えない場合は，腫瘍をまず分割切除したほうが簡単である。

腫瘍に接する歯は抜歯し，ソノペットにて上顎骨を削る。

この際，鼻腔内組織を損傷しないように注意する。口蓋動脈等からかなりの出血が認められるが，電気メスのスプレー凝固などによって確実に止血を行う。

上顎骨を切除するとその深部に鼻甲介がみえる。

欠損した部位は口唇の粘膜フラップを作成して閉鎖する（図6-97）。硬性メスによって欠損部を被う長さの粘膜を切開し，粘膜下織をメッツェンバウム鋏によって鈍性に剥

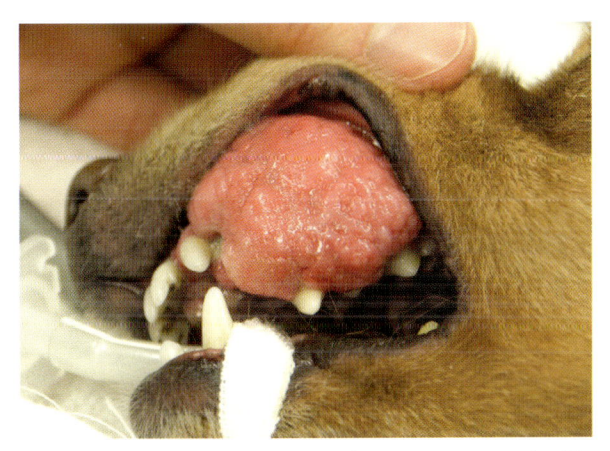

図6-94（症例1） ミニチュア・ダックスフンド，8歳，雌，上顎に発生した骨形成性エプリス。上顎骨片側部分切除の例。以下，図6-95～図6-97は同症例の写真。

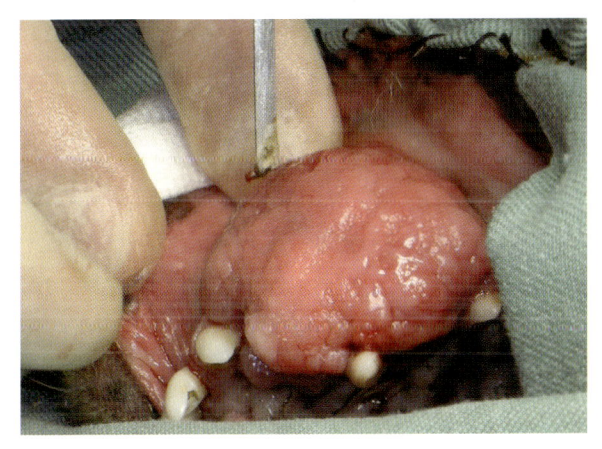

図6-95（症例1） SonoSurgシザース（へら型），電気メスあるいはレーザーメスで有茎状の基部を切開する。

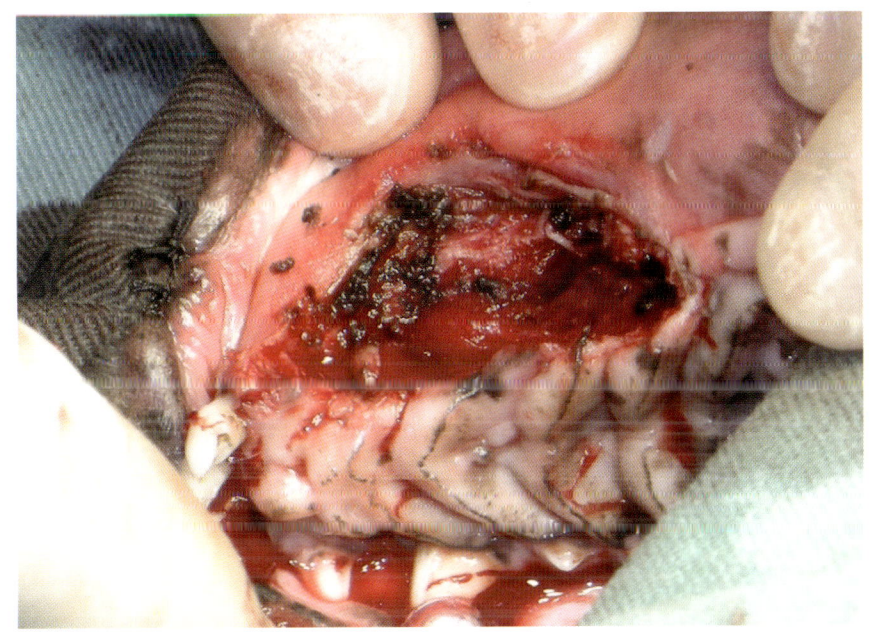

図6-96（症例1） 鼻腔の穿孔を考慮しながら腫瘍を確実に摘出する。

130　第6章　手術手技の実際

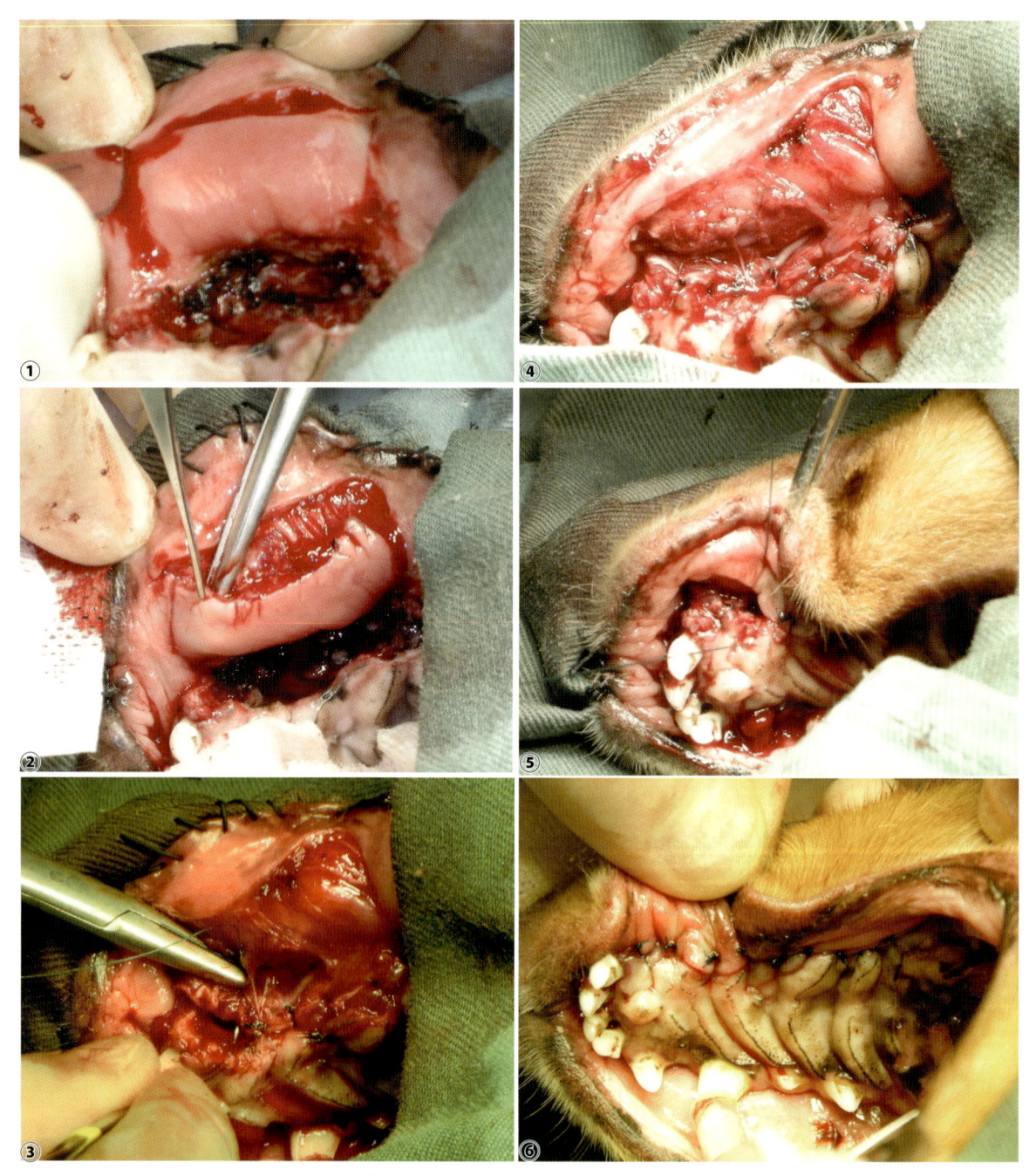

図 6-97（症例 1）　欠損部位は口唇の粘膜フラップを形成して閉鎖する。

離する。粘膜を反転させ，欠損部を覆い，吸収性縫合糸(4-0 マキソン）にて単純結節縫合する。

　この際，硬口蓋に縫合ののりしろを作るために数mm 粘膜を鈍性剥離しておく。

　次に切開した口唇粘膜をフラップにさらにかぶせるように硬口蓋の粘膜に縫合する。

　その部位の口唇が内側へやや陥没するが，ほとんどの場合，許容できる容貌の変化である。

消化器系

症例2（図6-98〜図6-101）

ウェルシュ・コーギー，9歳，雌，上顎悪性黒色腫。

前臼歯周囲に発生したポリープ状の腫瘤であるが，周囲の歯肉は黒色に変化しており，浸潤が疑われる（図6-98）。

レーザーメスにてポリープを歯肉基部にて切除後，浸潤が予想させる歯肉部位を切開する。

切除範囲内の臼歯を抜歯し，歯肉をレーザーメスで切除したら，上顎骨を超音波骨メス（ソノペット）にて削る（この症例では鼻腔まで貫通させずに上顎骨を削った，図6-99）。

残した口唇粘膜でフラップを形成し，硬口蓋側に縫合の

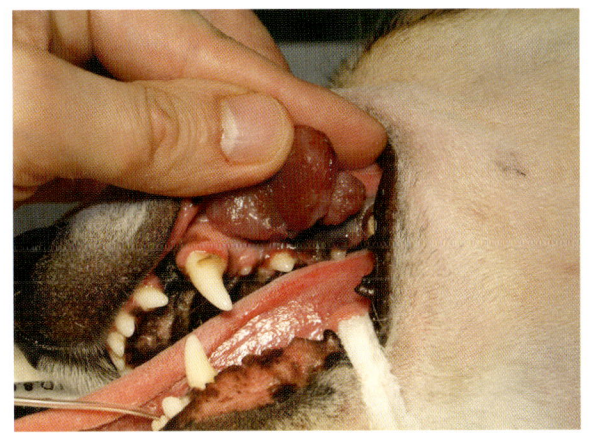

図6-98（症例2）　ウェルシュ・コーギー，9歳，雌。上顎に発生した悪性黒色腫。上顎骨片側部分切除の例。以下，図6-99〜図6-101は同症例の写真。

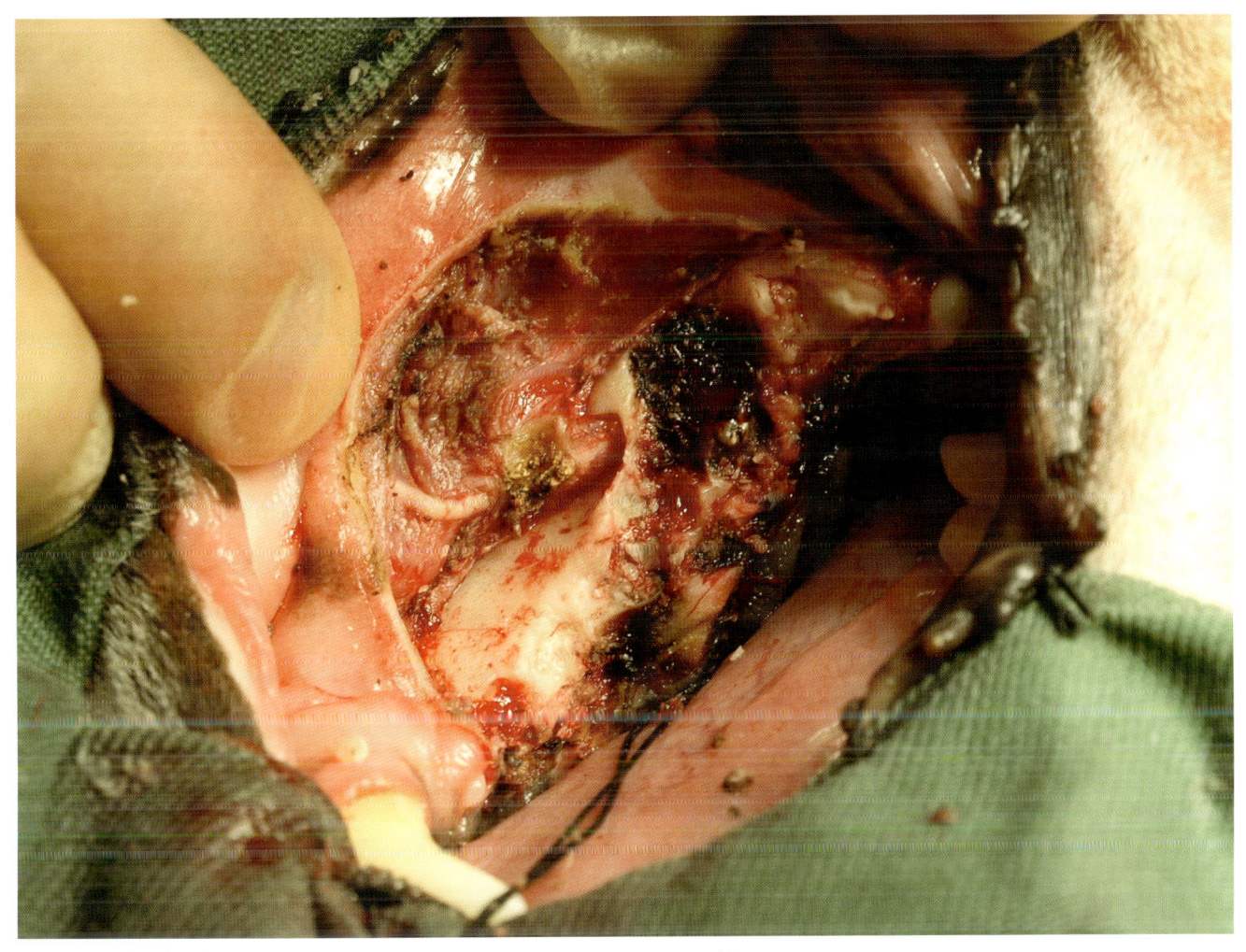

図6-99（症例2）　抜歯後，歯肉をレーザーメスで切除し骨をソノペットで削る。

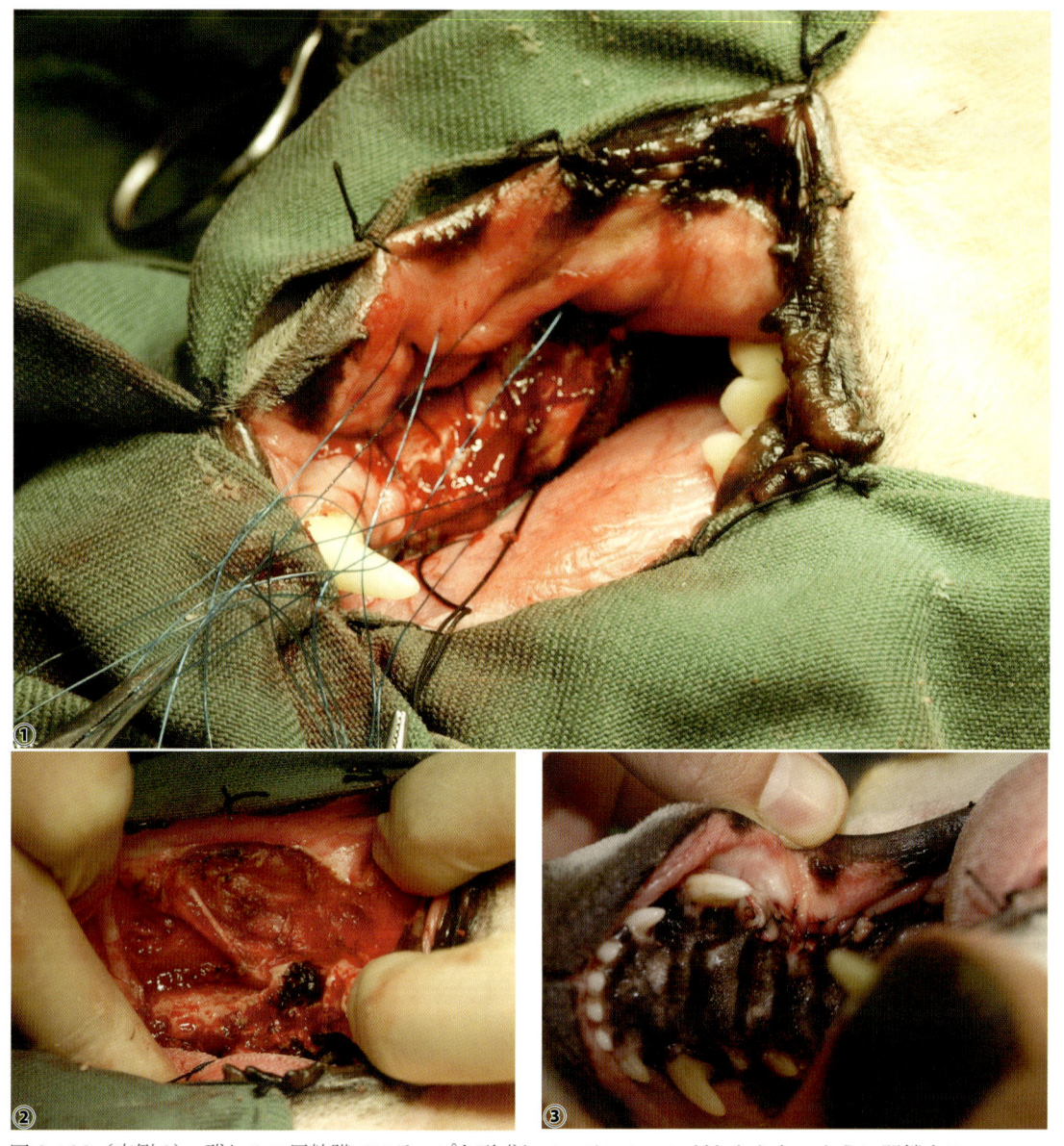

図 6-100（症例 2） 残りの口唇粘膜でフラップを形成して，テンションがかからないように閉鎖する。

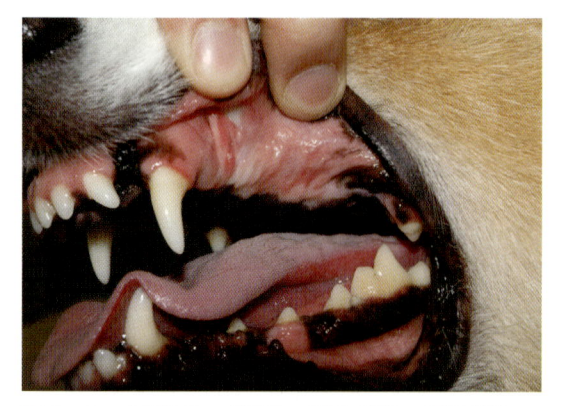

図 6-101（症例 2） 摘出して数か月後の手術部位。

十分なのりしろをとるために硬口蓋粘膜を数 mm 遊離させ，テンションがかからないように 4-0 マキソンにて単純結節縫合する（図 6-100）。

この症例は，下顎リンパ節への転移は認められず約半年後において，局所再発および肺転移は認められていない（図 6-101）。

2）胃の部分切除

胃の部分切除は，腺腫や腺癌あるいは平滑筋の筋腫や肉腫など，ほとんどの胃の腫瘍において適用される。胃の腫瘍は，X線，CT画像，超音波検査（図6-102）および内視鏡を用いて評価されるが，組織診断には粘膜の広がり，増殖性，浸潤性などを形態的に確認でき，病巣部の生検を行うことが可能である内視鏡が最も優れている（図

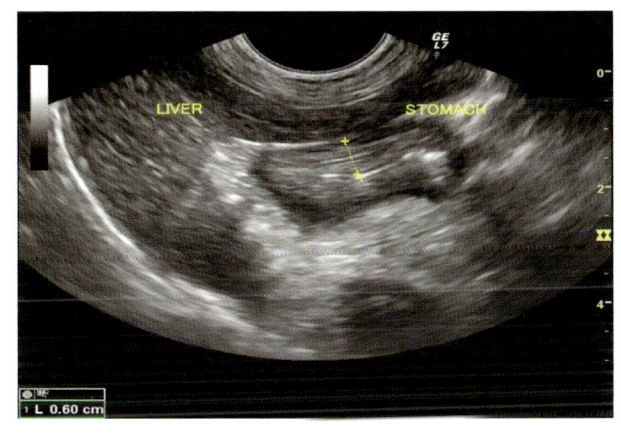

図6-102　小弯部のエコー所見では，層の構造が不鮮明な胃壁の肥厚が認められる。

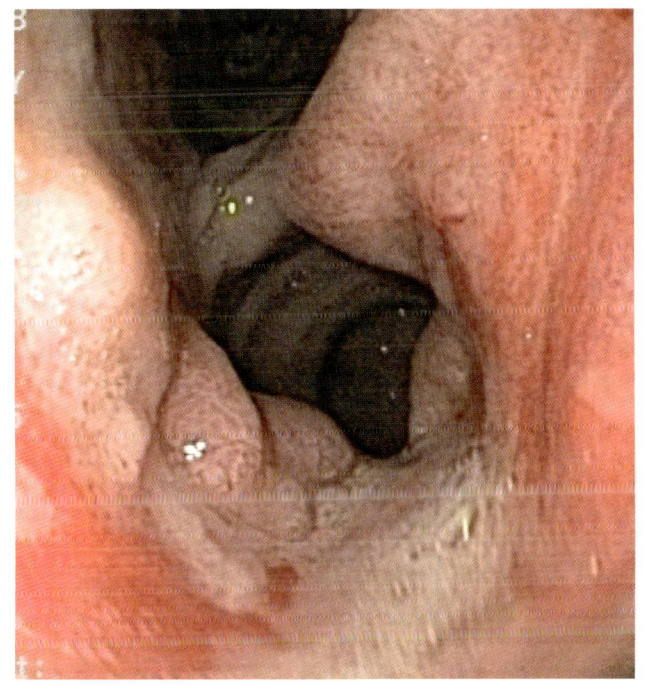

図6-103　内視鏡検査では胃粘膜の充出血および幽門洞に隆起性病変が認められる。

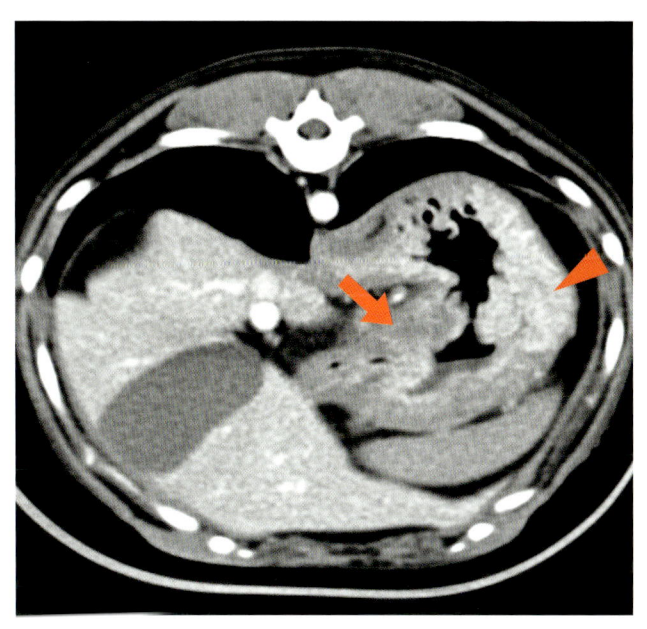

図6-104　CT画像の所見では，大弯部で造影効果の高い肥厚領域を認め（筋層〜粘膜，矢頭），小弯部では筋層において造影効果の乏しい領域が認められる（矢印）。

6-103)。また，腫瘍の浸潤性や病巣の範囲などを評価して手術の適応性や術式を決定するには，CT画像が必須であると思われる（図6-104）。胃の部分切除の術式は，単に漿膜および粘膜腫瘍の部分摘出を行う方法や，腫瘍の発生部位によってはビルロートⅠ・Ⅱ法の術式が適用されている。胃の部分摘出を行う際に最も注意しなければならないのは，胃の血管走行を把握することである。胃の血管は，隣接している食道，脾臓，膵臓および肝臓と密接に関係しているため，栄養血管を間違って切断すると隣接臓器の壊死が起こり生命の危機に陥る。今回，胃の大弯から幽門洞にかけて胃の2/3が腫瘍で浸潤された腺癌の症例を用いて重要な血管の温存部位を解説しながら，胃と空腸の吻合を行うビルロートⅡ法を紹介する。

外科手技

病理組織学的検査により悪性の腫瘍と診断された症例のCT画像，内視鏡画像などの情報から手術手技を決定する。筆者らはできるだけ正常組織を温存して拡大切除を行うためにビルロートⅡ法を推奨している。

仰臥位に固定して剣状突起から尾側に腹部正中切開にて開腹を行う。胃の漿膜面にまで腫瘍が浸潤している場合は，腫瘍の炎症や細胞壊死などにより大網がその部分を覆って

ため視野に入らないことがあるが，胃に付着している大網を緩く引きながら噴門部の位置を確認する。食道および噴門部は横隔膜のやや背側部の中央部に位置する。

次いで腫瘍の浸潤範囲を把握して切除部位の位置確認を行う。幽門部〜十二指腸にかけては胃十二指腸動脈を確認しなければならないが，脂肪や大網が視野を妨げることがあるため，肝門部を起点にして腹腔動脈から分岐している肝動脈と右胃動静脈を検索する。右胃動静脈を確認したら2-0の縫合糸を背側に回し固定しておく。さらに十二指腸の背側部分を反転して胃十二指腸動静脈を確認する。

その後，十二指腸前部のV字部位から膵臓に走行している前膵十二指腸動静脈および右胃大網動静脈を確認する。脂肪が少ない場合は，腹側から胃の幽門部を走行している右胃動静脈および前膵十二指腸動静脈や右胃大網動静脈を確認することができる。肝臓から十二指腸へ走行している総胆管の開口部である大十二指腸乳頭の位置を推定しながら右胃大網動静脈にも2-0の縫合糸を回して血管を確

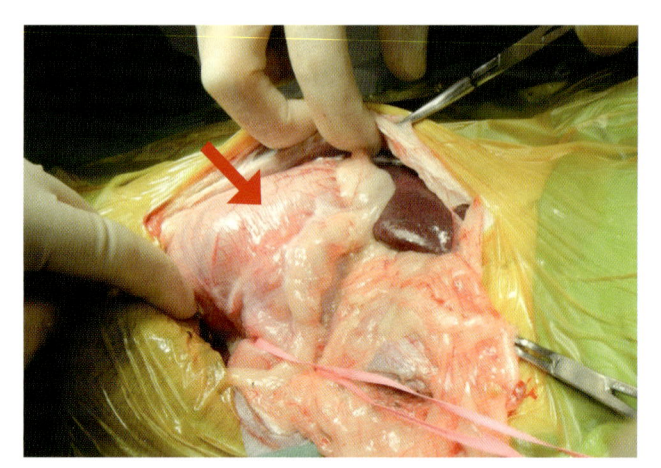

図6-105　胃の切除部分を臍帯テープで確保する（腫瘍部：矢印）。

いることが多く，腫瘍の腹腔内播種，リンパ節転移や遠隔転移のリスクが極めて高いことが推察される。まず脂肪や大網を胃から外しながら血管の走行性を把握することが重要である。食道や噴門部は肋骨内の奥深くに存在している

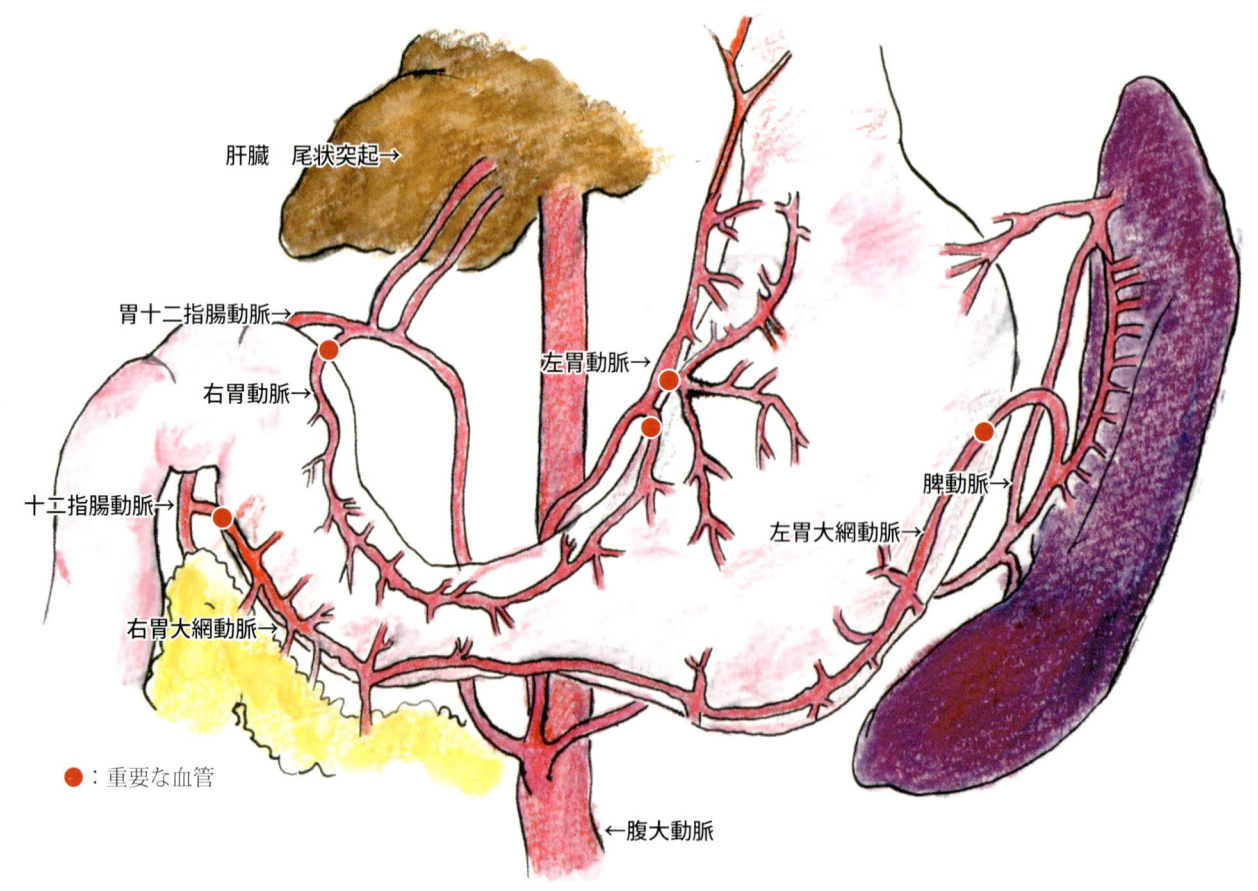

図6-106　胃の主要な血管走行（イラスト：伊藤　博）

消化器系

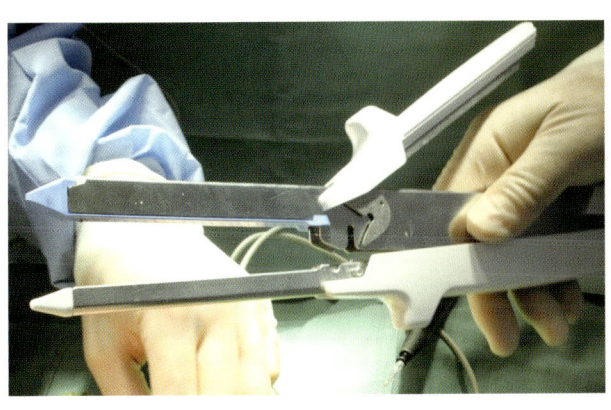

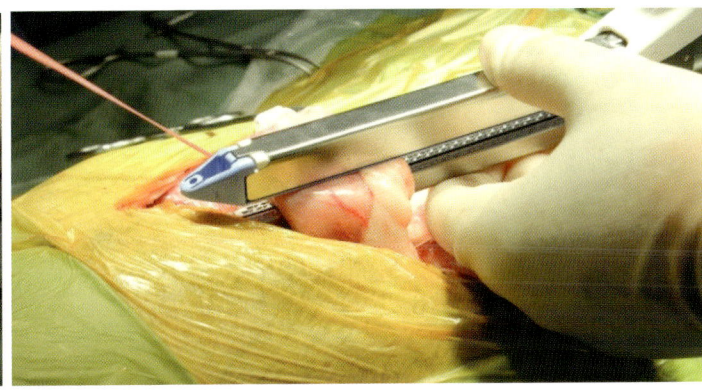

図6-107 プロキシメイト・リニヤーカッター100（ジョンソン・エンド・ジョンソン株式会社）を用い幽門洞部を固定し離断する。

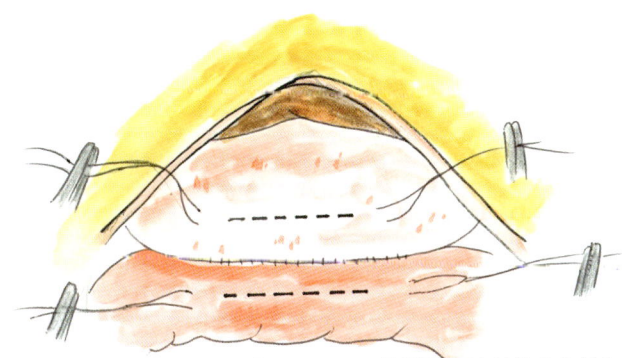

胃体部および空腸を引き寄せて互いの漿膜層に連続縫合を施し固定する。次いで胃体部および空腸における切開部の両側端に支持糸をかける。

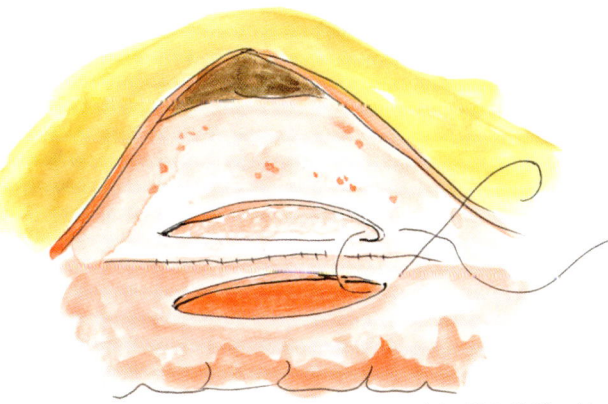

胃体部と空腸に適切な切開を加えて、両側の端を漿膜〜粘膜、対側の粘膜〜漿膜と順に針を刺入し、針付きの糸を長めにして結紮する。

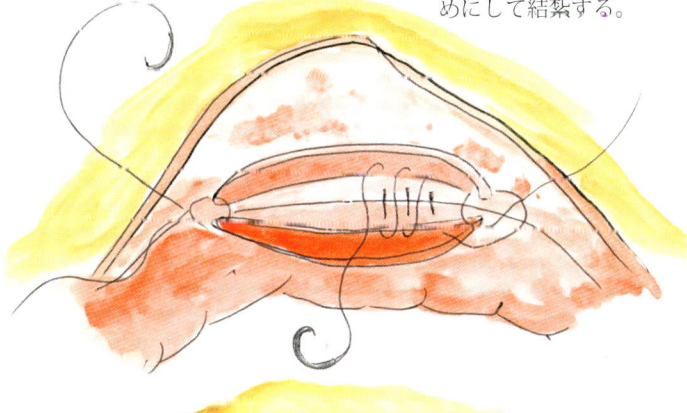

長い糸の付いた縫合針を用いて粘膜〜漿膜〜漿膜〜粘膜の順に対側の端まで連続縫合し、対側の短めの糸と結紮する。

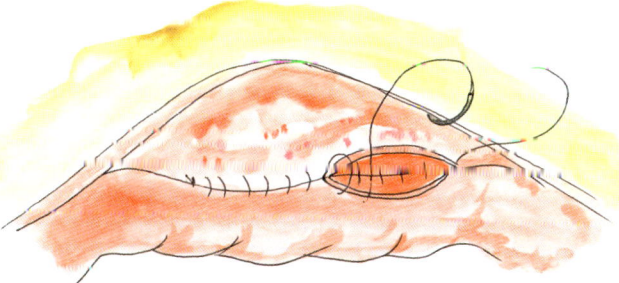

長い糸の付いた縫合針を用いて対側に同じように連続縫合を施し、短めの残っている糸と結紮する。

図6-108 胃と空腸の全層連続並置縫合法（イラスト：伊藤 博）

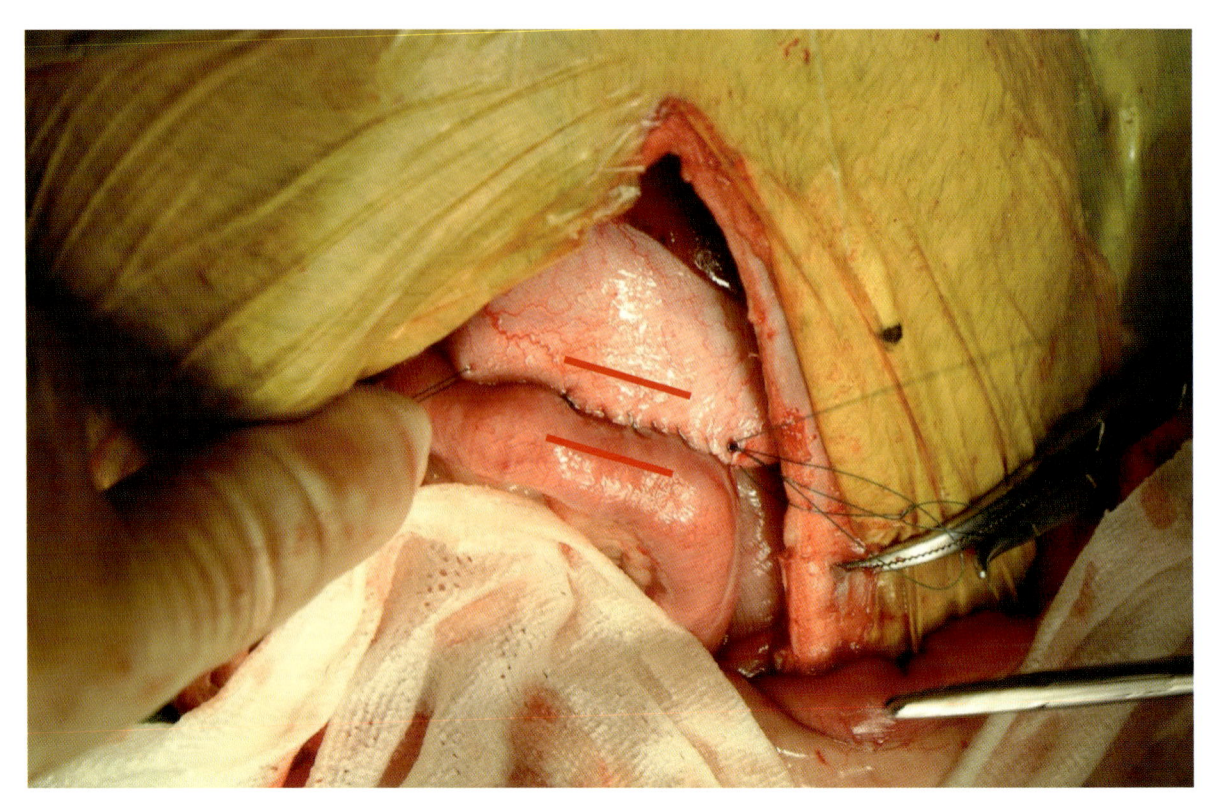

図 6-109　残された胃と空腸を縫合して固定する（▬：切開部）。

保しておく。次いで大弯を精査して腫瘍のマージンを考慮しながら切除部位を決定する。小弯部には腹腔動脈から噴門部および食道に分岐する左胃動静脈が存在している。右胃動静脈と食道の栄養血管を保存するために左胃動静脈が胃に分岐している部分をSonoSurgシザースで凝固切開する。

続いて幽門部の右胃動静脈および右胃大網動静脈をそれぞれSonoSurgシザースで凝固切開する。胃の腫瘍部位の離断は，主要な血管に注意しながら幽門〜幽門洞および小弯〜胃底部の切開ラインの両側を腸鉗子で挟みその間をSonoSurgシザースで切断する。あるいは胃・腸管用自動吻合・切離ステイプラー（GIA：ロキシメイト・リニヤーカッター，ジョンソン・エンド・ジョンソン株式会社）で切断する（図6-107）。両側を離断するときは，予め支持糸をかけながら胃体部の操作を行うとよい。離断された両側の断端部にかけた支持糸を上に牽引しながら合成吸収糸あるいは非合成吸収糸を用いて単純結節あるいは全層の連続縫合を行う。2層目は内反縫合（ランベール縫合）を用いて盲端にする。次に空腸を引き寄せ，残された胃底部の

うち食物が流出しやすい部位を決定して吻合部位を確定する。筆者らは空腸の方向を回転させないように（逆蠕動性）固定している。

胃と空腸の切開部の両端に支持糸をそれぞれかけて胃底部と空腸の漿膜面を数か所固定するために縫合した後に切開する。吻合部の切開を大きく切開すると食渣の腸からの逆流が生じ，狭くすると炎症による狭窄が起こるため空腸の大きさを考慮して2.5cm〜4cmの範囲内で切開の長さを決定している（図6-109，6-110）。両端の支持糸を互いに引き寄せて胃と空腸の切開部を合わせて両端部に縫合針を空腸の粘膜面〜漿膜面〜胃の漿膜面〜粘膜面の順で刺入して結紮する。次いで片方の針付きの糸で切開部を全層連続縫合し，終末部はもう一方の短い糸と結紮する。その後，残された針付きの長い糸を用い，吻合部外側を同様に連続縫合する（図6-108，6-111）。

最後にリーク試験を行い，盲端部や縫合部を大網で被い腹腔内洗浄して定法に従って閉腹する。他の術式としてはブラウン法やルーワイ法など多くの術式が紹介されている。筆者らはビルロートⅡ法を応用して術後の大きな合

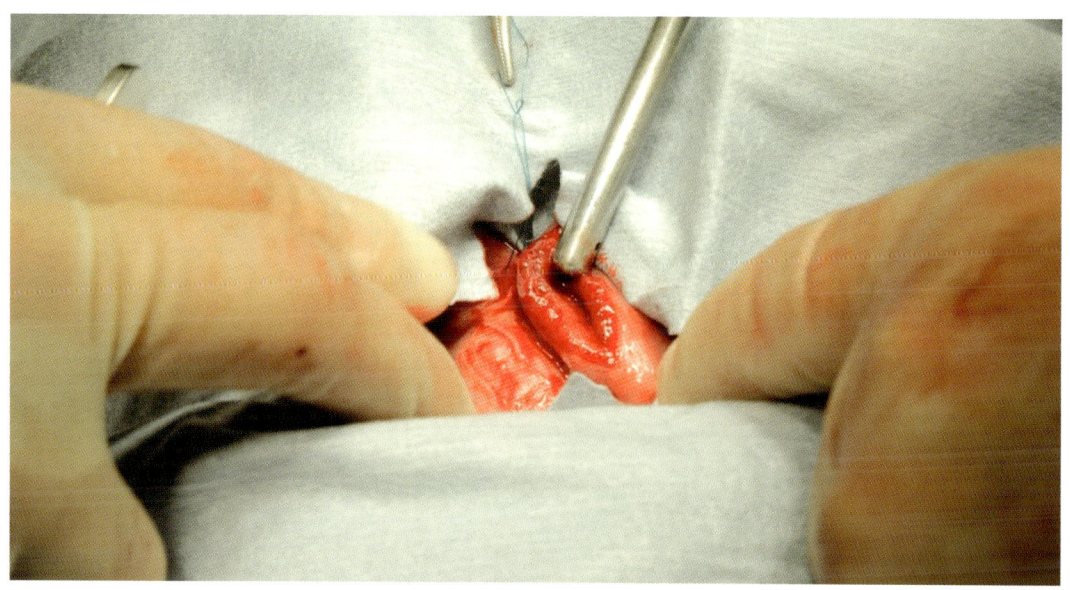

図 6-110　切開部の両端部の支持糸を軽く牽引しながら約 2.5cm〜4cm を切開する。

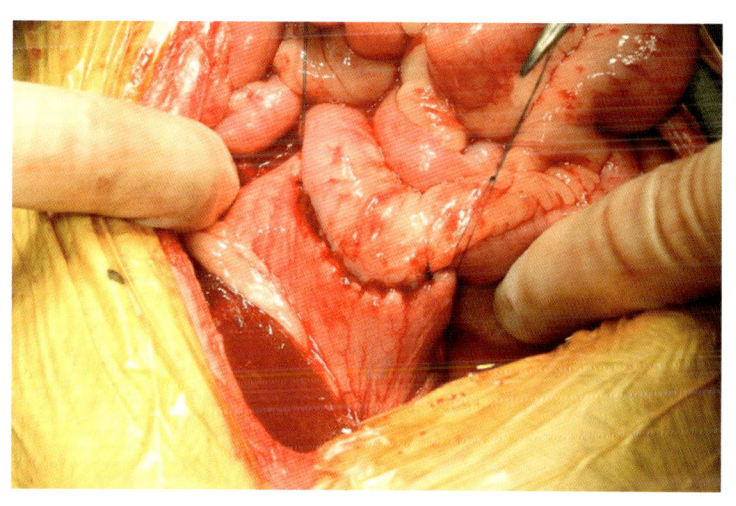

図 6-111　胃と空腸を二層縫合して閉鎖する。

併症は認められていない。低栄養による低 Alb 血症は，縫合部の癒合不全を引き起こすことから盲端部および切開創から内容液の漏れが生じ腹膜炎が併発する。特に術後の腹膜炎の合併症としては 3 日〜4 日頃に生じることが多いため，予防対策として腹腔洗浄用ドレーンの設置およびエコー画像や血液検査による経日的な検査が必要となる。仮に腹膜炎が生じても離開部分が狭い時は，大網がその部分を被い癒着して自然と閉鎖してくれる場合があることから腹腔内洗浄を数回試みてから開腹してもよい。術後は縫合部の炎症による離開などを予防するため 3 日〜4 日間は中心静脈高栄養法（IVH）による高カロリー輸液を行う。

IVH はあくまでも補助療法の 1 つであるが，食欲不振時の栄養の維持など術後の治療に役立つことが多い。

手術の Key Point
- 内視鏡やエコーを用いて腫瘍の FNA や組織切除により診断を行う。
- 画像の情報から手術の術式を決定する。
- 主要な血管の走行を必ず確認する。
- 術前の血液検査の励行（低栄養の管理）
- 腹膜炎の予防（腹腔内ドレーンの設置および経日的な検査の実施）

3）消化管腫瘍（小腸）

　腸管は，基本的に粘膜，粘膜下織，筋層，漿膜から構成されている。腸管に機械的強度を最も与えているのは，粘膜下織であり，この層を早く癒合させることが重要である。したがって，従来からよく行われている二層内反縫合法であるアルベルト・レンベルト縫合よりも，この層を並置させる単純結節縫合，またはギャンビー縫合がより癒合には有利である。しかしながら最も重要なのは，組織へのテンションと血行であり，それが問題なければ二層縫合でも治癒に問題は生じないと思われる。縫合に使用する結紮糸は，抗張力，感染の生じにくさ，扱いやすさなどの点から，一般的に丸針付きのモノフィラメント合成吸収糸が用いられることが多い。これらのテクニックは消化管腫瘍に特別なものではなく，基本的に消化管内異物や腸重積などのイレウスでの注意点と変わらない。

　腹大動脈から出る前十二指腸動脈は，後膵十二指腸動脈と空，回腸動脈，総結腸動脈に分岐し，後膵十二指腸動脈は腹腔動脈からの枝である前十二指腸動脈と吻合し，十二指腸下部および膵右葉へ血液を送る。また空，回腸動脈は腸間膜中心部で多数に分岐し，空腸，回腸へ血液を供給するが，それぞれの枝は，隣接する枝と弓状に吻合枝を形成する。大腸への血液供給は総結腸動脈から分岐した右，中および左結腸動脈，盲腸動脈，そして後腸間膜動脈から分岐した前盲腸動脈，内腸骨動脈から分岐する中および後直腸動脈からなされる。大腸では小腸に比べ，解剖学的に側副血行路が少ないうえに，位置の自由度が小さいため，縫合部位へのテンションが生じやすく，縫合部位の虚血が生じやすい。さらに，腸内容に多量の細菌を含み，内容物の量が多く，停留時間が長いことから感染も生じやすいことが挙げられる。

　犬および猫に生じる消化管腫瘍において外科的切除が有効となるのは，腫瘍が腸管に限局している場合である。すでに腸間膜リンパ節などへの転移を生じている場合は，あくまで腸閉塞の解除や消化管内出血の防止などの緩和的な意義しかない。具体的には平滑筋腫または肉腫，消化管間質腫瘍（GIST）などは，比較的進行が緩徐であるため，限局性であれば，摘出によって比較的長期寛解が期待できる。一方，腺癌やリンパ腫では，通常，診断時には広範囲腸管浸潤やリンパ節転移を伴っていることがほとんどであり，腫大した腸間膜リンパ節の無理な切除によって，前腸間膜動静脈を傷害すれば，腸管の大部分が虚血性壊死を起こすことになる。切除可能な小腸の長さは70％以内であるといわれ，それ以上の長さを切除すれば術後，消化吸収不良を生じる（短腸症候群）。また，術前検査において限局性で摘出可能と判断された症例においても，実際開腹してみると，腸間膜や膵臓を含む他の腸管を巻き込んで団子状に癒着していることもあり，そのような場合は緩和的なバイパス形成も実施されることもある。

　腸管切除後の術後合併症として，最も頻度の高いものは吻合部離開による腹膜炎であり，通常，致死的である。消化管腫瘍は症状を呈してから診断まで時間を要している症例がほとんどであるため，低アルブミン血症など栄養不良状態にある。このような症例における手術実施においては，上記の外科手技のポイントに加え，中心静脈栄養などの周術期栄養管理が極めて重要である。

外科手技

症例1（図6-112～図6-118）

　ジャックラッセル・テリア，8歳，雌（十二指腸遠位部のGIST）。

　腫瘍の存在部位を確認したら，触診や色調，血行等にて腫瘍の浸潤範囲を見極め，切除マージンを決定する。切除範囲が決定したら，切除領域に前腸間膜動静脈から弓状に分布している動静脈をSonoSurgシザースにて切断する。この際，腸間膜内で切除部位に向かう直枝だけでなく，弧を形成して腸管内側の脂肪組織内に埋まっている血管も切

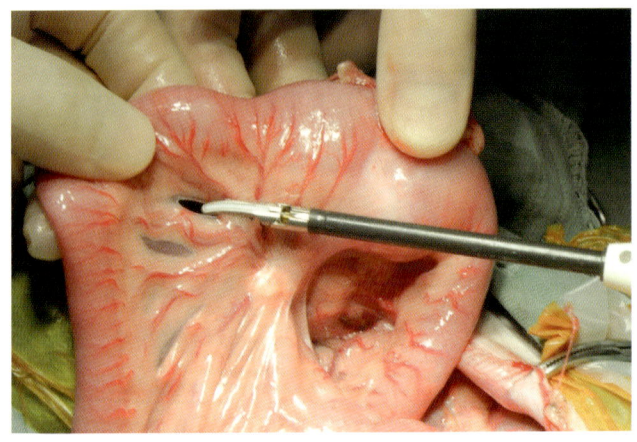

図6-112（症例1）　切除マージンを決定し，切除する腸管に分布する血管を切断。

消化器系

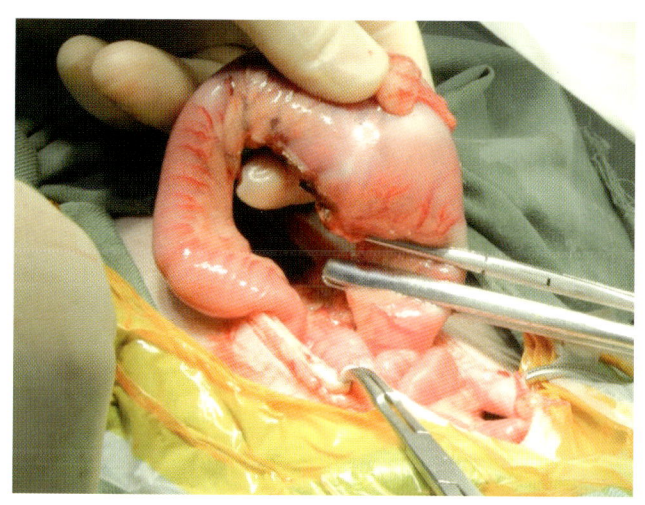

図6-113（症例1）　切除ラインの前後に腸鉗子をかけ，腸管を切除する。

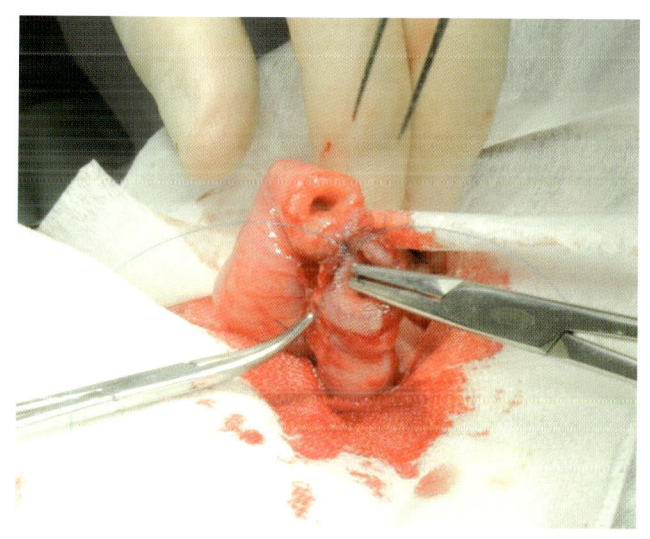

図6-114（症例1）　アルベルト・レンベルト縫合にて，腸管の端を吻合。

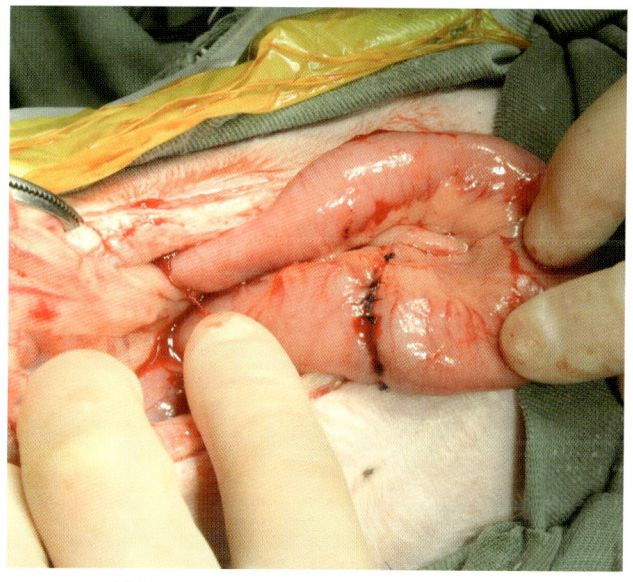

図6-115（症例1）　縫合終了。

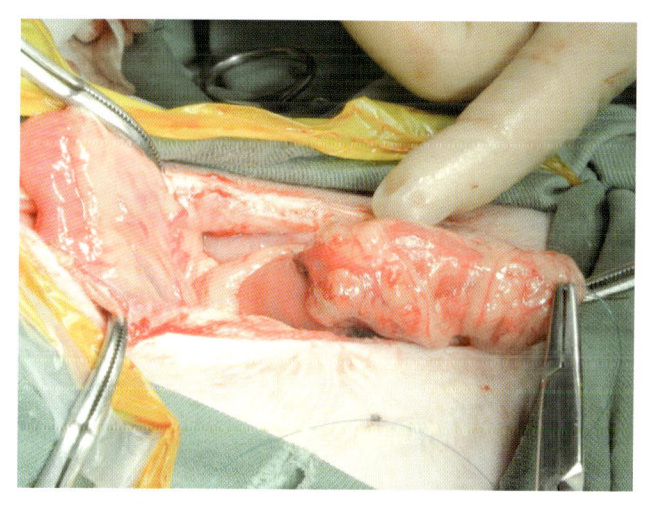

図6-116（症例1）　腸管端の吻合部に大網を巻き付けている。

断する必要がある。

　残す方の断端には，腸内容物が漏れないように腸鉗子を軽くかけ，メス等で切断する。切断端には粘膜が外反しているので，ハサミで余分な粘膜は切除し，形成する（図6-113，6-114）。

　縫合には一般に4-0程度の太さのモノフィラメント合成吸収糸（マキソンなど）を用いる。本症例では，アルベルト・レンベルト縫合を実施。切除縁から数mm位置に針を全層に刺入し，まず，半周に単純連続縫合を行い，連続縫合の最初と最後の結紮の糸の断端はモスキート鉗子でつまんで切らずに残しておく。ついで別の針糸でその残した糸を利用して，最初の結紮を行い，残りの半周を連続縫合していき，最後は同様に最初の糸の断端と結ぶ（アルベルト縫合）。

　次いで，漿膜・筋層縫合（レンベルト縫合）を数mm間隔で実施する。腸管縫合においての結紮は過度に力を入れると組織が切れるので，緩すぎない程度に適度に結紮するのがポイントである（図6-115）。縫合が終了したら，縫合部の両端を指で挟んで，27G～25G注射針で生理食塩水を注入し漏出の有無を確認する。

　加温した生理食塩水にて腹腔内を十分洗浄する。手袋を

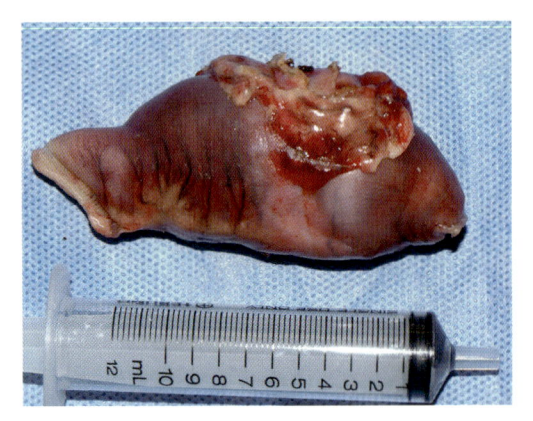

図6-117（症例1） 切除された腸管（十二指腸遠位）。

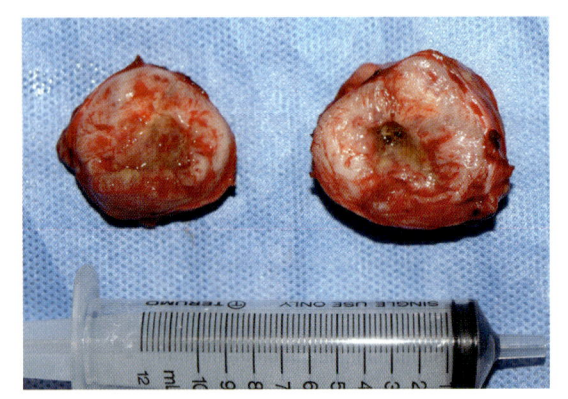

図6-118（症例1） 腸管断面。腸管内腔が重度に狭窄されている。病理組織診断はGIST。

交換し，腸管縫合に使用した手術器具は交換するか，アルコール綿で十分消毒する。

縫合部位の全周に大網を巻きつけ被覆し，ずれないよう腸管の漿膜に軽く縫合する（図6-116）。

症例2（図6-119～図6-129）

ビーグル，雄，11歳（回盲結口部に生じた平滑筋肉腫）。

この症例のように径の細い小腸と径の太い大腸を縫合する際には，大きな径の縫合間隔を小さな径の腸管の縫合間隔よりもやや大きく取る，小さな径の腸管の断端を斜め，あるいは楔形に切断し，縫合径を合わせる，太い径の断端を盲端とし端側吻合，あるいは両端を盲端とし側側吻合という手段がある。ただし盲端部は血行不良となり裂開を生じやすいので注意が必要である。

腫瘍は盲腸動脈を巻き込んでおり，回腸下部の血行不良のため回腸を含め切除した（図6-129）。腫瘍の病理組織診断は，平滑筋肉腫であった。肥厚していた回腸への腫瘍

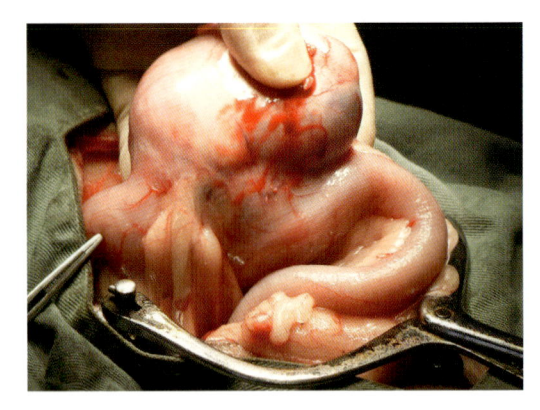

図6-119（症例2） 盲腸（回盲結口部）に生じた腫瘍。腫瘍より上部の回腸は腫瘍浸潤を疑わせるほど広範囲に肥厚していた。

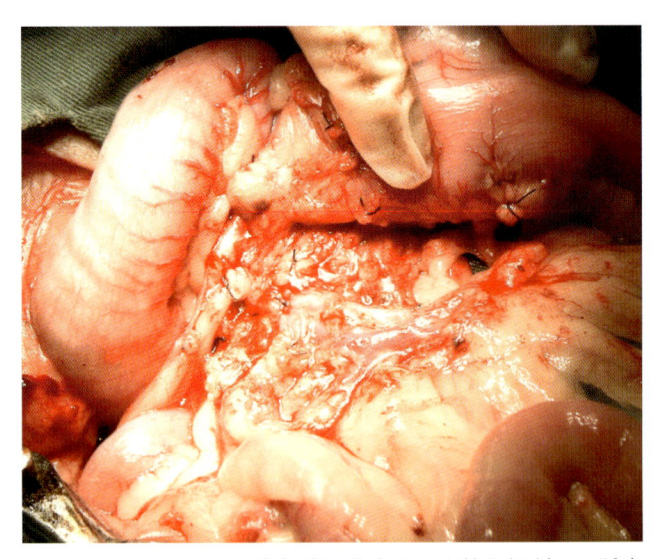

図6-120（症例2） 腫瘍部位に分布する血管を切断し，腫瘍部位を腸間膜から遊離する。

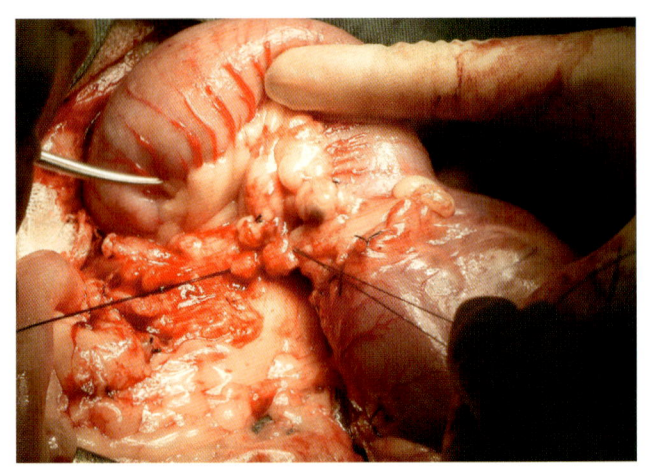

図6-121（症例2） 盲腸動脈を巻き込んでいたため，それも結紮，切断。

消化器系

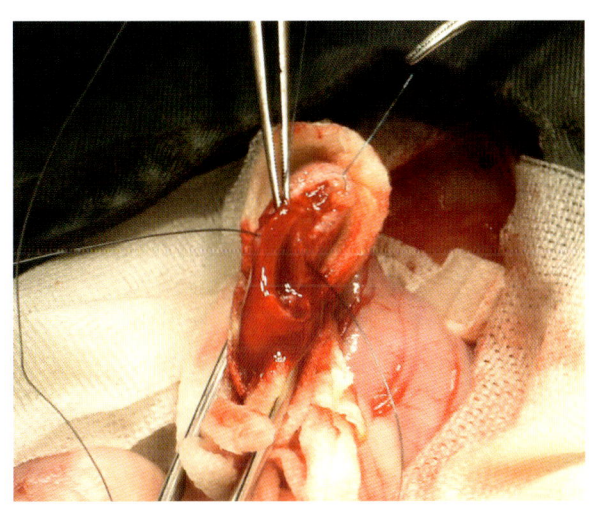

図 6-122（症例 2） 結腸側の断端は連続縫合により盲端とした。

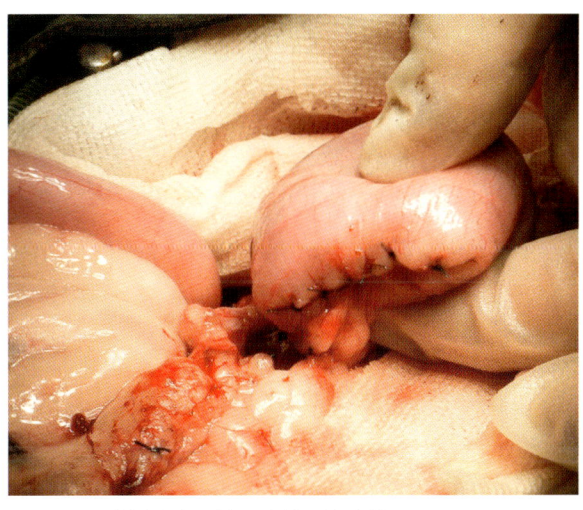

図 6-125（症例 2） 結腸盲端の縫合終了。

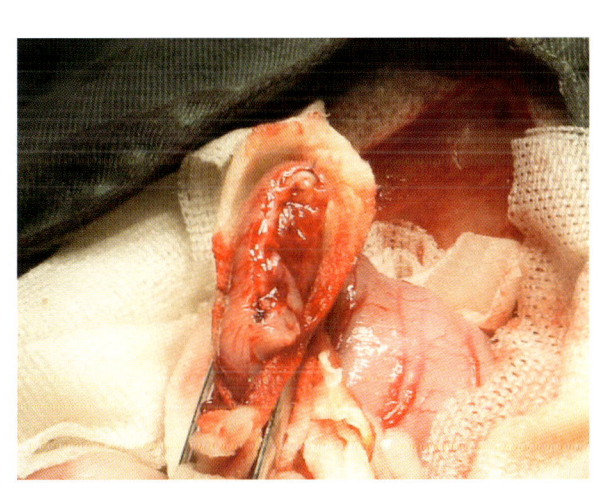

図 6-123（症例 2） 1 層目の縫合終了。

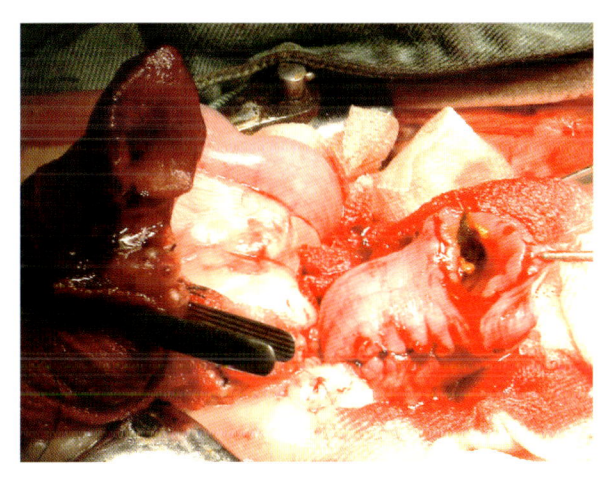

図 6-126（症例 2） 盲端部位に穴を開け，回腸断端と端側吻合。

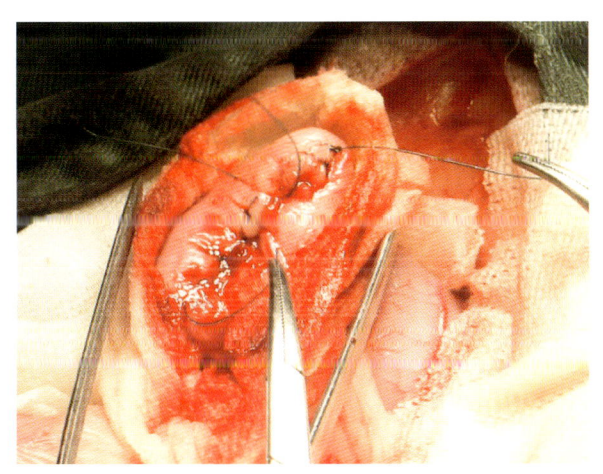

図 6-124（症例 2） 2 層目はレンベルト縫合。

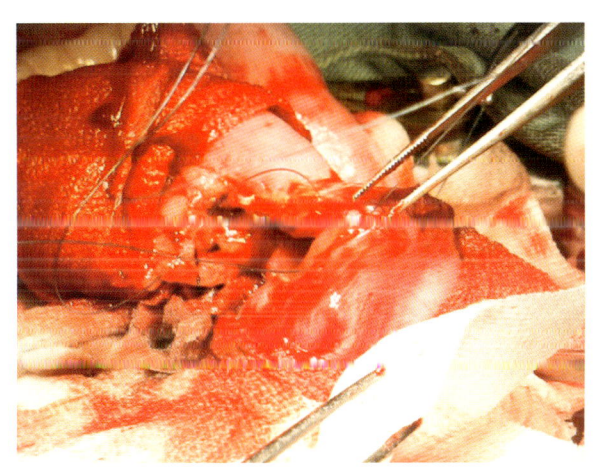

図 6-127（症例 2） 1 層目は全層の連続縫合。

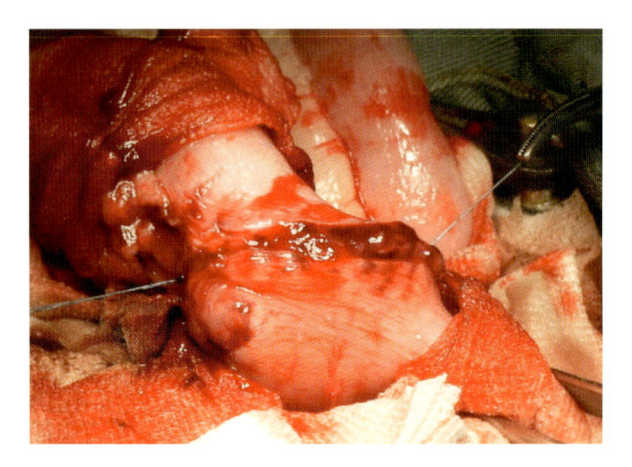

図 6-128（症例 2） 2 層目はレンベルト縫合にて終了。

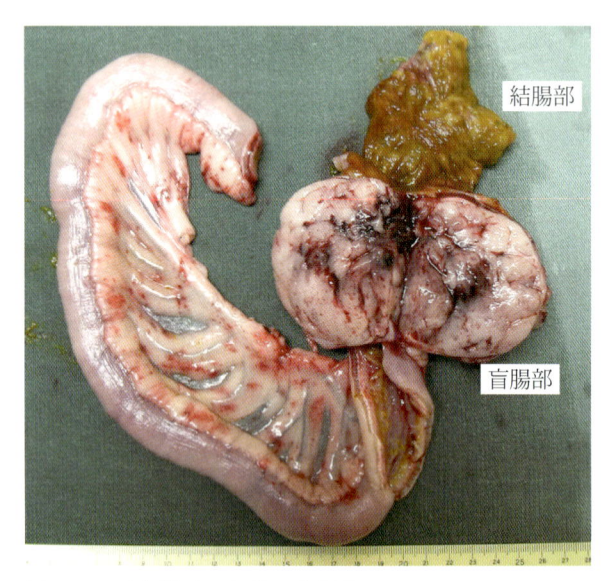

図 6-129（症例 2） 切除した部位。

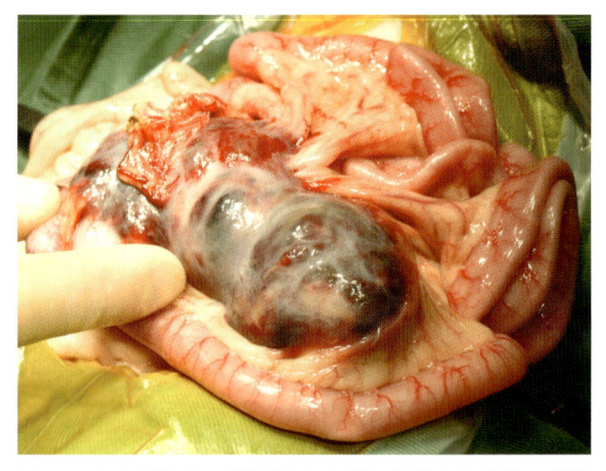

図 6-130（症例 3） 腸間膜中心部に位置する腫瘍。腸間膜動静脈を巻き込み，摘出困難であった。

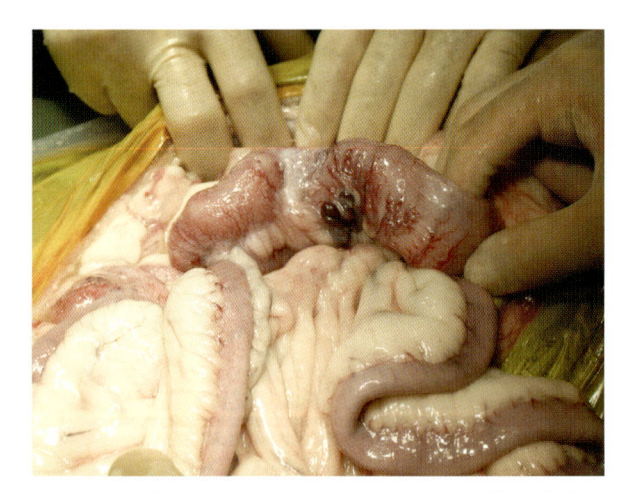

図 6-131（症例 4） 腫大した腸間膜リンパ節が膵臓と十二指腸を巻き込み，摘出困難であった。

浸潤は認められなかった。

外科的切除困難例

外科的切除が困難であった消化管腫瘍の 2 症例を参考のため紹介しておく。

症例 3
アメリカン・ショートヘアー，15 歳，雄。腸間膜由来と思われる血管肉腫であった。血管肉腫は腸間膜動静脈を巻き込み，十二指腸，膵臓とも強固に癒着しており，摘出困難であった（図 6-130）。

症例 4
秋田犬，10 歳，雌。消化器型リンパ腫。腸間膜リンパ節は重度に腫大し，空腸の腫瘍は腸間膜リンパ節および十二指腸，膵臓を巻き込み摘出困難と判断された（図 6-131）。

手術の Key Point

- 吻合においては腸管の機械的強度となる粘膜下層に必ず針を貫通させることが重要である。可能な限り粘膜下層を並置させる縫合が望ましい。
- 縫合部位の裂開は術後 3 〜 5 日に最も起こりやすい。
- 切除マージンの決定においては，腸管への血行，テンション，短腸症候群に注意する。
- 可能であれば，大網で被覆し，縫合部の裂開を防ぐ。

4）肝　臓

－できることなら腫瘍の実質にUSAを使用することは避けよう！－
肝葉を切除するときは血管の根幹を狙え！

　犬や猫の肝臓における腫瘍は，主に血液検査による肝酵素の上昇や超音波の画像診断で発見されることが多い。肝臓腫瘍の外科適応としては，肺とよく似ており局在性で一葉に数個または数個の葉に限局して存在している場合である。

　また，数個の腫瘍が局在していてもその腫瘍細胞が低分化型であるか高分化型であるかによっても適応なのかどうか迷うことがある。例えば数個の腫瘍が局在的に存在しても低分化型で極めて悪性度の強い場合は，むしろ他の療法を選択することがある。

　肝臓腫瘍は葉（単葉または左右の葉）が腫瘍の増殖により巨大化し，腹腔内の1/2を占めることもある。その際には超音波画像およびCT検査を活用してその腫瘍の構造を把握することが重要である。発生部位，血管走行，胆嚢との関連性，門脈，後大静脈・腹大動脈，周囲組織との癒着などを精査する。決して巨大な腫瘍にメス〔SonoSurgシザースや超音波吸引装置（USA），図6-132〕を入れてはいけない。視野が狭い時は傍肋骨切開を行うことで目視が可能となる。手術の基本は巨大な腫瘍は無視して基始部の血管周囲組織をUSAで破砕してバイクランプやSonoSurgシザースで凝固切開を行うことに集中すべきである。

外科手技

　犬の肝臓は外・内側左葉，方形葉，外・内側右葉および尾状葉（尾状突起・乳頭突起）と6葉に区分されている。手術台の頭部を上げて肝臓をなるべく尾側に下垂させ，手のひらを用いて肝臓の全体を横隔膜から尾側側に数回程度牽引すると肝臓が見えやすくなる。腫瘍に罹患した肝葉が癒着あるいは巨大になっているときは，最後肋骨に沿って傍切開を行い視野の拡大を図るとよい。次いで肝臓を横隔膜の方向へ反転すると各葉に入り込んでいる血管および胆管が確認される。門脈には胃，腸，膵臓，および脾臓から血液が流入している。肝臓は主に体の栄養を司る臓器であるため門脈，肝前大静脈および総肝動脈の大きな血管が走行している（図6-133〜図6-136）。

　手術前にはエコー検査，CT検査などの画像から腫瘍の局在性，血管の走行性および腫瘍との位置関係などより多くの情報を得ることが重要である。肝臓の実質は極めて脆弱であることから，慎重に取り扱うことが大切である。特に腫瘍にはなるべく触らず周囲組織から処理していくことがポイントである。腫瘍に罹患している肝葉の血管走行あるいは腫瘍との癒着などを丁寧に検索して全葉あるいは部分的に切除すべきかを決める。

肝葉の全摘出手術

　肝臓の各葉は，薄い間膜でつながっていることから，まず摘出したい肝葉を遊離するため，癒着している体網などを主要な隣接臓器（例：膵臓）に注意しながら剥離して凝固切開を進める。次いで間膜などを電気メスで注意深く切開して目的の肝葉をなるべくフリーにする。仮に肝臓の葉を摘出する場合は，肝臓をやや反転して肝前大静脈，総肝動脈，固有肝動脈，門脈などの血管走行を把握する。摘出したい肝葉の分岐している血管基部を確認してから，余分な肝細胞を除去するため電気メスで切開線を描きながら，血管周囲の肝細胞をUSAで破砕して十分な結紮部位を確保する。体内に残す血管は，結紮あるいはバイクランプで処理した後にSonoSurgシザースで切断する。摘出部の血管はモスキート鉗子やクリップなどでクランプするだけでよい。特に右葉の場合は，後大静脈および門脈の根幹に肝臓が覆っている場合があるため，SonoSurgシザースを用いて血管の枝を確実に露出してから処理する必要がある（図6-137〜図6-149）。

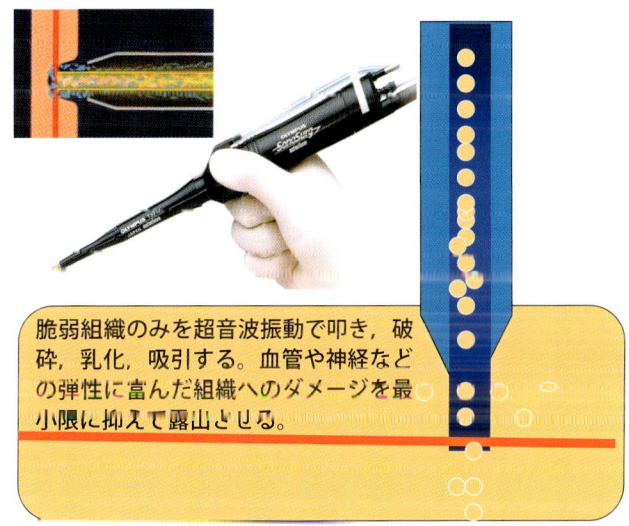

脆弱組織のみを超音波振動で叩き，破砕，乳化，吸引する。血管や神経などの弾性に富んだ組織へのダメージを最小限に抑えて露出させる。

図6-132　超音波吸引装置（USA）

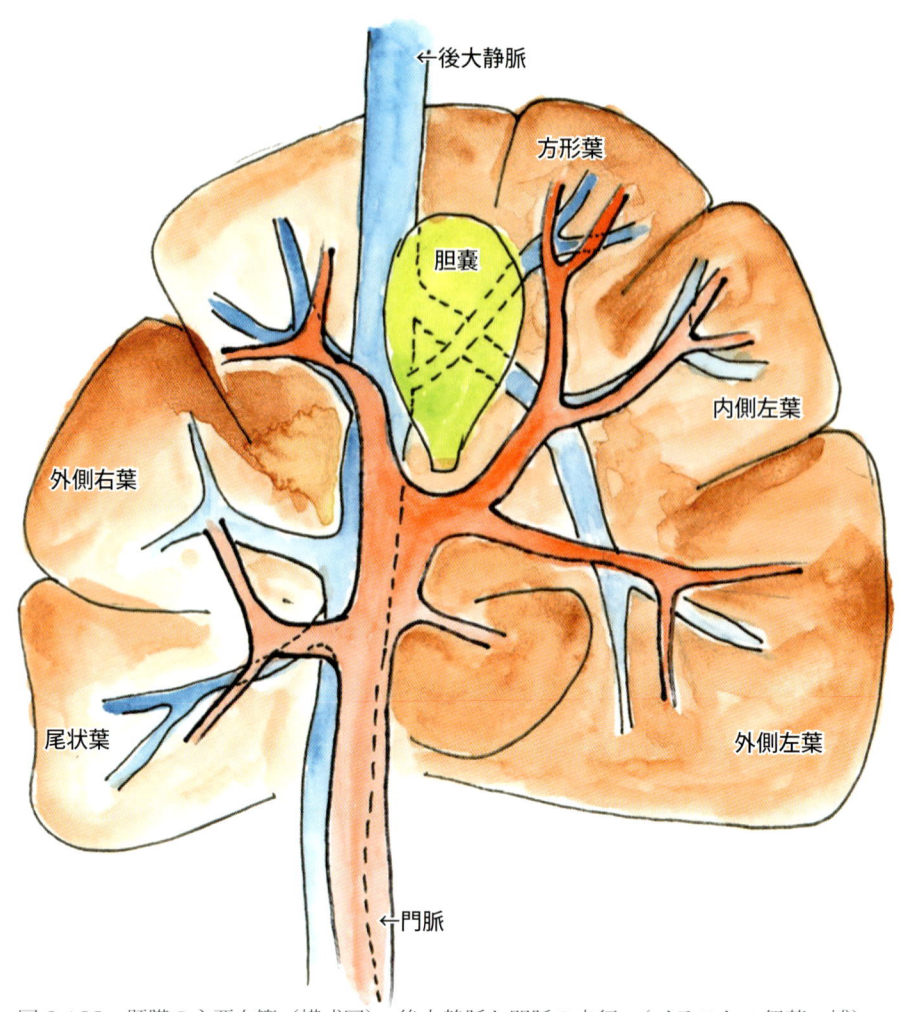

図6-133　肝臓の主要血管（模式図）。後大静脈と門脈の走行。（イラスト：伊藤　博）

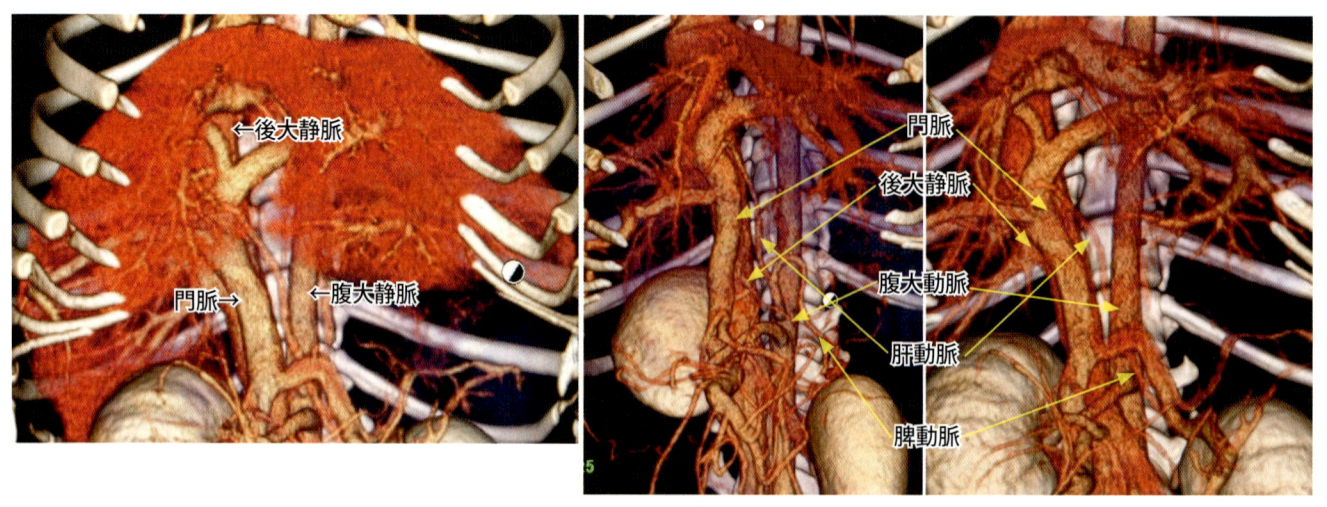

図6-134　肝臓の後大静脈と門脈の血管走行（CT像）。

消化器系

肝葉の部分摘出手術

筆者らは肝葉の1/3に限局している腫瘍（マージン含み）は部分的に摘出している。術前に肝臓のエコー検査あるいはCT検査で腫瘍を確認し，さらに開腹して肝全体を目視してから決定する。

肝臓表面の被膜は膠原線維が含まれているためUSAでは破砕されないことから，腫瘍のマージンを考慮して電気メスにより被膜を切開（切開線を描く）してから用いる。次いで切開線上をUSAを用いて血管走行に向かってハンドピースの先端（チップ）を"なぞるように"して細胞を破砕していくが，剥離した索状物を先端で引っかけて切らないようにする。次いで破砕した細胞の間隙にチップを垂直に刺し込んで組織を"つつきながら掘るように"にさらに深く破砕してからSonoSurgシザースを用いて凝固切開

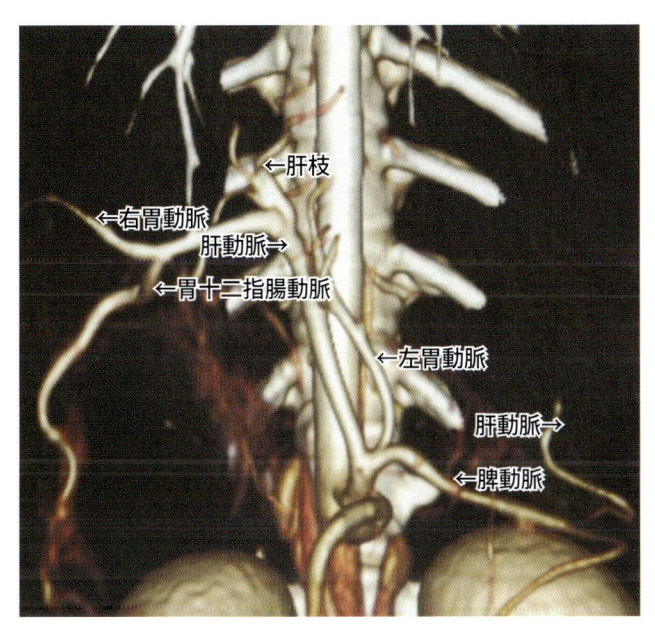

図6-135　肝臓の動脈岐部（肝門部）（CT像）。

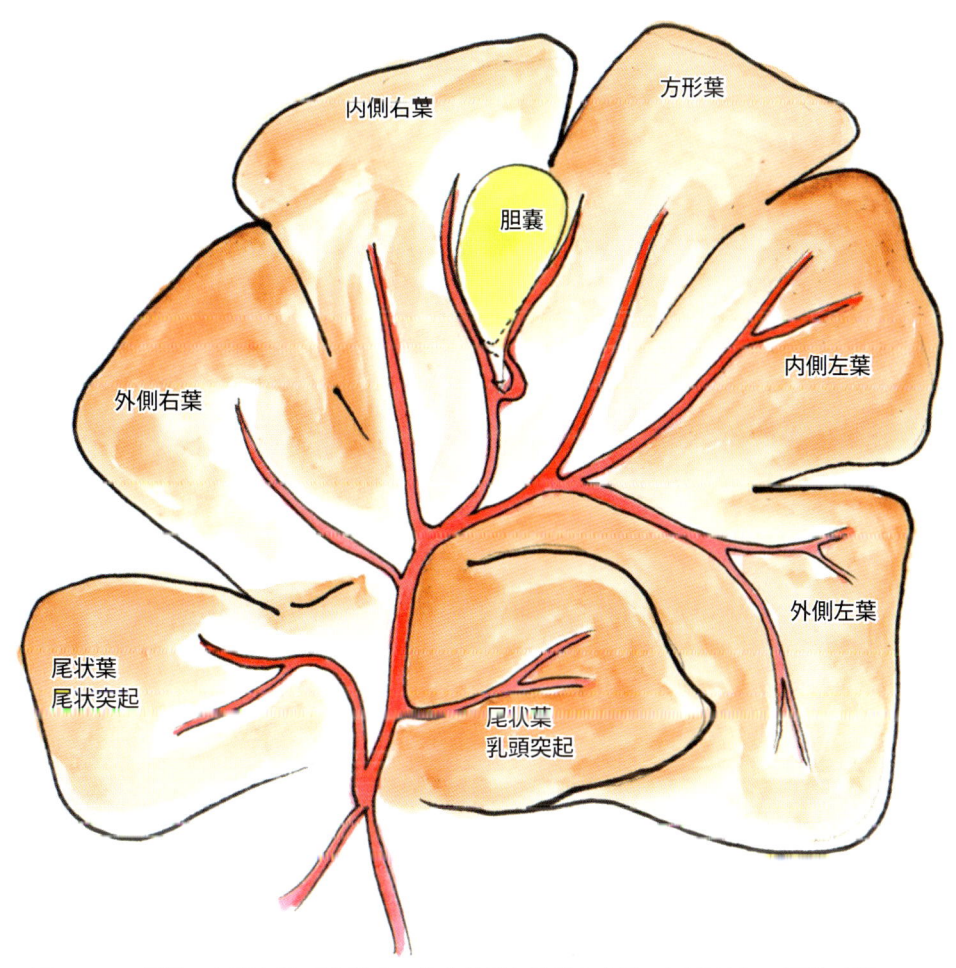

図6-136　肝臓の主要血管（模式図）。後大静脈と門脈の走行。（イラスト：伊藤　博）

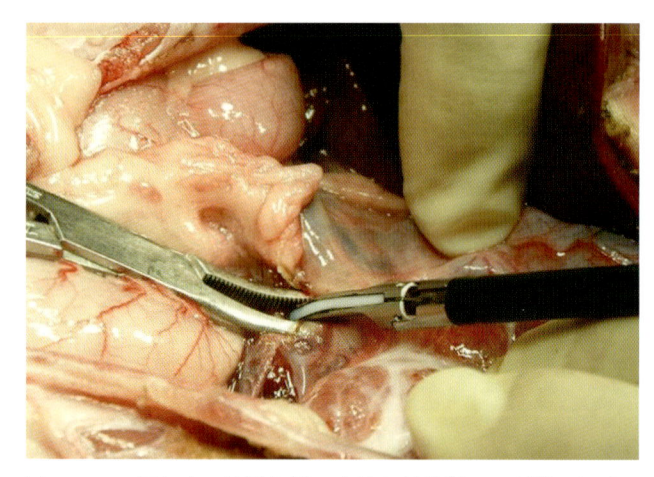

図 6-137　胃と内・外側左葉の癒着を剥離鉗子で剥離しながら凝固切開を行っている（猫，13 歳，乳癌の肝臓への転移）。

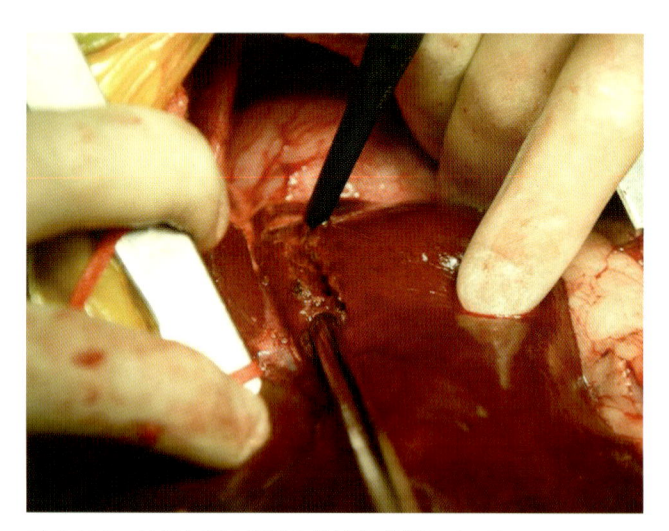

図 6-138　外側左葉の門脈の分枝を剥離している。

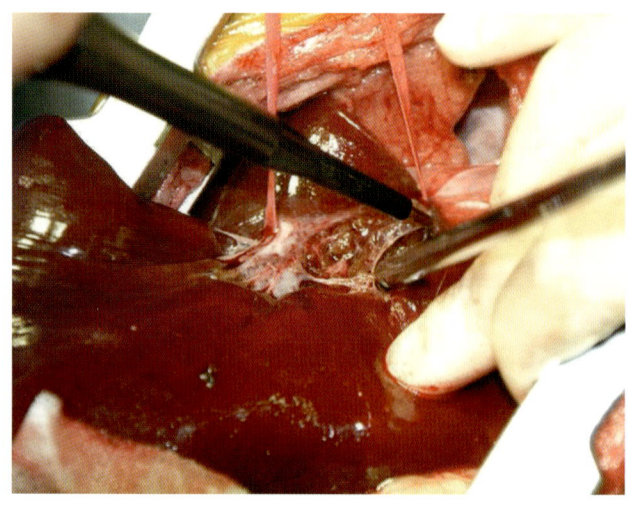

図 6-139　門脈の分岐部を結紮するため USA で剥離している。

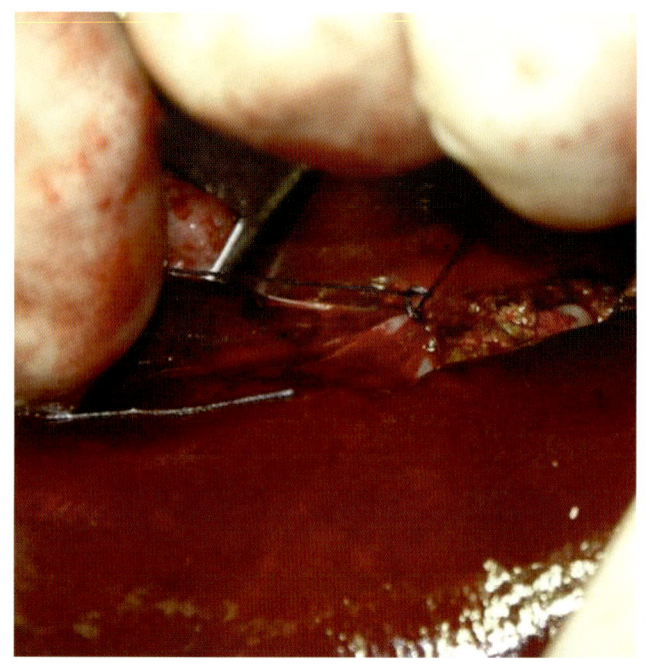

図 6-140　SonoSurg シザースで索状部を凝固切開後に門脈の分岐部を結紮している。

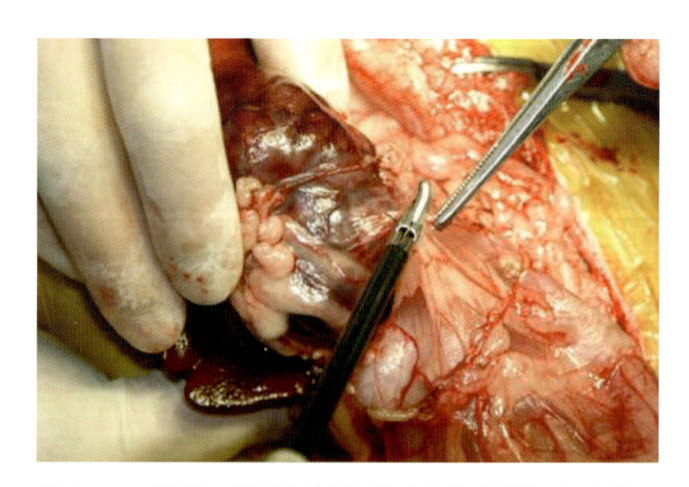

図 6-141　肝臓の腫瘍周囲組織（癒着大網）を丁寧に SonoSurg シザースを用いて凝固切開をしながら剥離していく。

を加えていく。肝臓細胞には細い血管が密集しているため少量の出血が見られるが，根気よく操作を繰り返していくことが大切である。ポイントとしては左手を背側に挿入して罹患部の肝葉を押し上げるようにして組織にテンションを加えるとよい。ただし，背側部の左手にチップの先端が当たらないように注意する（図 6-150，6-151）。

消化器系

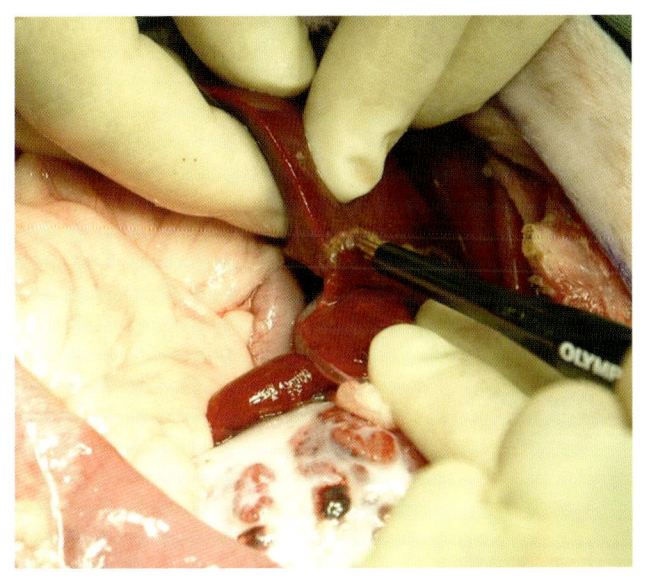

図 6-142　電気メスで内側右葉（胆嚢含む）の一部に切開線を加え，USA で肝細胞を破砕している。

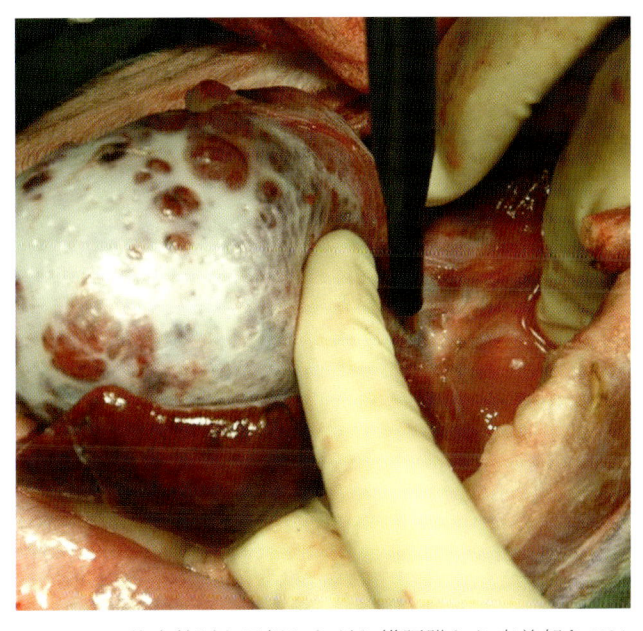

図 6-144　後大静脈を目視しながら横隔膜から癒着部を USA で剥離している。

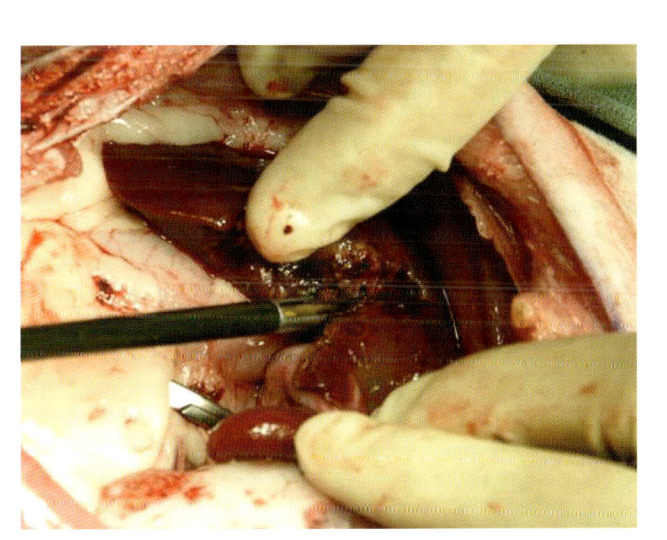

図 6-143　外側右葉を後大静脈と門脈に注意しながらSonoSurg シザースで凝固切開を行っている。

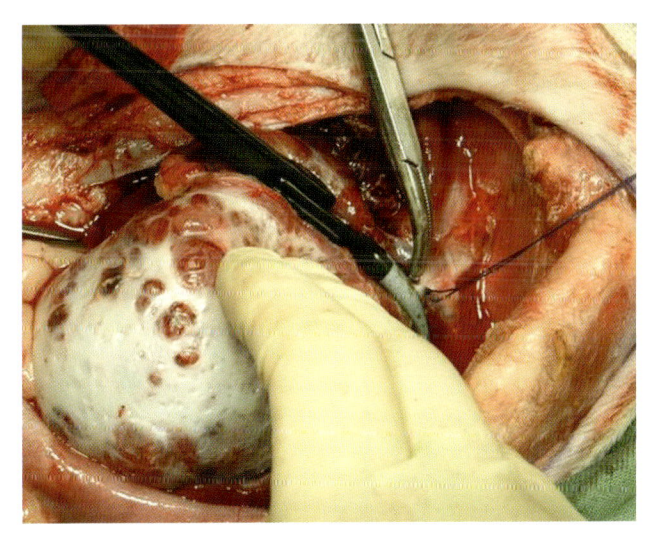

図 6-145　横隔膜からバイクランプで肝臓に走行している新生血管を切離している。

手術の Key Point
- CT 検査の画像から手術のアプローチを決定する。
- 門脈の走行性を目視し，肝静脈・動脈を確認する。
- 肝臓が脆弱のときは，保定に注意する。
- 巨大肝臓癌に対する USA の使用は避ける（血管の根幹を探る）。
- SonoSurg シザースで肝細胞を破砕して血管の結紮部位を広く確保する。
- 摘出する血管は予めブルドック鉗子あるいはモスキート鉗子などを用いて駆血し，SonoSurg シザースで肝細胞を破砕して結紮部位を広く確保してもよい。

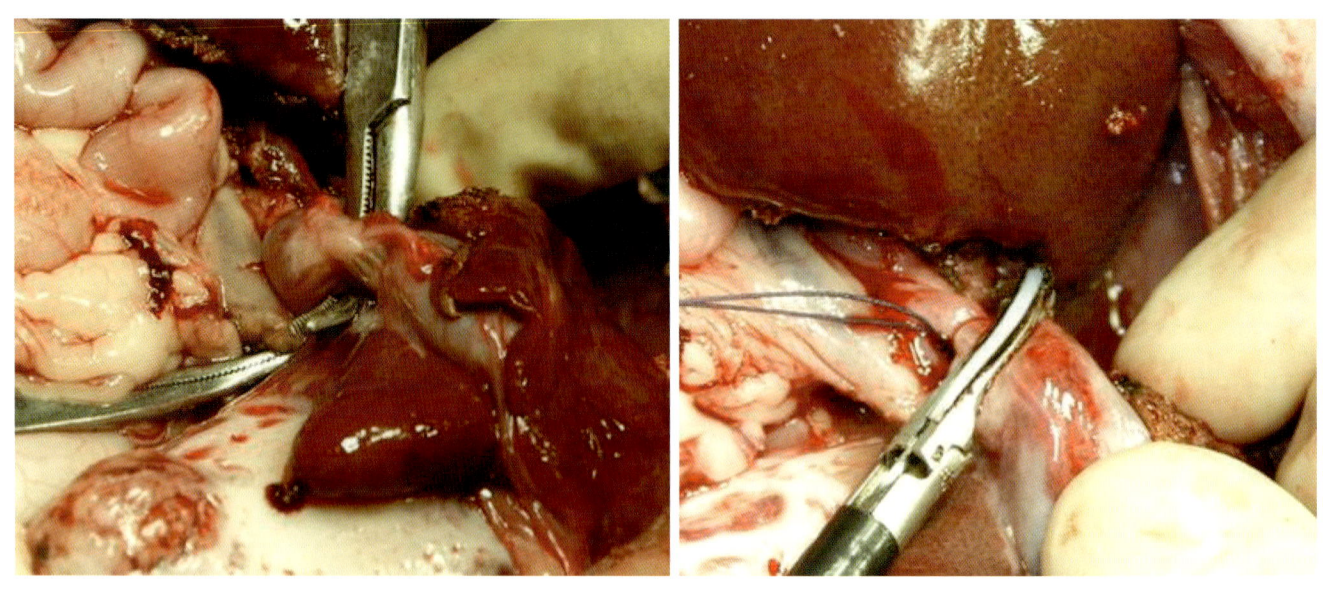

図6-146　方形葉と一部の内側右葉を切離して胆嚢を処理している。

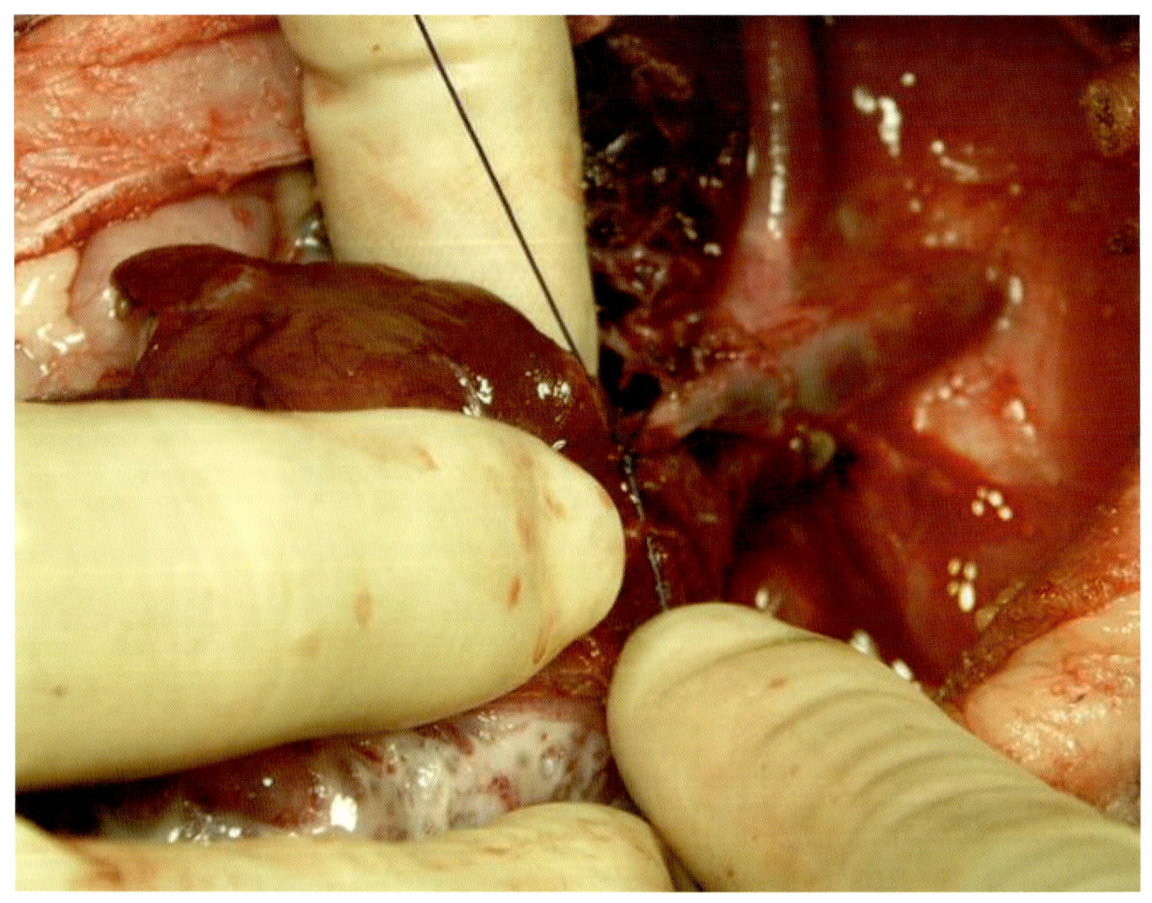

図6-147　肝後大静脈から分岐している方形葉および肝左葉の血管の処理を行っている。

消化器系

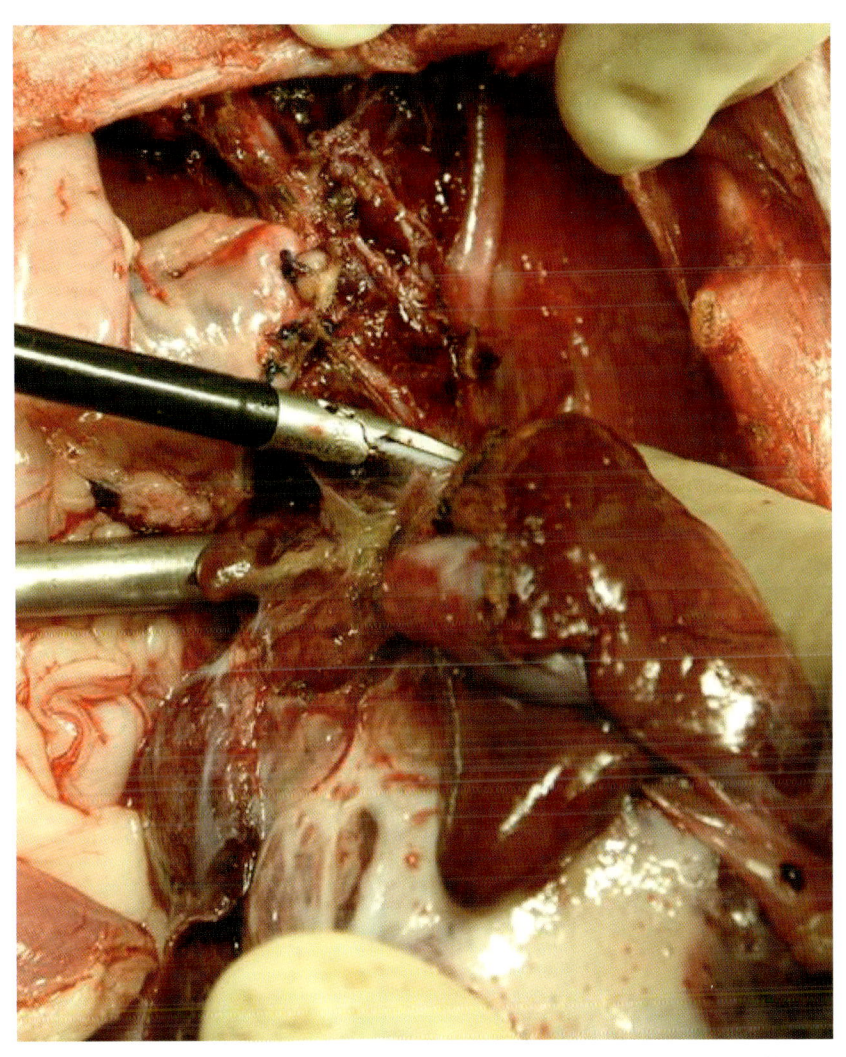

図6-148 内・外側右葉の門脈を破綻しないように慎重にUSAを用いて血管を露出しながらSonoSurgシザースで凝固切開を進めていく。

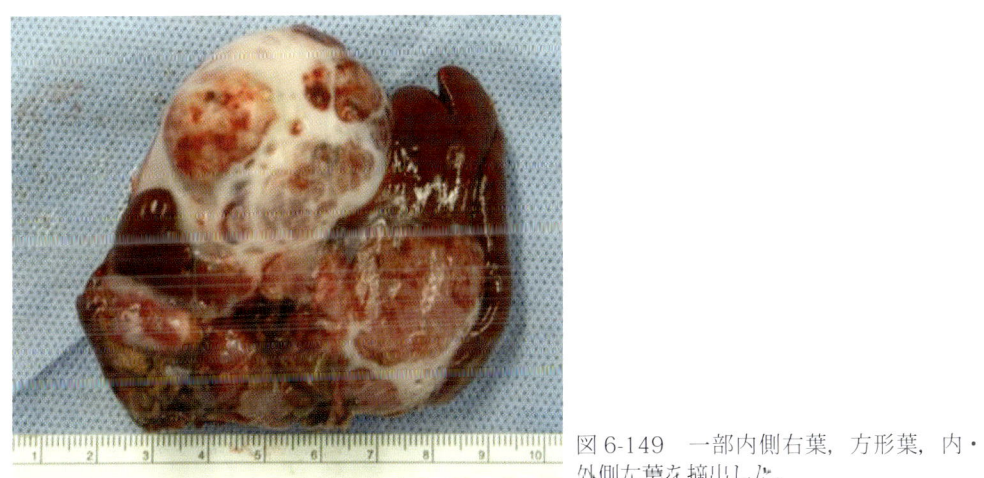

図6-149 一部内側右葉，方形葉，内・外側左葉を摘出した。

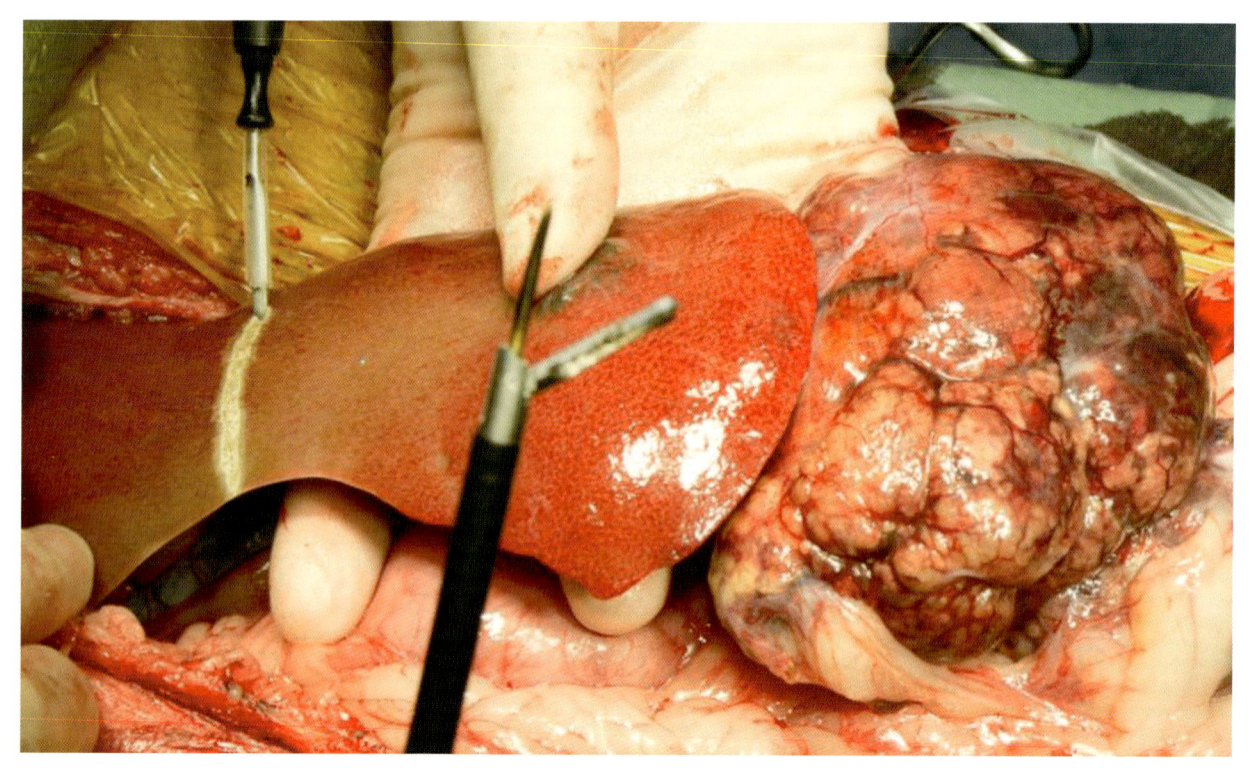

図6-150　電気メスで被膜を切開し，切除ラインを作製して肝臓の1/3を部分摘出する。

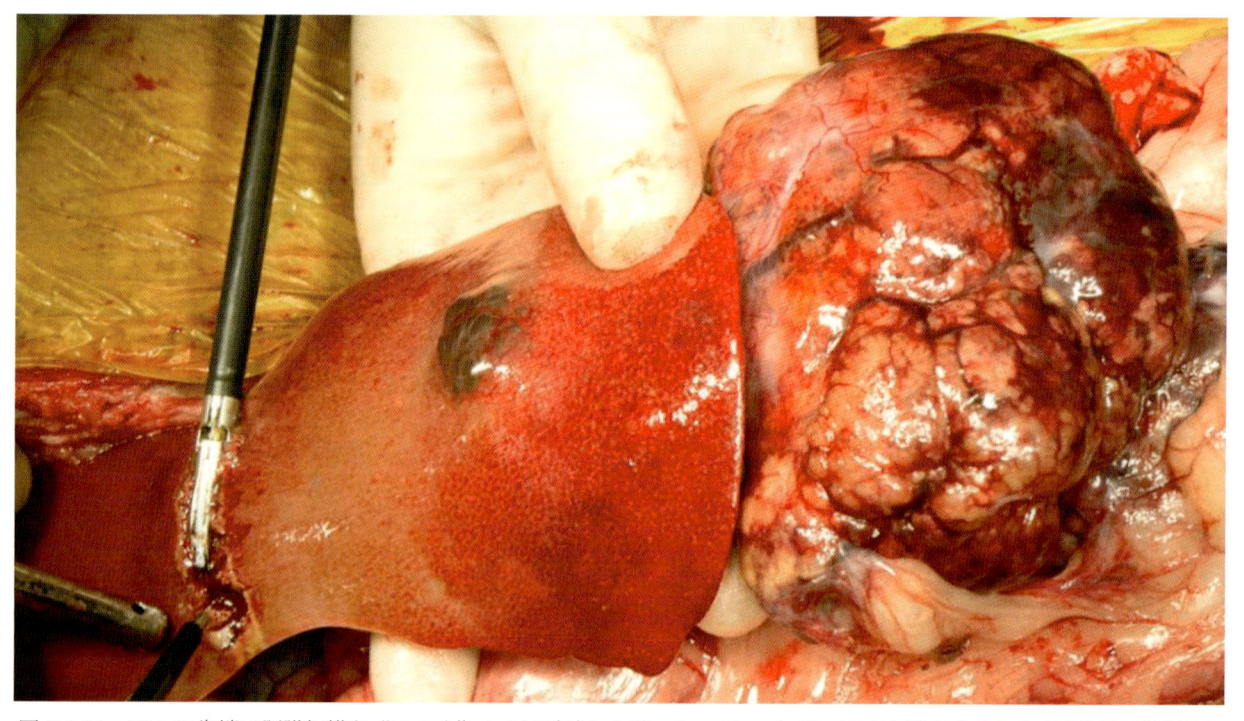

図6-151　USAの先端で肝臓組織を"つつく"ように破砕した後，SonoSurgシザースで血管を止血しながら凝固離断する。

5）胆　囊

－軽度な胆嚢炎は漿膜下に生理食塩水で圧をかけながら剥離する－
癒着が激しいときは肝臓毎切除

患者を手術台に仰臥に固定しやや尾側を下方に傾ける。剣状突起を目安にして後方まで正中切開する。肝臓の動きを確認しながら大網，腸管，腸あるいは胃などの周囲臓器との癒着を精査する。炎症が強く腹腔内臓器への操作が困難なときは，視野を拡大するため右側傍肋骨切開を行う。

周囲臓器との癒着が認められない場合は，肝臓を頭側に反転して胆嚢および総胆管の走行を確認する。胆嚢切除法は，執刀医により様々な方法で行われている。まず小さく切ったガーゼで胆嚢壁を覆いその部分をアリス鉗子で把持する。支持糸を掛ける場合もあるが，針の穿孔部から胆汁が漏れることもあるためなるべく把持鉗子を用いるとよい。

次いで総胆管の分岐部を確認して，約 2mm 程度の部位を USA で左右の肝細胞を破砕し，剥離鉗子を用いて胆嚢動脈とともにトンネリングしてマキソンあるいはナイロン糸を通しターニケットを作製して軽く締めておく（胆嚢剥離時の出血防止）。胆嚢炎が軽度なものあるいは胆嚢内の泥状液が少量である場合は，USA を用いず胆嚢を把持鉗子で尾側に牽引しながらメッツェンバウム鋏あるいは剥離鉗子で肝臓と胆嚢漿膜面を慎重に剥離していく（図 6-152）。

肝臓と胆嚢漿膜下に 27 〜 25G の針で生理食塩水を注入して膨化させながらメッツェンバウム鋏で目的の部位まで鈍性に剥離し，側面の細い血管は SonoSurg シザースで処理をする。次いで胆嚢のやや底部に 2 か所支持糸をかけてその中央部を切開して胆汁をサクションで吸引する。5 〜 10ml のディスポシリンジに 5 〜 8F（総胆管のサイズに合わせて選択する）の栄養管チューブを装着して切開部位から十二指腸の胆管開口部まで挿入する。総胆管は蛇行しているため栄養管チューブが右側の肝葉に入らないようにその分枝を指で閉じるようにしながら調整して開口部まで進めるとよい。

総胆管内を生理食塩水を注入しながら洗浄して閉塞を解除する。十二指腸開口部の狭窄が考えられた場合は，十二指腸の開口部付近を切開して予め挿入していたチューブを

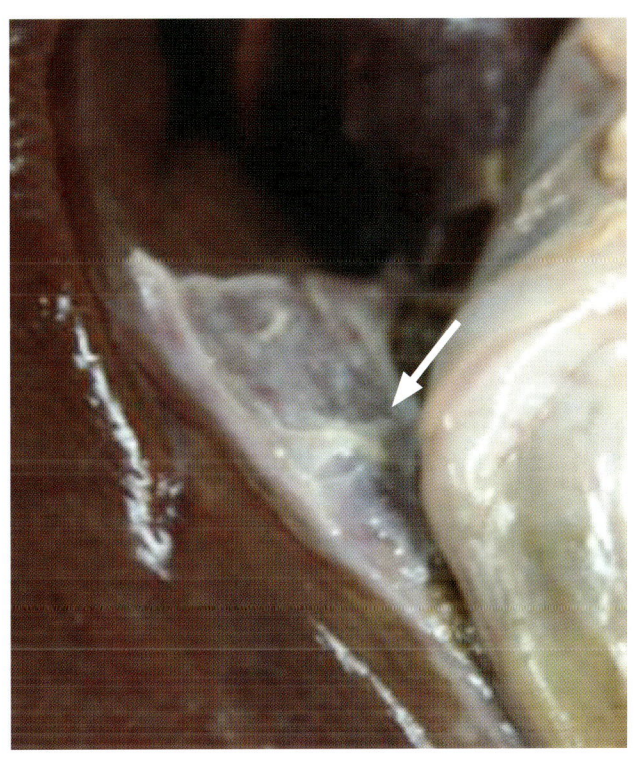

図 6-152　胆嚢を肝臓から剥離している（矢印）。

十二指腸の粘膜面に数か所と十二指腸開口部近位の総胆管の漿膜から数か所結紮して固定する。胆嚢が破裂あるいは癒着している場合は，無理に肝臓から胆嚢を剥離しようとすると肝臓の壊死を引き起こすこともあるため，胆嚢底部の総胆管部の肝臓に電気メスで切開線を描き SonoSurg シザースあるいは USA を用いて肝臓を含めて切除する。

軽度な癒着の場合は，USA を用いて胆嚢の漿膜面にブレードを当てながら"肝細胞をつつく"ように細胞を破砕し，肝臓の血管を含めた索状物を SonoSurg シザースで凝固切開しながら剥離を進めていく。栄養管で胆嚢管を洗浄し，十二指腸開口部からの排出を確認後，ターニケット部位の総胆管を結紮後，SonoSurg シザースで凝固切開する。

✤ 手術の Key Point
- 胆嚢漿膜下に生理食塩水で圧をかけながら剥離鉗子あるいはメッツェンバウム鋏を用いて慎重に胆嚢を剥離することができる。
- 胆嚢剥離が困難であるときは，SonoSurg シザースを用いて肝臓を含め摘出する。
- 栄養管チューブを用いて十二指腸における胆管開口部の狭窄を確認しておく。

・総胆管における分岐部の切離部位を確認する。

6）直　腸

　直腸腫瘍はポリープ状の良性腫瘍および粘膜下織に浸潤している悪性腫瘍に大別される。臨床的には排便時のしぶりや肛門からの出血がみられるので，飼い主が気づきやすいため日常的にはよく遭遇する疾患である。直腸検査により肛門から腫瘍の距離が数cmと短い場合は診断しやすいが，深部に波及していることもあるので内視鏡で腫瘍の状態を確認する必要がある。予め術式を考慮するために術前にFNAあるいは内視鏡で病変部を採取して良性か悪性かを必ず診断する。また，触診可能な場合は，腫瘤と筋層の癒着度合を確認することが重要である。直腸粘膜上の腫瘤が，遊離性に乏しく固着している場合は，悪性腫瘍の可能性が高いと推察される。このことから，直腸腫瘍の診断は，腫瘤の状態とFNAの病理診断と併せて決定することが重要である。直腸における腫瘍の手術手技は，内視鏡下による電気メスあるいは直腸粘膜の病巣を牽引して直接目視しながら病変部を摘出する方法と直腸引き抜き術がある。直腸引き抜き術には，直腸を引き抜く方法，平滑筋層を含めた全層を引き出す方法および粘膜のみを引き抜く方法がある。筆者らは直腸腺腫の場合は，主に粘膜のみを引き抜く方法を用い，腺癌や形質細胞腫などは全層を引き抜く方法を行っている。

外科手技

目視可による直腸腫瘍の摘出

　手術の前日に浣腸を行い直腸内の便を予め排除しておく。術前に直腸内の内容物を排除し，クロルヘキシジンで数回洗浄消毒を行う。患者を伏臥に保定し頭部を下げて尾を挙上固定後，肛門周囲をドレーピングする。肛門から腫瘍が近い場合は，腫瘍を確認後に数か所に支持糸を掛けるかアリス鉗子を用いて，直腸脱のように肛門側に牽引してくる（約7cm）。直腸が戻らないように支持糸を再び肛門に掛けてから，腫瘍の基部に28Gの針を装着した5mlのディスポシリンジで粘膜下織を押し上げるように生理食塩水や止血ジェルを注入する。腫瘍の周囲をレーザーメスで病変部を目視しながら切開除去する。範囲が広い場合は，吸収性縫合糸（マキソン）で粘膜を単純結紮する（図6-153）。

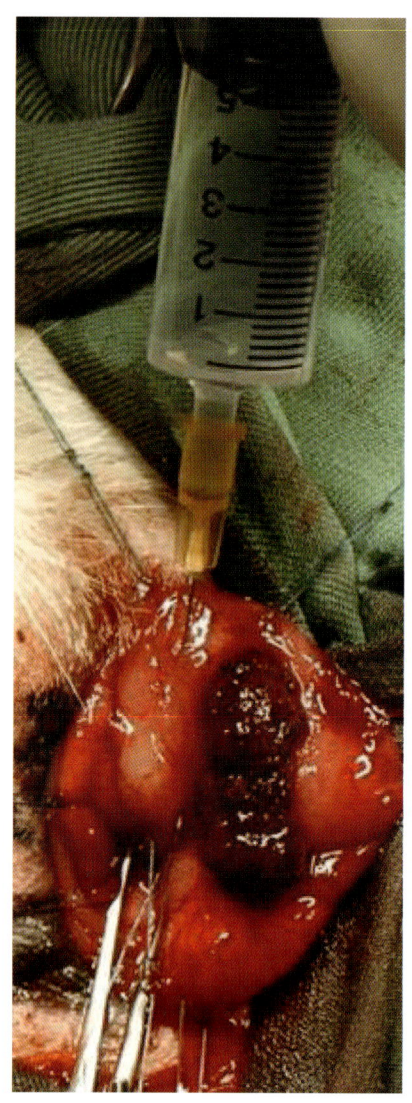

図6-153　直腸粘膜に支持糸を掛けて牽引し，腫瘍の基部と周囲に生理食塩水を注入して圧をかけている。

　内視鏡下でスネークワイヤー用の電気メスを用いて除去する場合は，内視鏡装置の針から生理食塩水を腫瘍の基部に注入してループを掛けて焼き切る場合とループをギロチン状にして粘膜損傷を軽度にするため軽く挙上しながら摘出する方法がある。筆者はループをギロチンのように閉めないで腫瘍の基部から直腸粘膜をなぞるように摘出している（図6-154〜図6-158）。

　しかしながら，良性腫瘍と診断され，他の病院で数回摘出しても再発を繰り返したのでプルスルー法により完治した症例もある。このことから病理診断に捉われずに臨床的な病変の状態を把握して手術手技を決定することも重要で

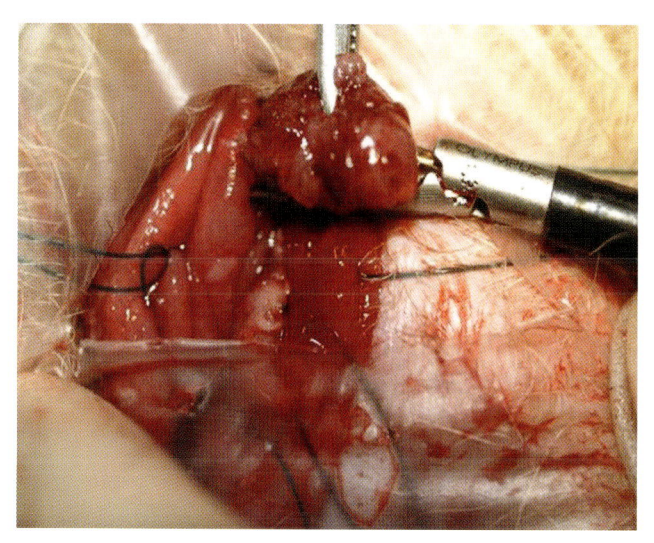

図6-154　直腸腫瘍をSonoSurgシザースで凝固切開している。

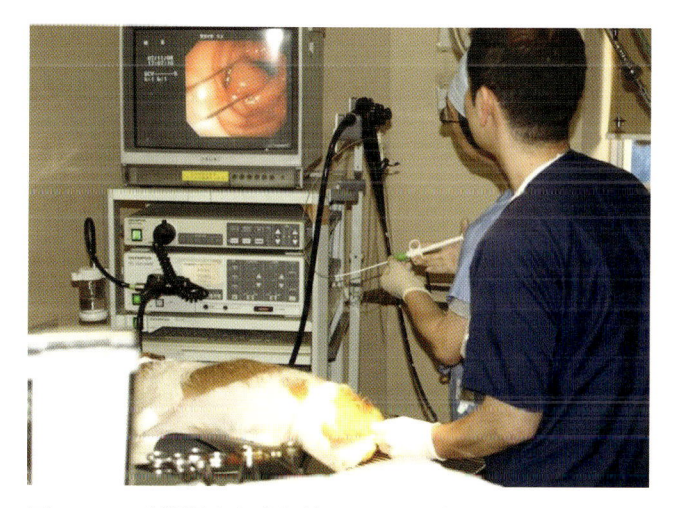

図6-155　直腸腫瘍を内視鏡を用いて電気メスで摘出している。

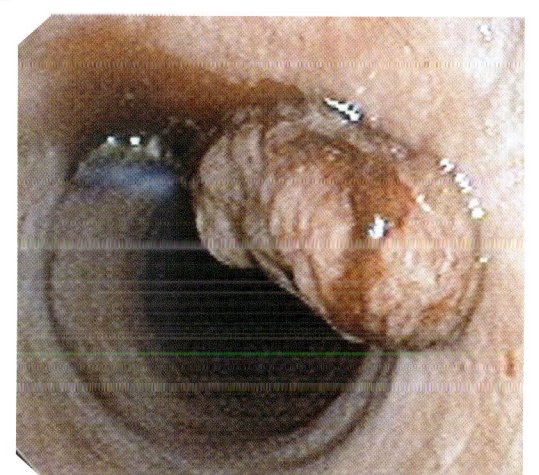

図6-156　内視鏡で直腸内の腫瘍を確認する（直腸腺腫）。

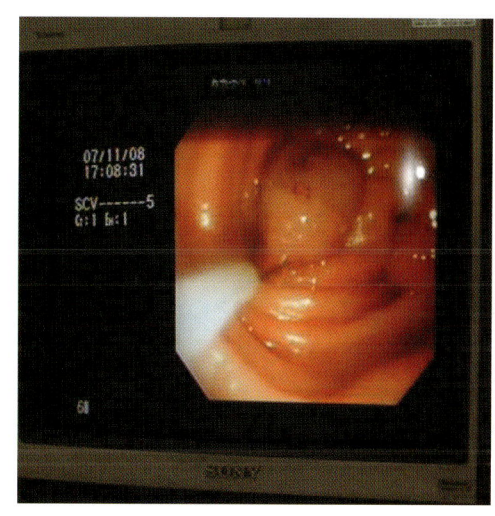

図6-157　直腸腫瘍に電気メスのワイヤーを掛けている。操作に慣れないと時間がかかり思うように摘出ができない。

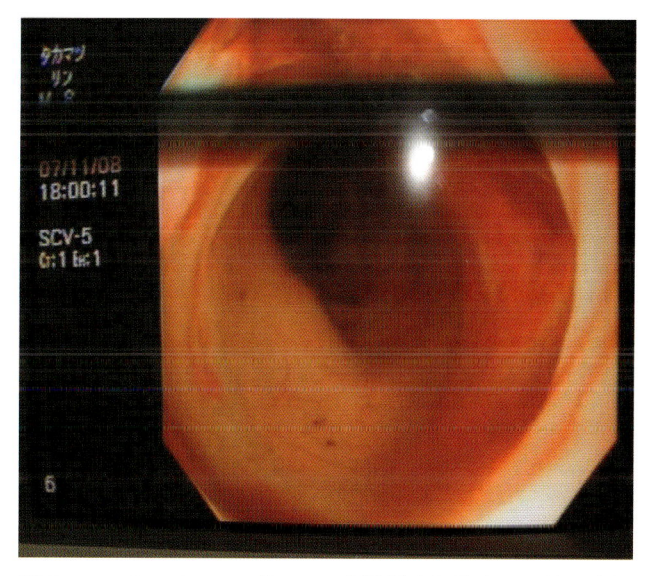

図6-158　SonoSurgシザースで直腸腫瘍を摘出した後を内視鏡で確認している。

ある。

直腸引き抜き術

　直腸癌，腺腫（炎症性ポリープ）および形質細胞腫は，直腸引き抜き術を行い，確実に腫瘍病巣を摘出しなければならない。直腸引き抜き術には筋層も含めた"直腸全層"を引き抜く"直腸全層引き抜き術"と粘膜のみを引き抜く"直腸粘膜引き抜き術"の方法がある（図6-159）。

154　第6章　手術手技の実際

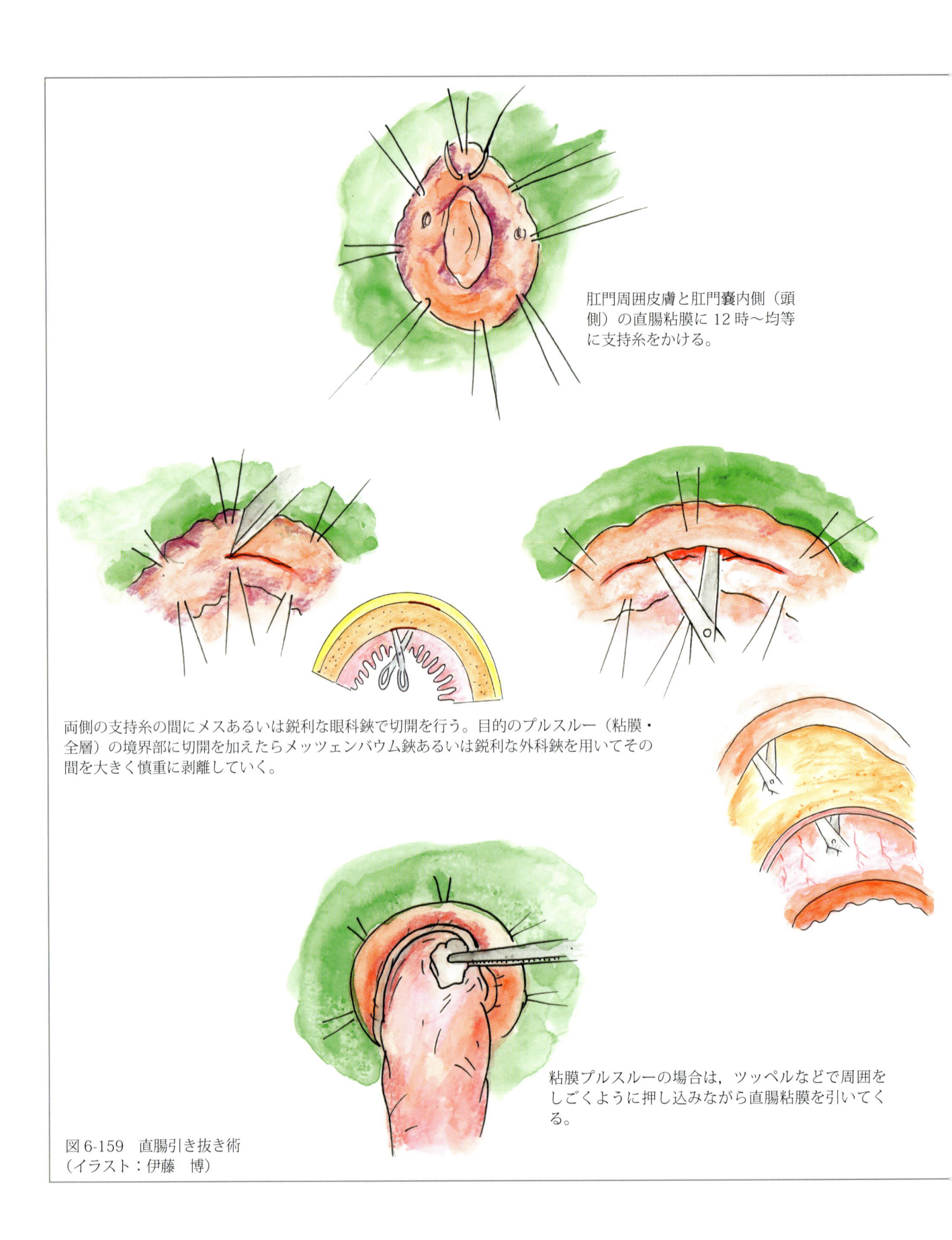

肛門周囲皮膚と肛門嚢内側（頭側）の直腸粘膜に12時〜均等に支持糸をかける。

両側の支持糸の間にメスあるいは鋭利な眼科鋏で切開を行う。目的のプルスルー（粘膜・全層）の境界部に切開を加えたらメッツェンバウム鋏あるいは鋭利な外科鋏を用いてその間を大きく慎重に剥離していく。

粘膜プルスルーの場合は，ツッペルなどで周囲をしごくように押し込みながら直腸粘膜を引いてくる。

図6-159　直腸引き抜き術
（イラスト：伊藤　博）

消化器系

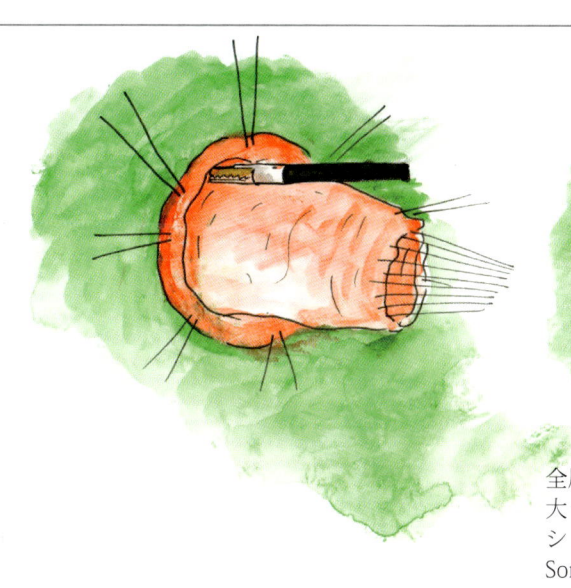

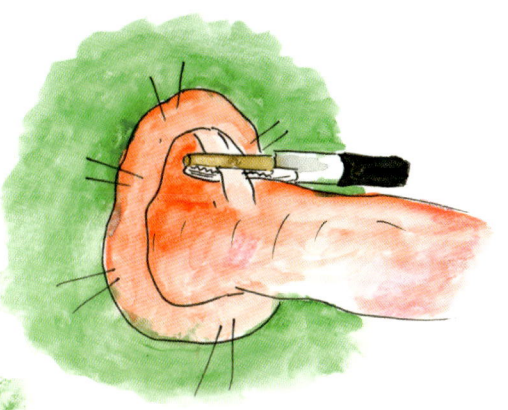

全層プルスルーの場合は，メッツェンバウム鋏あるいは鋭利な外科鋏で大きく広げるように剥離を繰り返していく。出血した場合はSonoSurgシザース，電気メス，バイポーラなどを用いながら止血を行う。SonoSurgシザースを用いるときはブレードを漿膜側に付けてはならない。

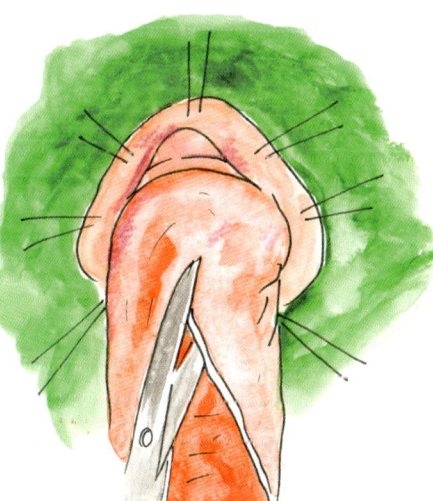

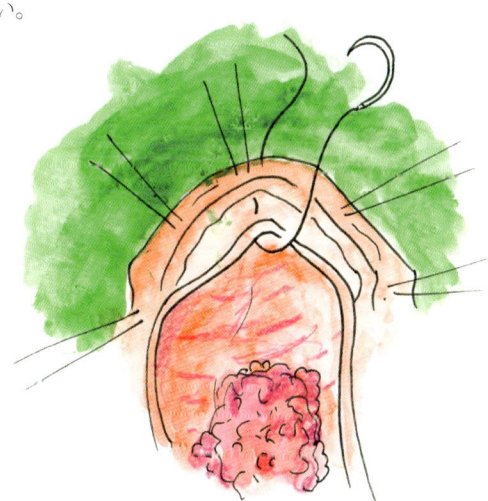

触診や目視により腫瘍が確認されたら，引き出した直腸の背側正中を鋏で切開していく。腫瘍が目視されたらなるべく正常な粘膜まで引き抜く。次いで肛門周囲皮膚と正常な粘膜を12時に結紮してから半側を切開して6時に結紮を行う。さらに残りの粘膜あるいは筋層を同様に縫合する。

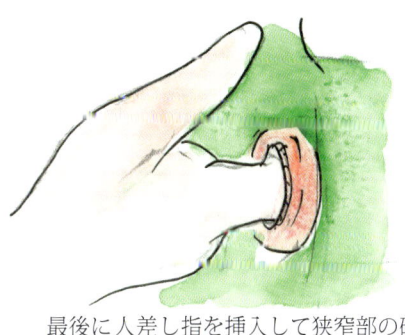

最後に人差し指を挿入して狭窄部の確認を行う。粘膜プルスルーの場合は，筋層がリング状に集まり厚くなっているので指で元に押し戻す操作を数回行う。

直腸全層引き抜き術

肛門を広げると両側の肛門嚢開口部の頭側にやや直腸粘膜の色調が異なる（やや薄いピンク色）肛門管（数cm）が目視される。肛門管の尾側に0時，2時，4時，6時，8時，10時の6か所の粘膜に支持糸を掛ける（縫合点，図6-160）。次いで頭側の直腸粘膜にも同様に支持糸を掛けてその間をメスで全層切開し（図6-161），メッツェンバウム鋏で剥離しながら引き出してくる（図6-162，6-163）。全層引き抜き術では，漿膜と筋層部を確認してその間にメッツェンバウム鋏を挿入しながら剥離していく。外側の筋層は，粘膜と異なり厚みがありやや光沢がある。筋層には漿膜からの血管が0時，6時方向に走行しているため，メッツェンバウム鋏である程度剥離したら0時および6時の正中部位ではSonoSurgシザースのブレードを筋層側に向けて凝固切開していく。予め内視鏡で長さを測定していた病巣部まで直腸を引き抜いたら，中央部

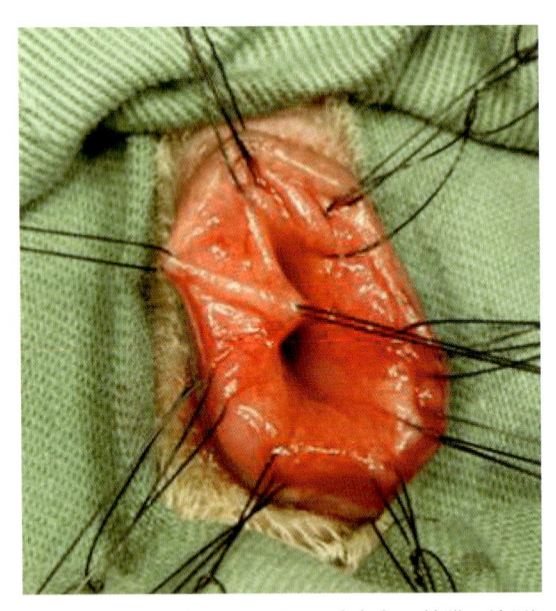

図6-160 肛門嚢の頭側（やや白色部と粘膜の境界）における直腸粘膜の0時，2時，4時，6時，8時，10時方向（頭側・尾側）に支持糸を掛け，その間をメスで切開する。

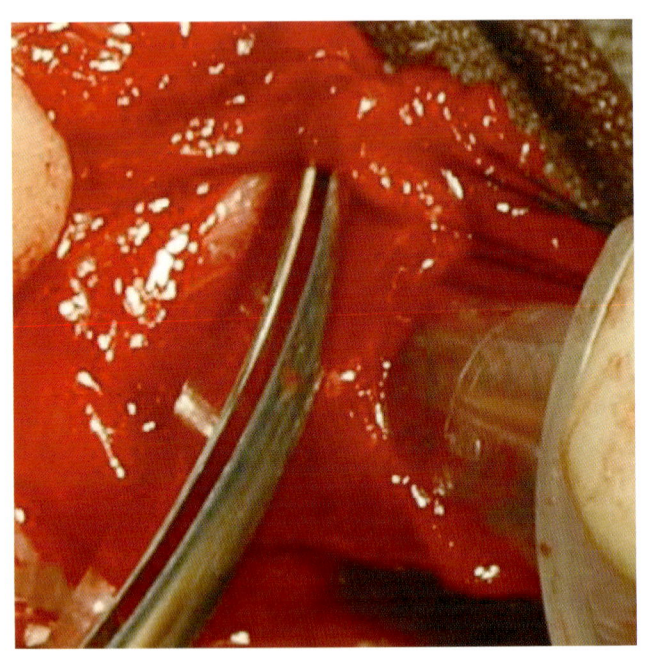

図6-162 弯曲した外科剪刀やメッツェンバウム鋏を用いて粘膜下組織と筋層間を鈍性剥離する。

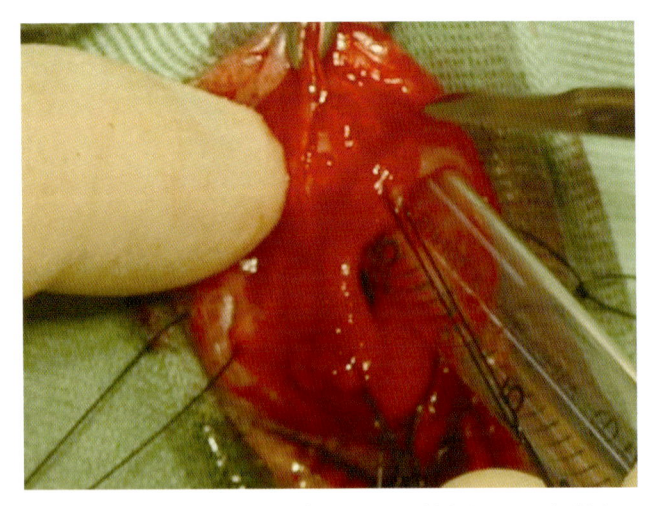

図6-161 粘膜下組織および筋層の間を鋭利なメスで切開する（粘膜プルスルー）。

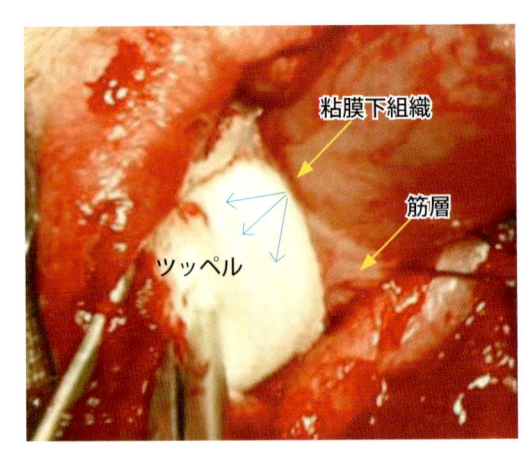

図6-163 粘膜下組織と筋層の間をツッペルやガーゼなどを指先に巻いて，しごくように鈍性的に剥離していく。

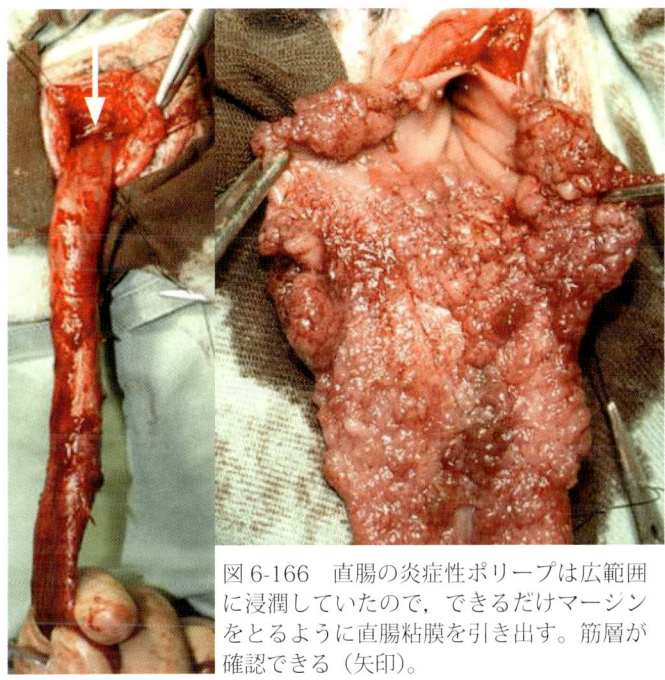

消化器系

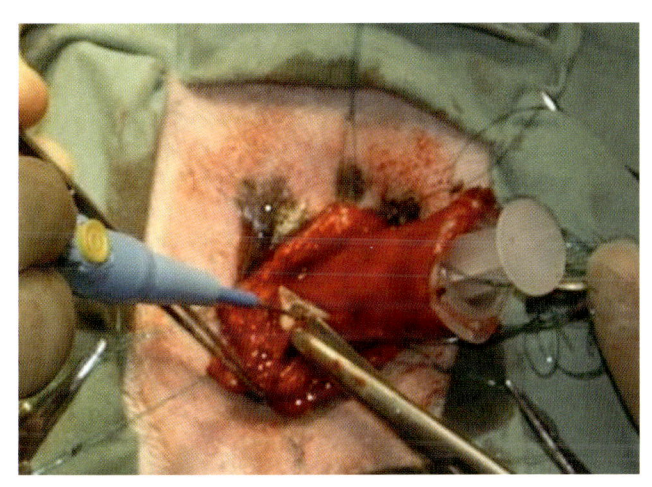

図 6-164　ディスポシリンジを直腸に挿入して穿孔部まで直腸粘膜を引き抜いている。

図 6-166　直腸の炎症性ポリープは広範囲に浸潤していたので，できるだけマージンをとるように直腸粘膜を引き出す。筋層が確認できる（矢印）。

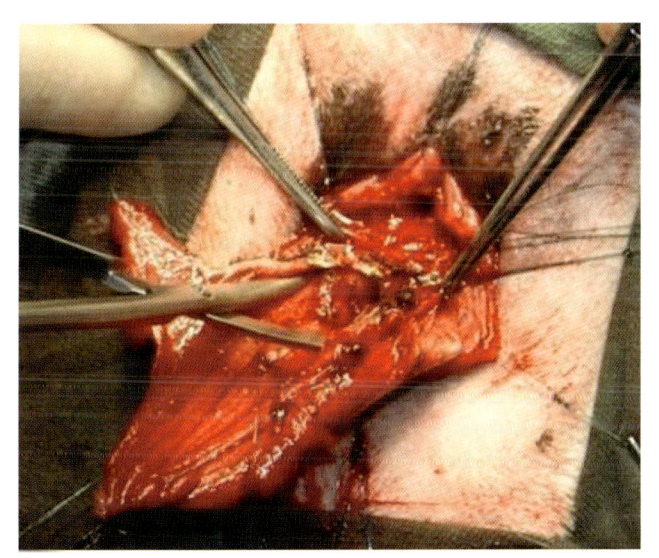

図 6-165　直腸の中央部を切開して腫瘍を確認する。

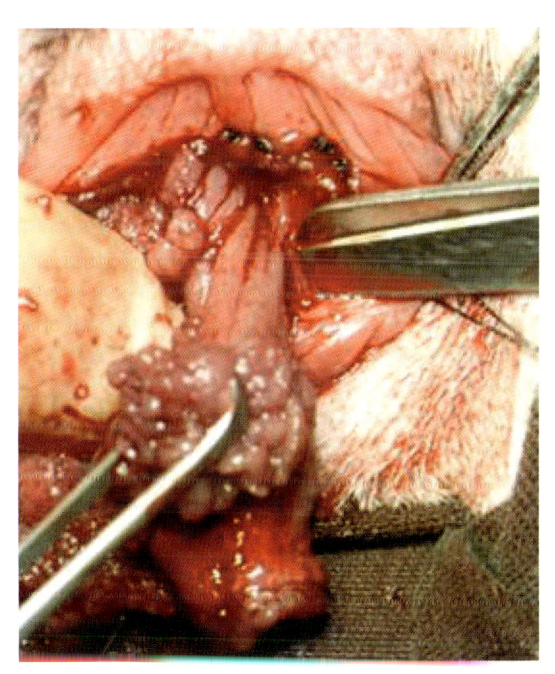

図 6-167　腫瘍の直腸粘膜を切開しながら12時〜3時〜6時〜9時と順序に縫合していく。

を鋏で切開し粘膜の病巣を確認する（図6-165，6-166）。正常な全層部の0時部位を，先に切開していた肛門管の部位あるいは肛門周囲の皮膚の切開端に縫合する（図6-167）。次いで6時の位置まで病巣部の全層を鋏で切開し，順に縫合し，残りも6時から0時の位置まで同様に縫合していく（図6-168）。

直腸粘膜引き抜き術

　直腸の粘膜引き抜き術（プルスルー）は，全層と同様に切開を行うが，肛門管の切開時び粘膜のみを鋭利な眼科鋏やメッツェンバウム鋏を用いて剥離していく（図6-159〜図6-162）。肛門管の端から約5cm程度剥離すると筋層部と粘膜下織部の境界が目視できる。筋層と粘膜部の剥離方法は，粘膜が薄いためなるべく剥離鉗子やメッツェンバウム鋏を使わず，ガーゼをサック状に人差し指に巻いて筋層部をしごくかツッペルなどで剥離していく（図6-159，

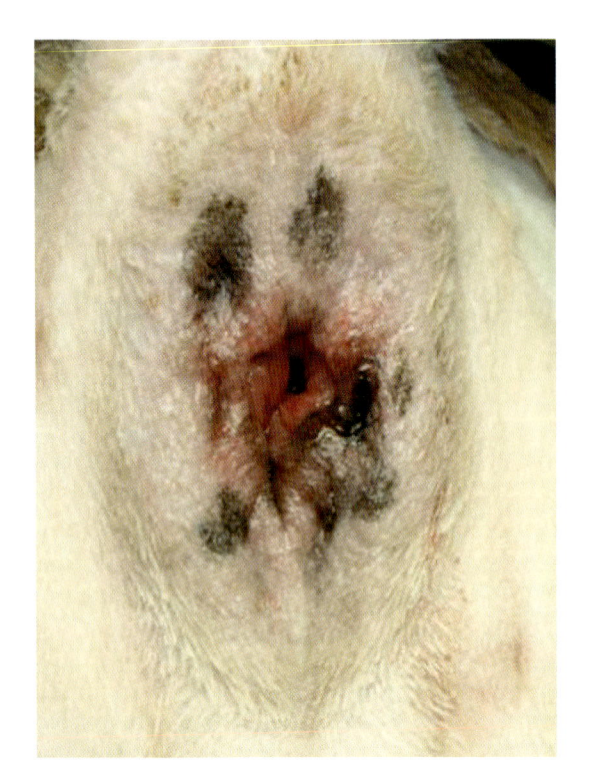

図6-168　縫合部はややテンションが加えられているので頭側の肛門内に引き込まれている。

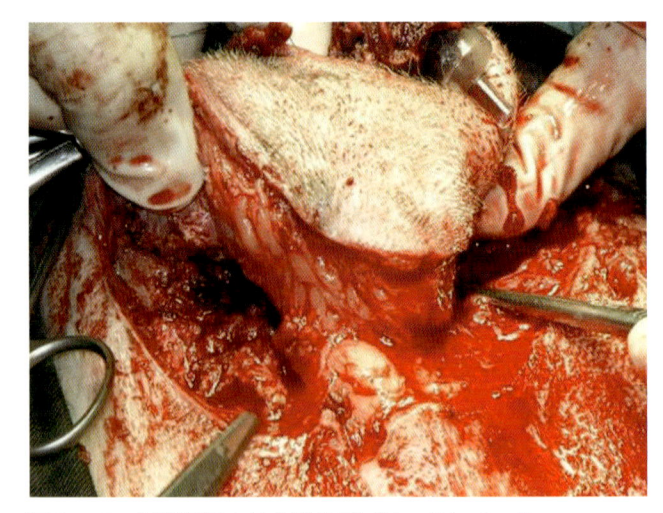

図6-170　肛門周囲の結合織をデブリードしている。

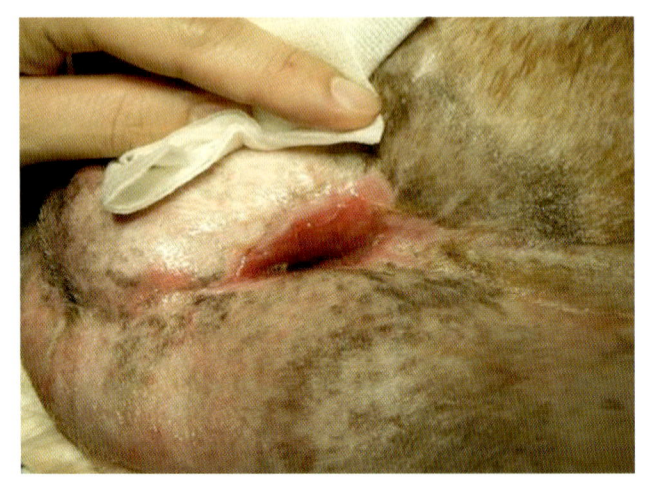

図6-169　手術により直腸を穿孔し感染を引き起こして肛門の周囲に結合織が増殖し，数か所に瘻管を作製していた。

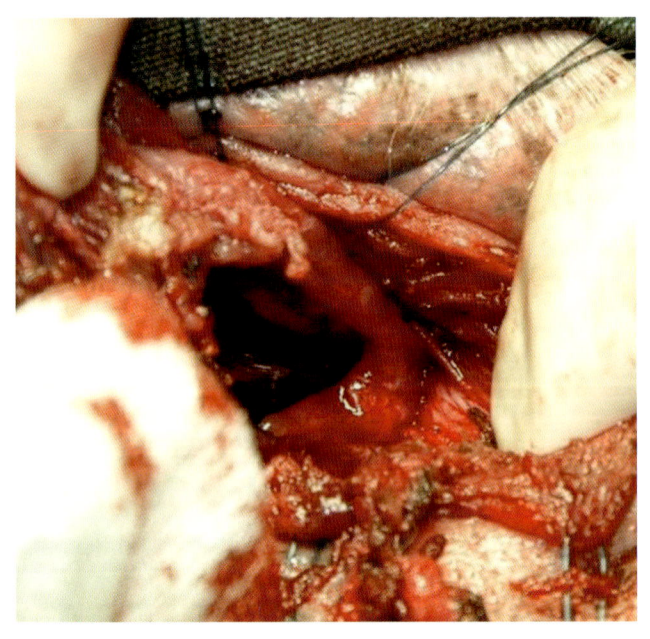

図6-171　直腸の穿孔部を閉鎖した縫合糸を抜糸している。

6-163）。病巣を確認して，摘出後は前述と同様に遠位の粘膜で近位を縫合する。

直腸の穿孔

　直腸における穿孔は，外傷，会陰部の腫瘍摘出，直腸腫瘍，会陰ヘルニアなどの手術時に起こりやすい。直腸を穿孔した場合は，直腸の穿孔部を縫合しても容易に閉鎖することはないため，無理に縫合しようとせずにプルスルーの方法を選択すべきである。

　直腸は外傷でも各手術時の穿孔であっても，その穿孔部まで直腸粘膜を引き抜くことである。外傷の場合は感染が起こって結合織が増殖している部分を，デブリードしてからプルスルーを行うことである。まず，直腸の側面を坐骨板を指標に従切開して，穿孔している部分を確認する（図6-169〜図6-172）。

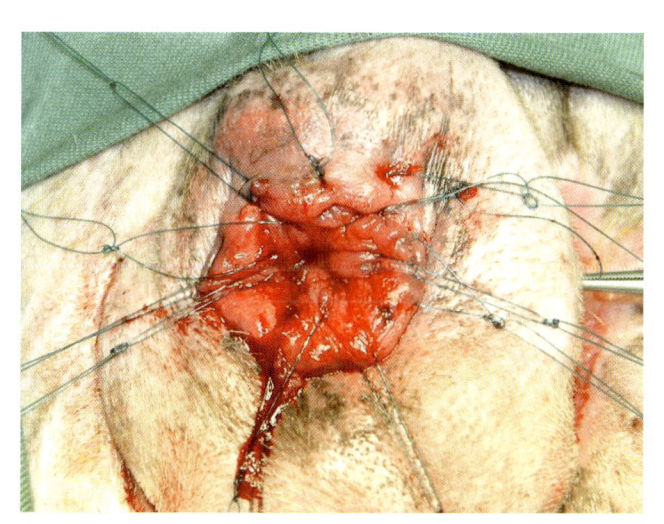

図6-172　右側の直腸穿孔部の頭側まで全層プルスルーを行い，正常な筋層と肛門周囲皮膚を縫合した。

手術の Key Point
- 直腸内の腫瘤は，触診により精査し，手術法を決定する。
- 粘膜プルスルー法は鋭利なメスで，筋層まで切開後剥離する。
- 直腸内にディスポシリンジを挿入して，目的の層を剥離する。
- 直腸内の頭側の奥に腫瘤が存在している場合は，血管に注意して，坐骨部の側面にSonoSurgシザースを挿入して，周囲の組織から剥離して引き抜いてくる。
- プルスルー終了後は，適当なサイズのディスポシリンジあるいはチューブ（試験管）を直腸内に挿入して，狭窄などを確認する（余剰な粘膜をもとに戻す操作）。

7）肛 門

肛門腫瘍は表層部の腫瘍と深部に浸潤している腫瘍に大きく区分される。大きく巨大化した腫瘍でも摘出可能であれば排便能や痛みの軽減などのQOLの向上につながるため，すべて外科医の腕に託される。摘出後の再発や腫瘍の浸潤性にも術後のQOLは大きく左右されるが諦めずにチャレンジすることも重要である。

症例は局所浸潤が強く深部まで波及しているアポクリン腺癌の術式と手術のポイントを述べる。

肛門は狭い所に直腸が存在しているため腫瘍におけるマージンが取りにくいことや排便の機能障害が起こることにより感染の危険性が高くなる。しかしながら，排便が困難であれば結腸部分を腹腔外の体表に開口しなければならない。

肛門のアポクリン腺癌などの悪性腫瘍は周囲の筋肉などに浸潤しているため，解剖を熟知していても広範に組織を摘出しなければならないため肛門の機能を失ってしまうことがある。稀に両側性に浸潤していることもあるが，筆者らの経験からほとんどの腫瘍は，片側が多いため1/2の肛門括約筋や会陰神経の障害を受けても術後のQOLの著しい低下はみられない。アポクリン腺癌は，4時〜8時方向の範囲に比較的発生しやすい（図6-173）。腫瘍は硬く固着性で孤立しているため，偽被膜を破らないように周囲の組織から広範囲に摘出することができれば，筆者らの経験から再発率は意外と低いように思われるため積極的にアプローチすべきである（文献上：再発率50%）。

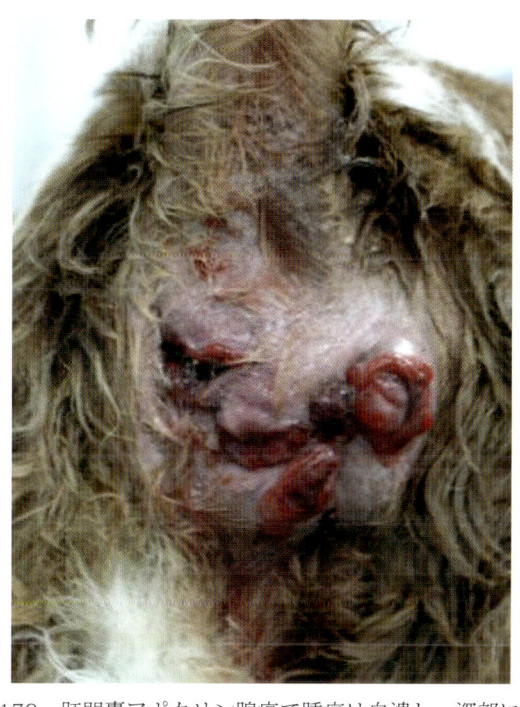

図6-173　肛門囊アポクリン腺癌で腫瘍は自潰し，深部に浸潤している。

外科手技

術前の血液検査ではCa値に注目して輸液を行う必要がある。腫瘍が直腸壁に浸潤していることや術中に直腸壁を穿孔することも考慮して，予め直腸内の便は排除し消毒しておくことが望ましい。また，肛門嚢の内容物も直腸内と

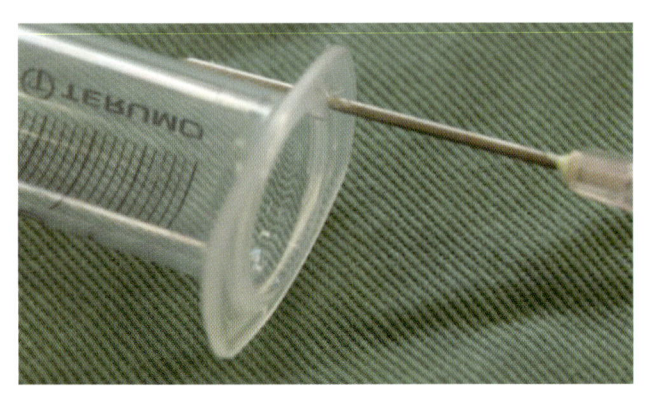

図 6-174　ディスポシリンジに 18G の注射針で肛門周囲の皮膚と固定するための孔を開ける。

外部から指で絞るように圧迫して排除する。

　術前にまず右手（右側部の腫瘍）あるいは左手（左側部の腫瘍）の人差し指を直腸に挿入して腫瘍の大きさ，硬さ，癒着などの状態をある程度把握しておく必要がある。やや太めの尿道カテーテルを挿入してどの位置に尿道が存在している（6 時方向）かも併せて確認する。

　患者を伏臥に保定して下腹部にタオルを巻いて入れ，尾側を高くして尾を上部に固定する。次いでディスポシリンジの外筒に 18G の針で孔を左右に開けて，直腸内に挿入し縫合糸を孔に通して結紮する（図 6-174）。4 枚ドレープで術野の周囲を覆う。

　まず，切開を行う前に外部から腫瘍を手で把持して固着性や大きさ，硬さなどを再度確認する。仮に腫瘍が上下あ

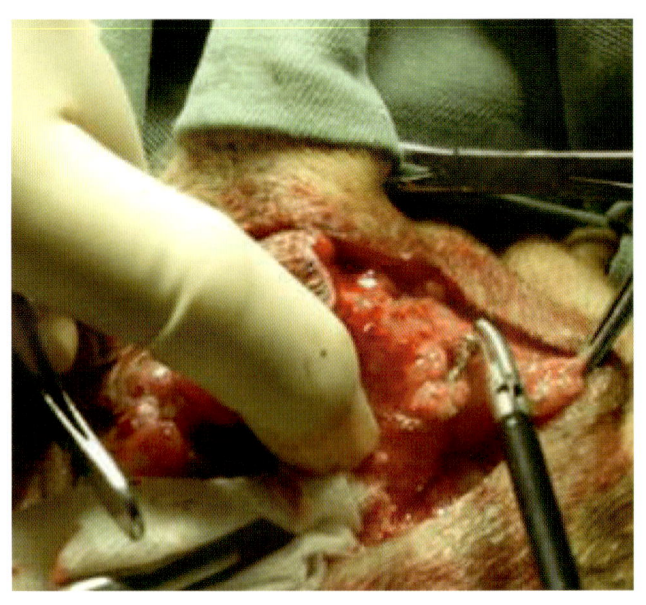

図 6-175　切開線上に皮膚を切開して腫瘍と周囲組織との関連性を把握する。

るいは左右にやや移動するときは組織との癒着が弱いので摘出しやすい。切開線は肛門側の縫合部をしっかりと残して指で腫瘍の周囲を押しながら皮膚が窪むところを切開部位として半月状に切開線を描く。腫瘍には決してメスを入れず，周囲から剥離していくことが重要である（図 6-175）。

　切開線に沿ってメスを入れるが，皮下織の出血は腫瘍と周囲組織の関連性を見え難くすることがあるため，なるべ

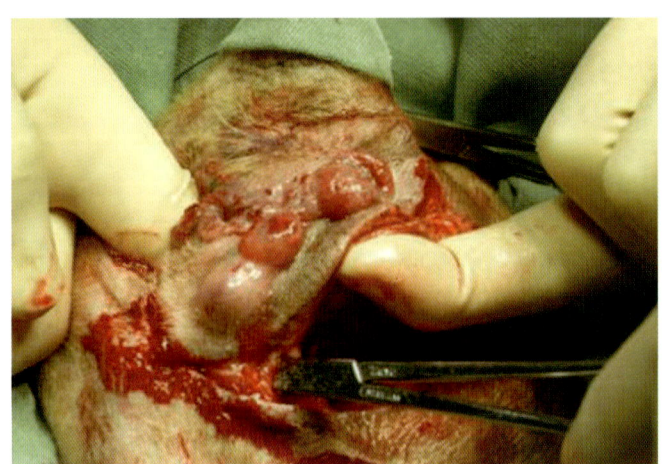

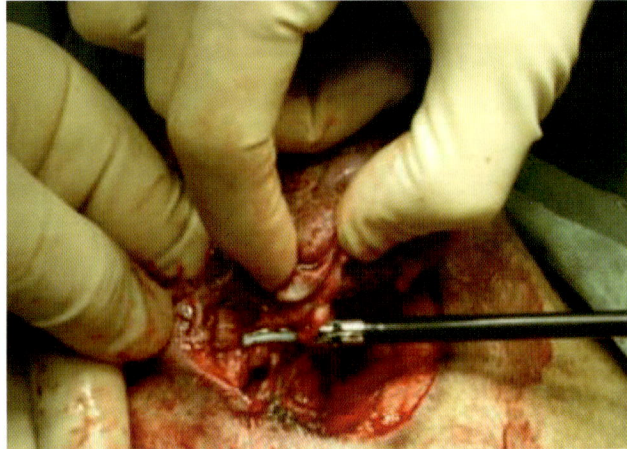

図 6-176　切開線に沿って周囲組織をトンネリングしながら SonoSurg シザースで凝固切開する。

く電気メスを使用して出血をコントロールする。メッツェンバウム鋏あるいは剥離鉗子を用いてなるべく正常な組織から剥離を進めていく（図 6-176, 6-181, 6-182）。肛門嚢は必ず腫瘍と一緒に切除し，肛門括約筋はなるべく温存するように心がけるが腫瘍が癒着あるいは浸潤している場合は，広範囲に切除をしなければならない。直腸側を剥離していく場合は，右手の指で直腸に挿入したディスポシリンジを確認しながら直腸壁を穿孔しないように処理していく（図 6-183）。または，筆者の経験上，直腸壁との癒着が強い場合は，ディスポシリンジを抜去して，直接肛門か

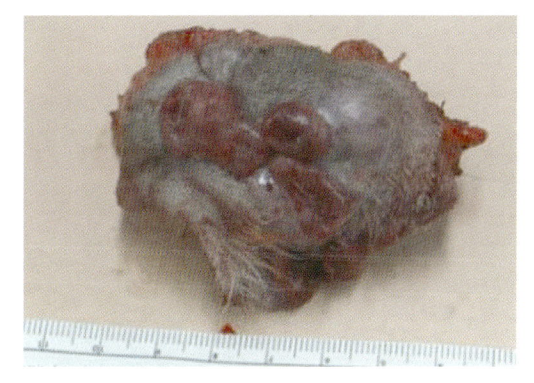

図 6-179　摘出された腫瘍

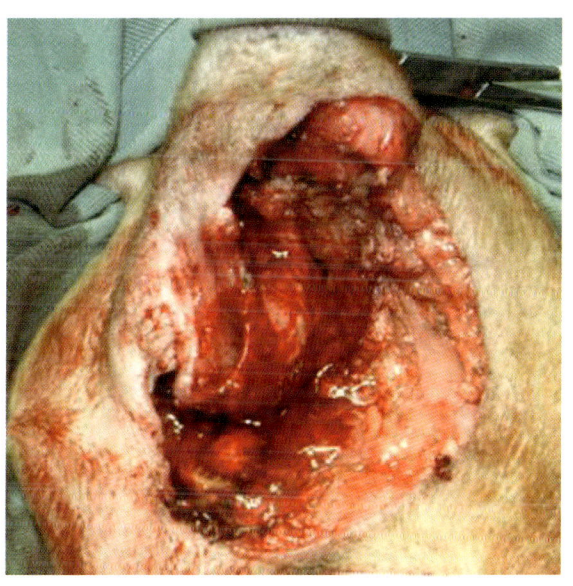

図 6-177　腫瘍の取り残しは，SonoSurg シザースですべて除去する。

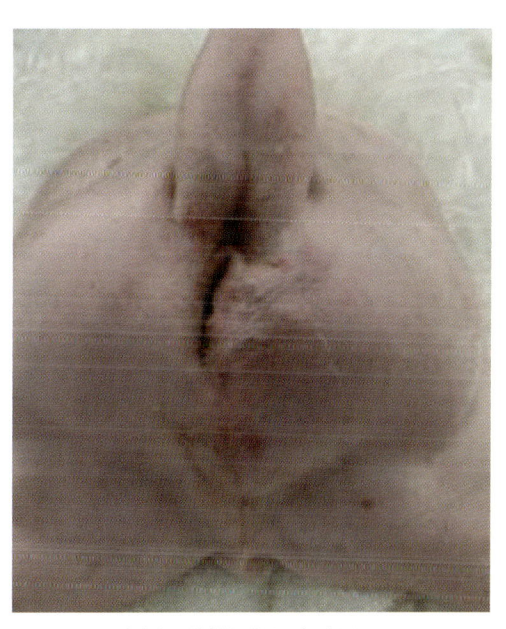

図 6-180　右側の臀部に腫瘤塊が認められる。

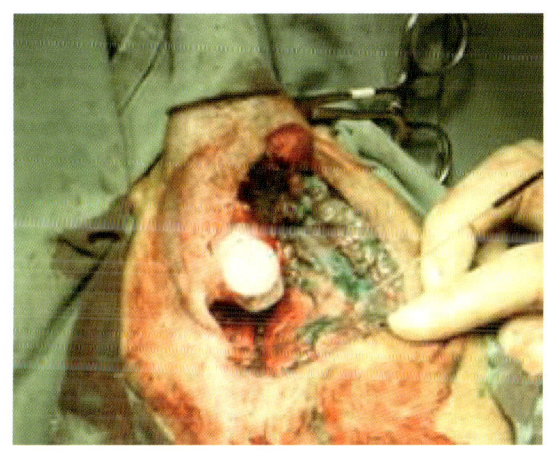

図 6-178　摘出後は周囲にインドシニアグリーンを注入してレーザーで蒸散する。

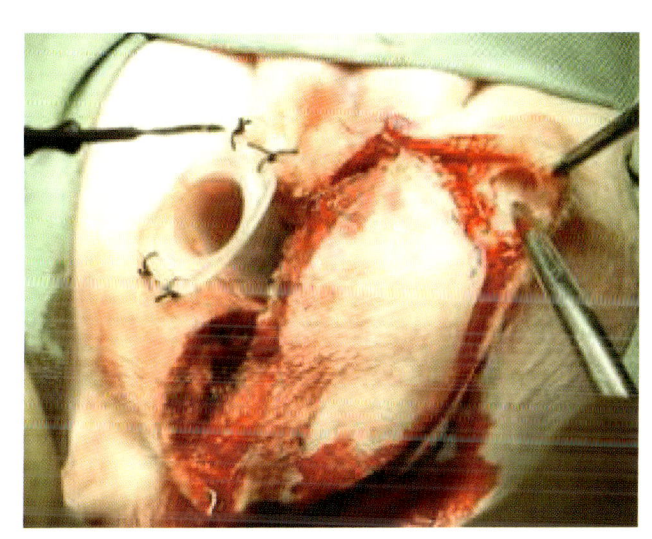

図 6-181　腫瘍と正常組織との境界部を切開する。

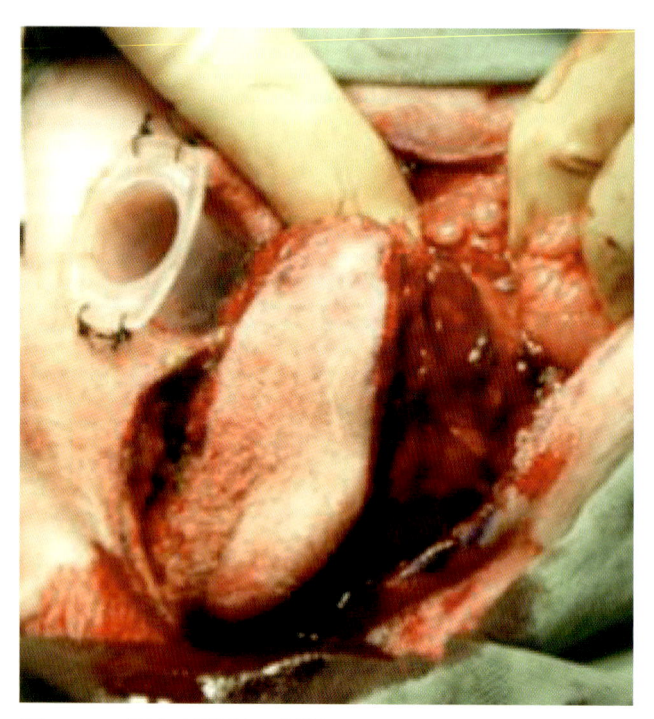

図6-182 腫瘍は深部まで浸潤している。

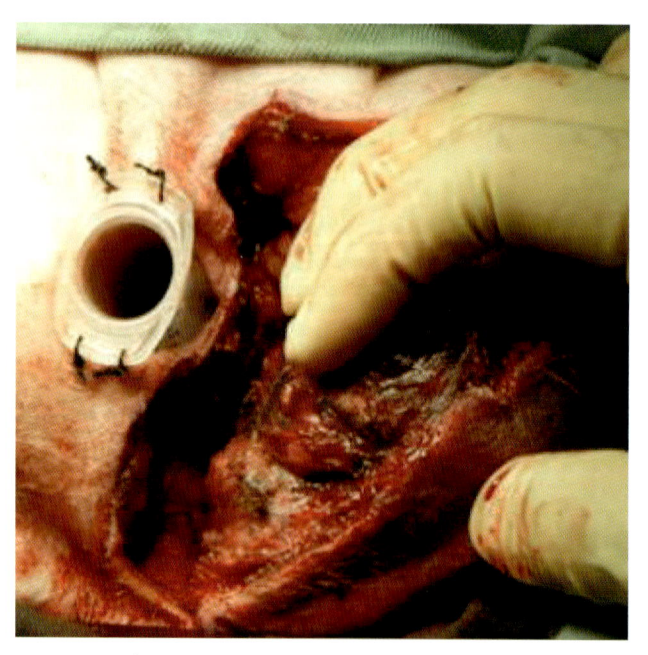

図6-183 直腸と腫瘍の境界部

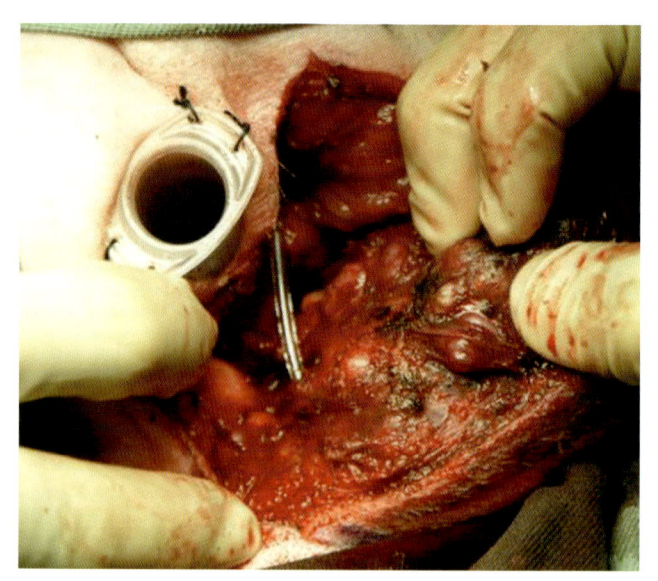

図6-184 尿道を腫瘍が巻き込んでいる。頭側の尿道を切開後，尾側の尿道を剥離して両端を縫合する。

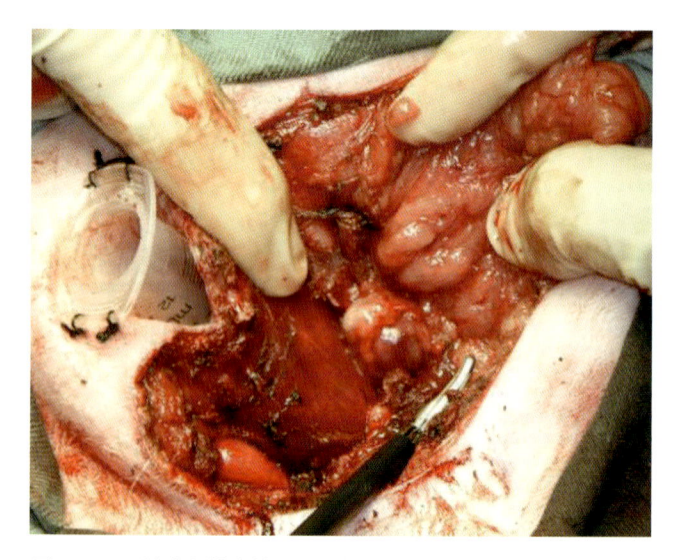

図6-185 腫瘍を摘出後に孤立性の腫瘤を残存させないように正常な周囲組織をなるべくつけてSonoSurgシザースで凝固切開している。

ら右手あるいは左手の人差し指を挿入して剥離しやすいように指を動かしながら剥離操作を進めていくとよい。剥離は指に巻いたガーゼや綿棒をくるくると回しながら深部に向かって押し下げるように剥離するか，あるいは5ml用のデイスポシリンジに生理食塩水を入れて剥離が必要な部位にある程度注入して間隙に水圧をかけると剥離しやすくなる。反対側の剥離は，SonoSurgシザースを用いながら血管と組織を離断していくが，必ず腫瘍と周囲の組織との関連性や血管を確認しながら確実に摘出する（図6-177, 6-178, 6-185）。主要な血管は背側・腹側会陰動脈内，陰

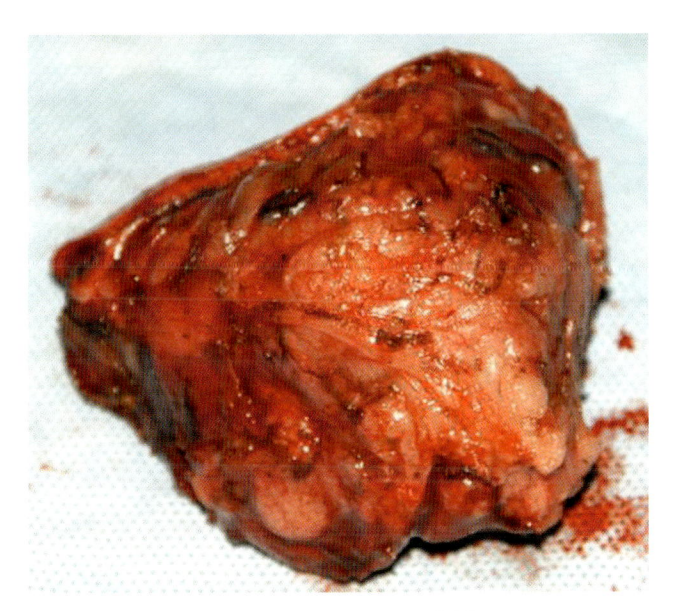

図 6-186　摘出された腫瘤（アポクリン腺癌）

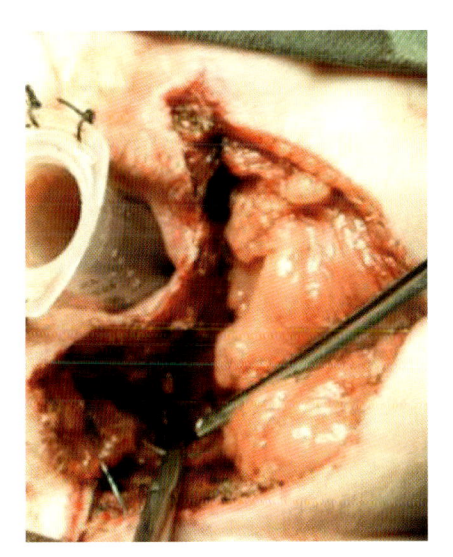

図 6-187　脂肪はなるべく残し，周囲の組織と縫合する。

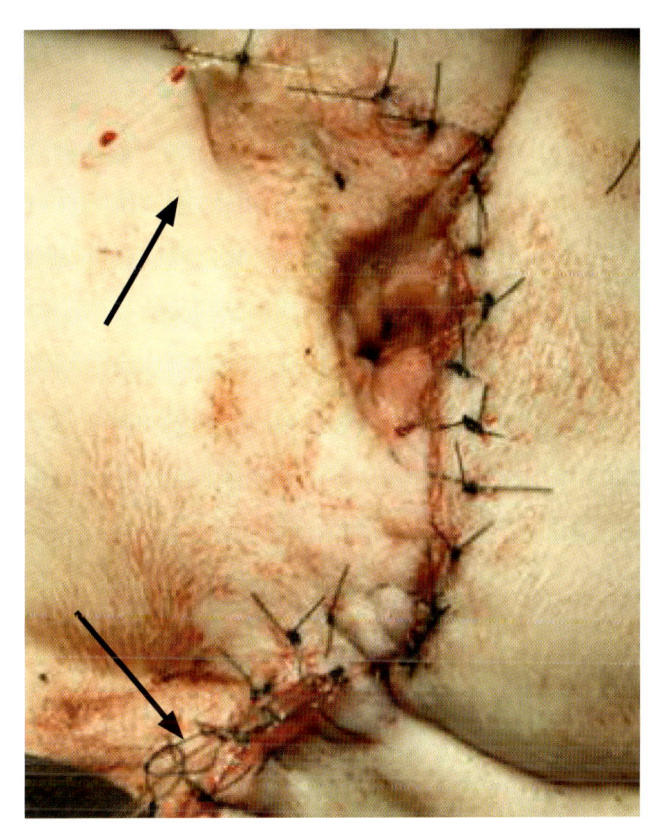

図 6-188　皮下織に局所麻酔薬を注入するためのチューブを挿入する（矢印）。

茎動脈，内陰部動静脈などであるが，腫瘍組織の周囲には多くの新生血管が作られており，周囲の解剖学的環境が破壊されている。しかしながら，SonoSurg シザースは，血管をある程度無視しながら周囲組織から剥離することができるので，外科医にとっては極めて能力の高い凝固切開装置である（図 6-185）。

前述したように最も注意しなければならないのは尿道の存在である。筆者らは少数例ではあるが尿道の一部が完全に腫瘍組織内に巻き込まれていた症例を経験している。雄の尿道の位置は直腸の腹側部の坐骨板の中央に位置しているが，腫瘍が尿道を巻き込んでしまうとその位置が変異してしまうことが多い。そのため，特に腹側の腫瘍組織を剥離するときは予め挿入しておいた太めの尿道カテーテルを確認しながら進めていくことが重要である。仮に尿道が一部巻き込まれているときは，無理に腫瘍組織に手を加えず，頭側および尾側に支持糸を数本掛けて尿道をメスで円周状に切開して両端部を縫合する（図 6-184）。尿道カテーテルは，縫合部が安定するまで約 1 週間ほど装着しておく。頭側部の尿道が短い時は，周囲の組織を剥離すると牽引することができるので再アプローチする。尿道の両端にテンションが加わった場合は，無理せずに腹側からアプローチして尿道を包皮内に転移する。

直腸と腫瘍の癒着を剥離するときに直腸が穿孔した場合は，孔を縫合しても融合不全を起こすため，粘膜引き抜き術（プルスルー）を行う。

手術の Key Point

- 直腸検査および CT 検査などで，腫瘍の浸潤度合を把握する。
- 手術前に腫瘍の病理診断を決定する。
- 直腸を保護するため直腸内にディスポシリンジあるいは試験管などを挿入しておく。
- 目視しながら確実に腫瘍組織を摘出する。
- 摘出後はレーザーでインドシニアグリーンを注入して，残存している腫瘍を蒸散させるか局所に温熱療法を施して縫合する。
- 6時方向（雄）に尿道が走行しているため，必ず尿道を確認して損傷を防ぐ。

4．泌尿生殖器系

1）子宮・卵巣摘出

子宮体側から間膜を切開し卵巣と卵巣動脈部の視野を大きく広げよう！

子宮・卵巣摘出手術は簡単な手術手技として捉えやすいが，胸郭の深い犬種や内臓脂肪が多く付着しているものあるいは卵巣動静脈の太い大型犬など，極めて高い危険性が潜んでいる手術であることはいうまでもない。筆者も数多く執刀しているがわずか1例だけではあるが苦い経験を味わったことがある。

最も危険なものは卵巣動静脈の結紮である。腹腔内には多くの臓器が存在し動静脈の結紮操作を妨げているため，結紮した糸が血管をすり抜けないように慎重な操作を行うことが重要である。そこで本方法は卵巣と血管の結紮部位を安全に処理するために，卵巣動静脈の部位を広く取ることに注目した。成書に記載されている卵巣動静脈と広間膜の間に孔を開けて三鉗法などを行うことよりも，子宮側から広間膜をSonoSurgシザースあるいは電気メスで切開することで卵巣と動静脈が広く視野に入る。結紮操作も視野が広く取れるので極めて操作がしやすくなる。血管の離断後に結紮部が腹腔に落ち込む前に出血を確認するため，1本のモスキート鉗子を予め靭帯に掛けておくだけでよい。この方法であれば小型犬でも大型犬でも手術時間の短縮が可能となる。

外科手技

開腹

腹側の剣状軟骨の下部にある臍部の直ぐ後方（尾側：犬約2cm，猫3cm～4cm）から数cm切開を加える。脂肪をメスの裏を用いて左右にずらして白線を確認し，両側をアリス鉗子あるいは腹膜鉗子を用いて把持し，腹壁を持ちあげる。この際，尾側は白線が薄いので中央部が最も確認しやすい。メス刃を逆にして斜めに挿入（穿刺切開）して孔を開け（腹膜が切開されていない場合は，腹膜の一部をアリス鉗子もしくは有鈎ピンセットで摘まみ挙上してメスで切開を加える）メーヨー剪刀，外科剪刀あるいは電気メスで切開を加える。

子宮体の確認と鉗子による固定

子宮は膀胱の背側（下）に潜む

開腹したら軽く膀胱を反転し子宮を確認して，最初は手前（右側）の子宮角の間膜を破らないように小指で釣りあげて卵巣茎近位部の固有卵巣索に鉗子をかけ（図6-189），全体を手で押さえながら数回挙上させて卵巣堤索を引き伸ばす。次いで卵巣の背側部（腎臓側）にある卵巣堤索にモスキート鉗子をかけておく（図6-190）。助手は固有卵巣索の鉗子および子宮角の尾側の端を摘まんで均等に挙上す

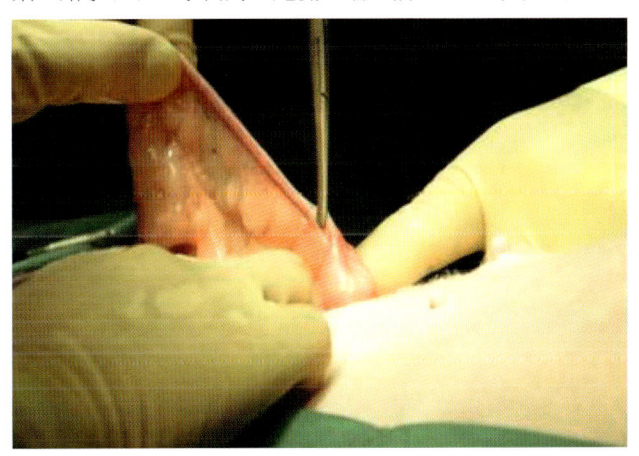

図6-189　固有卵巣索に鉗子をかける。

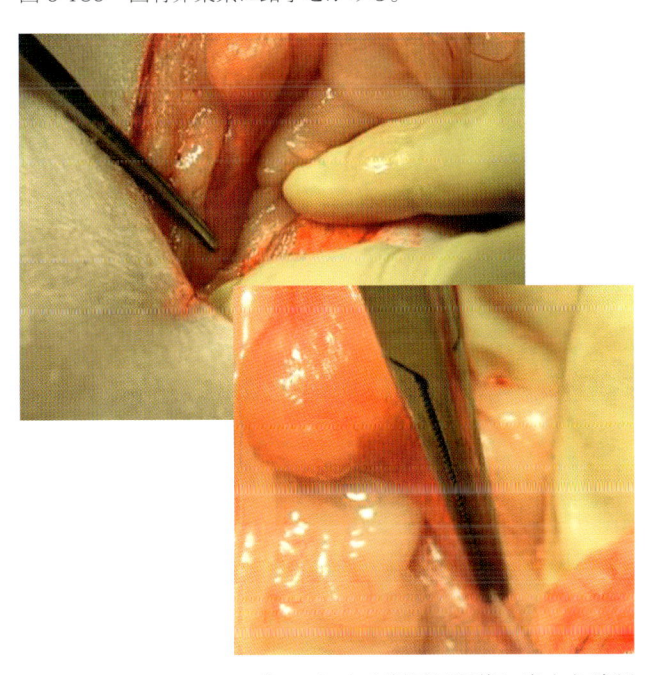

図6-190　SonoSurgシザースによる凝固切開後に出血を確認するため腹腔内に落ち込まないように切開部の背側の卵巣堤索に鉗子をかけておく。

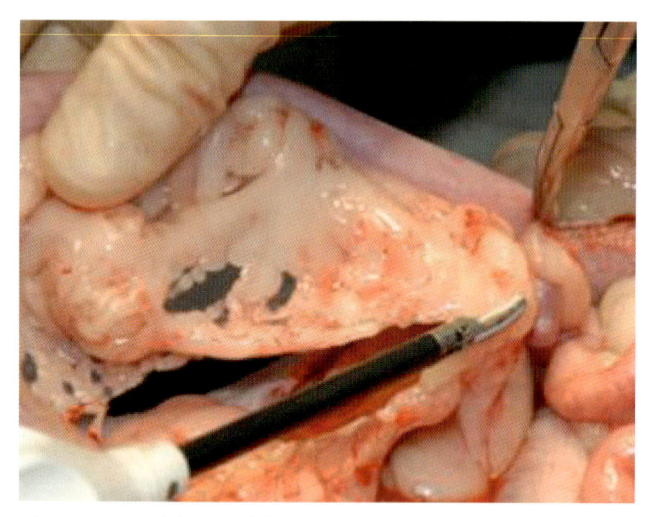

図 6-191 子宮体から卵巣へ SonoSurg シザースを用いて子宮広間膜を凝固切開する（窓を大きく広げる）。

卵巣動静脈の凝固切開
無影灯を用いて血管を透視せよ

子宮体（尾側）側の間膜を縦に鉗子で孔を広く開けて血管端を挟みこまないように注意しながら SonoSurg シザースを卵巣動脈の手前まで血管を凝固切開しながら進めていく（図 6-191〜図 6-193）。この時に両側の腹壁部分を人差し指と中指を用いて背側に下げるようにすると視野が拡大し、余計な臓器が挟まれない。子宮間膜に脂肪がついて動静脈が見えないときは、無影灯を横において脂肪を光で透視すると血管が見えやすくなる（図 6-192）。10kg 以下の犬や猫では経験上、1 回の凝固切開で離断が可能である。中型〜大型の犬の場合は、卵巣動脈を数回にわたり SonoSurg シザースを上下に移動して血管を凝固し（離断前で止める）、中央部を凝固切開すると安全である。血管を凝固する場合は、挟みこんでいるブレードの周囲組織が白濁するのを目視して、開放する動作を数回繰り返すとよい（図 6-196, 6-197）。特にゴールデン・リトリバーやラブラドール・リトリバーのような大型犬では卵巣動静脈に脂肪が付着しているため、SonoSurg シザースやバイクランプを用いるときはすべてを挟み込むことはやめて 1/2〜1/3 に区分して凝固するとよい（図 6-194）。また、鉗

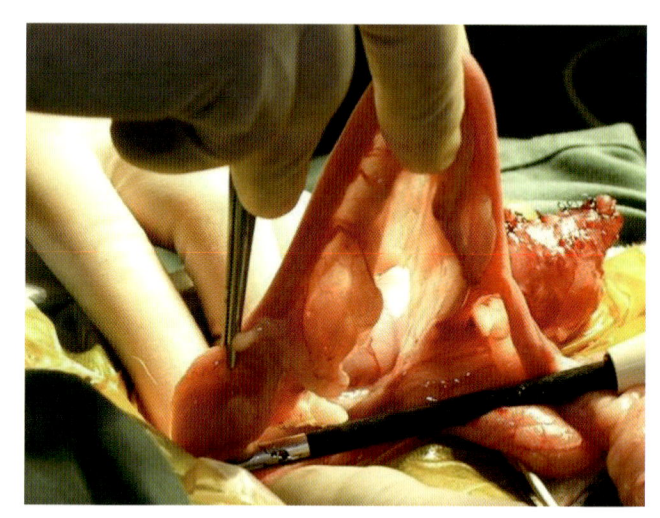

図 6-192 無影灯を用いて血管を透視しながら子宮体側から子宮間膜を SonoSurg シザースで卵巣動静脈の手前まで凝固切開する。

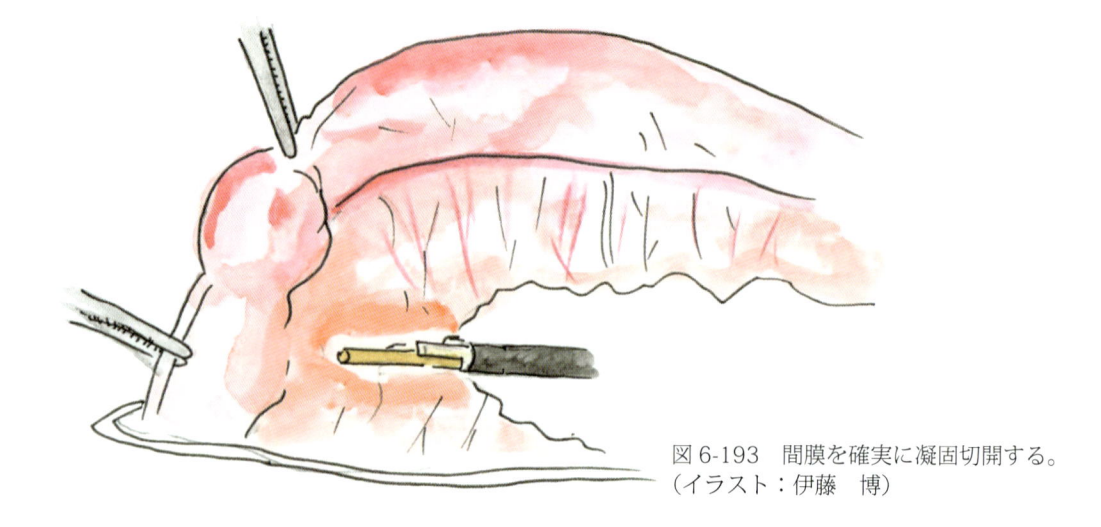

図 6-193 間膜を確実に凝固切開する。
（イラスト：伊藤 博）

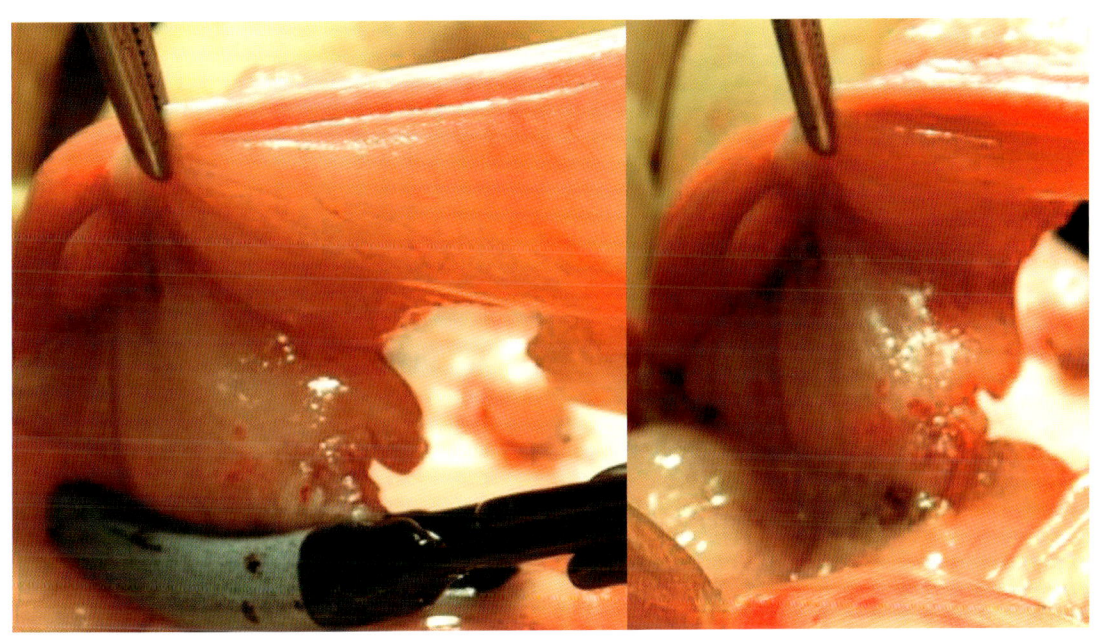

図 6-194　卵巣茎をバイクランプあるいは SonoSurg シザースで凝固切開する。卵巣堤索に鉗子をかけているので腹腔に落ち込む危険性はない。

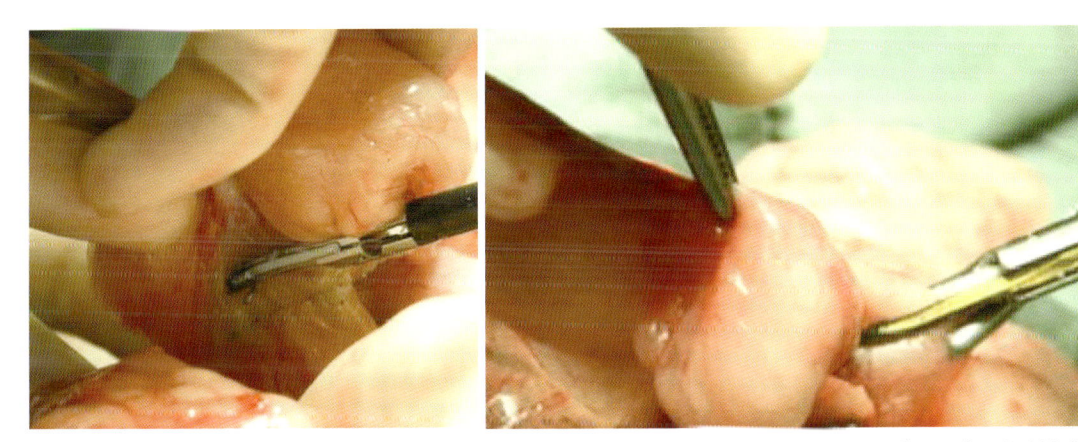

図 6-195　卵巣動静脈に脂肪が多く付着している場合は，卵巣堤索部と卵巣動静脈を区分して凝固切開を行う。

子の遠位部における卵巣堤索部から凝固切開してもよい（図 6-195，6-196）。脂肪内の血管はなるべく無影灯などの光を利用して確認し，上下を凝固してから切開する（図 6-196，6-197）。凝固または離断には固有卵巣索にかけている鉗子は，無理に挙上せず凝固切開時にやや緩めることがポイントである（無理に引っ張りすぎると離断する前に組織を引き裂いてしまう危険がある）。断端部の出血を確認して卵巣堤索にかけているモスキート鉗子を静かに外す。左側も同様な手順で操作を行い，子宮角と子宮体を反転して尿管の位置を確認後，腟の頸管の尾側端に鉗子をかけ，直上あるいは直下を SonoSurg シザースで凝固切開する。大型犬の場合は，頭側に鉗子をかけて予め子宮動静脈を凝固切開（図 6-199，6-200）した後，同部位あるいは頭側部を凝固切開する。

手術の Key Point
・子宮体の尾側から間膜を卵巣茎部に向かって凝固切開する。
・卵巣堤索の遠位にモスキート鉗子を 1 本かけておく。
・卵巣動静脈の太い場合は，SonoSurg シザースで数回凝固（上下）してから切開する。

168　第 6 章　手術手技の実際

脂肪が厚いときは無理をせずに血管を確実に挟み込んでシールする。

反対側の卵巣堤索部からもシールする。

図 6-196　SonoSurg シザースを用いた卵巣動静脈のシーリング（イラスト：伊藤　博）

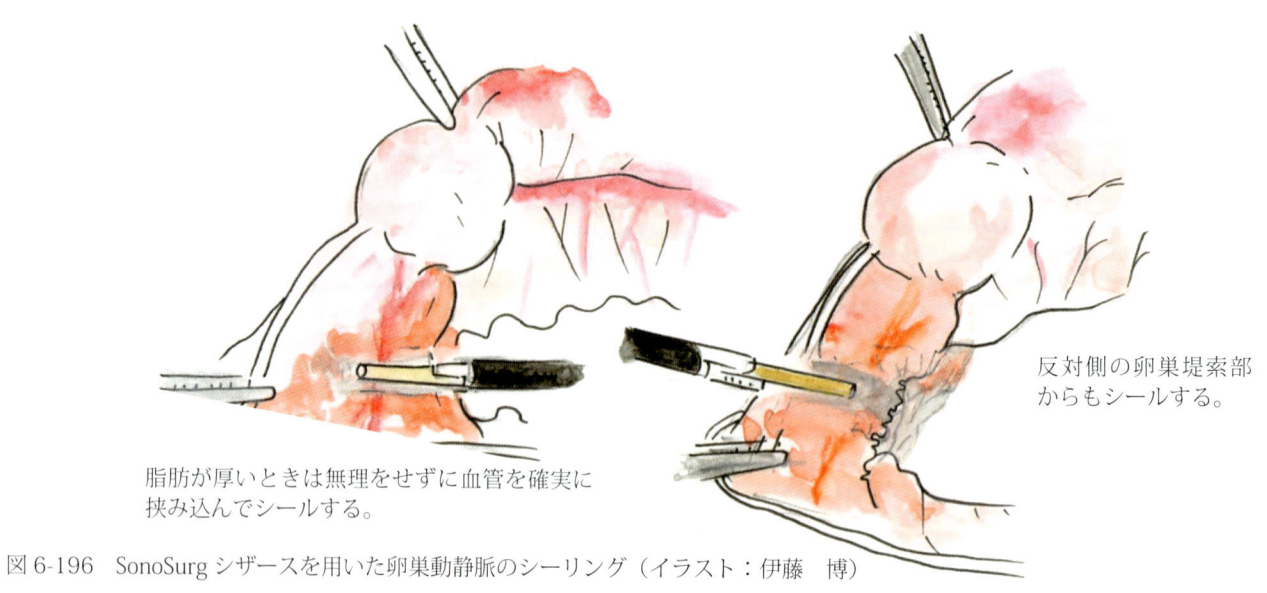

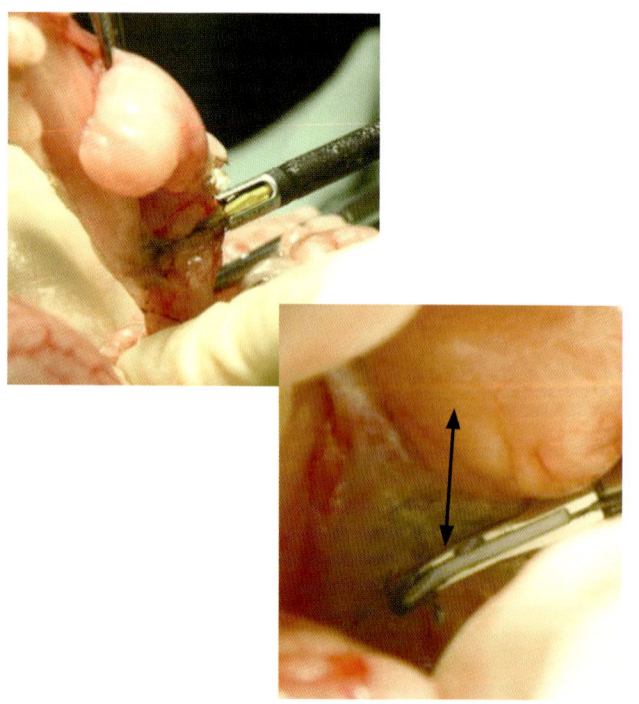

図 6-197　ブレードの周囲組織を目視して，白く凝固変性したらブレードを素早く離す。次いで同じ操作を上下に繰り返して中央部を凝固切開する（矢印）。

数か所をシールしたら中央部を凝固切開する。
（イラスト：伊藤　博）

- SonoSurg シザースの血管凝固は，ブレードの周囲組織の白濁を目安とするため，ブレードは，必ず目視できるように手前で操作することがポイントである。
- 無影灯の光を利用して脂肪内の血管を透視し，両側（広間膜，卵巣堤索）を凝固切開した後に血管を処理する。

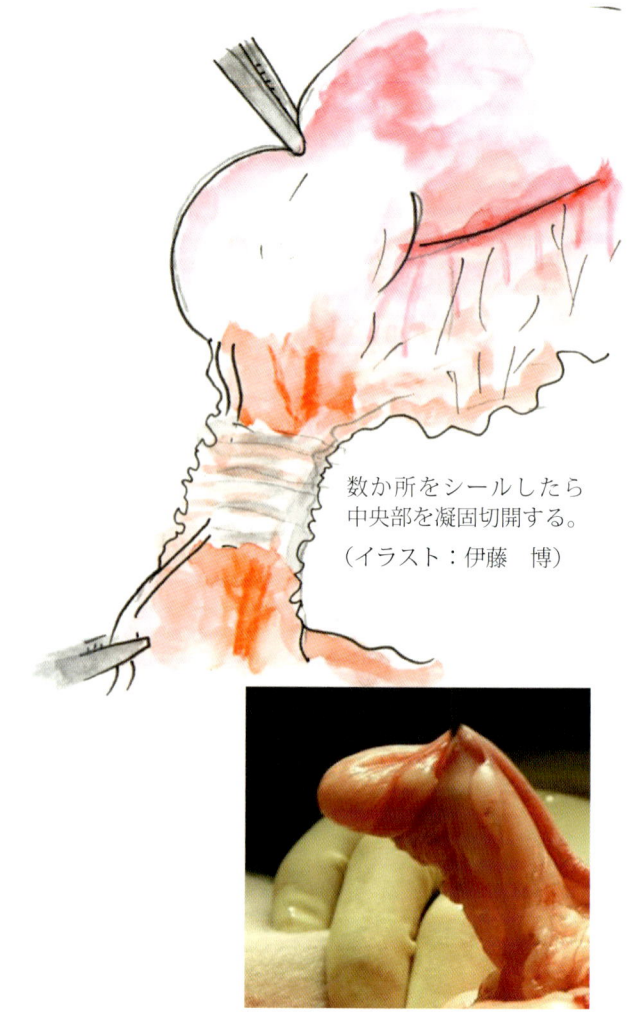

図 6-198　卵巣動静脈の離断

泌尿生殖器系

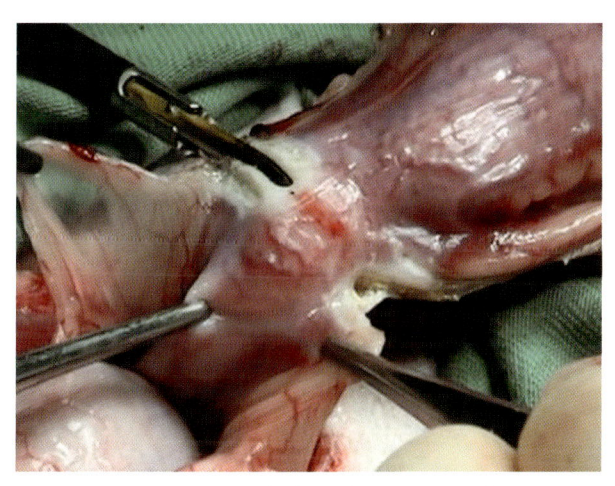

図6-199 離断された子宮動脈の部位は，硬く白濁している。

両側の子宮動脈を凝固する。

子宮頸管の直上あるいは直下を凝固切開する。

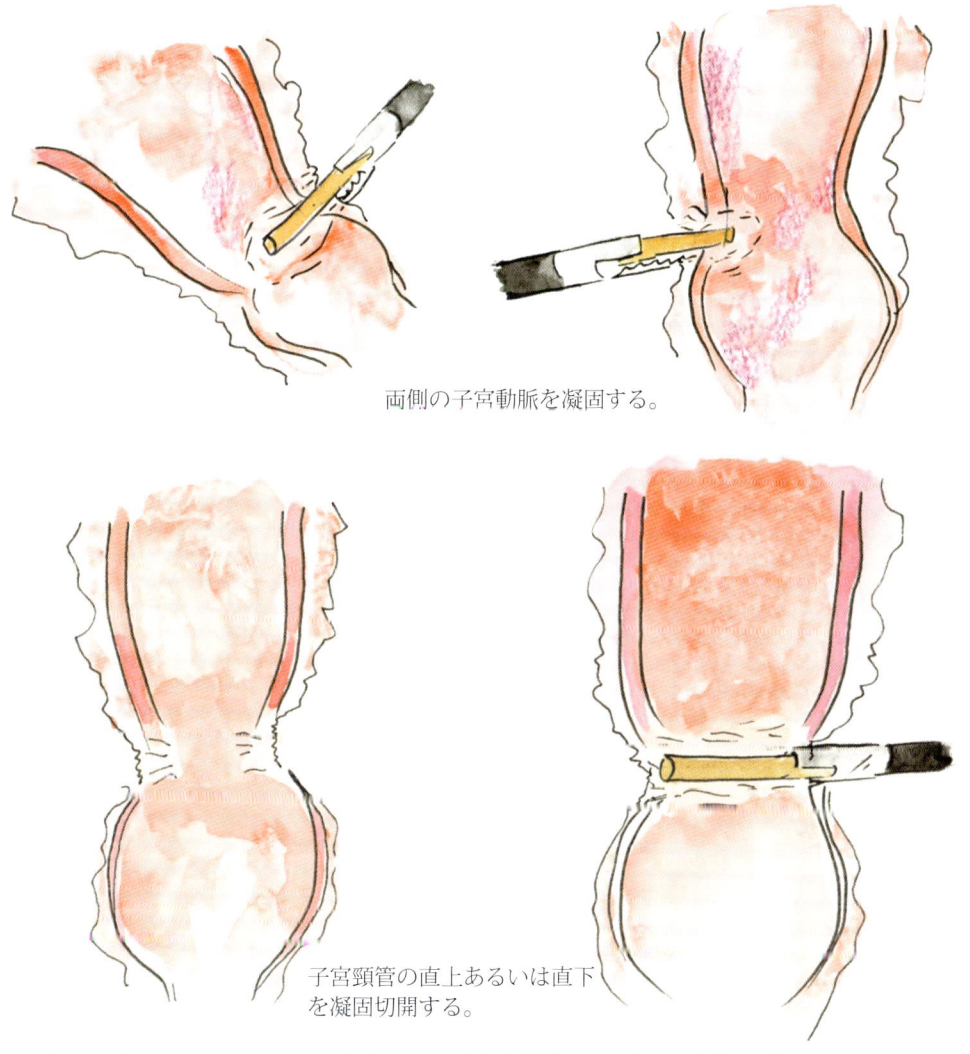

図6-200 SonoSurgシザースを用いた子宮体の切断（イラスト：伊藤 博）

コラム　去勢の手技

総鞘膜は切開せず精索を一挙に凝固切開する！

雄の去勢は，さほど外科医にとって難しいものではないが，余計な出血を起こしてしまうとその部位が血腫になり「睾丸を摘出したがまだ睾丸が残っている」という笑い話にもなりかねない。このような些細なことが今までの外科医としての腕を失墜させてしまうほど大袈裟になることも"稀"にある。そこで総漿膜から術後出血が見られることが多いため，筆者らはクローズ法を推奨している。

さらに，精巣が腫瘍で腫大している場合は，皮膚との癒着や新生血管が多く発達していることもあるためなるべく鼠径部の基部から摘出するようにしている。

犬の去勢

精巣の固定

精巣は親指と人さし指で挟む

犬を仰臥位に保定して陰嚢上から精巣を親指と人差し指で挟みながら（図6-201），できる限り中心の陰茎側の方まで進める。助手は両方の指でしっかりと陰嚢の基部を上の方に絞るように固定する（皮膚を張るようにするとよい）。

切　開

ガーゼを用いて剥離しながら精巣を引き出す

総鞘膜に注意しながら皮膚を切開する（図6-202）。ある程度切開したら助手は両方の指で精巣を上部に押し出すようにすると総鞘膜に包まれた精巣が露出できる（図6-203）。両側の皮膚を剥離しながらガーゼで押し下げるようにして精索を引き出してくる。精索と精巣上体の間に鉗子を挿入して精索部の背側にモスキート鉗子をかけ，その直上および精巣上体尾部をSonoSurgシザースで凝固切開する（図6-204，6-205）。次いで凝固切開部の出血を確認後，鉗子を外して皮膚縫合を行う。

猫の去勢

猫を伏臥にして尾を手術台のL型カーテン架に固定する。猫の陰茎は腹側に位置しているので陰嚢の上部を精巣に沿って半円上に皮膚切開する。または陰嚢の底部を横切開する。切開後はいずれも総鞘膜を切開せずに両側の精巣引き出して一挙にSonoSurgシザースで凝固切開する。皮膚を単純縫合して閉鎖する。

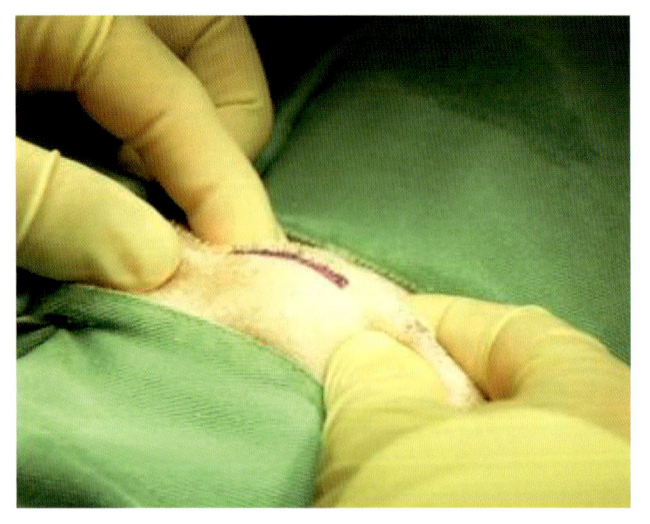

図6-201　親指と人差し指で精巣を挟む。

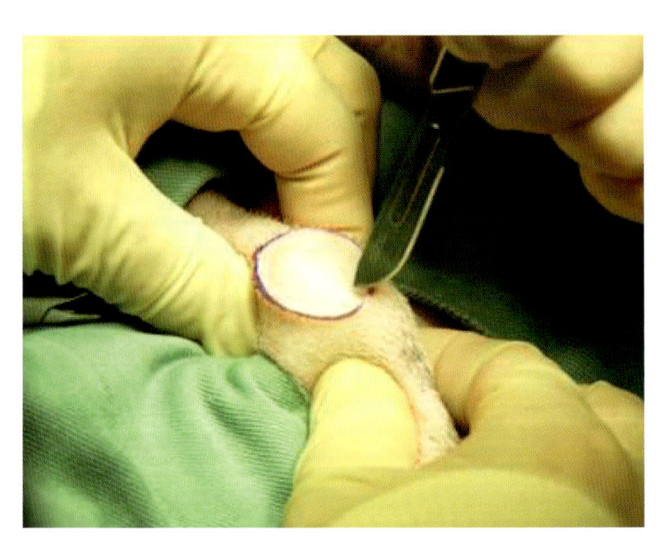

図6-202　メス先で皮膚切開する。

泌尿生殖器系

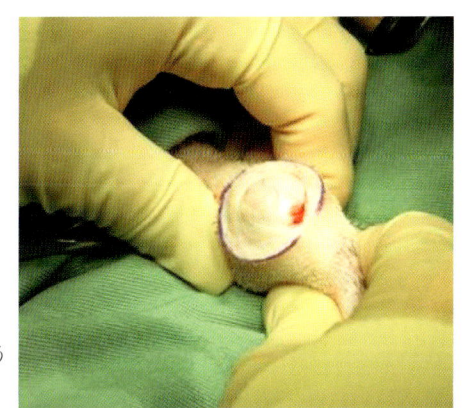

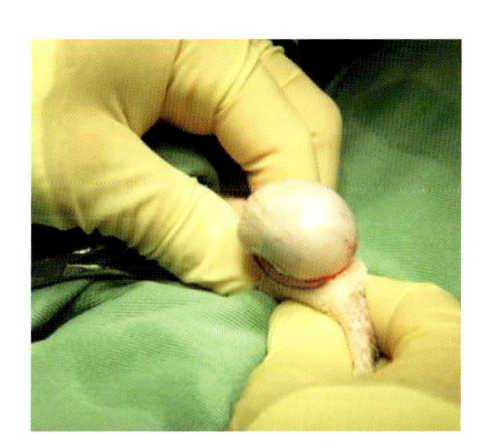

図6-203　両側の指を用いて絞るようにして精巣を露出する。

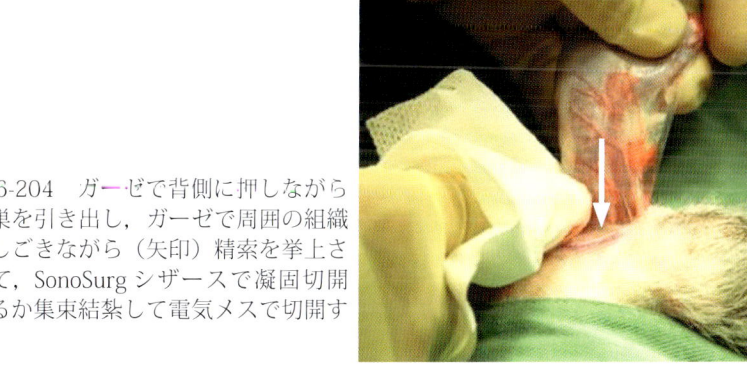

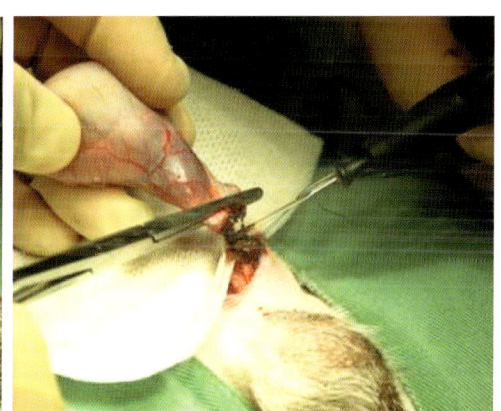

図6-204　ガーゼで背側に押しながら精巣を引き出し，ガーゼで周囲の組織をしごきながら（矢印）精索を挙上させて，SonoSurgシザースで凝固切開するか集束結紮して電気メスで切開する。

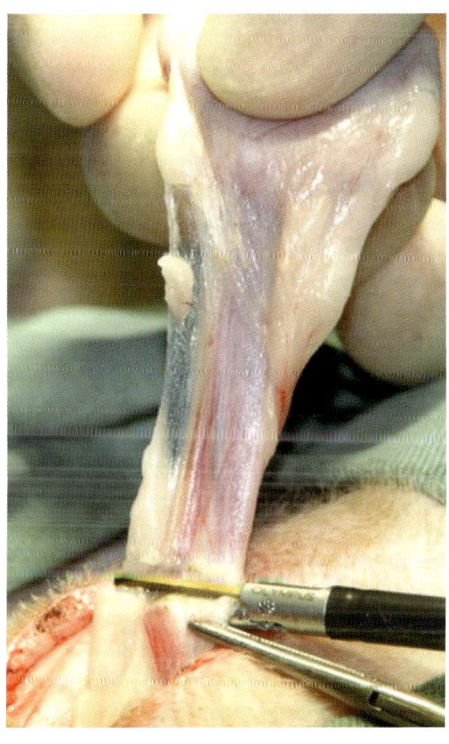

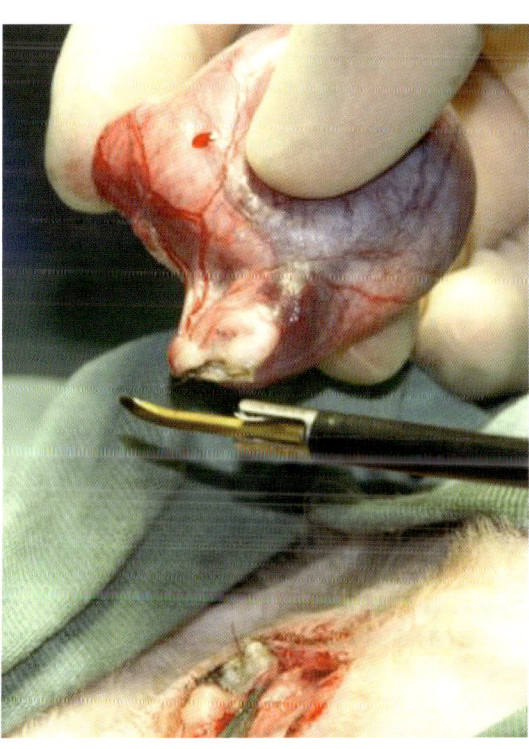

図6-205　SonoSurgシザースで数回シーリング（白濁部分）してから中央部を凝固切開する。

2）精巣摘出

SonoSurg シザースに頼りすぎると思わぬミスを起こしてしまう

　筆者らは精巣縫線上の皮膚にメスを入れた場合，誤って実質を切開してしまう恐れがあるので，精巣が巨大化あるいは皮膚に固着している場合は，鼠径部の基始部から両側の精巣を摘出することにしている。亀頭部の尿道口からやや太めの尿道カテーテルを挿入し，術中に誤って尿道を切断しないように予めカテーテルを触診して確認しておくと安心である。

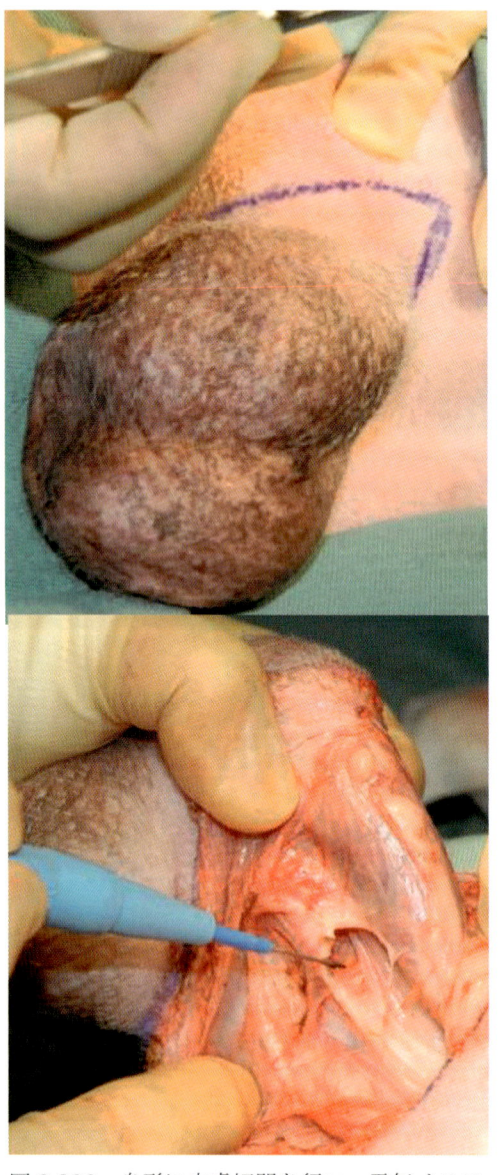

図 6-206　舟形に皮膚切開を行い，電気メスで周囲の組織をトリミングする。

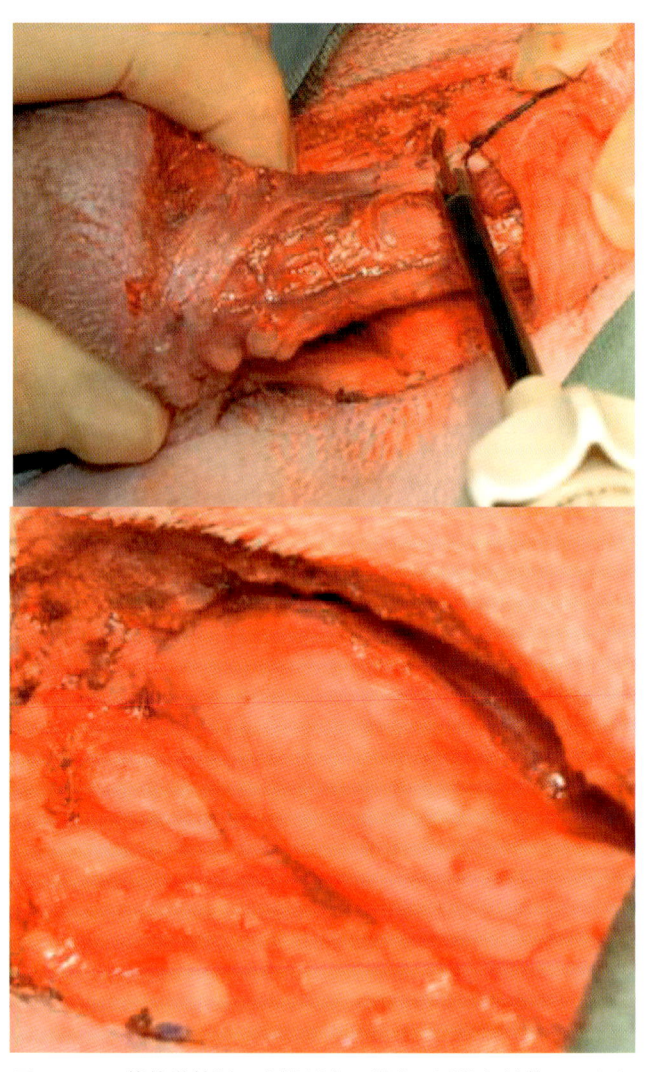

図 6-207　蔓状動静脈の血管が太い場合は近位を結紮してから SonoSurg シザースで凝固切開する（中型犬の場合はほとんど無結紮で処理している）。

外科手技

　精巣の基始部にマーカーペンで舟形に切開線を描き（図 6-206），切開線に沿って皮膚をメスで切開する。次いで右手で精巣を挙上しながら左手にガーゼを取り人差し指で周囲の脂肪組織を背側にしごくようにすると精索が確認できる。周囲の組織を電気メスや SonoSurg シザースで処理しながら（図 6-207）精索を確保し，精巣の蔓状動静脈が太い場合は，近位で貫通結紮を行い SonoSurg シザースで凝固切開する。亀頭部の陰茎骨の尾側に尿道が走行してい

るのでSonoSurgシザースを用いて組織を凝固切開する場合は，必ず術前に挿入した尿道カテーテルを確認して注意深く操作していくことが必要である。次いで片方の精索を確認して同様な方法で精巣を摘出する。定法に従って皮下織，皮膚を縫合して閉鎖する。

手術のKey Point

- 親指と人差し指で精巣を絞るように引き出す。
- ガーゼを用いて総鞘膜を剥離しながら精巣を引き出す。
- 鉗子をかけてから精索の凝固切開を行う。
- 尿道カテーテルを皮膚から触診して尿道走行を確認しておく。
- 鼠径部における基始部の切開時は，トンネリングしながら血管走行を把握する。

3) 腟腫瘤の摘出

**腟腫瘤の大きさに惑わされず
"腫瘍"の発生部位を突き止めろ！**

筆者らは今まで腟や会陰部に大きく巨大化した腫瘤や腟粘膜に隆起しているポリープ状のような様々な腫瘍に遭遇してきた。若い先生や経験の少ない先生方は，まずその腫瘍の大きさに驚くはずである。しかし，腟腫瘤は意外と簡単に摘出できるものが多いということを念頭に入れながら，大きさにとらわれず腫瘍の発生部位を精査することが重要である。腟の構造はパイプ状になっているため，腫瘍が漿膜面および粘膜面から隆起しているのかあるいはその深さや位置，破砕してはいけない外尿道口なども含めて，巨大化した腫瘍の実態を知ることが可能であれば，その術式を設計図に描くだけである（図6-208）。切開したらその構造を再チェックするため左手で腫瘤の周囲や基部を触診しながら状態を瞬時に把握していくことが必要である。

外科手技

会陰切開

患者は腹臥位に保定し，尾は頭側へ固定紐で牽引する。皮膚切開は，肛門（外肛門括約筋）の下から陰部（背側陰唇口連）までをメスを用いて行う（図6-209）。外陰部と平行にして前庭内に長鉗子を両側に挿入し，それをガイドとして電気メスで全層を切開していく。切開終了後，腫瘍が露出される（図6-210）ので，腟・前庭内を探査し，外尿道口が確認できたら尿道の損傷を防ぐために太めの尿道

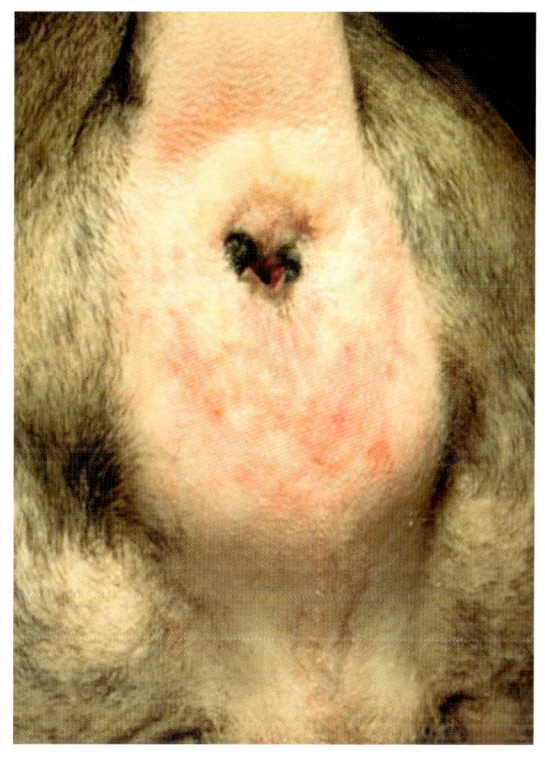

図6-208 腟上部に腫瘤

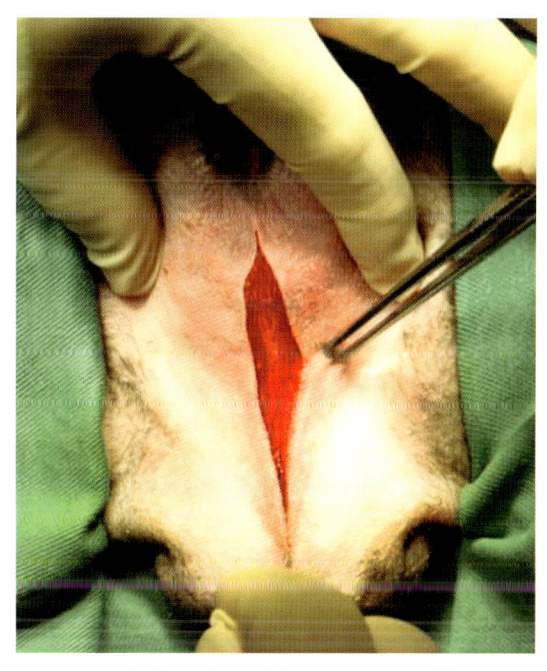

図6-209 肛門直下から陰部の直上まで切開を入れる。

カテーテルを設置する。外尿道口は腟腫瘤の発生部位あるいは大きさによりその位置が下部あるいは側面などに変位することがあるから注意する。

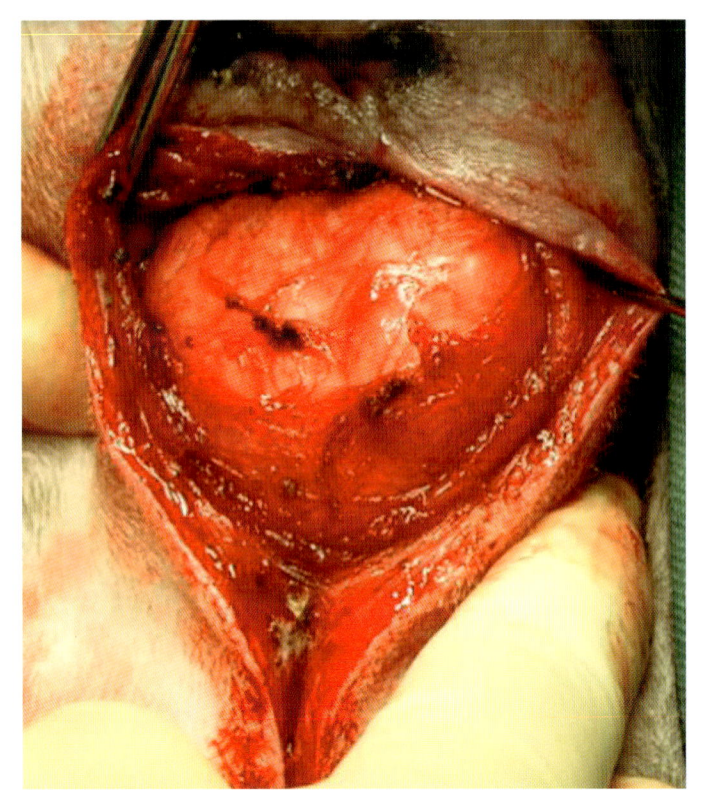

図 6-210　会陰切開により露出した腫瘤

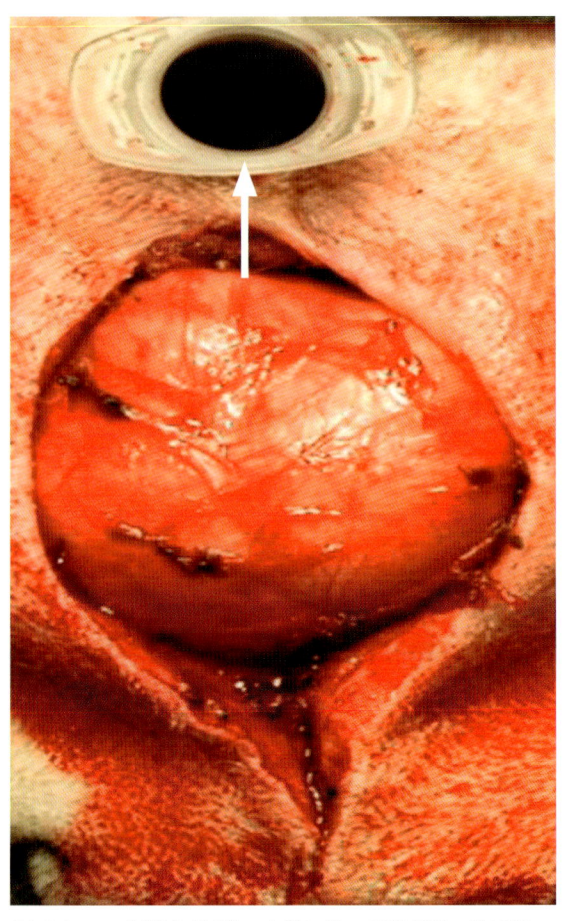

図 6-211　肛門からディスポシリンジを挿入（矢印）

腫瘍切除

　腫瘍が大きいからといってむやみに切開を広げる必要はない。特に腟内に発生しているポリープ状の腫瘍は腟を親指と人差し指で両側から絞るようにすると腟内から押し出されてくることが多い（図6-212）。腟の漿膜から発生している場合は直腸内にその大きさに見合ったディスポシリンジを挿入して（図6-211），腫瘤と周囲の組織を電気メスやSonoSurgシザースを用いて丁寧に剝離していく。しかし，腫瘍の発生部位により手術の術式がやや異なることがあるため，その腫瘍がどこの部位から発生しているのかを突き止め，その腫瘍と周囲との関連性をしっかりと把握することが重要である。腫瘍の発生部位が腟の漿膜面から隆起しているのかそれとも粘膜面か，背側部か左右の横側か腹側部の下部か，これらは何時方向に形成しているかなどを正確に把握しなければならない。仮に粘膜に隆起してくる場合は，腫瘍の大きさにより表層の粘膜が極めて菲薄になり腫瘍と一体化していると思われるが粘膜下織と区分されていることが多い。腫瘍の表面（粘膜）にメスで切れ目を入れると内部から腫瘤が露出される（図6-213）。そこで必要な粘膜を残して腫瘍を基始部から摘出する。また，外尿道口周囲の粘膜は術後における排尿の汚染や炎症を防ぐためできる限り残す（図6-213，6-214）。肛門から直腸内に挿入しているディスポシリンジを目安に腟と直腸の境界部を確認し，直腸と腟の漿膜面を丁寧に剝離して，直腸を裂開してはいけない。術後切開部が把握できなくなる場合があるので，切開部の両端，中央部，下部に支持糸を予め掛けておくと縫合時に筋層や皮膚のずれが起こらない。

閉　鎖

　腫瘍摘出により生じた死腔は，3-0吸収性縫合糸を用いて，外尿道口周囲の支持糸を予め掛けておいた腟粘膜を寄せて塞ぐように単純結紮縫合を行う。腟粘膜・筋層・皮下織を背側から単純結紮縫合した後，3-0非吸収性縫合糸で皮膚を単純結紮縫合する（図6-214）。

泌尿生殖器系

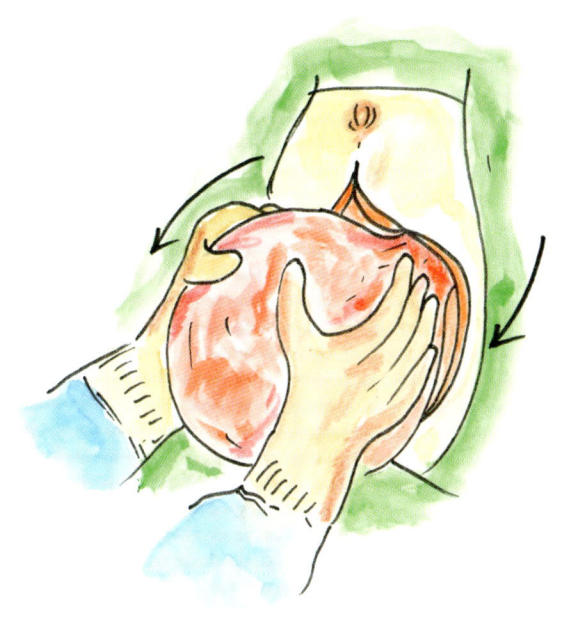

図6-212 両手を腟内に挿入して腫瘍を創外に引き出してくる。（イラスト：伊藤　博）

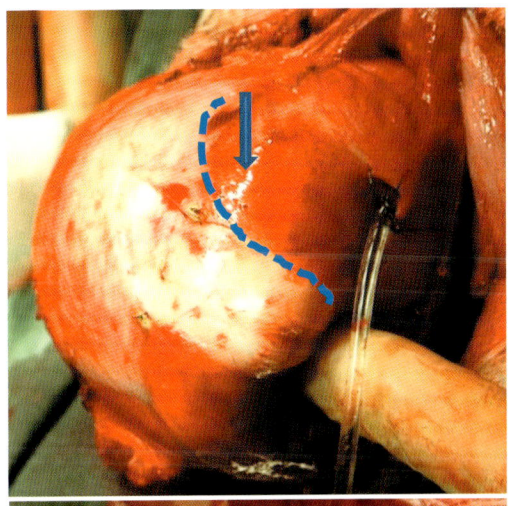

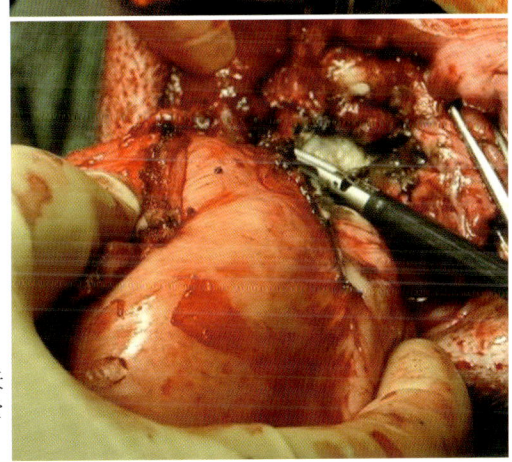

図6-213 外尿道口の周囲粘膜（矢印）を確保するともに腫瘍の基部をSonoSurgシザースで凝固切開する。

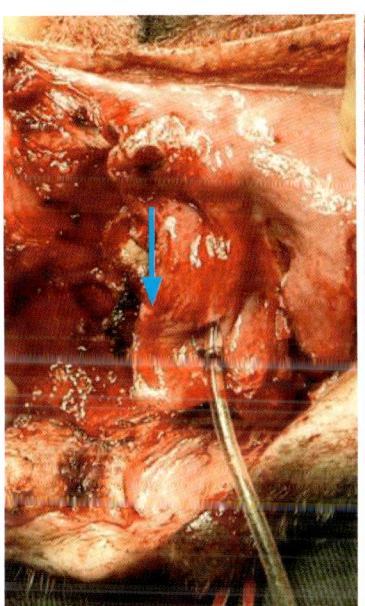

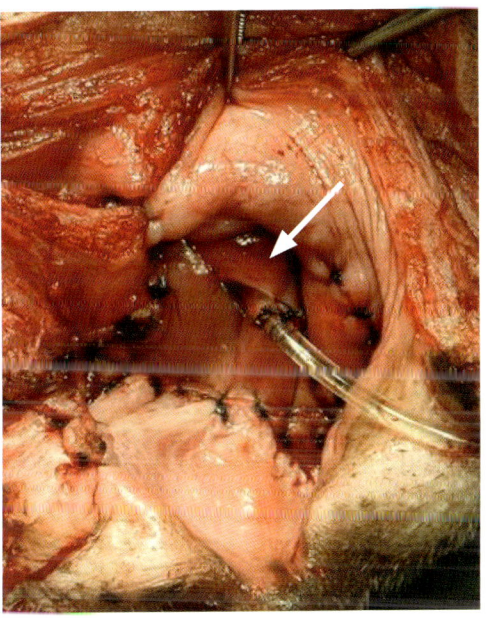

図6-214 外尿道口の周囲粘膜（青矢印）を縫合し，外尿道口を保護する（白矢印）。

❖ 手術のKey Point
- 腫瘍の発生部位を確認して周囲との関連性を把握する。
- 外尿道口を確認する。良性の場合は周囲の粘膜を残す。
- 巨大な腫瘤は表面を被覆している粘膜を菲薄させるため，組織の一部として認識しやすいが，外尿道口の必要な表層の粘膜はメスで切開して残す。
- ディスポシリンジと支持糸は術中の大きなポイントである。
- ポリープ状の腫瘍は，腟内から指を用いて創外に引き出す。

4）膀胱腫瘍の摘出

腹腔外への尿管開口─雄・雌との違い

外科手技

開　腹

患者を仰臥位にして保定する。尿道にバルーンカテーテルを入れておく。臍部から恥骨前縁まで腹部正中切開を行う。雄犬では正中に陰茎があるため，皮膚切開は陰茎に添って行い，浅後腹壁動静脈を吸収性縫合糸で結紮し切断するか，SonoSurgシザースで凝固切開する。剥離鉗子やメッツェンバウム鋏で皮下織を腹筋直上まで鈍性剥離を進める。止血は電気メスで行う。アリス鉗子や腹膜鉗子を用いて腹膜を持ち上げ，メス刃先で白線上に小切開を加えてから，外科鋏や電気メスで白線を尾側方向に切開する。なお，白線は尾側に向かうほど見え難くなるので注意する。膀胱が腹壁に癒着している場合があるので指を挿入して確認しながら慎重に行う。

膀胱ポリープの摘出手技

膀胱ポリープは乳頭状に発生していることが多く，その数や形状も一様ではない。乳頭状の先端から常に出血を繰り返し，膀胱炎などを併発している。ポリープの周囲に生理食塩水を注入して（図6-215）圧を加えると容易に筋層から粘膜が押し上げられ切除がしやすくなる（図6-216）。ポリープが筋層から浮いた底辺をレーザーメスか電気メスのエンドカット（株式会社アムコ）を用いて丁寧に切除していく（図6-217）。切除範囲が広範に及ぶ時は粘膜を4-0のマキソンで単純結紮する。

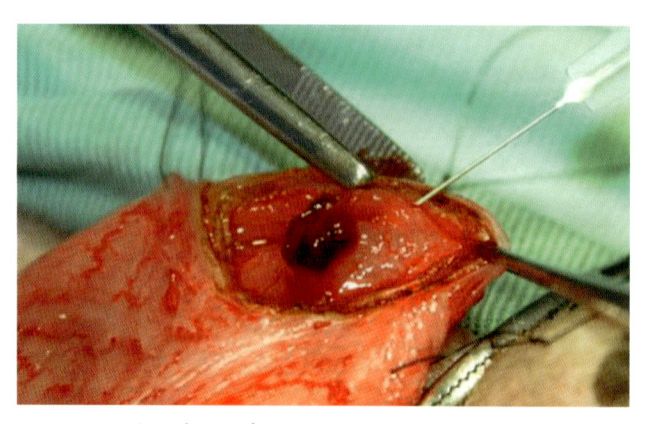

図6-215　膀胱ポリープの周囲に生理食塩水を注入している。

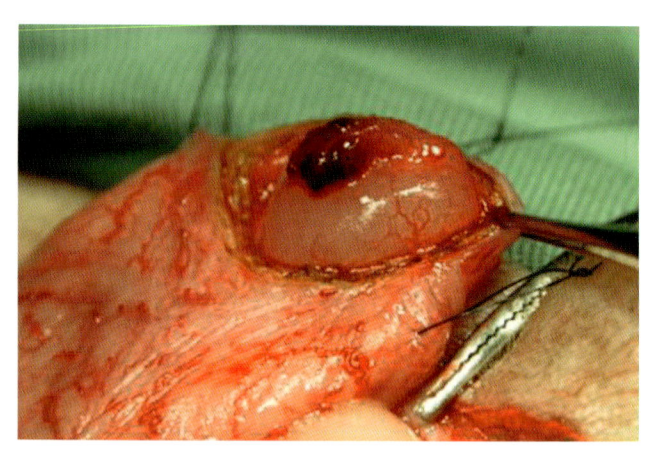

図6-216　ポリープの周囲が生理食塩水の圧により押し上げられている。

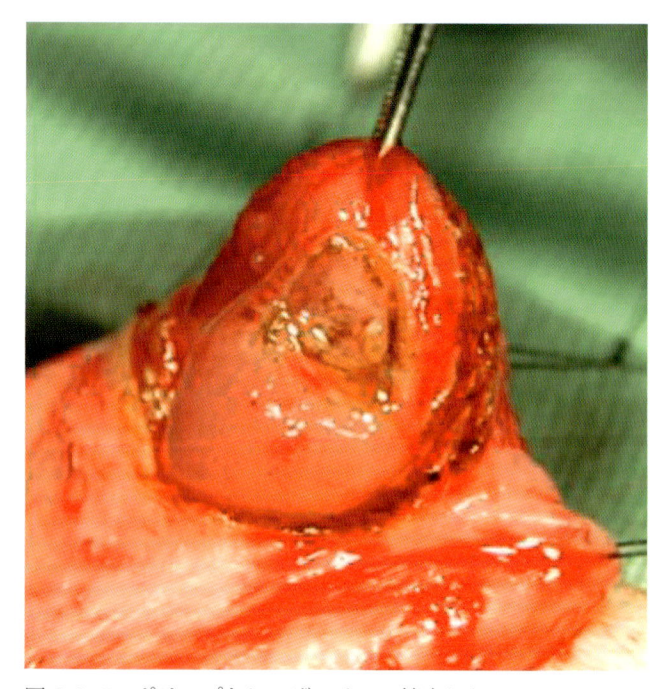

図6-217　ポリープをレーザーメスで摘出した。

膀胱・前立腺・尿道の摘出手技

膀胱を反転して三角部の付近に腎臓から膀胱内へ走行している尿管を確認する。脂肪が尿管を覆っていることが多いため尿管開口部の位置を予め想定しておくことが重要である。膀胱の尿管開口部が確認できない場合は，腹腔内の尿管を確認して膀胱側に辿るとよい。次いで膀胱の先端と両側に支持糸をかけて反転し，膀胱三角部の尿管の切断端に支持糸かけて膀胱側から切離する。次いで尿管の太さに応じた栄養カテーテルを挿入して両側の尿管を保持する。

尿管カテーテルは腎臓からの出血を防止するため予め腎門部の手前まで長さを測ってから静かに挿入する。

　雄の場合は臍動静脈および前立腺動静脈から走行している前膀胱動静脈，後膀胱動静脈，精管動静脈などをSonoSurgシザースで凝固切開していく。尿道内に腫瘍が広範に浸潤している場合は，周囲の分岐血管を目視しながらSonoSurgシザースで凝固切開を繰り返していく。また，腫瘍が恥骨内に発生している場合は，筋層の筋膜を破綻しないように恥骨の中央部から切離して，骨膜剥離鉗子で恥骨から筋層を丁寧に剥離して恥骨を完全に露出する。恥骨に予め離断する部位の左右にワイヤーで締結するための孔をドリルで開ける。その際，恥骨の背側にある腫瘍にドリルが穿孔しないようにスパーテルを恥骨の背側に挿入すると安全である。左右の孔の間をドリルカッターあるいはソノペットで離断する。腫瘍の周囲をSonoSurgシザースで凝固切開しながら遊離する（図6-218〜図6-220）。腫瘍の浸潤程度を観察しながらできる限り拡大切除を行う。その後，恥骨を元の位置に戻して孔にワイヤーを通してしっかりと締結する（図6-221）。筋層は，単純結紮を行うと筋層が切れ易くなるため，水平マットレスを筋層の筋膜に深くかけて筋層を寄せるように縫合する。

　雌の場合は前膀胱動静脈および腟動静脈から分岐している後膀胱動静脈，尿道動静脈をSonoSurgシザースで処理

図6-219　遠位部の尿道腫瘍

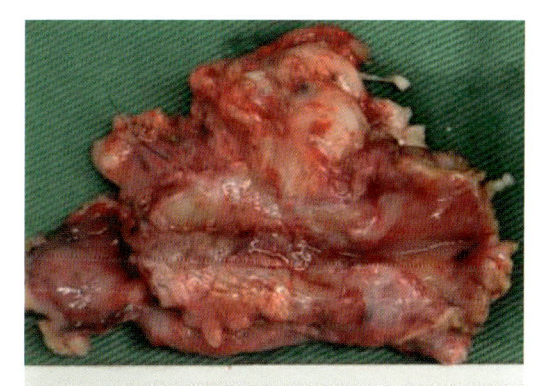

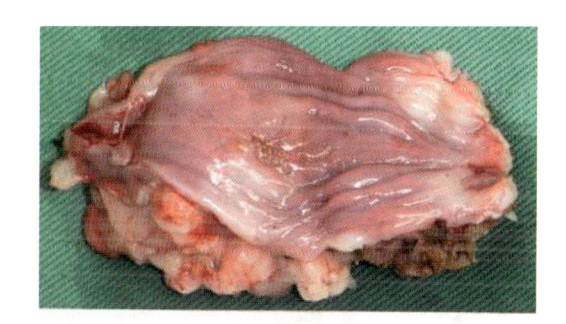

図6-220　近位部の尿道腫瘍

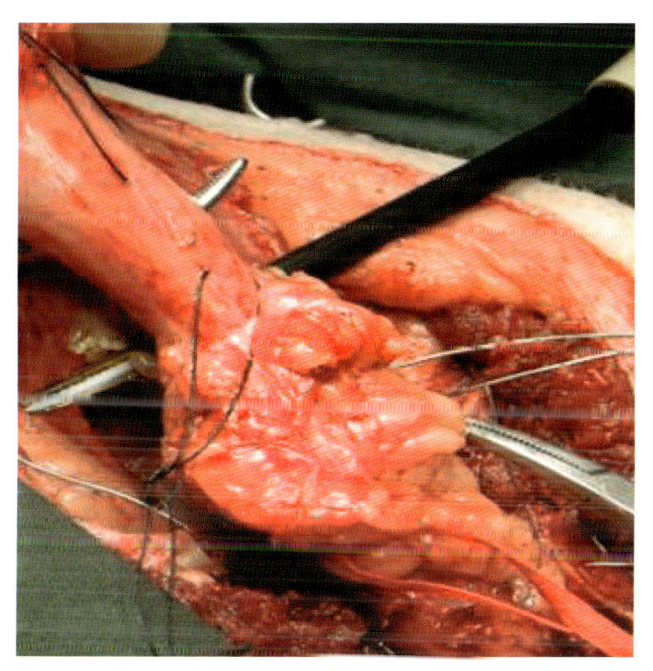

図6-218　恥骨背側部に発生した腫瘍（恥骨摘出）

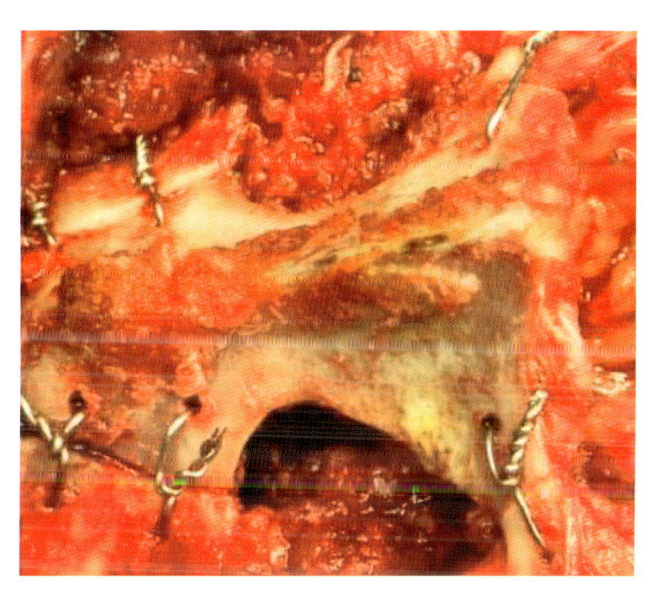

図6-221　腫瘍摘出後に恥骨をワイヤーによって締結した。

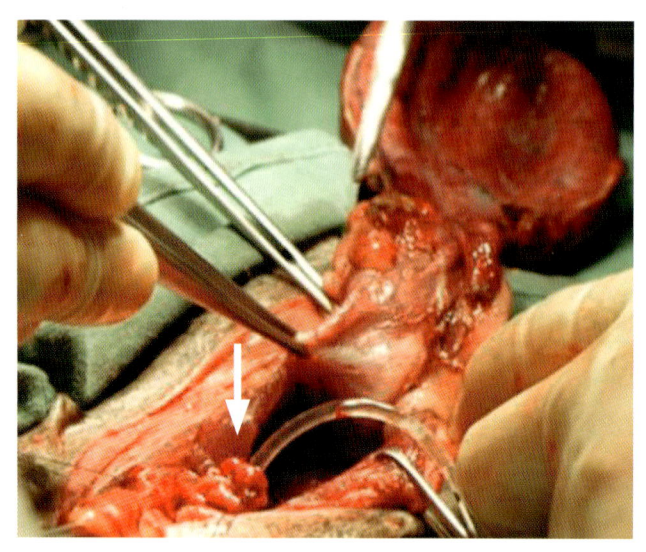

図 6-222　膀胱および尿道に腫瘍が浸潤している。尿管を切断してカテーテル（矢印）を腎臓側に挿入している。

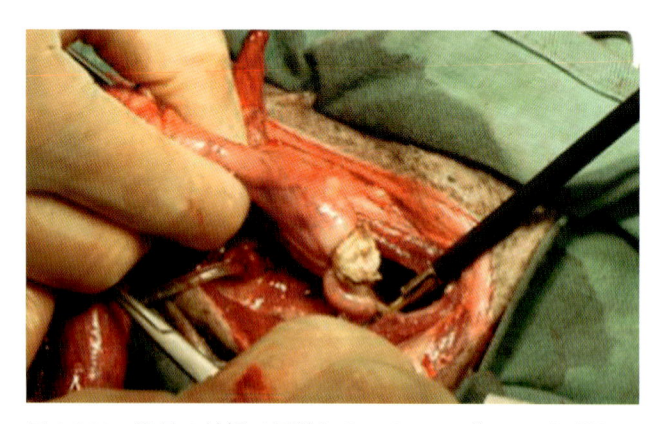

図 6-223　恥骨の前縁で尿道を SonoSurg シザースで切断している。

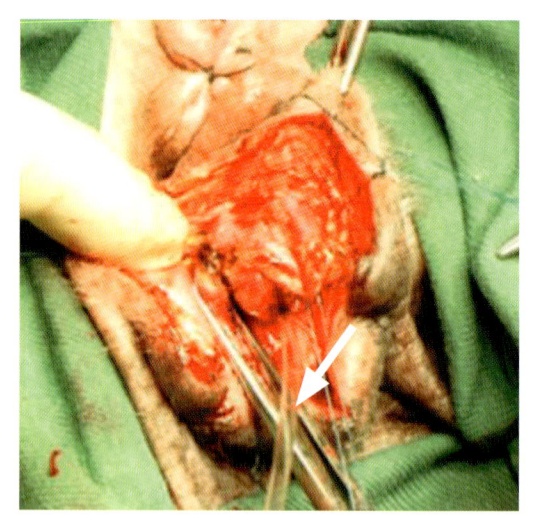

図 6-224　陰部側の腟から摘出する（矢印：尿道カテーテル）。

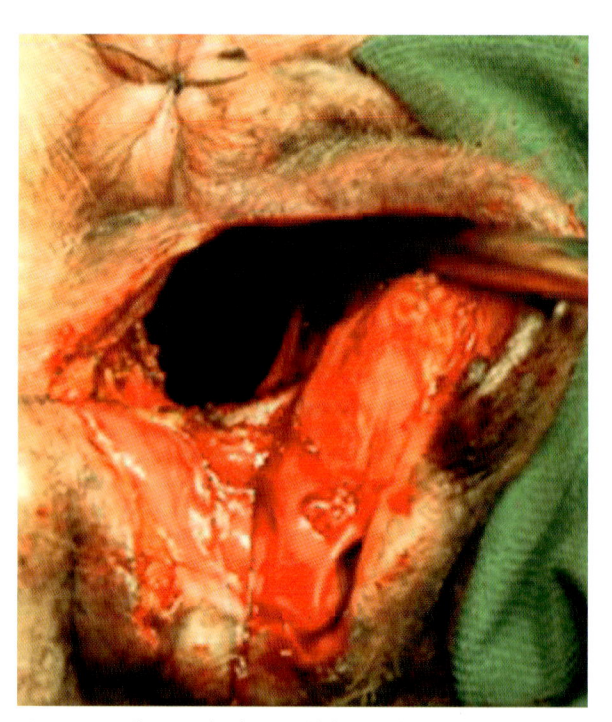

図 6-225　腟および一部の尿道含めて全摘出を行った（陰部側）。

していく。いずれも左手を用いながら膀胱および尿道の近位で血管を処理することが重要である。尿管への腫瘍の浸潤程度を膀胱粘膜側あるいは尿管の漿膜側から観察して切離部位を決定する。尿管を鋭利な鋏あるいはメスで切離してから，なるべく太めの栄養チューブを尿管内に挿入して仮固定を行う（図 6-222）。腫瘍が膀胱から尿道，腟へと浸潤している場合は，予め尿道のガイドとして尿道カテーテルを挿入する。尿道の腫瘍が恥骨内に達していないと判断した場合は，できるだけ恥骨の前縁で離断する（図 6-223）。

　全層の尿道を摘出する場合は，陰部側からアプローチして腟を摘出後（図 6-224），恥骨遠位部の尿道を SonoSurg シザースを用いて周囲から剥離して遊離する。次いで腹腔内から恥骨を除去しないで尿道を骨盤結合部の周囲から SonoSurg シザースで凝固切開を進めて筒状に引き抜いてくる（図 6-225）。尿道内の腫瘍が周囲の組織に浸潤し固着している場合は，恥骨を除去して周囲の組織からできるだけ子宮および腟も含めて広範囲に拡大切除をしなければならない。

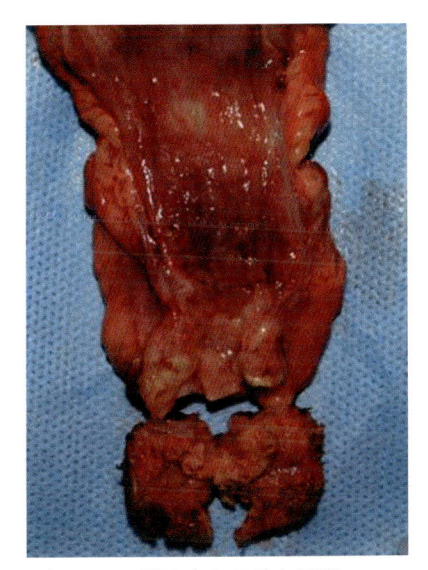

図 6-226　摘出された腟と尿道

腹壁への尿管開口

　支持糸で保持している尿管によじれや緊張をかけないようにして腹腔外へ（第4～5乳腺付近）開口する（図6-227）。腹膜－腹横筋－腹直筋から皮膚をメスで切開して孔を開け尿管の支持糸を通す。再度，尿管に栄養カテーテルを挿入して鋭利なメスを用いて尿管の開口部をトリミングして鋏あるいはメスで三角に切り込みを入れて，頂点と両側縁の3か所を皮膚に縫合する。縫合糸は皮膚から皮下織の筋肉－尿管の漿膜－筋層－粘膜と順に糸を通して皮膚と単純結紮縫合する。
　挿入されたカテーテルは，尿管開口部近くの皮膚に結紮固定し，抜けないようにチャイニーズフィンガートラップを掛けておく。カテーテルは数日間留置し，術創と尿量が安定したら抜去する。

　尿道は尿管と異なり膀胱三角部に括約筋が存在するため，膀胱に尿が貯留したら尿意を感じるため腹筋力により自力で排尿調節が可能となる。膀胱側の尿道に腫瘍が浸潤していない場合は，なるべく尿道を残すことにより生活の質（QOL）は向上すると思われるが，再発も含めてインフォームドコンセントは重要である。

包皮内への尿管開口の作製

　雄の場合も雌と同様に左右の尿管を確保して膀胱摘出を行う（図6-228）が，尿管を包皮内に開口する方法が適している（酪農学園大学：廉澤教授）。包皮内の洗浄・消毒を行い，包皮の正中切開を行う（図6-229）。亀頭部の陰茎骨の遠位尿道部分を電気メスあるいはSonoSurgシザースで凝固切断する（図6-230）。切断部分を単純縫合か十字縫合を行って閉鎖する（図6-231）。包皮粘膜をメスで切開して孔を作製し，腹腔内から鉗子を用いてトンネルを作製して尿管の支持糸を挿入しながら包皮内に引き込んでくる。尿管は術後の狭窄を防止するために三角に切り込みを入れて4-0のマキソンを用いて周囲を単純縫合して粘膜面に開口する（図6-232，6-233）。
　次いで栄養カテーテルあるいは尿管ステントを装着してから包皮粘膜を単純縫合して皮膚をナイロン糸で閉鎖する。尿管ステントが外れないように包皮粘膜の先端に軽く縫合しておくとよい（抜糸可能な部位）。栄養カテーテルあるいは尿管ステントは1週間程度，縫合部が安定するまで装着しておく（図6-234～図6-236）。

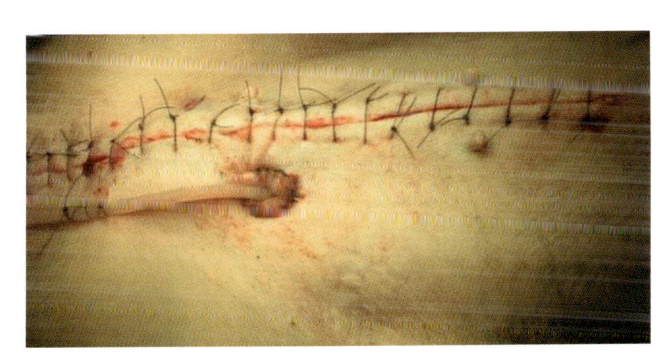

図 6-227　体外への尿道開口部（尿道カテーテル挿入）

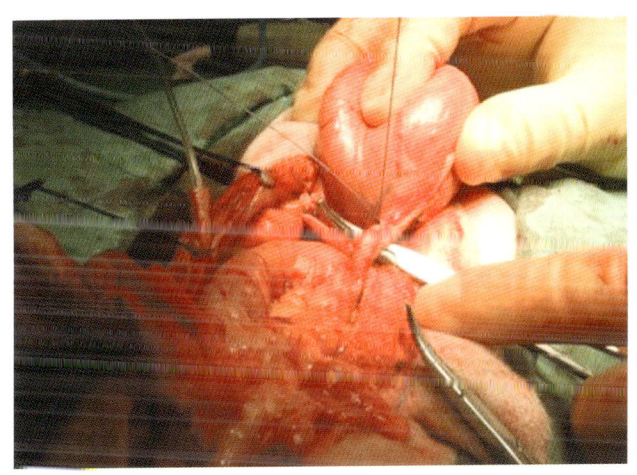

図 6-228　左右の尿管を確保して膀胱を摘出する。

180　第6章　手術手技の実際

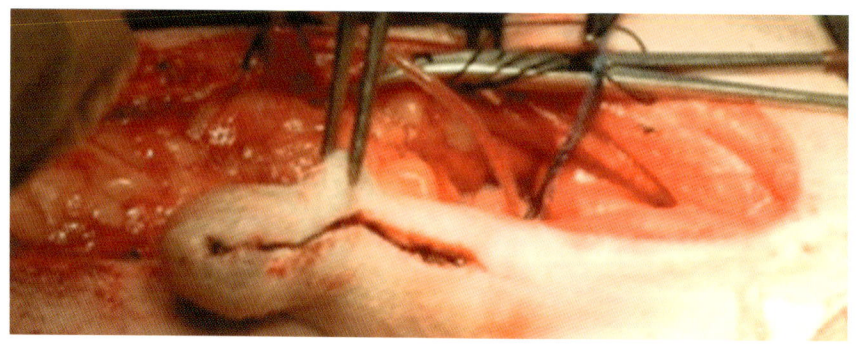

図6-229　包皮を正中切開して左右に開く。

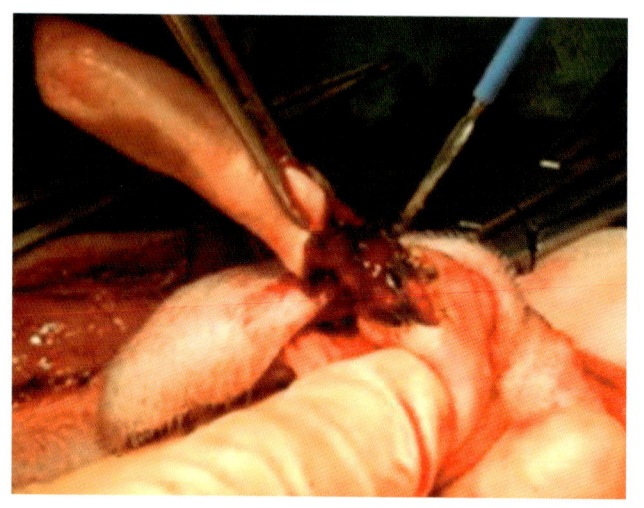

図6-230　亀頭部の切断

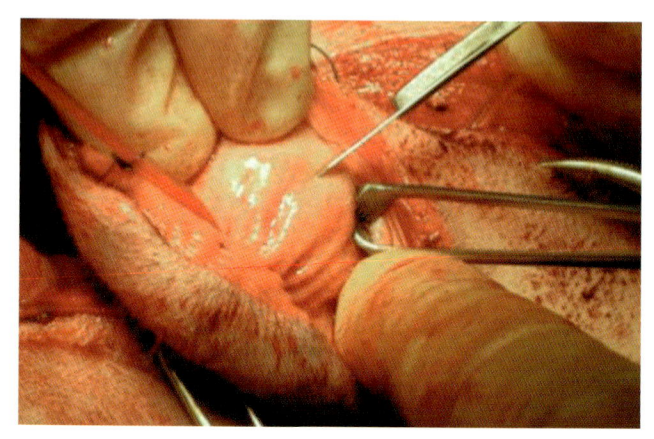

図6-232　包皮粘膜の切開（トンネル用の孔の作製）

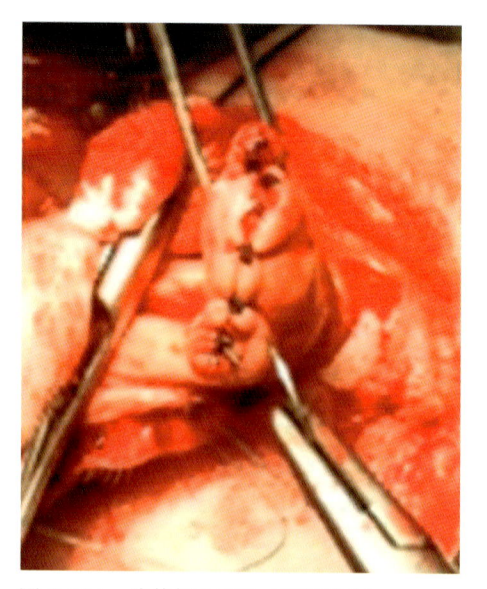

図6-231　陰茎部の閉鎖（単純縫合）

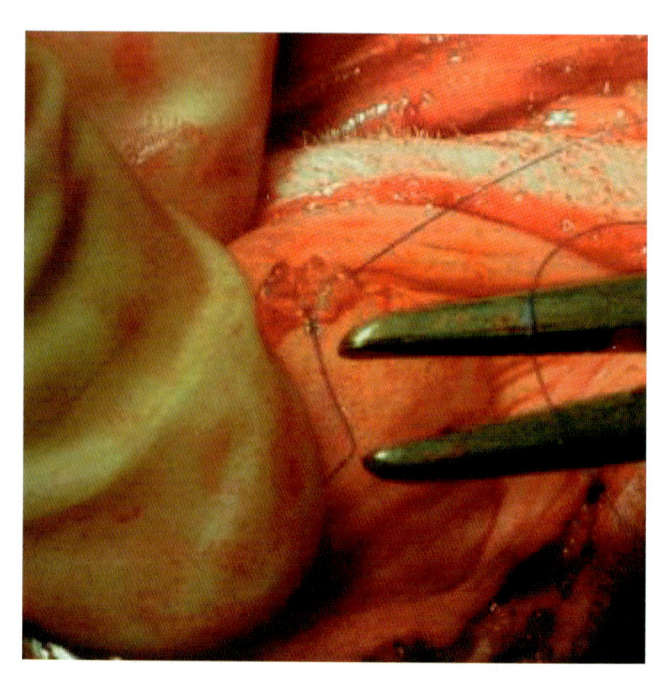

図6-233　包皮粘膜への尿管開口部の縫合

泌尿生殖器系

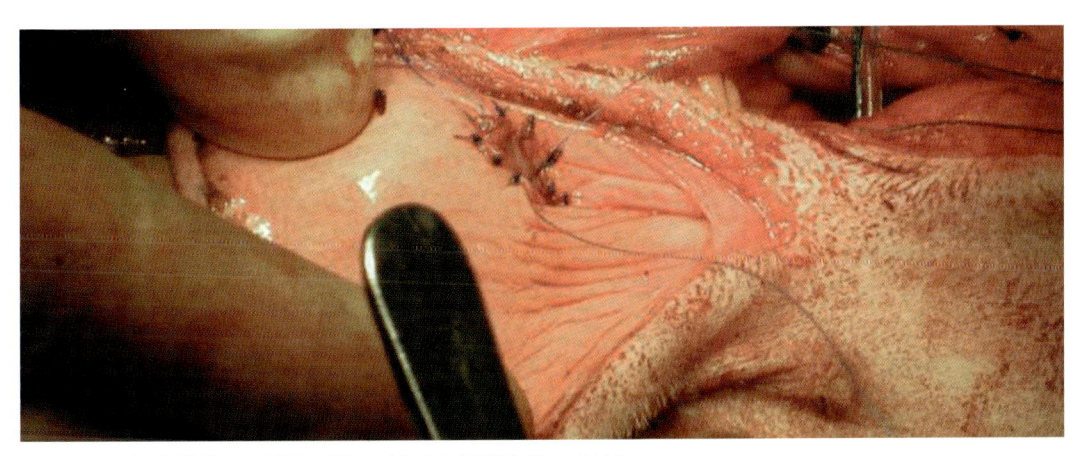

図6-234　包皮粘膜への尿管の開口（左右に尿管を開口する）

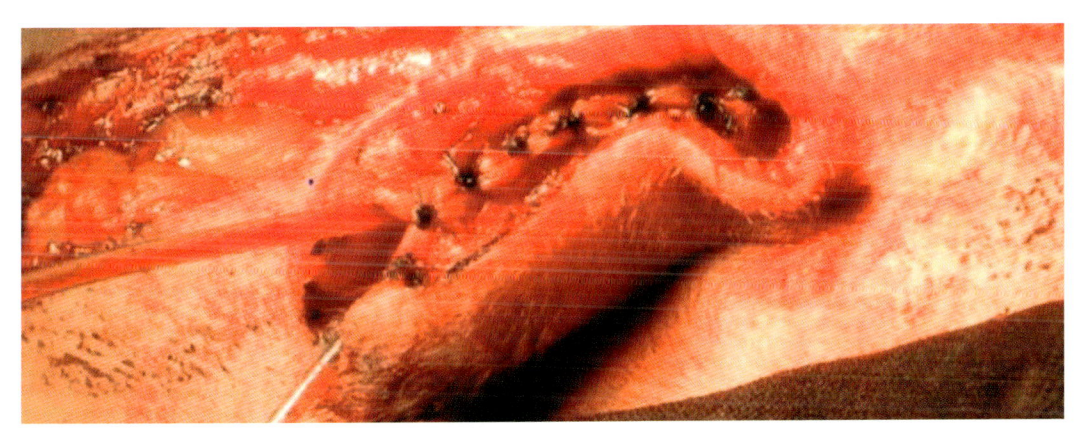

図6-235　包皮粘膜の閉鎖を行い皮膚縫合する（単純結紮縫合）。

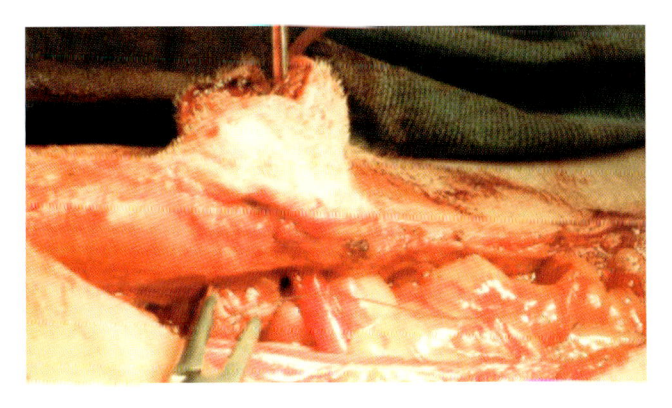

図6-236　切開部を単純縫合する。

手術の Key Point
- 尿道はできるだけ活かす（再発の定期検診が必要）。
- 尿管の中心に切れ込みを入れ三角形に開く。粘膜面を過度に露出させると術後に思わぬ出血を呈することがある。
- 三角部の頂点における粘膜面は，しっかりと皮膚上に固定する。
- 尿管には予め尿管ステントを入れてよじれないように装着する。
- 尿管ステントは腎臓までの長さを測定し，入れ過ぎないように注意する。尿に出血があれば少し抜く。
- 尿管をなるべく筋層や腹膜などに固定しないようにする（尿管が裂けることがある）。
- 尿管ステントは，約1週間挿入しておく。
- 体外の尿管開口部の周囲は，毛を刈り1日数回皮膚を洗浄消毒して常に清潔に保つ。
- 雄の包皮内は生理食塩水で洗浄後，弱酸性水（ジャームブロック）またはグルコン酸クロルヘキシジンで消毒する（2回/日）。

5）腎　臓

腎臓は腎動脈と腎静脈と尿管を確認する！

腎臓摘出術は，腫瘍以外でも水腎症，重度な外傷，内科的治療では修復困難な腎盂腎炎など多くの要因が挙げられる。対側の腎機能を糸球体濾過率（GFR）や排泄尿路造影，超音波検査などで評価することが重要である。腎臓腫瘍は，部分的な腫大や全体が腫瘍で巨大化することもあり，様々な形態を呈する。腎臓の腫瘍は隣接臓器との癒着や，稀に後大静脈内へ伸展することもある。術前にはCT検査や超音波検査などから腎臓腫瘍と血管走行あるいは隣接臓器との関連について詳細な情報を得ることが必要である。

外科手技

開　腹

患者は仰臥位にして保定する。剣状突起から恥骨前縁まで尾側に向かって腹部正中切開を行う。雄犬では陰茎に向かっている浅後腹壁動静脈があるので皮膚を切開する場合は，注意しなければならない。横に走行している浅後腹壁動静脈を確認後，SonoSurg シザースで凝固切開する。小型犬は電気メスのバイポーラ若しくはスプレーによる凝固切開も可能である。剥離鉗子やメッツェンバウム鋏で皮下織を腹直筋の直上まで鈍性剥離を進める。止血は電気メスあるいはバイポーラを用いる。アリス鉗子や腹膜鉗子を用いて皮膚を持ち上げ，メス刃先で白線上に小切開を加えてから，外科鋏や電気メスで白線を頭尾側方向に切開する。

腎臓へのアプローチ

右腎は十二指腸を側方に，左腎の場合は下行結腸を側方に移動させると腎臓を露出することができる。

腎血管の分離と凝固切開

腎静脈の血管壁は薄いので要注意！

綿棒やガーゼなどを用いて腎周囲および腎門部の脂肪を慎重に剥離していく。また，脂肪をキューサーを用いて吸引することも可能である。脂肪が除去されると，血管壁の薄い腎静脈とその背側に血管壁の厚い腎動脈が頭側部の背側に認められる。腎動脈は，その本数や分岐の走行に個体差がみられるので目視しながら確認する。また，避妊・去勢を実施していない場合は，卵巣静脈および精巣静脈の血管も併せて確認する必要がある。

次いで尿管を確認したら，腎動脈と腎静脈の間に慎重に剥離鉗子を挿入してトンネリングを行い，バイクランプで動脈の血管をシーリングした後，SonoSurg シザースを用いて血管を切断する（図6-237，6-238）。小型〜中型犬ではSonoSurg シザース（70%）で十分凝固・切開が可能であるが，心配であれば数回繰り返し凝固を遠位部と近位部に行い，最後に中央部を切開する。続いて，腎静脈を同様に結紮・切断を行うが，腎静脈は血管壁がしっかりと三層構造になっていないのでSonoSurg シザースで数回凝固してから中央部を凝固切開するとよい。また，切開部の血行を遮断せずに凝固すると血管がバルーン状になるため，凝固部位は血液を絞るようにして凝固範囲を広くとり凝固切開する。血管の処理は腎臓に流入してきた血液が腎臓に

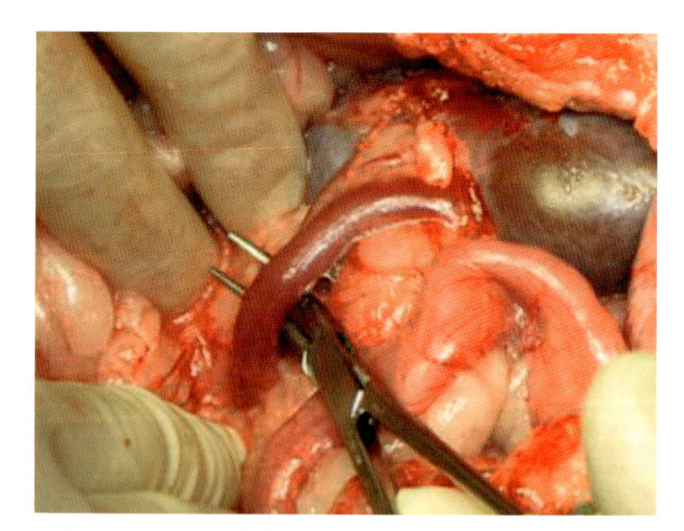

図6-237　腎静脈の分離

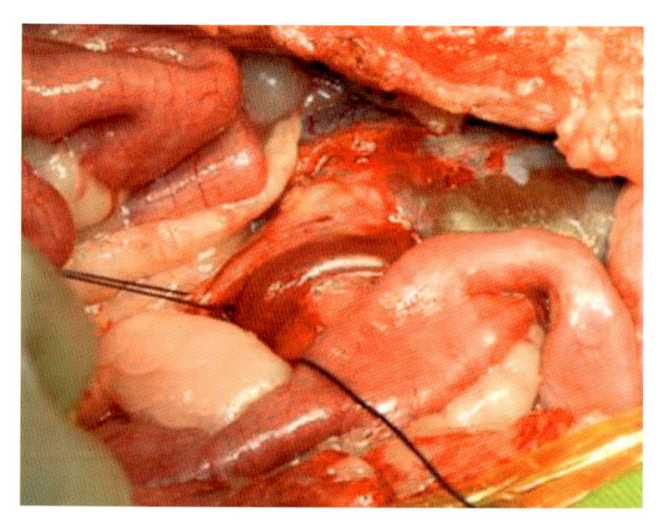

図6-238　腎動脈の分離

鬱滞して大きく腫大するため，必ず動脈側から処理する。最後に腰下部の付着部を左手を用いながら細部の血管を引きちぎらないように剥離して電気メスあるいはSonoSurgシザースで凝固切開を行っていく。

尿管の分離

綿棒で尿管周囲を丁寧に分離していく。膀胱近くで尿管を結紮しSonoSurgシザースで切断する。雄犬では誤って精管を結紮・切断しないように注意が必要である。

腹腔洗浄・閉腹

温めておいた生理食塩水で腹腔を洗浄する。出血がないことを確認してから，通常通り腹膜，筋層，皮下織，皮膚の順番に閉鎖する。

❖ 手術のKey Point

・後大静脈あるいは腎動脈などの癒着は，綿棒などを用いて慎重に剥離する。
・癒着血管からの細い分枝血管もSonoSurgシザースやバイポーラを用いて処理を行いなるべく破砕してはいけない。出血により周囲組織との関連性が把握できなくなる。
・後大静脈からの横隔腹静脈の分岐は脂肪で見え難いこともあるため後大静脈の分岐を起点にして確認すると探しやすい。

6）腎臓腫瘍の後大静脈への伸展

開けてびっくり！こんなはずじゃなかったのに

外科手技

手刈りは腫瘍の大きさにより横切開ができるように準備する。患者は仰臥位に保定し，術式は腎臓摘出と同様な方法で行う。正中切開を行い腫瘍が大きすぎるときは横切開を施し視野を広く保つ。腫瘍は壊死や血腫の部分があるため，表面は破れやすく，鉗子や手などにより思わぬ出血を起こすことがあるため慎重に取り扱わなければならない。腎臓と隣接している臓器あるいは血管走行を注意深く観察して，癒着した大網などをSonoSurgシザースで剥離していく（図6-239）。重要な部位は後大静脈や腹大動脈の基始部で，大血管から多くの栄養血管を取りこんでいるため綿棒や剥離鉗子を用いながら電気メスやSonoSurgシザースで丁寧に血管を処理していく。出血は周囲の環境を消してしまうためなるべく出血は抑えることが重要である。腫瘍が壊死部や血腫などで破れやすくなっているときは，

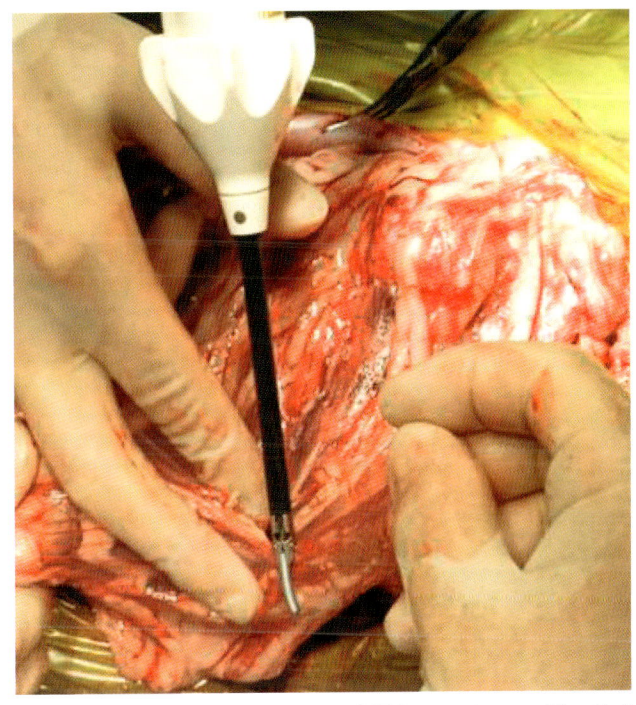

図6-239　腎臓腫瘍を覆っている大網をSonoSurgシザースで剥離していく。

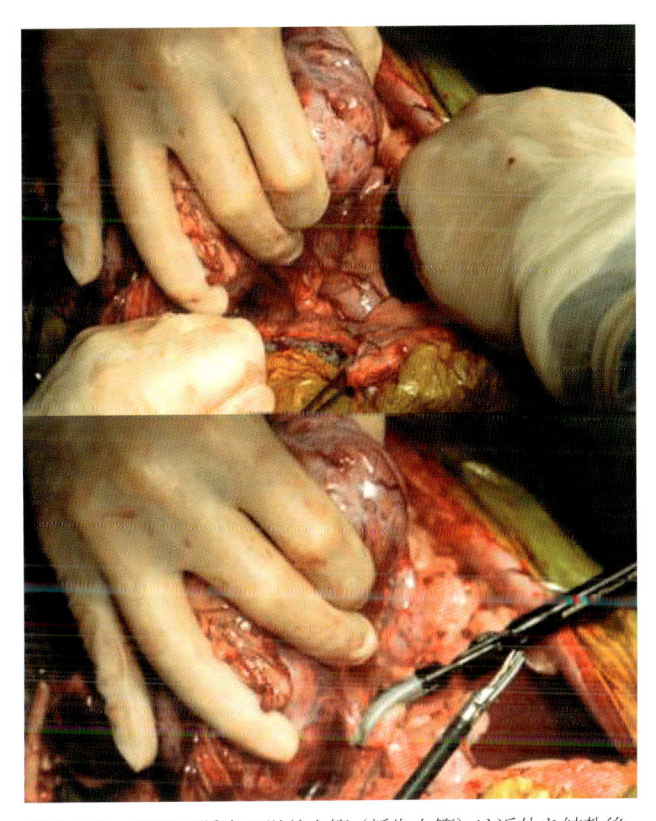

図6-240　周囲の腫瘍の栄養血管（新生血管）は近位を結紮後，バイクランプあるいはSonoSurgシザースで凝固切開していく。

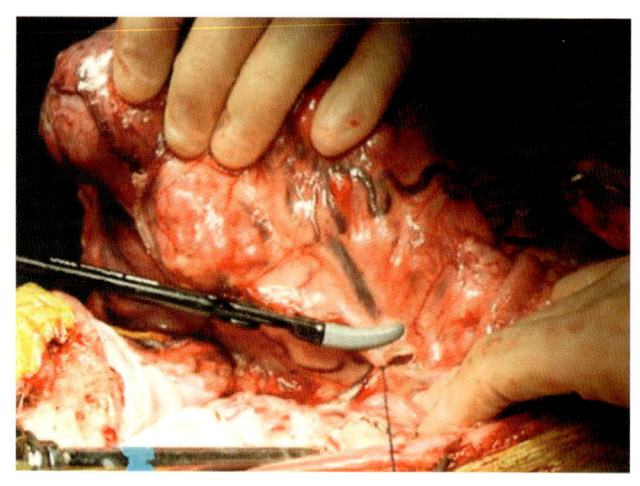

図6-241　太い静脈は壁が薄いためSonoSurgシザースでシーリングするかバイクランプを用いた後に切断する方が安全である。

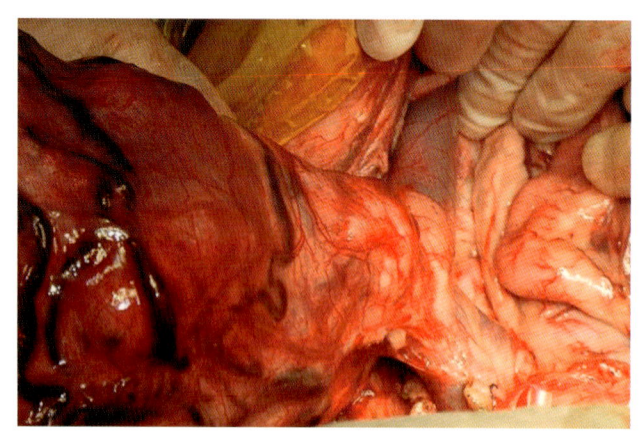

図6-242　腎臓癌における後大静脈への腫瘍浸潤。

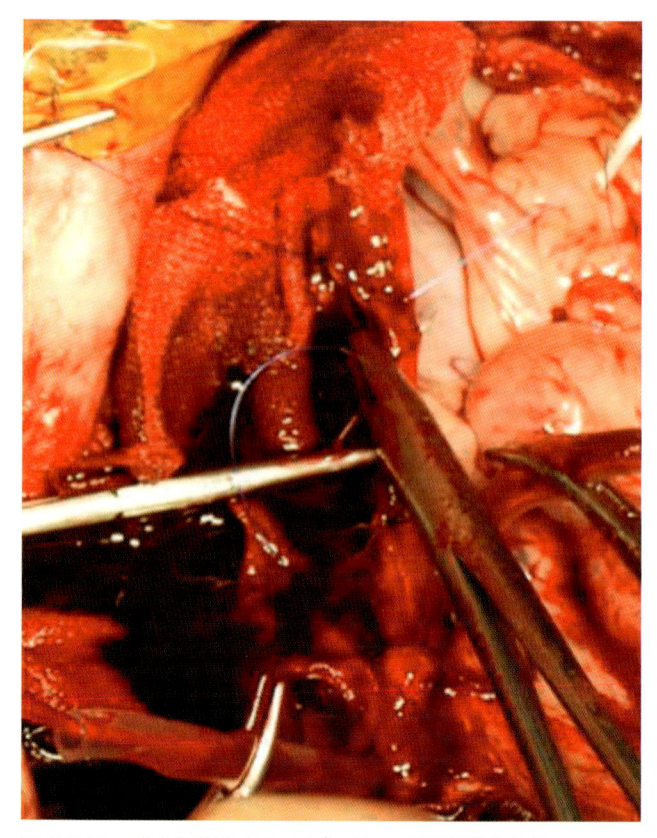

図6-243　後大静脈を5-0のプロリンで連続縫合する。

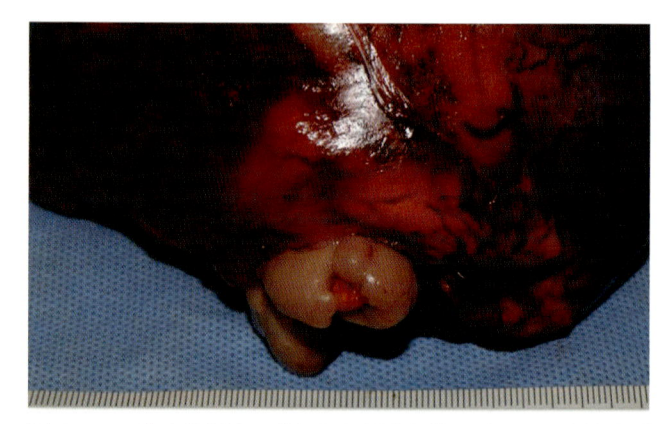

図6-244　後大静脈内に伸展した腫瘍組織は柔らかく血管内膜に浸潤していない。

ガーゼを厚めにして腫瘍全体を覆い，出血した血液を吸収して周囲に散らさないようにする。背側の腎動脈を結紮処理後に後大静脈に伸展している腫瘍の状態を把握して，血管切開の準備を行う。頭側と尾側および反体側の腎動静脈に装着したターニケットで血流を遮断後，助手は優しく腫瘍を挙上して術者が操作しやすいように保持する。予め切開線の頭側部と尾側の2点にプロリンで支持糸を作製すると縫合がよりしやすくなる。メスを用いて後大静脈をできるだけ腎臓の近位側で切開する。切開と同時に助手は腎臓ごと伸展している腫瘍を引きちぎったり破砕しないように引きだす。腫瘍を摘出後，両側の支持糸を挙上して切開された後大静脈を連続縫合して，血流を遮断後10分以内でターニケットを開放するようにする。血流を解放後，血管からの出血あるいは腸管，肝臓，反体側の腎臓などの血流状態（色調）を確認後，定法に従い閉腹する。

コラム　会陰ヘルニアの手技

すべての術式は VSOP（very special one pattern）！再発率の軽減！

会陰ヘルニアは日常よく遭遇する疾患である。術式は極めて多様であるため，様々な手術の方法が用いられている。しかしながら，東京農工大学の動物医療センターには数回の手術によっても再発を繰り返すという症例が紹介されてくる。本疾患の再発は腸や膀胱などのヘルニア孔への再逸脱ではなく，直腸の小嚢形成や憩室により便秘で苦しむことの紹介が多い。稀に，ヘルニア孔への異物反応による症例も見られる。筆者らは，内閉鎖筋や浅殿筋あるいはシリコン，キチンなどを利用した術式で行ってきたが，異物反応による瘻管形成や小嚢の再形成による便秘などの症状により再来院する患者が認められた。

本書で紹介する術式は日本動物病院福祉協会（JAHA）が開催した国際セミナーでの方法を参考に行っているものである。この方法は"結腸の腹膜固定"，"精管腹膜固定"および"小嚢や憩室の直腸縫縮"によるものである。手術時間は要するが術後の再発やトラブルが極めて少ないため"飼い主に喜ばれる"ことが多い術式である。筆者らは程度の差はなく，すべての本疾患にこの方法を用いている。

術前検査

患者の状態を把握するため，凛告から特に便秘・しぶりや直腸からの触診による会陰隔膜の欠損・前立腺の肥大・膀胱の後屈（排尿異常・尿失禁・無尿）状況などを詳細に聞き取り，血液検査，X線を含めた精査を行う必要がある（図6-245）。次いで直腸検査およびX線検査の結果から直腸偏位，小嚢形成あるいは直腸憩室であるかを診断する。人差し指を慎重に肛門から挿入して，直腸内の「嚢」の形成状態を把握しておく必要がある。

特に直腸憩室の場合は，直腸壁が薄く破れやすくなっているため，過度な力をかけないように注意する。

外科手技

開腹　腹腔内臓器固定法（結腸腹膜固定術）

前日に浣腸をかけて直腸内の便をなるべく除去する。次いで術前に直腸内をグルコン酸クロルヘキシジンで消毒する。腹部と肛門周囲の毛刈りを入念に行い術野の消毒を行う。まず患者を仰臥に固定して臍部から2〜3cmの尾側〜恥骨前縁まで正中切開を行う。背側のやや左側部に太い結腸が確認されるので，助手は親指を切開縁に置き，残

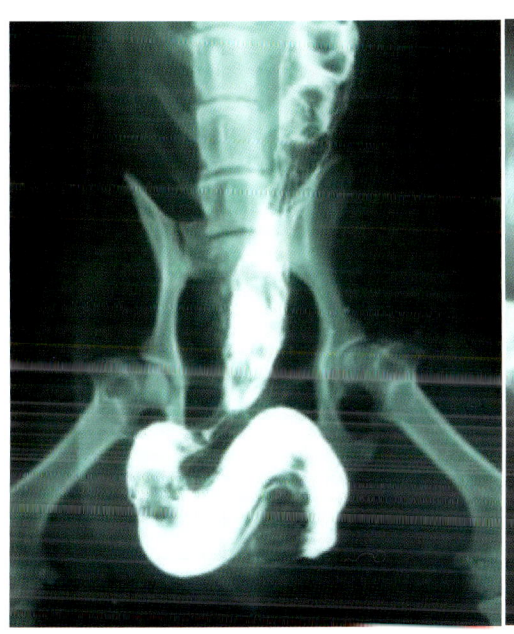

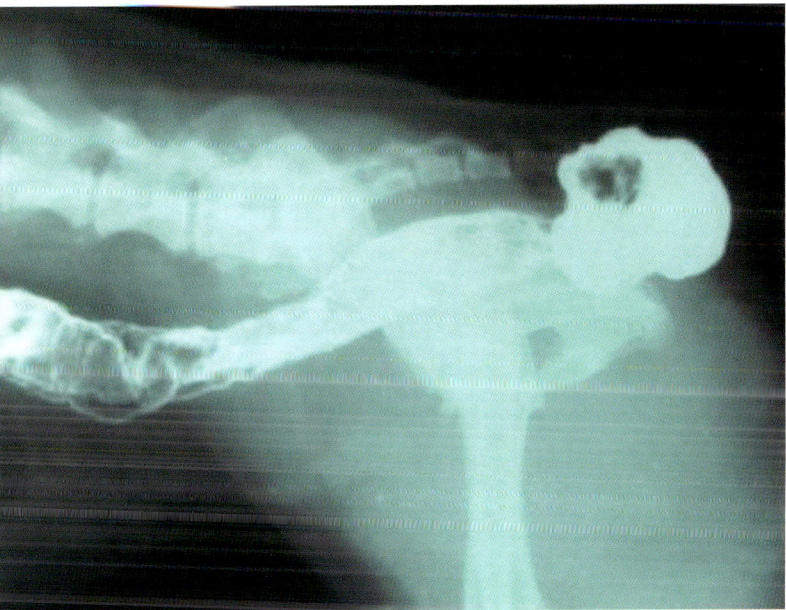

図6-245　X線造影検査所見。直腸が偏位し小嚢形成も認められる。

し指の先端を上手く使い結腸の漿膜を張るようにすると縫合がしやすくなる（図6-246）。術者は始めの固定部位と最後の固定部位までの間（筆者らは約8cmを目安にしている）をメスの刃先で癒着しやすいように軽く傷をつける。結腸はなるべく同様な位置で強く牽引した始めの部位を腸管の漿膜と腹膜を合わせるように単純結紮を行う（図6-247）。次いで牽引力を弱めないで順次5mm間隔で単純結紮を行っていく。縫合終了後，牽引した結腸の緩みを確認して再度牽引力が弱い時は尾側部分に1糸縫合しておく（強い牽引でも術後に問題を生じたことはない）。次いで膀胱を尾側に反転すると前立腺から白色の精管が確認される。膀胱に連絡している尿管を確認して処理時に巻き込まないようにしてその片方の精管に3-0のプロリンを支持糸として通し結紮する。その支持糸をモスキート鉗子で結腸固定した上部に牽引して腹膜に固定する。固定法は腹膜に剥離鉗子あるいはモスキート鉗子でトンネリングし，支持糸を通して精管を腹膜に固定する（図6-248）。反対側の精管も同様な方法で腹膜に固定する。これらの方法により，膀胱のヘルニアを防ぎ，直腸の偏位を修正することが可能となる。定法に従い筋層，皮下織，皮膚を単純結紮

りの指を背側に置いて皮膚をめくるように腹膜を術者に向ける（図6-246）。次いで右手でガーゼを軽く巻いた人差し指と親指と中指で結腸を抑え込み強く牽引する。人指

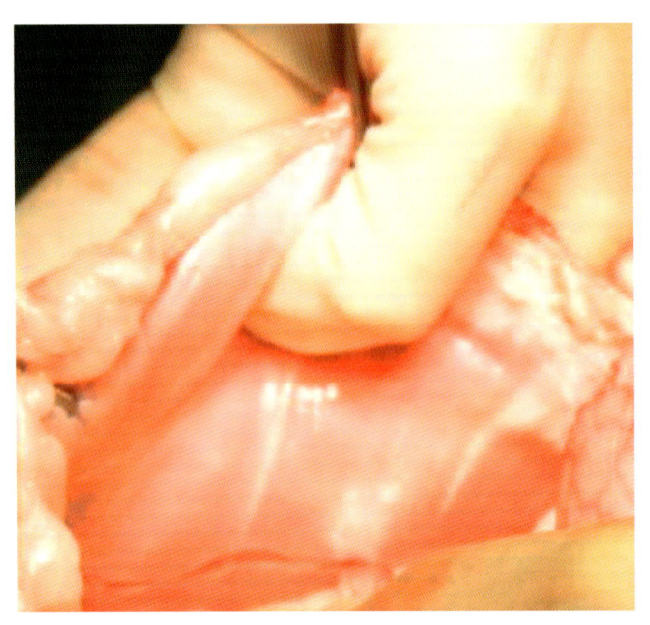

図6-246　右手を用いて腹膜を挙上して縫合しやすいようにする。

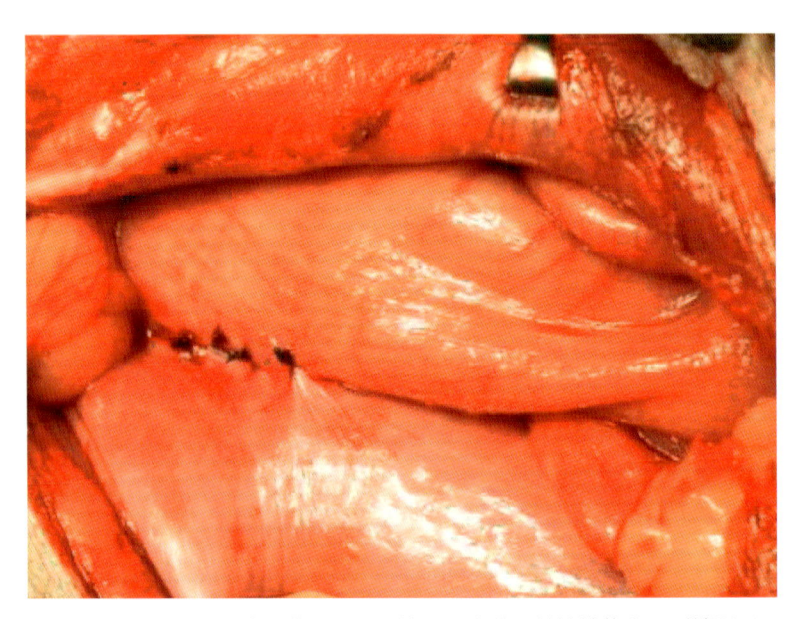

図6-247　結腸にメス先で傷をつけて結腸と腹膜を単純結紮する（結腸固定）。

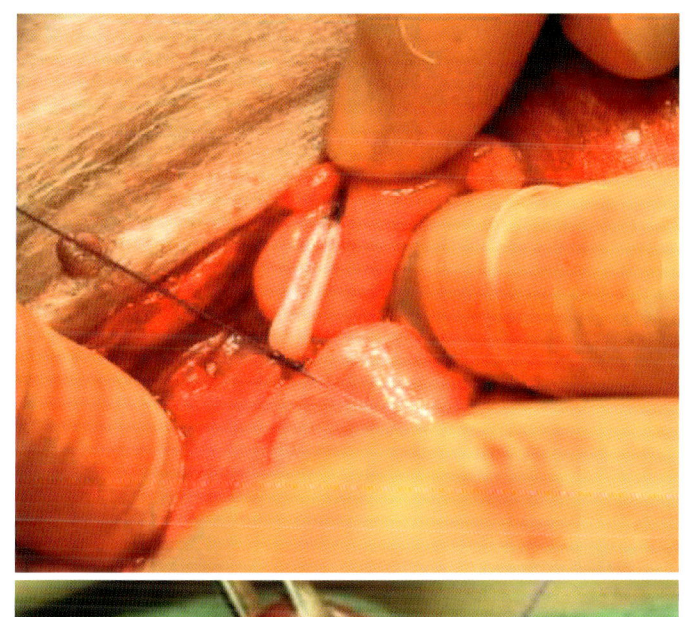

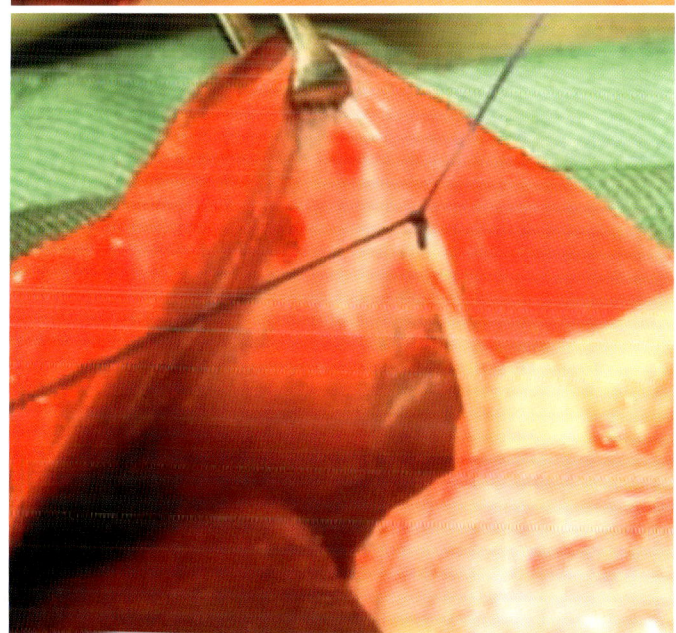

泌尿生殖器系

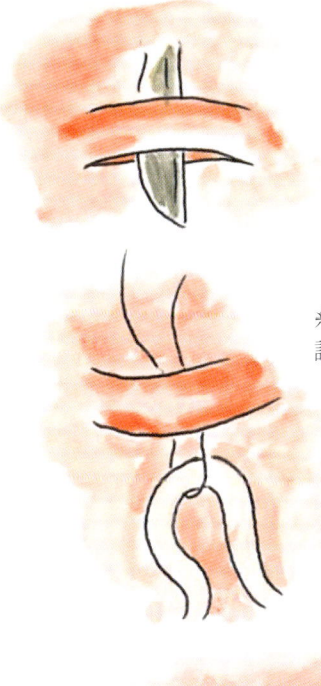

メスで腹膜にトンネリングする。

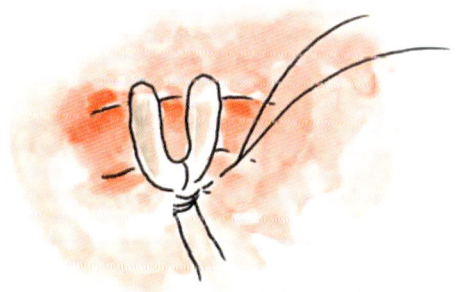

糸を精管に通して孔に誘導し，強く牽引する。

精管に反転して糸を結ぶ（腹膜固定）。

（イラスト：伊藤　博）

図6-248　腹膜にトンネリングをして尿管を通して結紮固定している。

して閉腹する。次いで定法に従って精巣を摘出するが，切開部を利用して精巣を引き出してもよい。

整復　外科手術法

患者は仰臥位に固定して尾側を高くして尾をL型カテーテル架に固定する。4枚ドレープで周囲を覆い，ペーパードレープを用いて切開側の肛門周囲と密に連続縫合した後に対側に反転すると術野に汚物が流れ出ないように術野が覆われる（図6-249，6-250）。尾部の背側から坐骨結節までメスで切開し，出血はバイポーラや電気メスでコントロールする。ヘルニアが慢性化し長期に亘っているときは，直腸あるいはヘルニア内容物や組織が浮腫を起こしている場合が多いため，滲出液はディスポシリンジで吸引するが脂肪などの内容物は極力摘出しないで残しておく。助手は人差し指を肛門から挿入して嚢あるいは憩室を形成してい

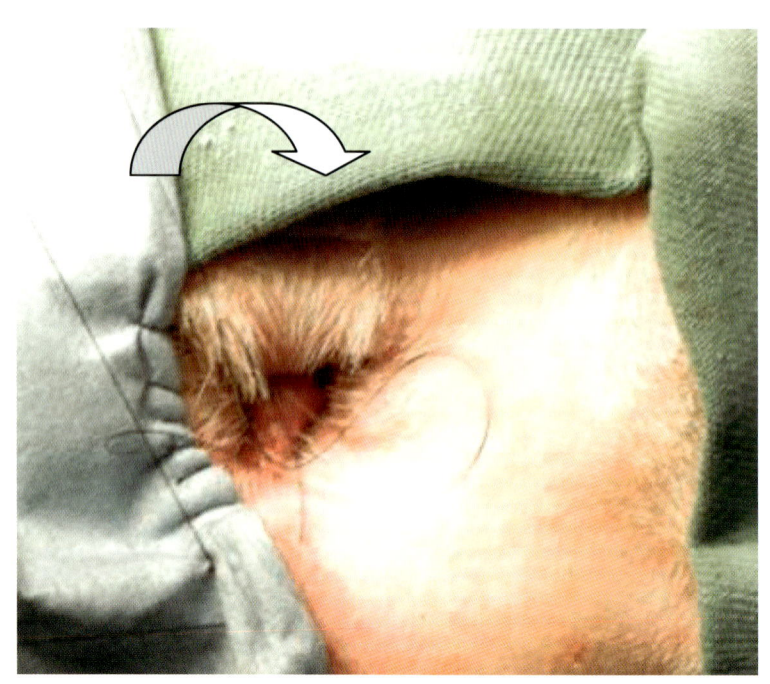

図6-249　切開の肛門側に連続縫合でドレープを固定する。

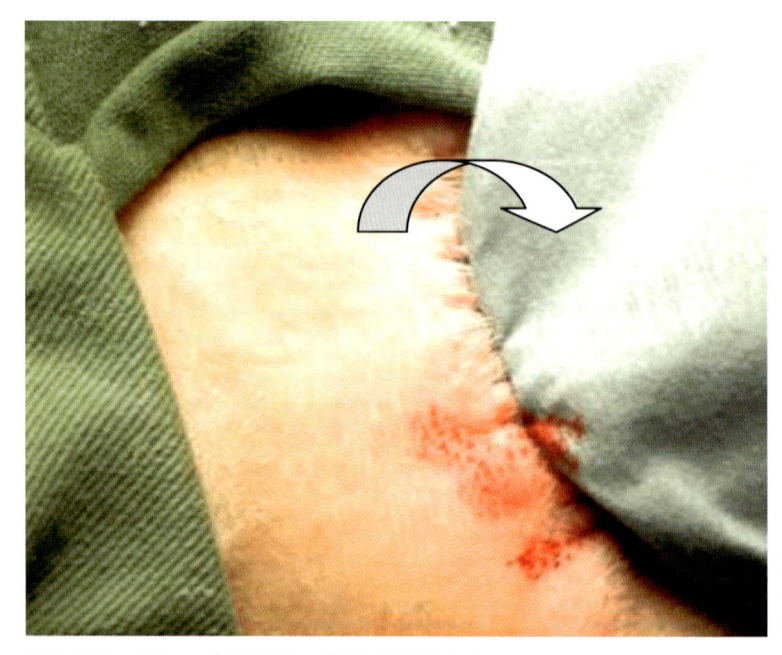

図6-250　ドレープを反転して術野を確保する。

る直腸壁を探り，術者と連携しながら嚢や憩室部を確認し合うことが重要なポイントとなる．助手は直腸内の緩くなっている嚢や憩室部に人差し指を静かに破れないように挿入して的確な情報（深さ，長さなど）術者に与える．術者は助手の指の動きを見ながら嚢や憩室の状況を把握して直腸の縫縮を行う（図6-251）．3-0あるいは4-0のプロリ

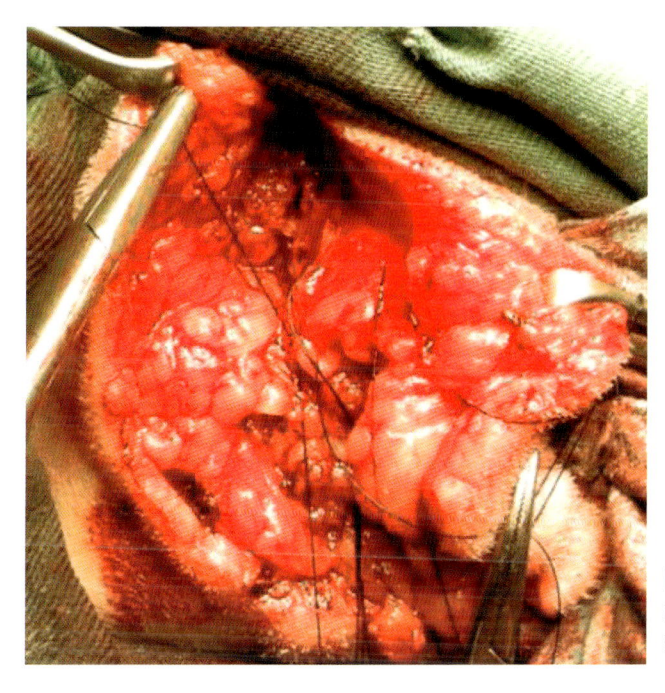

図6-251 肛門側から順次直腸を縫縮し，糸の端はモスキート鉗子で固定し最後に順序良く結紮する。

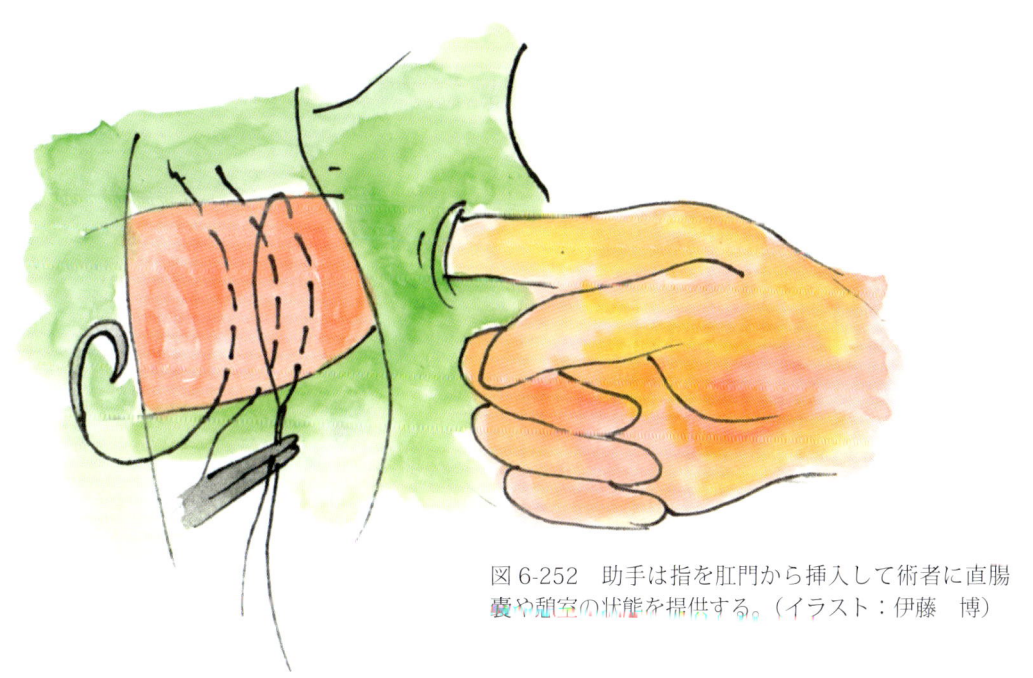

図6-252 助手は指を肛門から挿入して術者に直腸嚢や憩室の状態を提供する。（イラスト：伊藤　博）

ンを用いて，背側から腹側にかけて丹念にアコーディオン縫合を行って，背側および腹側の1糸目は，なるべく正常な厚みのある漿膜‐筋層にかけることが重要である。縫合糸は直ぐに結紮処理しないで糸の断端をモスキート鉗子で挟み，すべて縫合終了後に頭側から順に結紮を行う（強めに締めても術後の影響はない，図6-251）。助手はその都度，嚢や憩室における縫合のかけ忘れがないか確認することが必要である。ヘルニア孔は3-0のマキソンで周囲

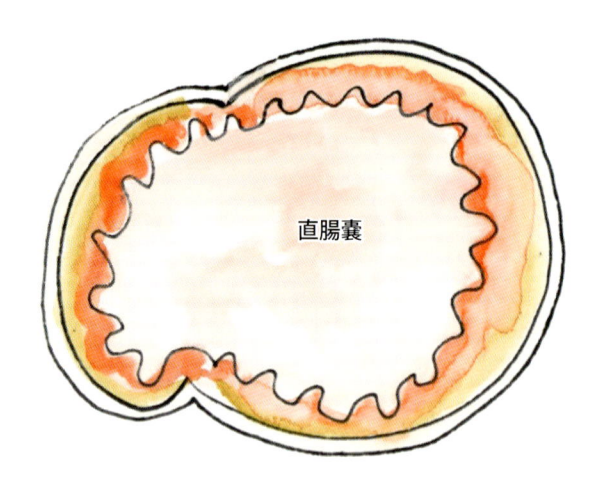

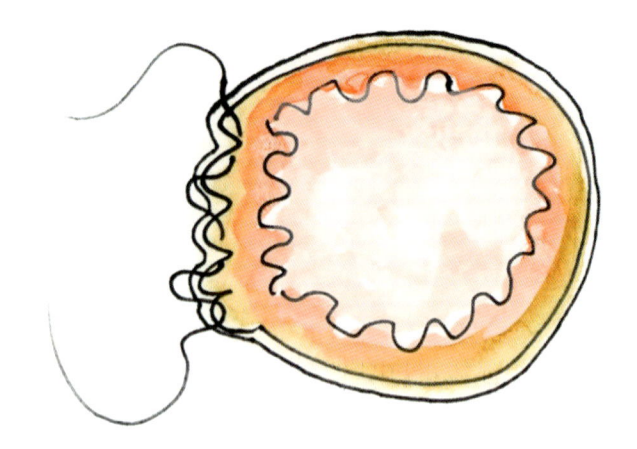

図 6-253　縫合針はできるだけ粘膜を通さずに縫縮する。(イラスト：伊藤　博)

の脂肪組織とわずかに残存している尾骨筋などを利用して死腔を埋めるか，縫縮した腸壁を活かして仙結節靭帯や周囲の組織と縫合してもよい．術後の便は軟便もしくは下痢を呈することが多く，便などの汚物によって皮膚の縫合部から細菌感染をさせないように細心の注意を払う必要がある．皮膚は密に縫合し，できる限り排便毎に水や消毒液で洗浄してあげることが望ましい．ガーゼを使用するときはループ固定法を行い，便が付着して感染源になることがあるため，撥水性のペーパードレープを二重に用いて適当な大きさに切りガーゼを覆うように固定するとよい．筆者らは術後24時間の食事制限を行っている．その後，柔らかい Hill's の AD 缶を与え徐々に固形物に変えていく．術後，数日間は排便が認められないこともあるが，排便上に問題が起こったことはない．

❖ 手術の Key Point
- 直腸は頭側に強く牽引して確実に腹膜に固定する．
- 精管は前立腺の背側に走行しているので尿道と間違わないように確認する．
- 精管はやや強めに牽引して腹膜に固定する．
- 術前に直腸検査を行い直腸内の憩室あるいは嚢などの状態を把握する．
- 直腸に指を挿入して弛緩部位を確認しながら直腸の縫縮を行う．
- 直腸憩室の場合は，漿膜を破る危険性があるため，挿入している指で直腸を破らないようする．
- 直腸壁が薄い場合は，厚みのある背側および腹側の部位から針をかけて結紮するとよい．
- 直腸縫縮後には，必ず指を挿入して状態を確認する．

5. 造血系

1）心　臓

　犬および猫の心臓腫瘍の発生頻度は極めて稀であり，その発生部位によって心臓内（心内膜および心筋壁），心外膜または心膜，心基底部に分けられる。心臓内に発生した腫瘍の摘出は開心術を必要とするため，現状の小動物医療の技術レベルでは通常，手術対象とはならない。また心基底部および心外膜に発生した腫瘍においても，これまでの報告では根治的な切除は困難であり，外科的切除が選択される症例は極めて稀である。

　心臓腫瘍では臨床症状として，その発生部位によって血行動態に多彩な影響をおよぼす。心外膜または心膜由来の腫瘍の多くの症例では心嚢液貯留（心タンポナーゼ）を伴うことから，その緩和的治療として心膜切除術が選択されることがある。よって本稿では主に心膜切除術について解説する。

外科手技

適　応

　心嚢液が増量し，心臓の拡張機能を障害した状態で，その原因としては血管肉腫，心基底部腫瘍，心膜中皮腫が代表的である。右房壁に好発する血管肉腫における心膜切除術の適応に関しては，生存期間の延長に寄与しないとの報告もあり，実施には十分なインフォームが必要である。心膜切除術は繰り返しの心嚢穿刺が必要な場合，あるいは心

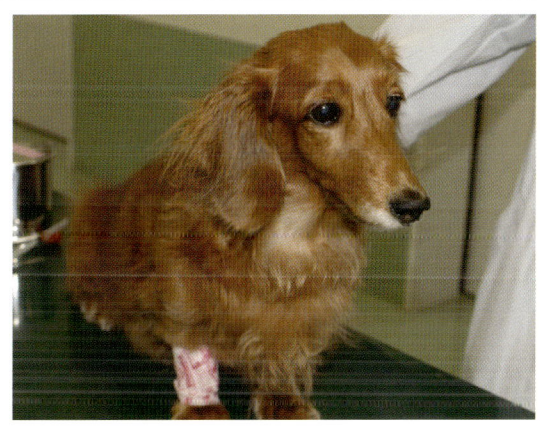

図6-254　ミニチュア・ダックスフンド，8歳，雌，心タンポナーゼ。以下，図6-255～図6-264は同症例のもの。

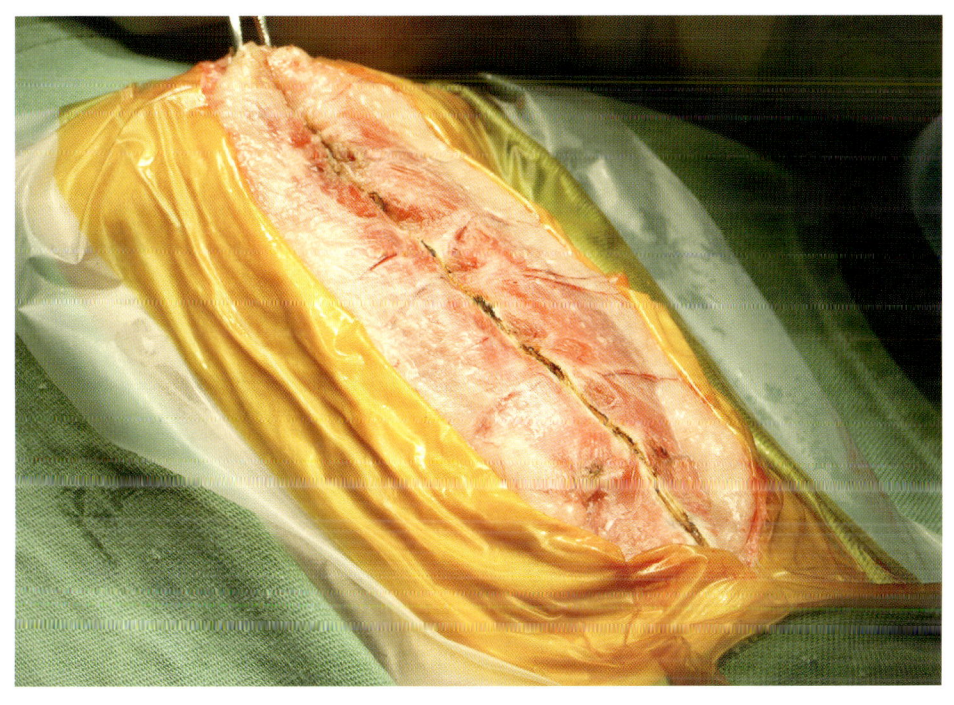

図6-255　胸骨正中切開術。胸骨正中に電気メスにて胸骨柄から剣状突起までの胸骨骨膜に切開ラインを付ける。

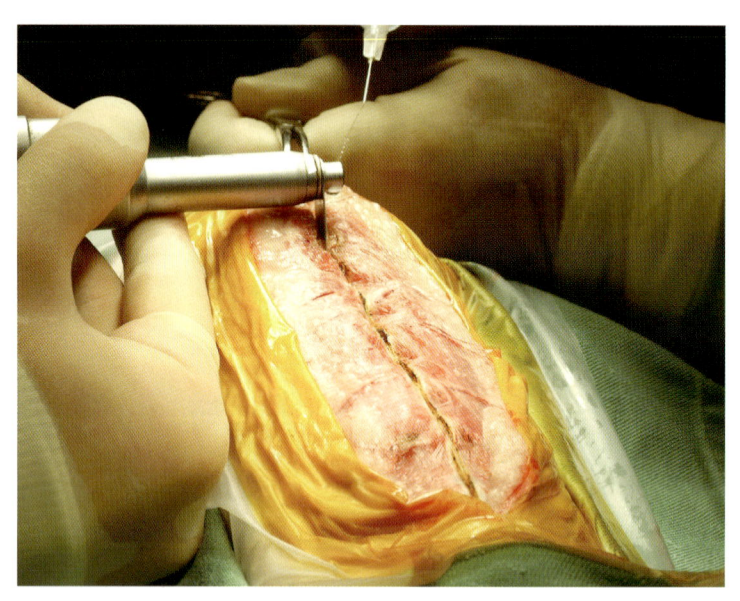

図6-256 電動骨鋸（マイクロエンジン，有限会社エム・エスグループ）を用いて，切開ラインに沿って胸骨を切開する。

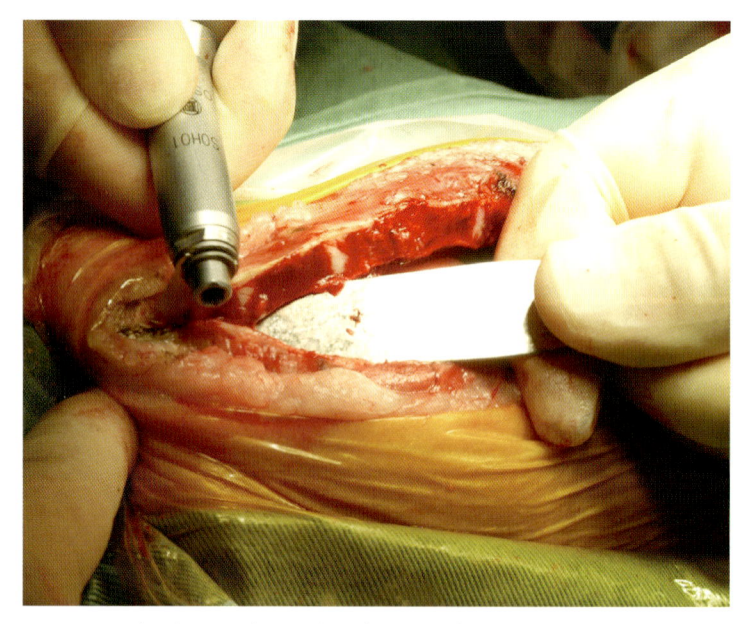

図6-257 胸骨切開の際は，胸骨内臓器や内胸動脈を傷つけないよう，ヘラなどを用いるとよい。

タンポナーゼの確定診断および緩和的治療を目的として実施される。

手 技

アプローチ法として肋間開胸または胸骨正中切開が選択される。肋間開胸の場合は腫瘍の存在部位によって左側肋間開胸術あるいは右側肋間開胸術を決定する。例えば右房に限局する腫瘍の場合は右肋間開胸が選択され，心基底部腫瘍など腫瘍の全体を把握する術野を得るには，胸骨正中切開法が適している。

胸骨正中切開による心膜切除術の症例写真を図6-254〜図6-264に示す。開胸術の術式については，本章の「6．呼吸器系」を参照されたい。

造血系

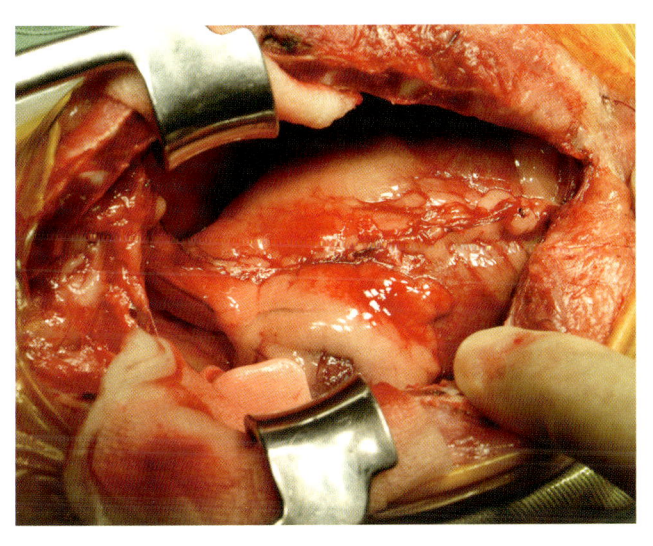

図 6-258　開胸器にて術野を確保。

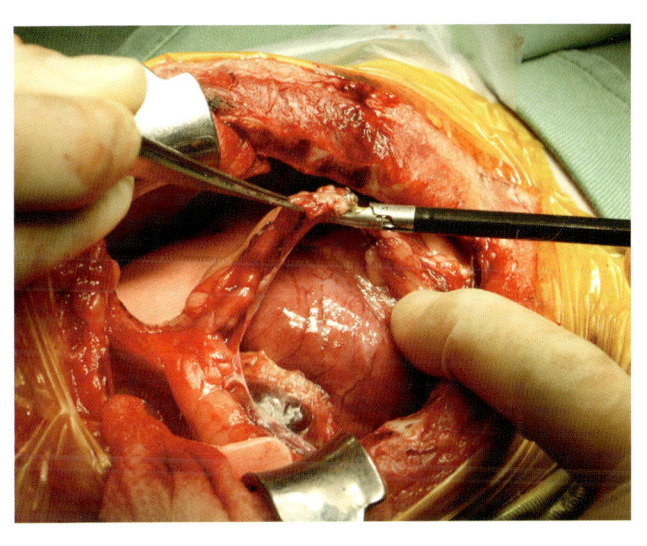

図 6-260　SonoSurg シザースを用いて横隔膜神経下の心膜全周を切開していく。

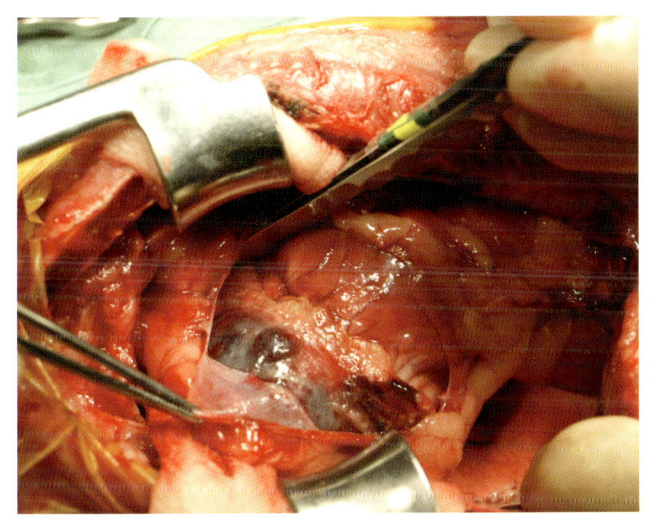

図 6-259　肥厚した心膜を一部切開したところ。右房壁に腫瘤を認めた。切除生検により，血管肉腫と診断された。

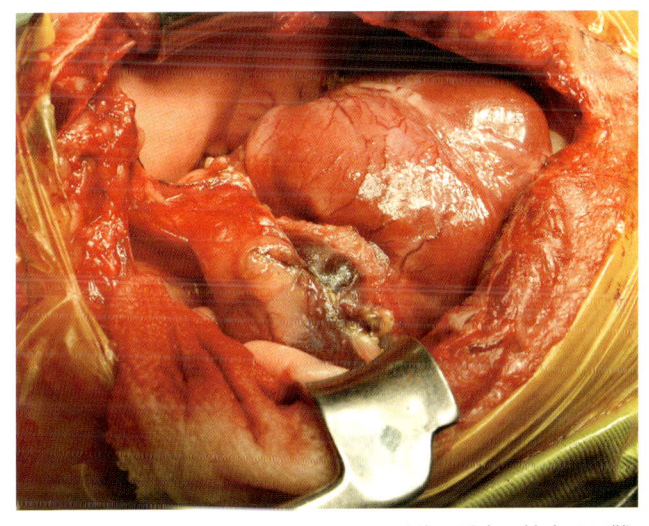

図 6-261　心膜を切除したところ。心房壁の腫瘍の摘出は困難であった。

手術の Key Point
- 心膜切除術は，心タンポナーゼの緩和および原因疾患の確定を目的としており，心臓腫瘍（特に血管肉腫）の場合は延命効果は期待できない。
- 腫瘍の存在部位によって，もっともアプローチしやすい開胸法（肋間開胸，胸骨正中切開）を選択する。
- 心膜切除術においては，横隔神経よりも心尖部側のなるべく広い範囲を切除する。

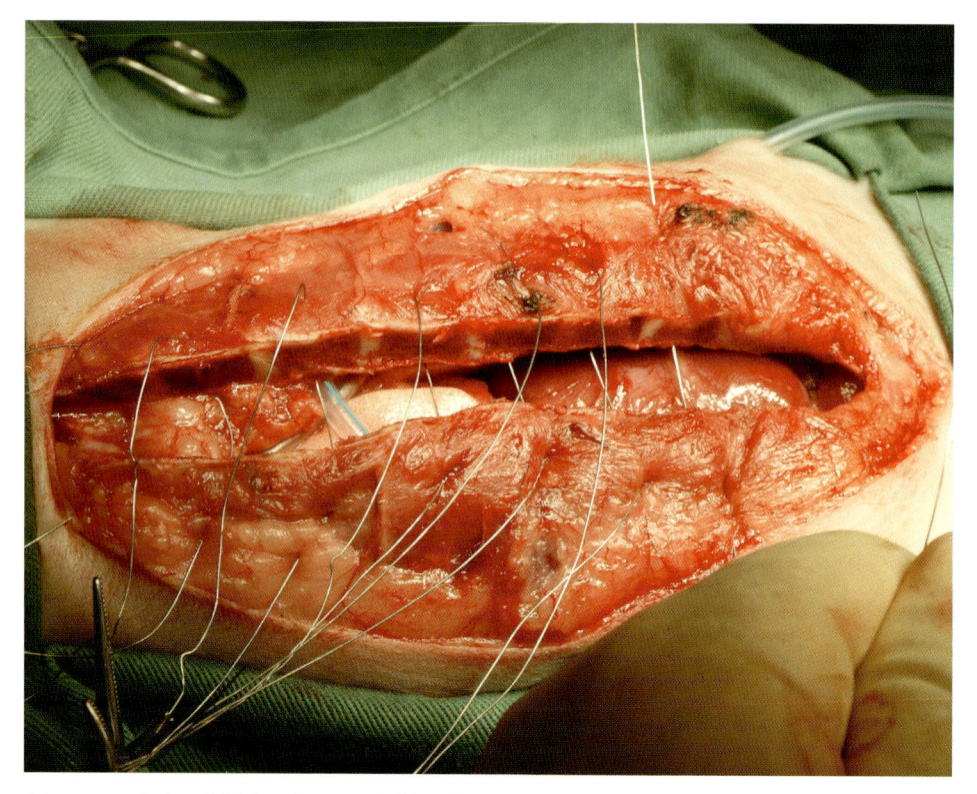

図6-262　左右の胸腔内にドレーンを挿入後，ステンレスワイヤーにより閉胸。

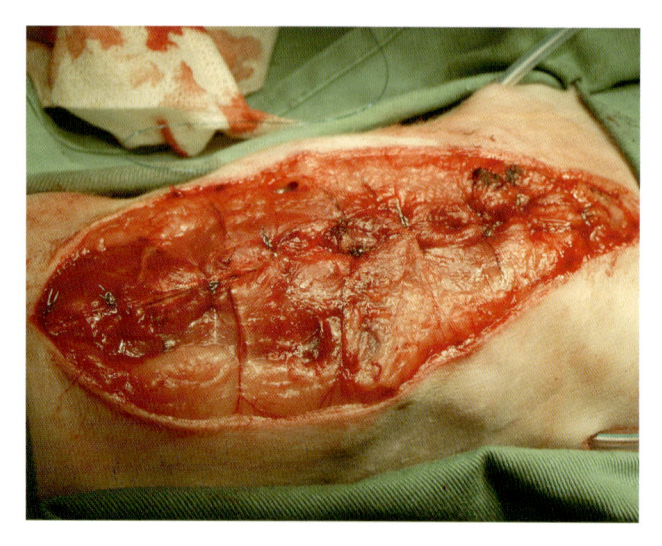

図6-263　閉胸したところ。閉胸後は直ちにドレーンよりエアーを抜去する。

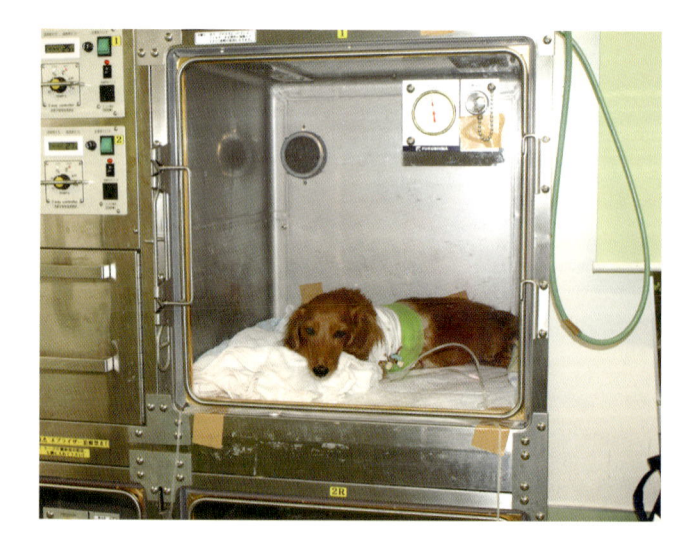

図6-264　術後は適切な鎮痛処置とともに呼吸状態が安定するまでは，ICUにて集中管理する。ドレーンより定期的に胸水を抜去し，胸水抜去量が2ml/kg/日以下となったら，ドレーンを抜去する。

2）脾臓

　脾臓の腫瘍には，血管肉腫，血管腫，血腫あるいは肥満細胞腫，リンパ腫などがある。特に犬では他の悪性腫瘍に比較して血管肉腫が最も頻繁に認められている。脾臓の摘出手術は，走行している血管をSonoSurgシザースで順次凝固切開していくことで終了するが，しばしば巨大に腫大していることが多い。特に脾臓の血管肉腫などは大網などの癒着が起こり，破裂による急性出血の危険性が高く，腫瘍の局所あるいは広範性に出血のみられる場合がある。また，脾臓は免疫介在性や播種性血管内凝固症候群（DIC）などに起因する貧血もあるため，必ず凝固検査を実施することが重要である。

　脾臓のFNA（fine needls aspirates）は，出血や腫瘍の播種を引き起こす可能性があるため，筆者らはむしろ超音波検査によるエコー像である程度の鑑別診断を行っている（「第4章　腫瘍の超音波検査」参照）。

外科手技

　脾臓へのアプローチは，剣状軟骨から正中切開を行うが，その大きさによっては切開の長さが違ってくる。あまりにも腫瘍が巨大化しているときは横側に切れ込みを入れることもある（図6-232）。脾臓の大きさは予め超音波検査やCT検査で確認しておくことが必要である。巨大な脾臓にアプローチするときは，脾臓腫瘍による圧迫のため，腹部の腹直筋や腹横筋が希薄になっているため筋層を切開するとき腫瘍にメスがあたらないように注意する。

　開腹すると直下に巨大な腫瘍が確認されるので，出来るだけ切開を広げる。腫瘍と大網などの癒着状況を把握したら，両手を左右に挿入して動きを確認する。助手は静かに両側の切開縁を背側に下げると同時に執刀者はその腫瘍を挙上すると体外に露出されやすい。腫瘍は壊死を起こしている部分が多く，むやみに腫瘍に触ると破裂する恐れがあるので慎重にボールを両手で抱えるように扱うことが重要である。まず，近隣組織との癒着を把握しながら肝臓あるいは胃，頭側の十二指腸に付着している膵臓を確認する。SonoSurgシザースで癒着している大網を凝固切開して脾臓を遊離する（図6-267）。次いで脾臓に走行している血管の間を剥離鉗子でトンネリングしながらSonoSurgシザースで1本あるいは数本ずつ凝固切開していく。脾動静脈や左胃大網動静脈あるいは大網に走行している太い動静脈は，SonoSurgシザースで約5mm幅を目安にして数回凝固してから中央部を切開する（図6-268）。

❖ 手術のKey Point

- 腫瘍の大きさにまどわされない。
- 貧血の有無，血小板の減少の有無が脾血腫と脾血管肉腫の術前鑑別に有効である。
- 巨大腫瘍は大網の癒着を伴っていることが多い。癒着を除去する際には，脾臓を損傷しないよう注意する。
- 巨大腫瘍を体腔外に出す場合は，急激な循環変動（低血圧）を起こすことがあるので注意する。また術後も心室性不整脈を起こすことがあるので，モニターが必要である。

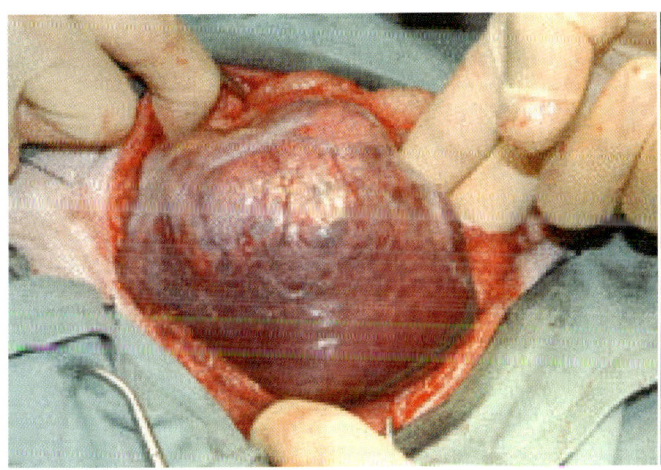

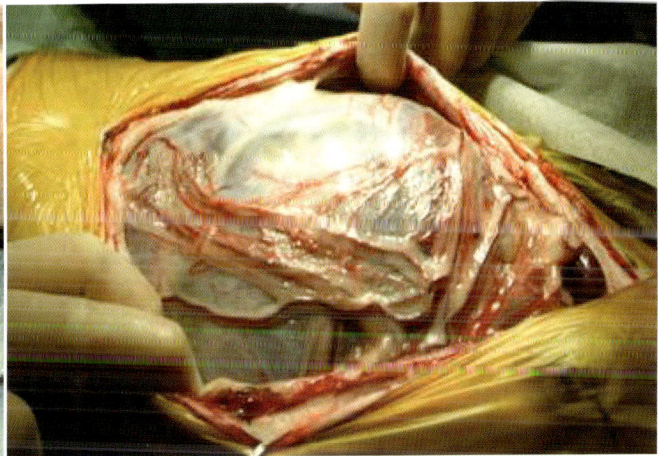

図6-265　巨大な脾臓腫瘍（左：大網の癒着）

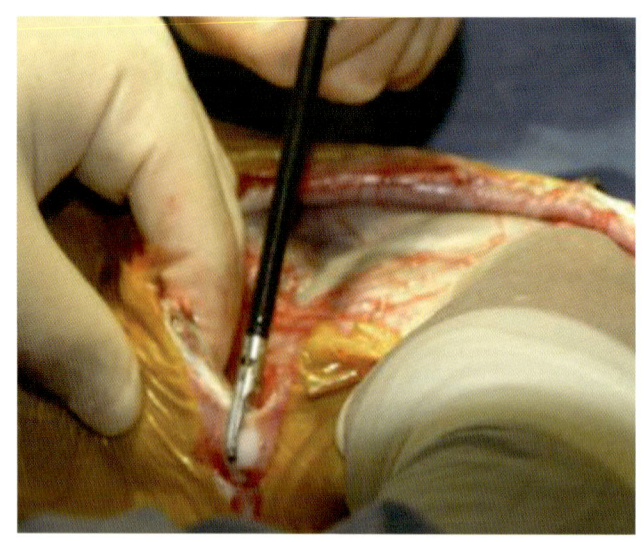

図 6-266 巨大化した腫瘤で露出できないときは横側にSonoSurgシザースで切れ込みをいれる。

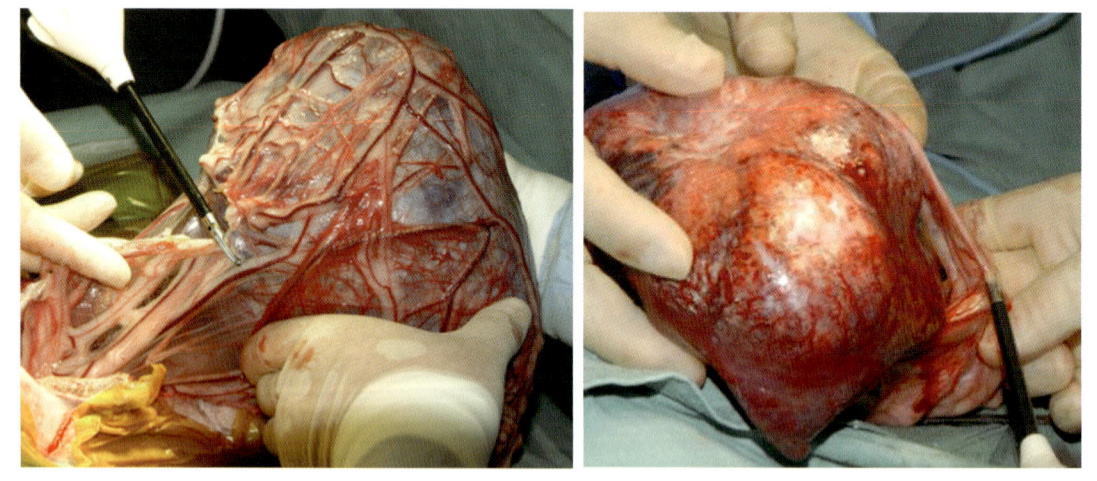

図 6-267 癒着した大網はSonoSurgシザースで凝固切開を行い，腫瘍化した脾臓を遊離にする。

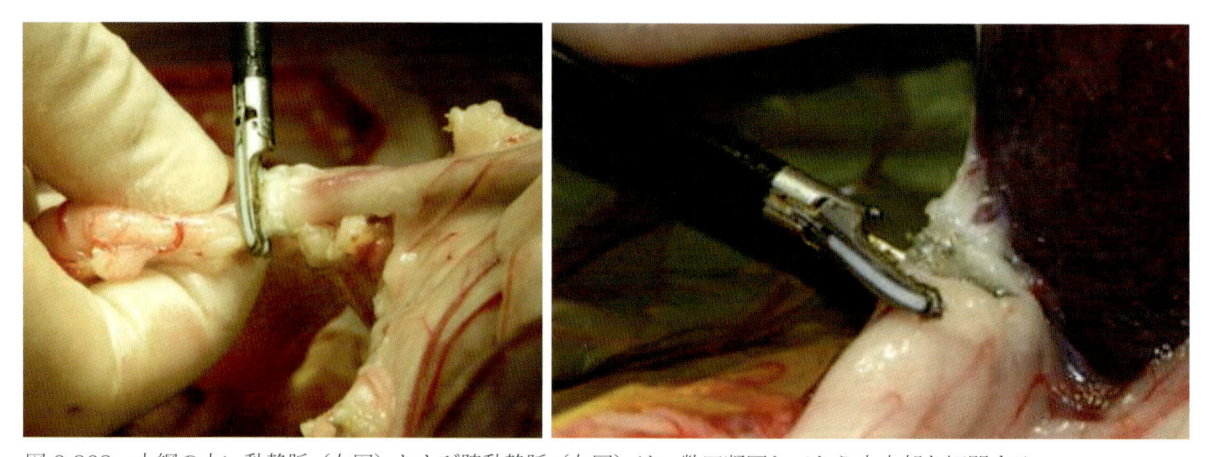

図 6-268 大網の太い動静脈（右図）および脾動静脈（左図）は，数回凝固してから中央部を切開する。

6. 呼吸器系

　呼吸器系の腫瘍には，鼻鏡，鼻腔および副鼻腔内，喉頭および気管，肺に発生する腫瘍が含まれるが，これらのうち犬および猫において外科手術を実施する機会が最も多いのは肺腫瘍であると思われる。肺腫瘍は肺原発性腫瘍と転移性腫瘍に分けられるが，一般に外科適応とされるのは肺原発性腫瘍である。その外科手技においてまず重要なのは胸腔へのアプローチ法，すなわち開胸術の手技を習得することである。開胸術が実施できるようになれば，肺腫瘍のみならず胸腺腫などの前縦隔腫瘍摘出術，心膜切除術（本章「5．造血系」を参照）などの手術を行うことが可能となる。本稿では主に開胸術についてその手技のポイントを述べる。

　肺以外の呼吸器系腫瘍においては，腫瘍の根治的な外科的切除が生理的な呼吸機能を損ない，周術期合併症や著しい生活の質（QOL）の低下を招くことが多いことから，その適応には十分な考慮が必要である。発生頻度の比較的高い鼻腔内腫瘍では，周術期合併症の多い外科療法よりも放射線療法が治療の第一選択とされるようになっている。また喉頭や気管に発生する腫瘍の発生は極めて稀であることに加え，外科適応となる腫瘍は限られているため，その手技の詳細は他の成書を参照されたい。本稿では口腔，咽喉頭部の腫瘍による上部気道閉塞に対する緩和的手術である気管切開術についてのみ解説する。

　通常の小動物診療施設において，開胸術は開腹術と比較すると実施される機会は極めて少ないと思われる。開胸術においては術者の手技のみならず，熟練した麻酔医の存在が必須であり，麻酔医と術者との連携が極めて重要である。また術後も慎重な呼吸管理が必須である。このことから開胸術はスタッフの少ない診療施設では敬遠されがちであると思われる。しかしながら，その術式および周術期管理を習得すれば，原発性肺腫瘍など良好な予後が期待できる胸腔内疾患への手術適応範囲が大きく拡がる。さらに緊急的な開胸術によって救命可能な疾患も多いため，普段からその手技に慣れておく必要がある。

　開胸術として一般に実施される術式は胸骨正中切開術と肋間切開術である。胸骨正中切開術は肋間切開術と比較して，胸腔内の術野が広くとれ，手術操作がしやすいというメリットがある反面，手術侵襲および疼痛が大きいといわれている。一般に心基底部の手術（動脈管開存症や右大動脈弓遺残など）や食道のアプローチには肋間切開術のほうがアプローチしやすい。肺腫瘍においてどちらの術式を選択するかの明確な基準はない。左右のどちらかの1肺葉に限局している比較的小さい腫瘍の場合は肋間切開術でも問題はないが，腫瘍が比較的大きく（1肺葉が完全に腫瘍で置換されているような大きさ），複数の肺葉に及んでいる場合，胸骨正中切開のほうが適していると思われる。これは術野が広く取れるのみならず，巨大化した腫瘍は胸壁などと癒着していることも多く，術野の狭い肋間切開術では摘出が困難なこともあるからである。また胸腺腫などの前縦隔腫瘍は大血管や神経と密接，癒着していることが多いため，胸骨正中切開術が適している。手術侵襲に関しては十分な周術期疼痛管理を行えば，両術式で術後の回復にはそれほど差はない。

外科手技

1）胸骨正中切開術

　胸骨正中切開術による胸腺腫の摘出術の実症例を写真で示す（図6-269～図6-282）とともに以下に解説する。

　仰臥位に保定し，胸骨柄から剣状突起の下方まで正中線上の皮膚を切開する。胸骨正中上の胸筋は左右に広げるように胸骨の切開線上の骨膜を電気メスで切開し，印をつける。

電動骨鋸を用いて胸骨を縦切開

　最初に剣状突起に近い胸骨から切開し，胸腔内に達したら，切開した左右の胸骨を鉗子などで挙上する。この際，金属製のへらなどを胸腔内に入れ，胸腔内臓器を損傷しないようにする。そして骨鋸がずれないように頭側の胸骨にむかって徐々に切開を進めていく。

　特に巨大な腫瘍では胸骨側の胸膜に腫瘍が癒着している場合もあるので，注意が必要である。第4肋間付近では内胸動静脈が胸骨に近いので特に注意が必要である。

　胸骨切断端の骨髄からの出血は電気メスで止血する。骨蝋（ボーンワックス）は大量に使用すると癒合不全を起こすことがあるとされているので，最小限の使用にとどめる。

閉　胸

　胸腔内洗浄，気道内圧をやや高めにバッキングし，虚脱

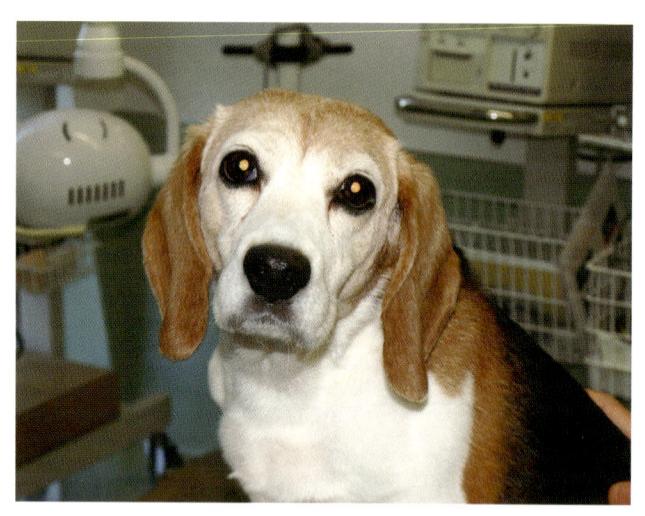

図6-269 症例，ビーグル，12歳，雌。胸腺腫。以下，図6-270〜図6-282は同症例の写真。

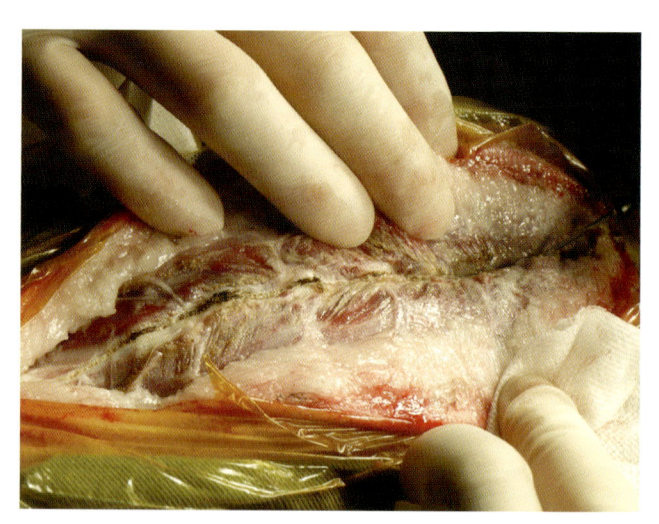

図6-271 胸骨の切開線上の骨膜を電気メスで切開し，ラインをつける。

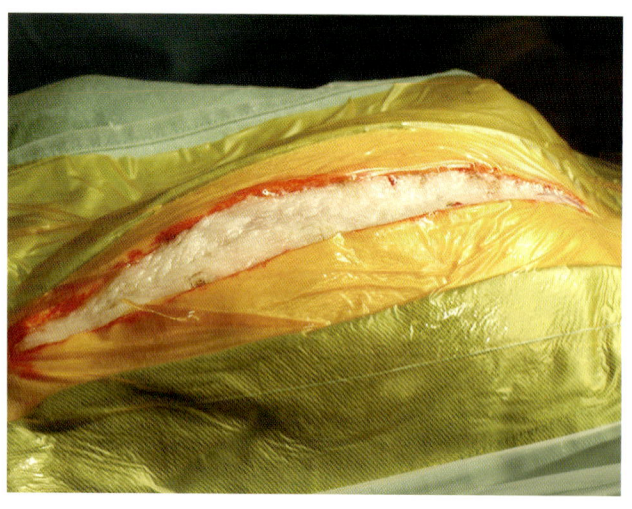

図6-270 仰臥位に保定し，胸骨柄から剣状突起までの皮膚を切開。

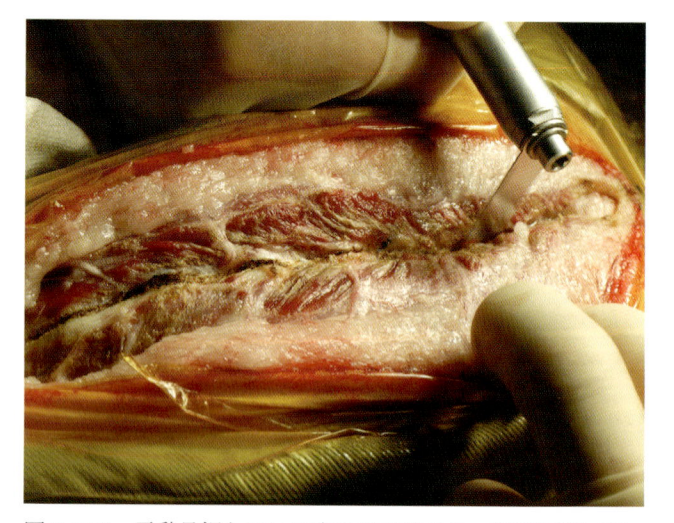

図6-272 電動骨鋸を用いて胸骨を切開する。剣状突起に近い部分から切開を開始し，切開ラインからずれないように徐々に頭側に向かって切開を進める。この際，胸腔内臓器を傷つけないよう細心の注意が必要である。切開した左右の胸骨を鉗子などで挙上するとともに，ヘラなどを胸腔内に入れて切開する。

した肺を含気させる。胸腔内に生理食塩水を満たし，エアーリーク試験（軽く肺を膨らませる）を行い，肺実質損傷の有無を確認する。ドレーン設置は必須である。滅菌したファイコンチューブに側孔を開け，左右の胸腔に1本ずつ入れる。ドレーンの体外に出す側は，第4肋間付近の肋間に鉗子を貫通させ，皮下を通す（図6-280）。開胸の際には，各肋間にステンレスワイヤーを鈍針で通しておき，最後に一気にワイヤーを閉め閉胸する。

胸筋，皮下組織を縫合し，ドレーンチューブは抜けないように開口部の皮膚でチャイニーズフィンガートラップ縫合で固定する（図6-281）。

ドレーンの先端には三方活栓を取り付け，閉胸したら直ちに胸腔内のエアーを抜去する。ドレーンからの胸水の抜去は，手術当日は3時間おき，抜去量が少なくなってきたら徐々に間隔を空けていき，2ml/kg/日以下となったらバレーンを抜去する。長期のドレーン設置は感染の危険性があるため，1週間以上の設置は避ける。

呼吸器系

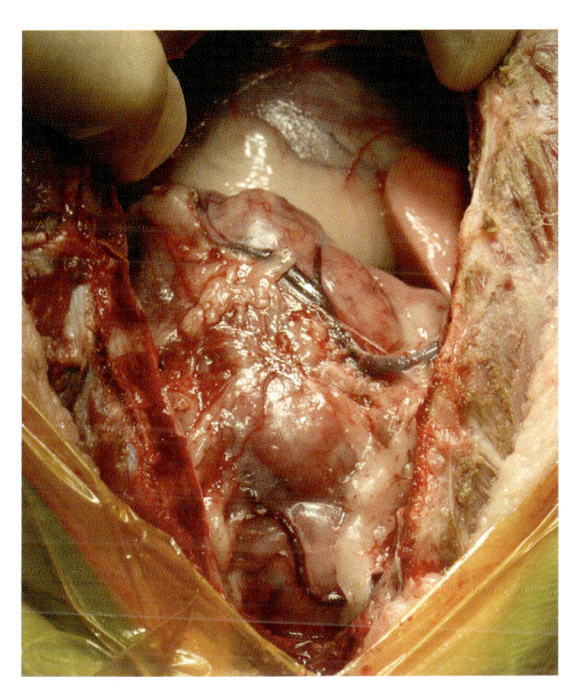

図6-273 開胸したところ（写真下方が頭側）。開胸に際しては，第4肋間付近に内胸動静脈が胸骨正中に近い位置にあるため注意を要する。また，本症例のように腫瘍が巨大な場合，胸膜と癒着していることもあるため，骨鋸による切開には気を付ける。

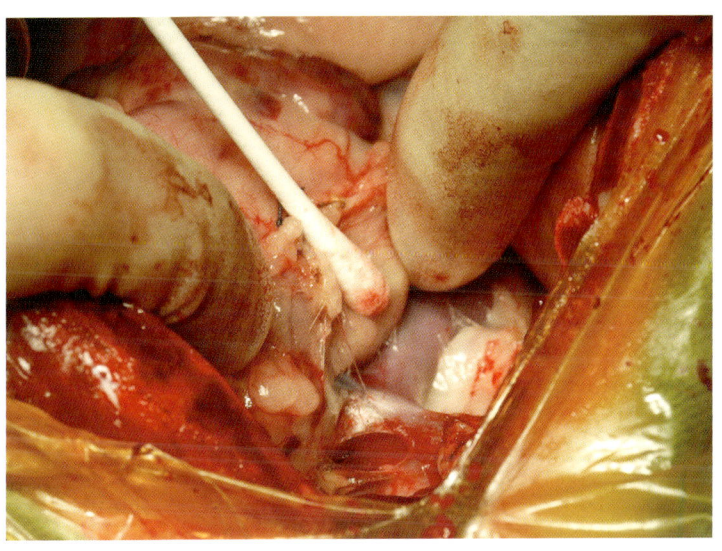

図6-275 綿棒を使い前大静脈，横隔神経と腫瘍を剥離していく。この際，腫瘍へ血管が分枝しているが，それぞれ電気メスやSonoSurgシザースで止血切離する。

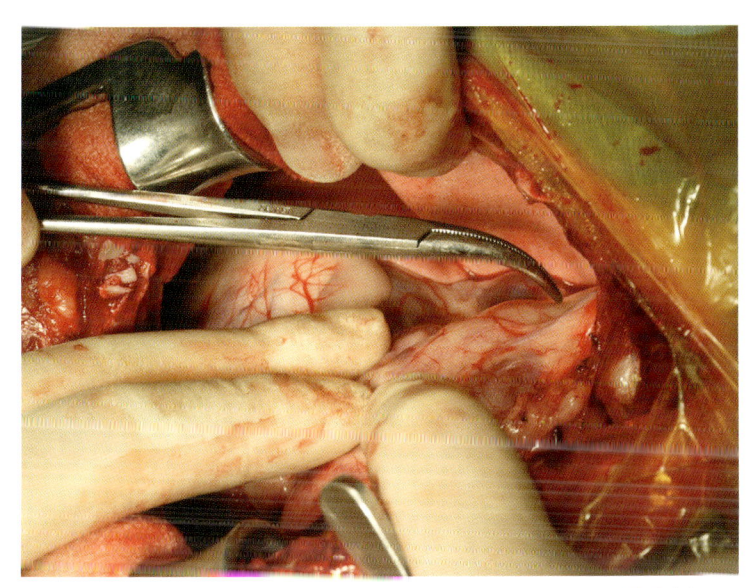

図6-274 腫瘍を胸膜から剥離し，手指で左側にずらし，腫瘍右側で腫瘍と癒着している前大静脈と横隔神経（ケリー鉗子の先端）を確認。

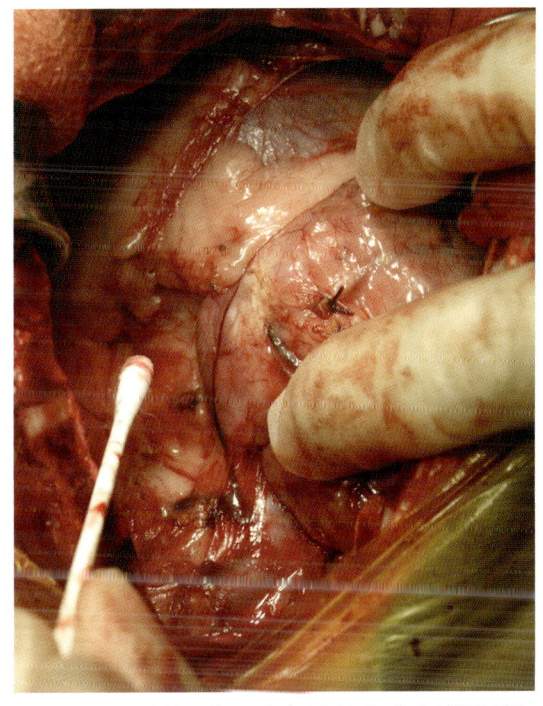

図6-270 腫瘍摘出後（写真右が頭側）。左右横隔神経，前大静脈は温存できる。

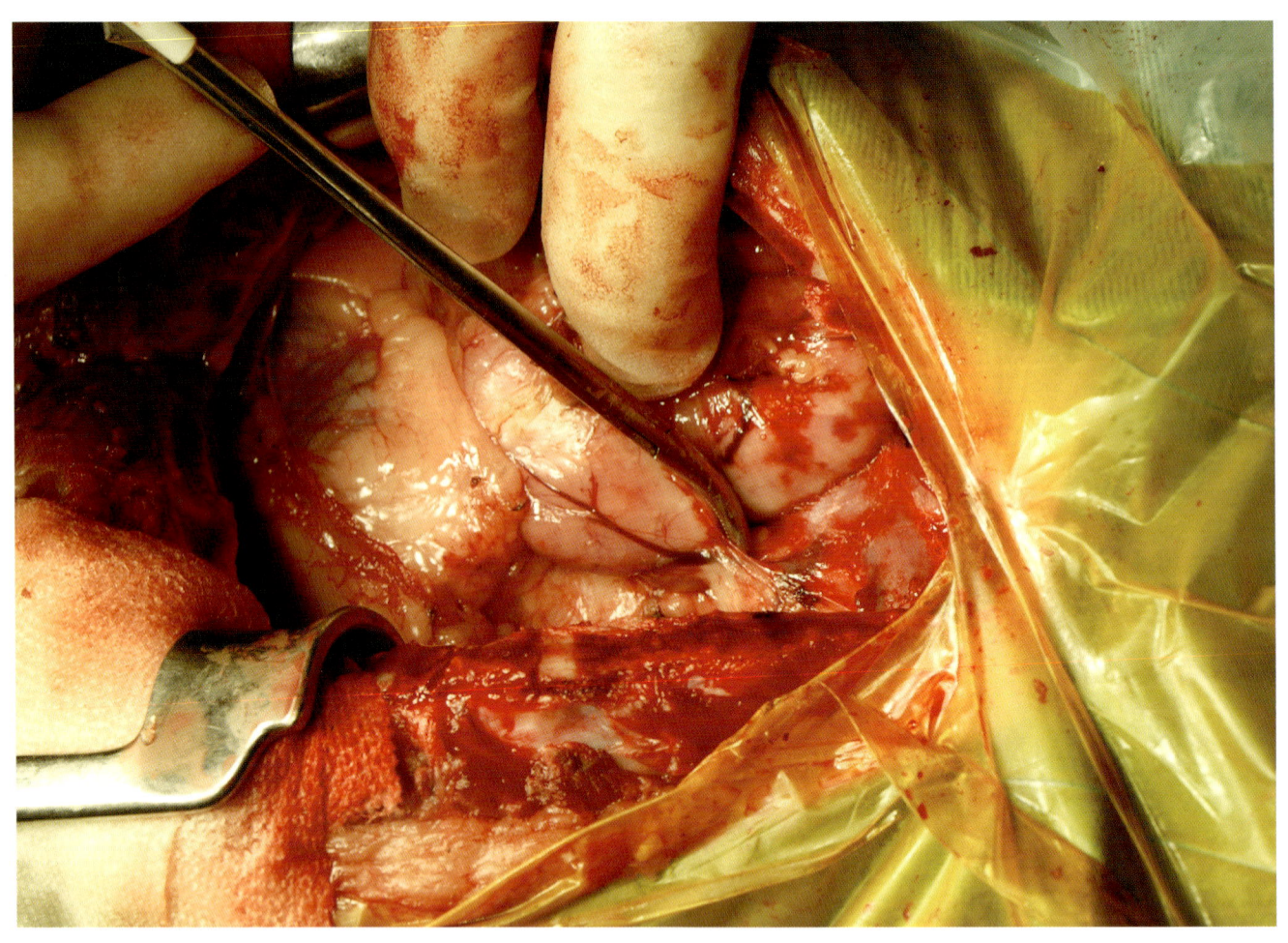

図6-277 次いで腫瘍を右側にずらし，左側の横隔神経を腫瘍から剥離し，腫瘍の底面（背側）および心膜と剥離していく。

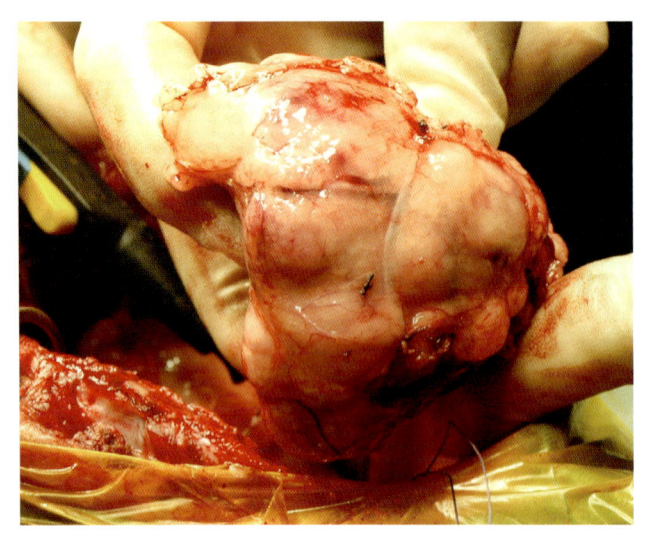

図6-278 腫瘍を遊離させ，摘出。

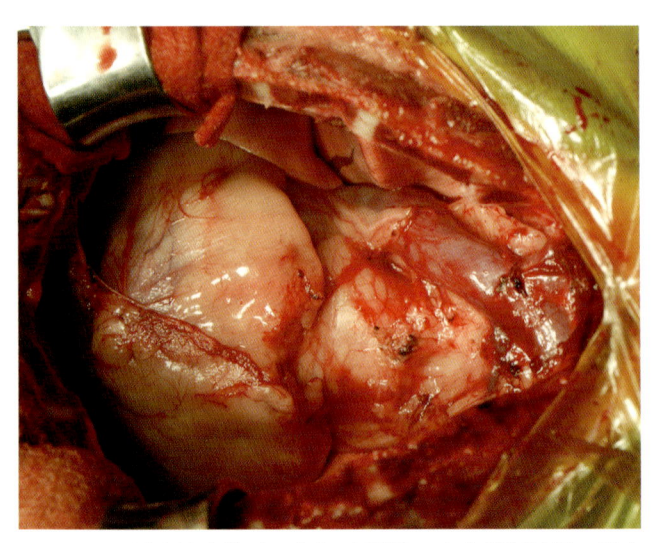

図6-279 腫瘍摘出後（写真右が頭側）。左右横隔神経，前大静脈は温存できる。

呼吸器系 201

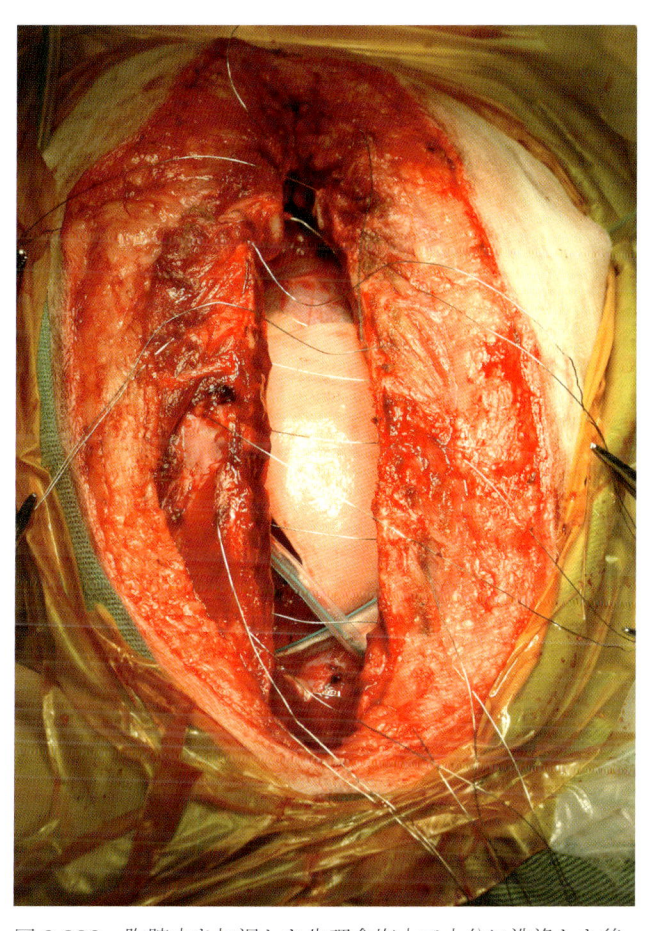

図 6-280　胸腔内を加温した生理食塩水で十分に洗浄した後，肺からのエアーリークがないことを確認する。左右の胸腔内に側孔を開けたファイコンチューブを挿入，各肋間にステンレスワイヤーを鈍針を用いて通し，すべて通し終わったら，一気に結紮して閉胸する。

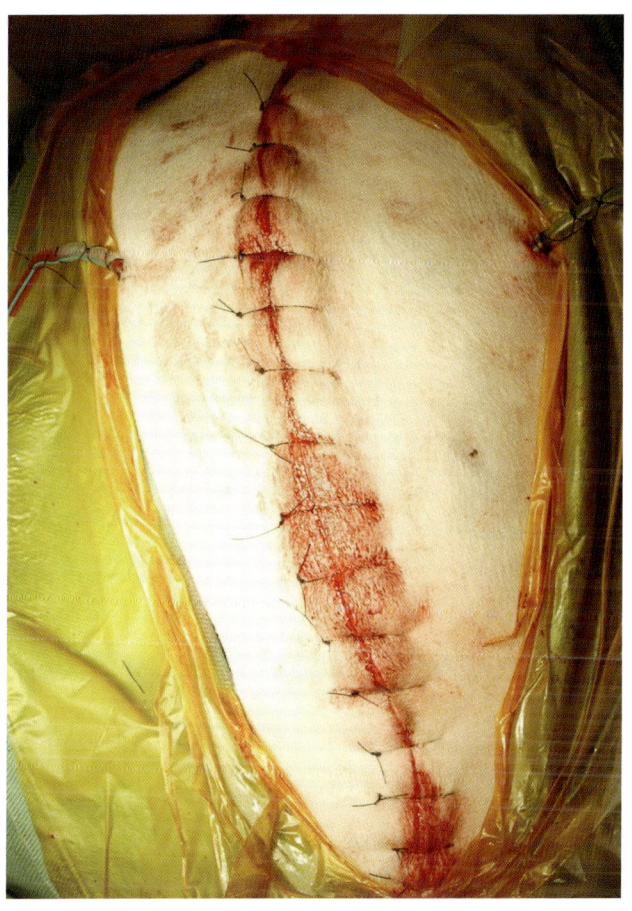

図 6-281　胸筋，皮下織を縫合したら皮下を通して挿入したファイコンチューブに三方活栓を取り付け，抜気を行う。チューブは抜けないように皮膚にチャイニーズフィンガートラップ縫合で固定。

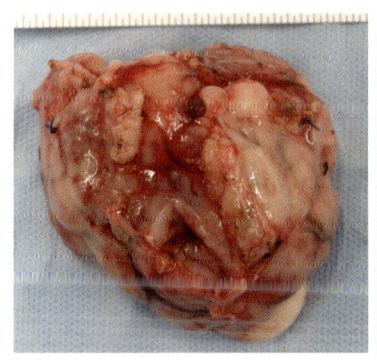

図 6-282　摘出した腫瘍（胸腺腫）。

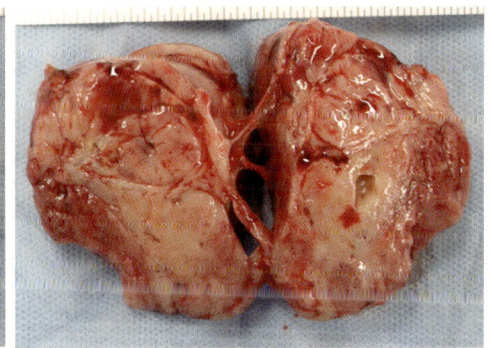

手術の Key Point

- 胸腺腫などの前縦隔腫瘍は，前大静脈や横隔神経と癒着していることが多いので，肋間開胸よりも胸骨正中切開のほうが安全性が高い。特に横隔神経を損傷すると，術後，呼吸不全の原因となるため注意が必要である。

2）肋間切開術

　肺葉切除の場合，通常，肺門部がある第4～6肋間を開胸する。まず体幹皮筋，広背筋，腹鋸筋，斜角筋，外腹斜筋を確認し，切開または牽引する。次いで外および内肋間筋の中央を切開する。肋骨の尾側側には肋間動脈が走行しているため肋間に鈍性の鉗子などで胸膜を貫通させると，肺が虚脱し，胸膜から離れる。その後肋間を電気メスで切開していく。この際，肺を損傷させないように麻酔医との連携が重要である。ヘラなどを使用すると安全である。
　胸骨付近の肋間筋の切開では内胸動脈を損傷しないように注意が必要である。開胸器で肋間を開け，術野を確保する。
　肋間切除術により肺葉を切除した症例を写真で示す（図6-283～図6-287）。

3）肺葉切除術

　成書にあるように，気管，肺動脈，肺静脈を分離し，ブレードの吸収糸で遠位と近位を結紮し，SonoSurgシザースで凝固切開する。この際，ブレードの先端を差し込める十分なのりしろがないと，結紮糸を熱で切ってしまうので，

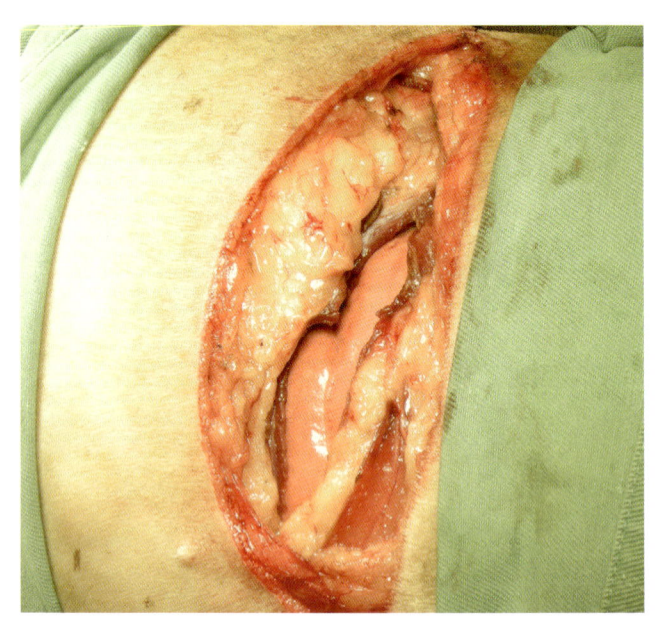

図6-283　症例，コッカー・スパニエル，15歳，雌，肺腺癌。右側第5肋間開胸。以下，図6-284～図6-287は同症例の写真。

なるべく遠位側に近くなるようにする。
　しかしながら，ステイプラー（エンドパス・エンドカッター：35mm，6列）を使用することによって，気管

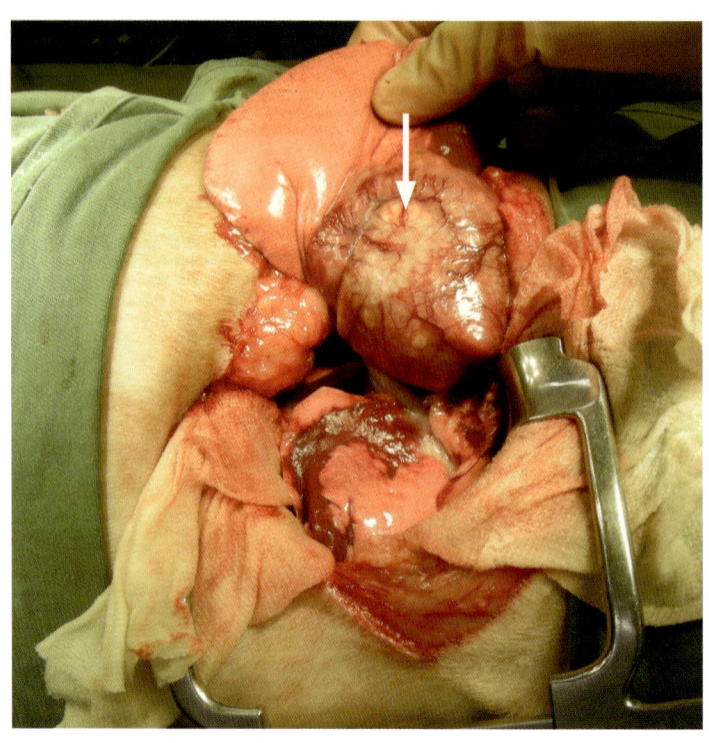

図6-284　右後葉の肺腫瘍（矢印）

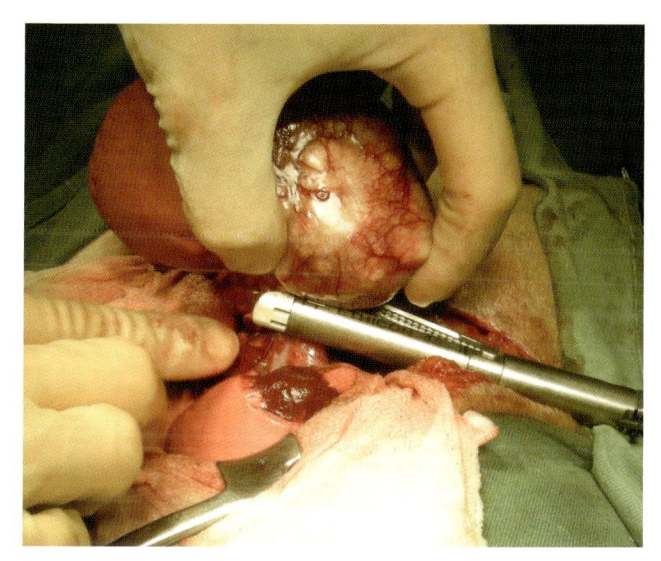

図6-285 ステイプラーによって気管および肺動静脈を一気に切離。

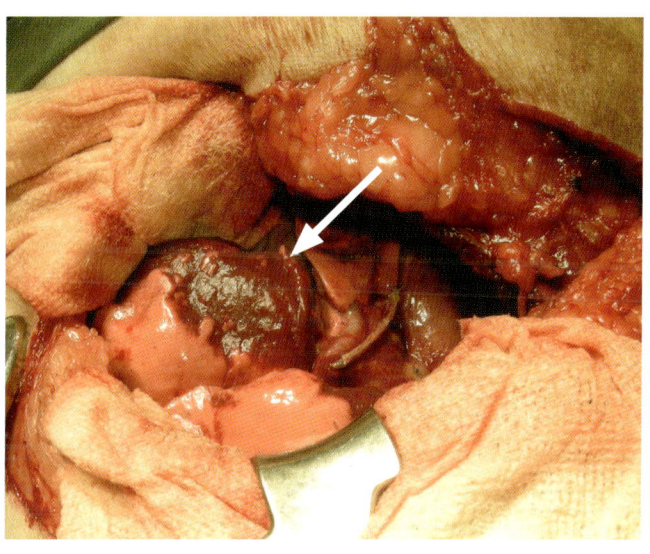

図6-286 ステイプラーの切断端（矢印）。

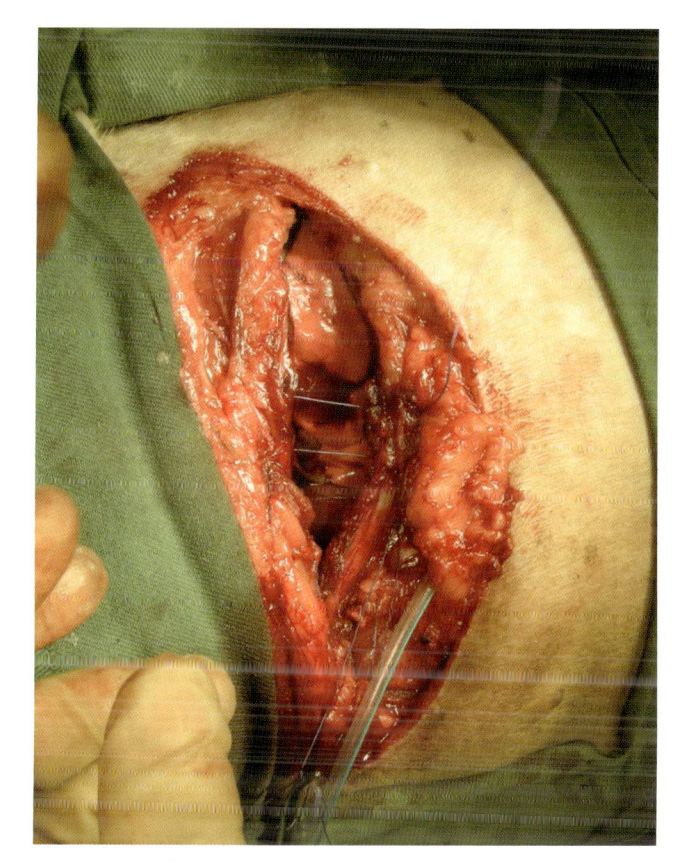

図6-287 閉胸。ドレーン挿入後，閉胸した前後の肋間に肋間を寄せるための支持糸をかけ，肋間筋を縫合しながら，順次その支持糸を結紮していく。

および肺動静脈を一気に縫合，切離することが可能となり，手術時間を大幅に短縮することができる（図6-285，6-286）。

閉胸

胸骨正中切開と同様に，胸腔内洗浄，エアーリークを確認した後，ドレーンを装着する。

開胸した肋間から，数肋間尾側側の肋間を通し，筆者らは1本は開胸した側の胸腔内に，もう1本は反対側の胸腔に挿入し，2本設置している。肋間をよせるためにナイロン糸を開胸した肋間の前後にかけ，吸収糸にて肋間筋を連続縫合しながら，先にかけたナイロン糸を順次結紮していく（図6-287）。切開した筋層，皮下，皮膚を順次縫合して終了する。

❖ 手術のKey Point

- 胸骨正中切開術，肋間切開術も同様であるが，麻酔医との連携が極めて重要である。
- 麻酔医は術野を常に監視し，術者の操作の妨げにならないようバッキングを行うこと。
- 肺葉切除術においては，腫瘍の局在によって適切な開胸部位を決めることが極めて重要である（第何番目の肋間開胸か胸骨正中切開か）。

4）超音波吸引装置を用いた腫瘍の摘出

超音波吸引装置（USA）は血管や神経を傷害することなく，組織を乳化，破砕，吸引することができる。実際の臨床例においては，肝臓腫瘍における肝葉部分切除や，肝臓に癒着した胆嚢の剥離などに用いられることが多く，USAの使用によって肝実質を除去し，肝内血管を選択的に露出，その血管を超音波凝固切開装置で切離することにより出血量を限りなく少なくすることが可能となる。この際，血管走行を意識し，USA先端のチップを血管走行に沿って上下に小刻みに動かすことがポイントであり，横に強く動かすと比較的太い血管でも切断してしまう危険性がある。また大血管や神経に密接あるいは癒着した腫瘍の切除などにおいてもUSAは極めて有用である。さらに，正常組織を含めた腫瘍の一括切除が困難な場合は，腫瘍組織自体をUSAにて直接的に破壊しながら摘出することも可能である。しかしながら硬い腫瘍では乳化，吸引が困難な場合もあり，脂肪組織程度の軟らかい腫瘍でないと破壊，吸引は難しい。また，一般に腫瘍内血管は正常な血管構造を欠くため，極めてもろく，容易に出血する傾向があるので注意が必要である。さらに，この方法はあくまでも腫瘍の減容積的摘出であり，腫瘍組織の残存はやむを得ないことに加え，腫瘍細胞を体腔内に播種させることも考慮して行うべきである。

肺腺癌の胸腔内播種性病変に対してUSAを用いた症例を写真で示す（図6-288〜図6-295）。

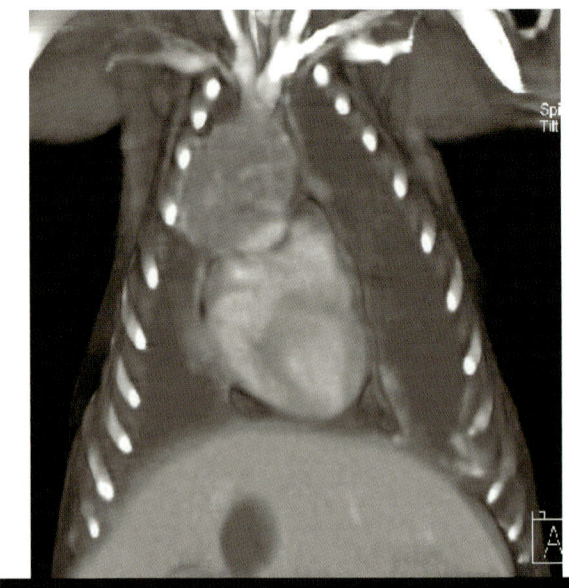

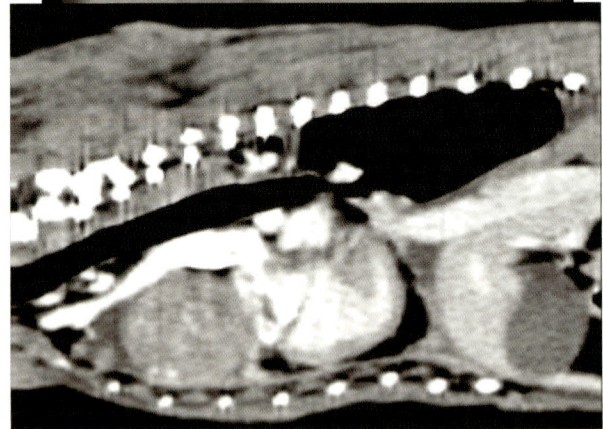

図6-289 CT検査では前縦隔部に腫瘤状病変が認められた。

図6-288 チワワ，8歳，雌，体重3.9 kg。肺腺癌。胸水貯留による努力性呼吸を呈し，血様胸水160 ml抜去。以下，図6-289〜図6-295は同症例の写真。

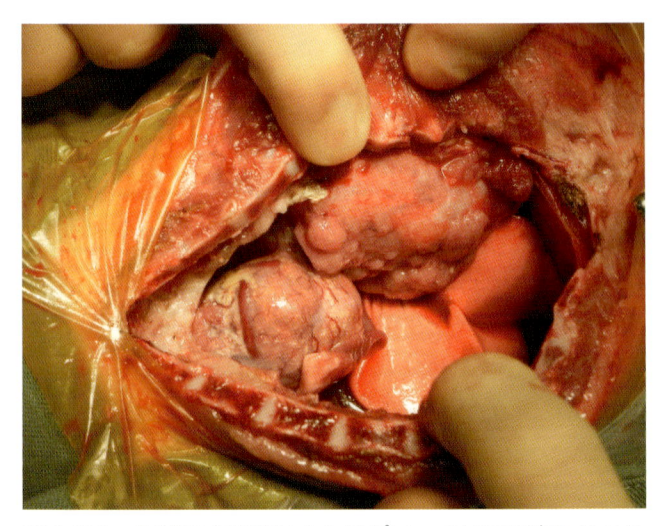

図6-290 胸骨正中切開によりアプローチにて開胸したところ，肺腫瘤と心膜壁側面に広範な播種性病変が認められた。

呼吸器系

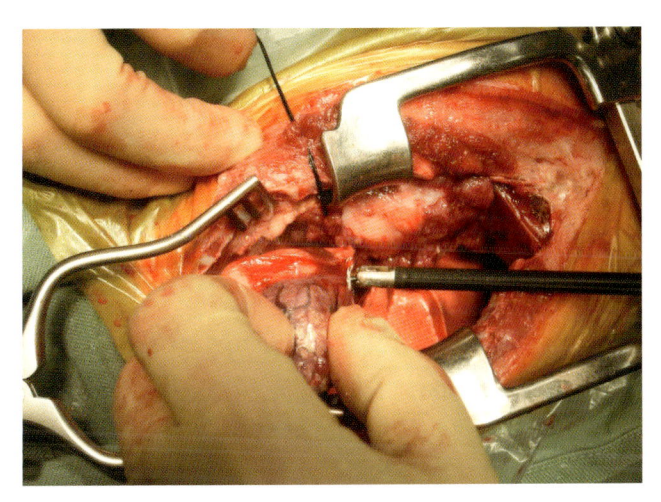

図 6-291　腫瘤は右肺前葉から発生しており，まず SonoSurg シザースにて右肺前葉切除を行った。

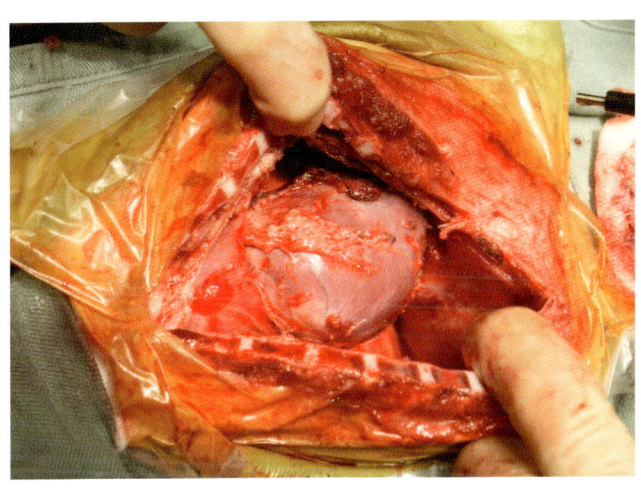

図 6-293　播種病変の除去終了。

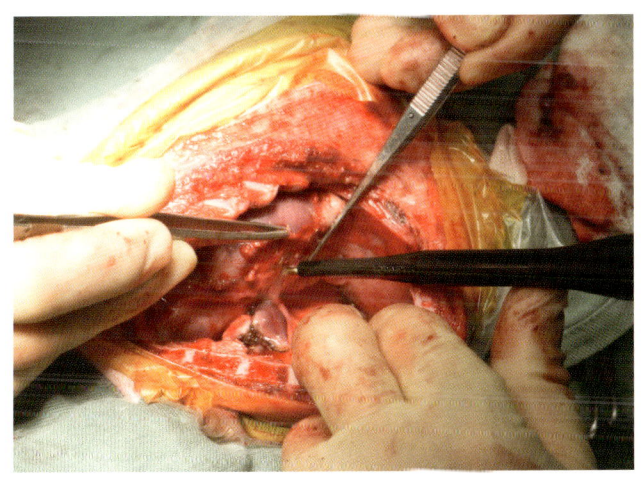

図 6-292　さらに，USA を用いて可能な限り胸膜播種性病変を吸引・除去。

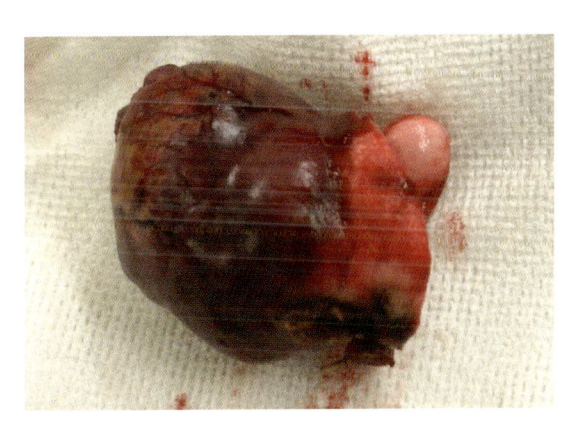

図 6-294　摘出された肺腫瘤。

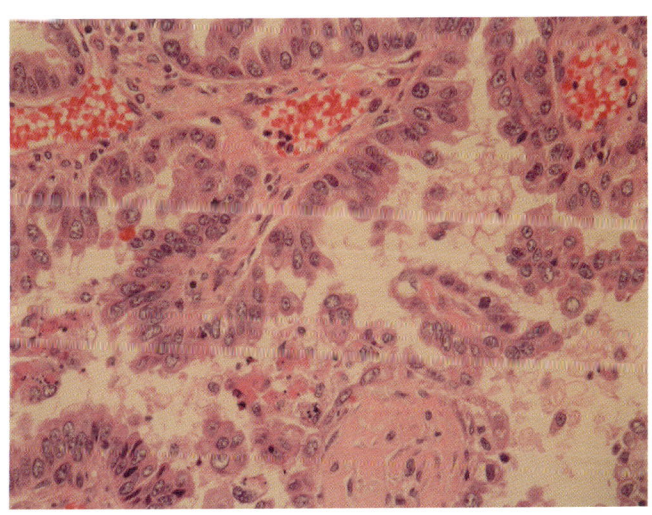

図 6-295　病理組織写真。診断は乳頭状肺腺癌である。その後，本症例には全身および胸腔内化学療法が行われた。術後，胸水の貯留は認められなくなり病態は安定していたが，胸腔内全域に播種病巣が再発，増大し，術後 109 日に呼吸状態・全身状態悪化のため死亡した。

5）気管切開術

　気管切開術には一時的気管切開術と永久的気管切開術がある。一時的気管切開術は緊急的に実施させることが多く、その適応は上部気道閉塞による呼吸困難や開口障害、気管内異物の摘出などであり、一般に切開した気管内に気管切開チューブを挿入する。呼吸状態が改善したら、チューブを抜去するが、一般に適応となる病態は限られている。

　永久的気管切開術は咽喉頭部の腫瘍などによる呼吸困難に対して、対症的な治療として行われる。したがって、原因疾患の治療ではないので、あくまでも延命的措置に過ぎないことを、飼い主に十分インフォームする必要がある。

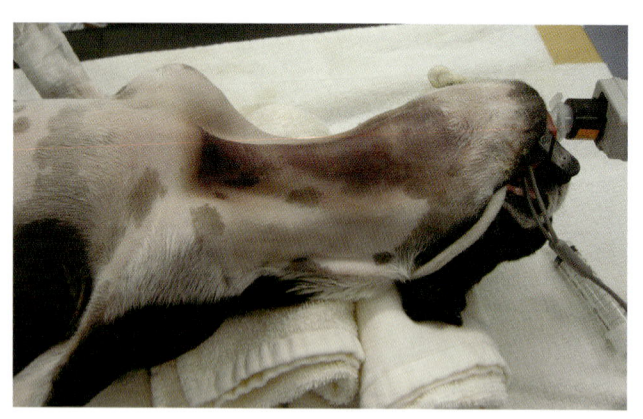

　実症例を写真で示す（図 6-296 〜図 6-303）。

図 6-296　ボストン・テリア、10 歳、雌。咽喉部腫瘍による呼吸困難を呈していた。図 6-297 〜図 6-303 は同症例の写真。

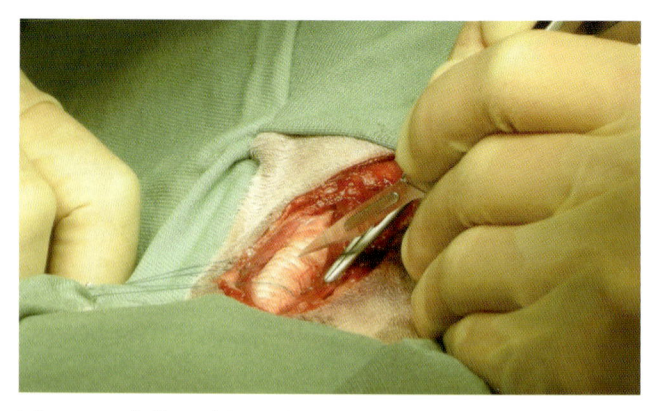

図 6-297　気管を露出し、尖刀にて気管輪を切開する。この際、気管粘膜を残すように気管軟骨のみを切開して、慎重に粘膜を剥離していく。

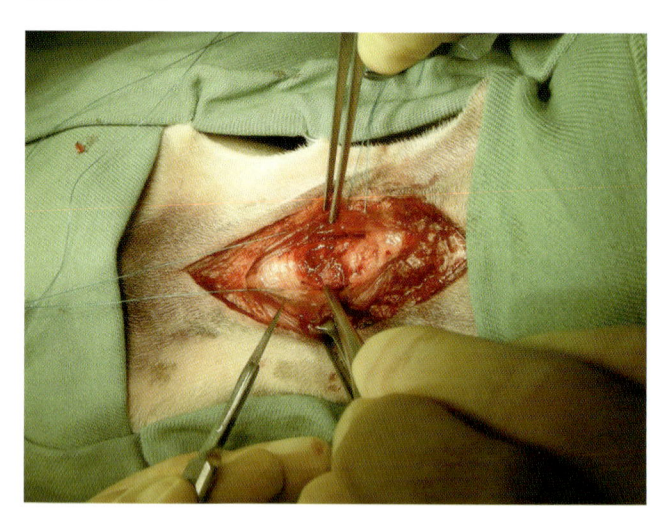

図 6-298　気管粘膜を残し、気管軟骨を切開したところ。

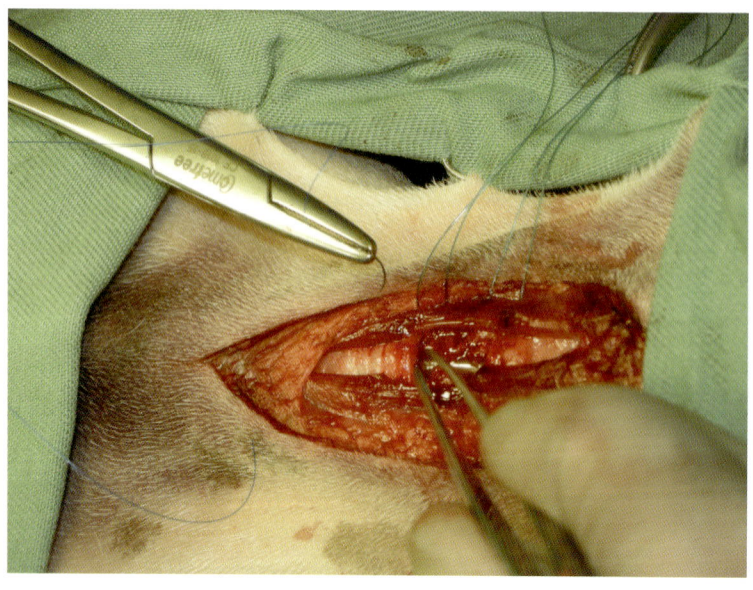

図 6-299　切開した気管の左右の胸骨舌骨筋に数か所、水平マットレス縫合を気管の背側で施し、気管を挙上させる。

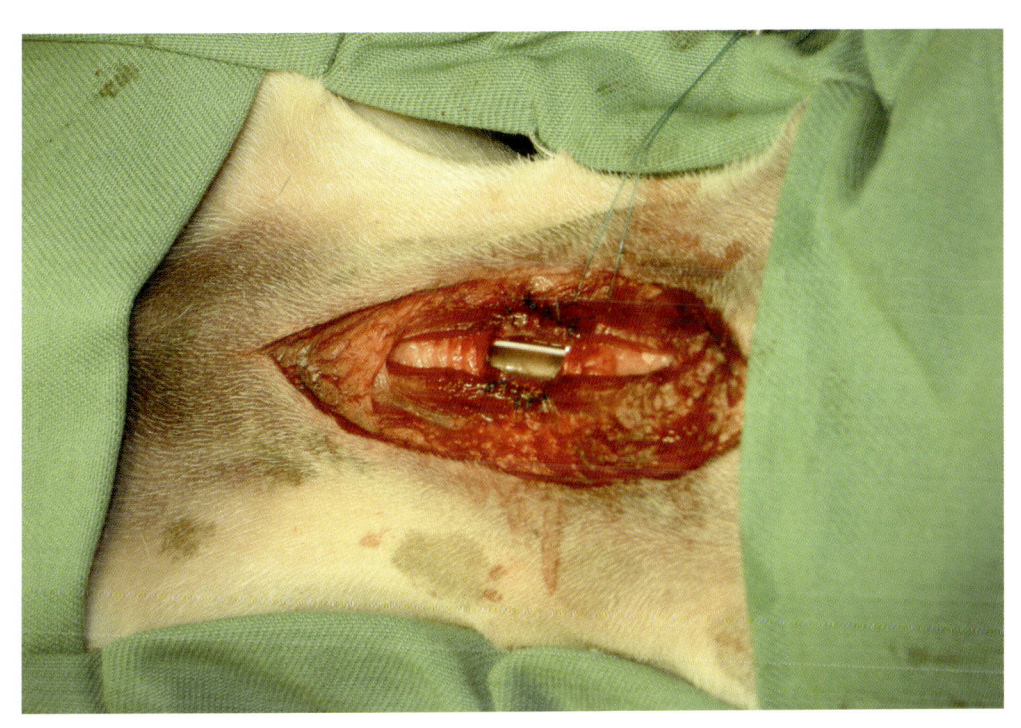

図 6-300　気管粘膜を正中で切開し，まず周囲の胸骨舌骨筋に単純結紮縫合する。

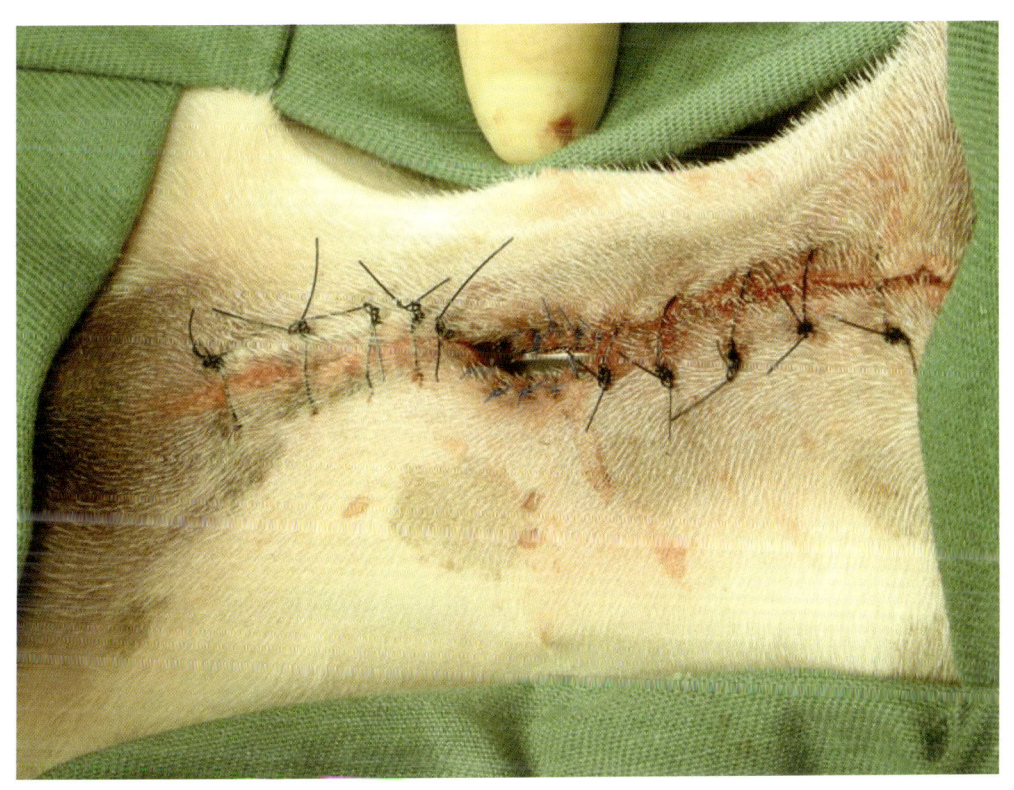

図 6-301　次いで皮膚縫合し，気管粘膜と皮膚を単純結紮縫合する。

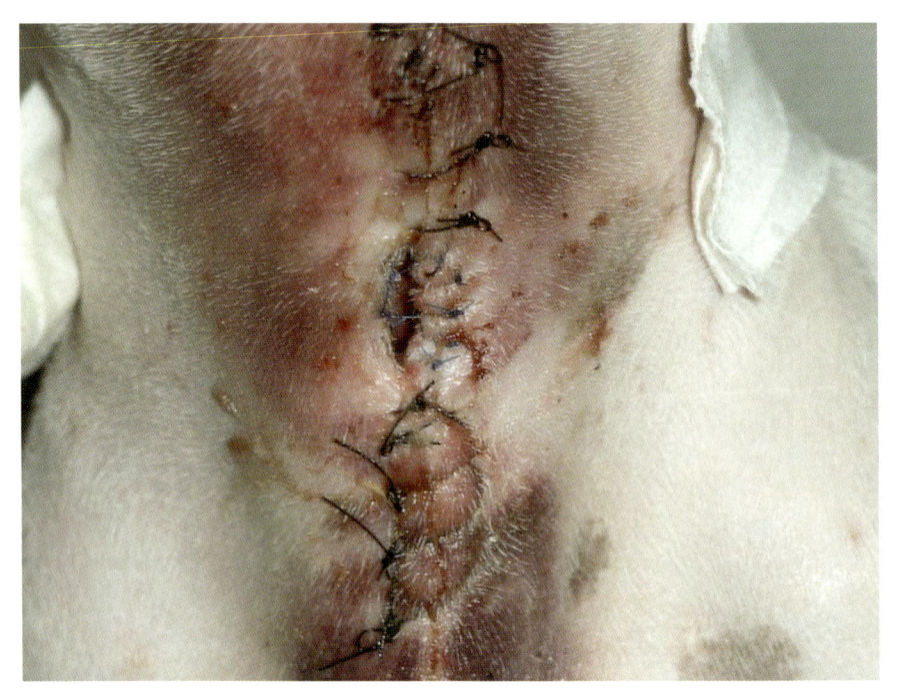

図6-302 術後1日目。気管内の分泌物により,閉塞を生じることが多いため,厳重な看視と分泌物の吸引,除去を要する。

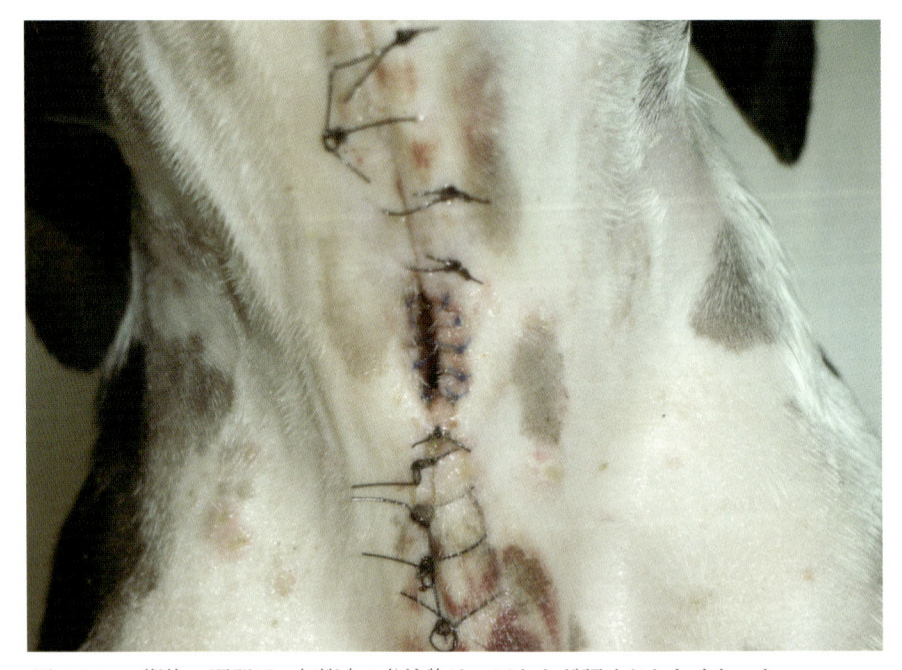

図6-303 術後1週間目。気管内の分泌物は,ほとんど認められなくなった。

❖ 手術の Key Point
- 少なくとも5気管輪以上を切開し,なるべく気管瘻の開口径を大きくする。
- 永久気管瘻の術後は,気管内分泌物の貯留によって閉塞を生じるので,目を離さず,常にサクションなどで分泌物を除去する必要がある。
- 退院後はシャンプーでの水の混入,草むらや砂場などの散歩による異物混入に注意が必要である。

7. 内分泌系

1）甲状腺

　犬の甲状腺腫瘍のほとんどは悪性であり，甲状腺機能の亢進を伴う機能性腫瘍であることは極めて稀である。したがって，腫瘍は巨大化することによって嚥下障害や呼吸困難などの臨床症状を呈し，はじめて腫瘍の存在に気付くことが多い。また犬の甲状腺癌は高率に所属リンパ節や肺転移を起こすとされ，診断時にはすでに肺転移が認められる症例も多い。猫では犬とは対照的に機能性の腺腫の発生頻度が高く，甲状腺機能亢進症に特有の臨床症状（多食，頻脈，体重減少，活動性亢進など）によって診断されることが多いが，犬と同様に非機能性の甲状腺癌も発生する。甲状腺癌の治療のポイントは早期に発見し，外科的に摘出することである。それには身体検査において頸部の触診を必ず行うことである。

　甲状腺癌は周囲組織への浸潤性が高く，進行例では頸動脈や気管を巻き込み頸部に固着していることが多い。一般に嚥下障害や呼吸障害を呈している症例ではほとんどが腫瘍の固着が認められる。このような症例では腫瘍の完全摘出は困難であり，一般に手術適応とならず，化学療法や放射線療法による緩和的治療が選択される。甲状腺腫瘍において手術適応となるのは，比較的早期に発見され，触診上で腫瘍の固着がなく，また画像検査上，遠隔転移が確認されない症例である。甲状腺癌を完全に摘出した場合は，根治あるいは長期寛解が期待でき，手術のメリットは大きい。したがって，甲状腺腫瘍の手術適応のポイントは腫瘍の局所浸潤の程度と遠隔転移の見極めが重要であり，適応の可否を決める術前の診断が非常に重要である。筆者の経験上，甲状腺腫瘍は明らかな固着が認められる症例と，腫瘍が遊離している症例とは，触診のみで明らかに鑑別が可能であり，手術の適否に悩むことはほとんどないが，より詳細な診断にはCT検査が有効であると思われる。ただしCT検査においても腫瘍浸潤と単なる癒着や圧迫を鑑別するのは困難なこともあり，注意が必要である。手術適応となる症例における甲状腺腫瘍摘出の手術手技は，それほど難易度の高いものではないと思われるが，本稿ではその手技の詳細とポイントを述べる。

外科手技

　甲状腺腫瘍は一般に血流豊富な腫瘍であり，周囲組織からの無数の小血管が分布している。甲状腺腫瘍の主要な栄養血管は前および後甲状腺動脈であり，摘出にあたってはこれらの栄養動脈を確実に止血する必要がある。それには，バイポーラ型電気メスおよびSonoSurgシザースの使用で出血を最小限にとどめることが可能である。また，甲状腺の周囲には気管を含め，総頸動脈，内頸動脈などの大血管のみならず，喉頭機能に重要な反回神経および迷走神経が密接する。したがって，甲状腺腫瘍の摘出においては，これらの周囲組織を損傷することなく，出血を最小限に抑えることが重要である。

皮膚切開～腫瘍の露出

　片側性の場合は，腫瘍の直上を長軸に沿って切開するのが一般的な方法である。また，両側性の場合は，正中線上の皮膚を広めに切開し術野を確保する。腫瘍は胸骨舌骨筋および胸骨甲状筋の下にあるので，それらの筋群を分けて

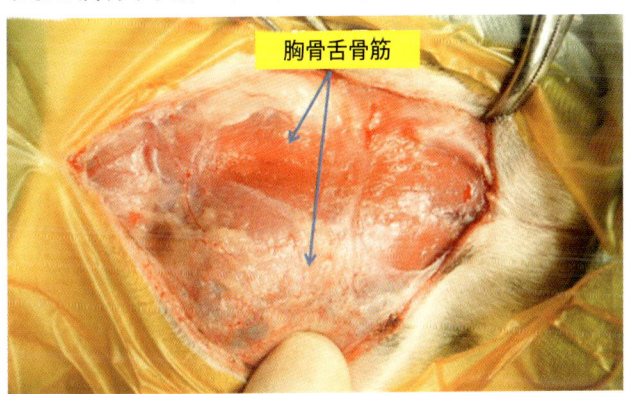

図6-304　皮膚切開下の胸骨舌骨筋

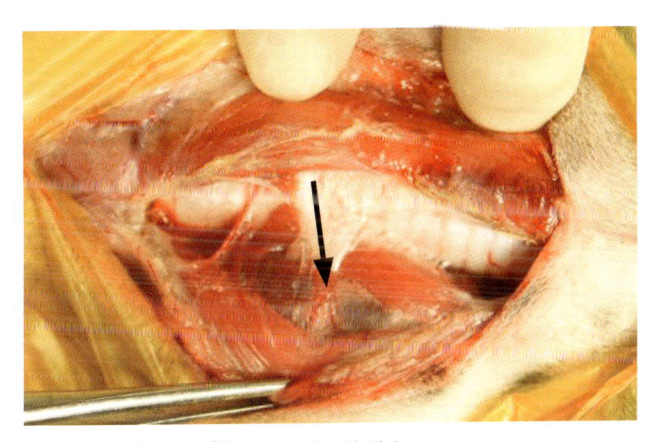

図6-305　胸骨舌骨筋下の露出（矢印）

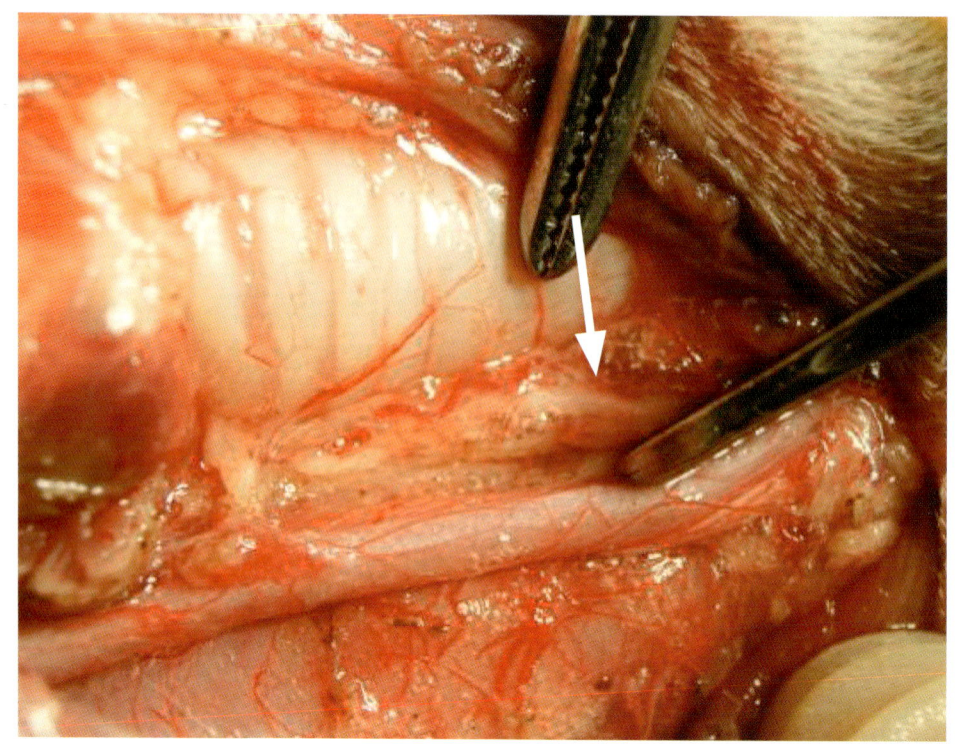

図6-306　気管の側面に走行している反回神経（矢印）および総頸動脈を確認する。

腫瘍を露出する（図6-304，6-305）。
周囲組織からの腫瘍の剥離
　通常腫瘍は明らかな被膜につつまれている。甲状腺腫瘍は被膜外切除が一般的であり，それ以上のマージンを

とる必要はないとされている。実際，甲状腺は温存しなければいけない組織に囲まれているので，マージンを広くとることは不可能である。腫瘍の全体を露出したら，総頸動脈，内頸静脈，反回神経，迷走神経，気管を確認し，こ

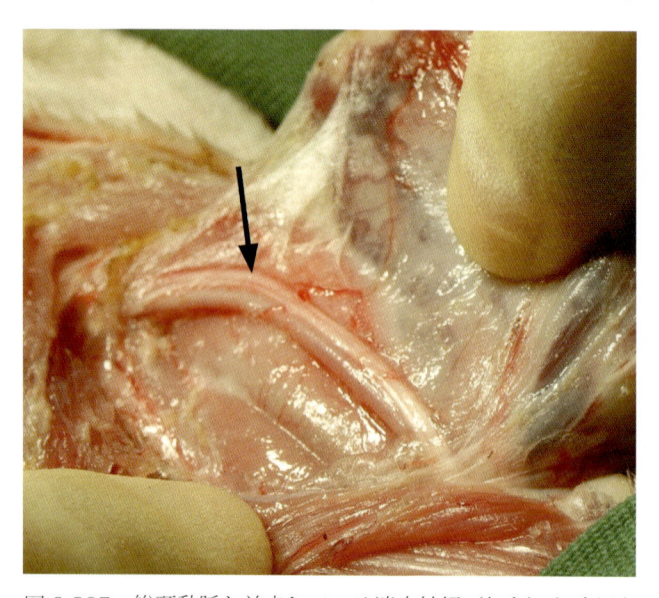

図6-307　総頸動脈と並走している迷走神経（矢印）を確認する。

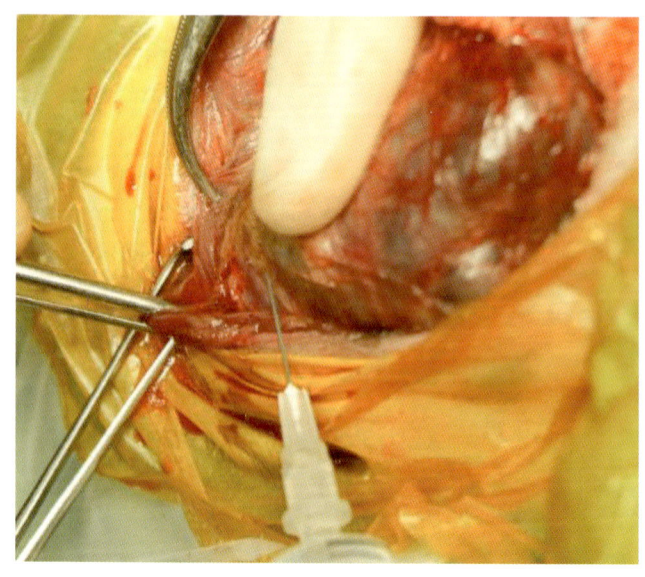

図6-308　生理食塩水を注入しながら腫瘍から内頸静脈を剥離する。

内分泌系

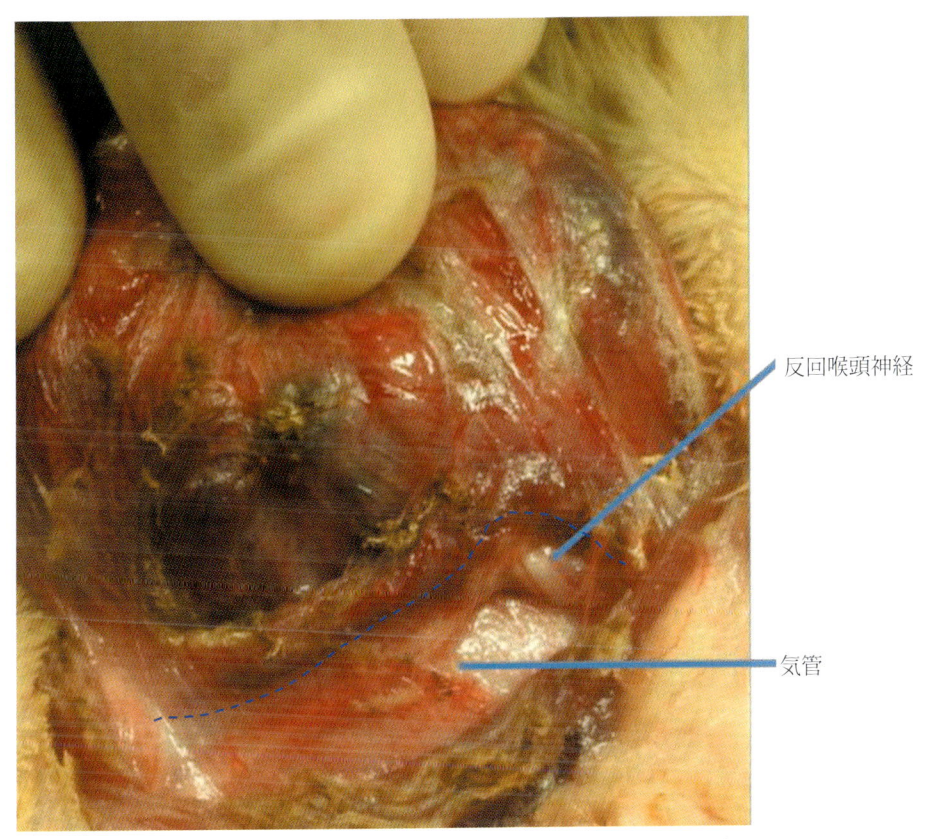

図 6-309　反回喉頭神経は，反回神経と被膜の間隙（点線部）に生理食塩水で圧をかけて丁寧に剥離しながら SonoSurg シザースを用いて凝固切開を繰り返していく。

れらを損傷しないように慎重に腫瘍を剥離していく（図 6-306, 6-307）。この際，腫瘍には微細な小血管が分布しているので，生理食塩水などで圧をかけながら剥離を進め SonoSurg シザースを用いて血管を凝固切開することで，無駄な出血を防ぐことができる（図 6-308, 6-309）。反回神経は気管の側面に存在し，迷走神経は総頸動脈に並走して観察されるため両者の腫瘍への巻き込みをよく目視しながら把握することが重要である（図 6-306, 6-307, 6-310）。次に総頸動脈前および後甲状腺動静脈を確認して，それらを結紮，あるいは SonoSurg シザースを用いて確実に凝固切開し，腫瘍を摘出する。術後の数日間は，頸部の炎症による呼吸障害などが起こるため，ステロイドや消炎剤を用いながら十分に症状の観察を行わなければならない。

両側性甲状腺腫瘍

　甲状腺腫瘍が片側性の場合は，上皮小体を含めて切除しても問題ないが，両側性の場合は上皮小体を残さないと，

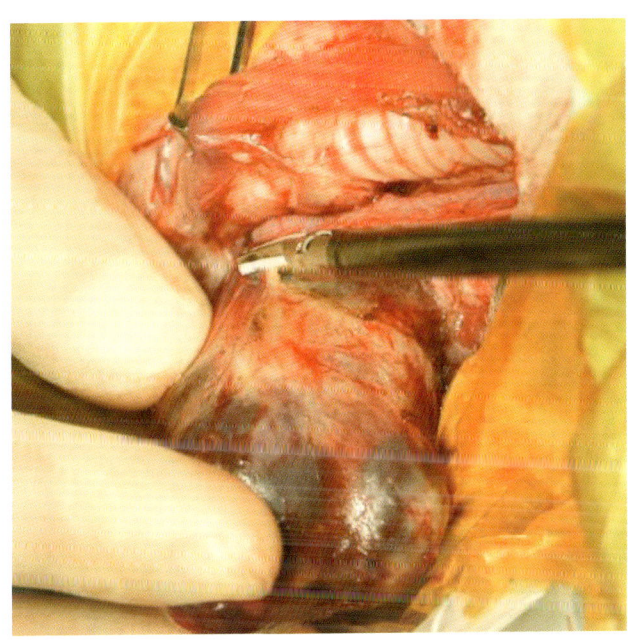

図 6-310　被膜および総頸動脈から迷走神経に注意しながら腫瘍を SonoSurg シザースで凝固切開する。

術後に深刻な合併症（上皮小体機能低下症に伴う低 Ca 血症）を引き起こし，血中 Ca 値のコントロールに難渋することがある。したがって，上皮小体が腫瘍内に明らかに確認できる場合は，腫瘍から剥離して温存するほうがよいとされている。摘出後に腫瘍から上皮小体を分離，細切し，周囲の筋などに移植する方法も報告されている。上皮小体の温存や，移植に際しては，腫瘍細胞を残存させないよう細心の注意が必要である。両側性の甲状腺腫瘍を摘出した場合は，以下の①〜③による治療が必要となることから，甲状腺ホルモンおよび血中 Ca 値の定期的な検査が必要となる。

①甲状腺ホルモン製剤（レボチロキシンナトリウム）
②Ca 製剤
③ビタミン D 製剤（カルシトリオールなど）

手術の Key Point

- 腫瘍を摘出する場合，必ず重要な器官は目視して確認すべきである。
- 血管や神経は，生理食塩水などを用いて腫瘍との間隙に圧をかけて剥離する。
- 微細な小血管は，なるべく SonoSurg シザースで凝固切開を行う。
- 反回神経や迷走神経を損傷すると喉頭麻痺，ホルネル症候群の可能性があるため摘出には細心の注意をする。
- 甲状腺を両側摘出するには，甲状腺機能低下症および上皮小体機能低下症が起こるため術後の定期的検査や治療が必要になる。

2）副　腎

―副腎の漿膜を切開して周囲組織から剥離する―
漿膜は血管分が多く走行しているので鋏で切開してはならない！

患者を仰臥にして腹部正中切開もしくは傍腰部切開を行うが，筆者は腹部正中切開を好んで用いている。また，胸郭が深い犬や副腎が大きく視野を拡大したいときには傍肋骨切開も併せて行うことがある。切開は剣状突起から臍後方まで行い，腎臓の位置を参考にして副腎を確認する。次いで隣接する後大静脈，腹大動脈，尿管などを確認して副腎との癒着や腫瘍の浸潤（後大静脈への腫瘍伸展）程度を精査する。

副腎へアプローチするときは，開創器を用いて術野を開き，周囲の組織（十二指腸，膵臓，脾臓）をガーゼや助手の手で牽引する。特に，膵臓や腸を強く圧迫すると血行障害や組織の損傷を引き起こすことがあるため臓器の色を確認しながら慎重に行う。創外に露出している臓器は乾燥を防ぐために，濡れた大きめのガーゼで腸管などを覆うように浸しておく。また，腹腔内の臓器を創外に露出している場合は，温度が低下するので温めたリンゲル液を使用する。腹腔内外に使用するガーゼは置き忘れを防ぐために予め端に縫合糸を 1 針かけるかモスキート鉗子で挟んでおくとよい。

副腎腫瘍は副腎皮質機能亢進症が多いため，脂肪に覆われていることが多く，実質の周囲を剥離していくときは注意深く探索する必要がある。まず，最初に取りかかるのは横隔腹静脈へのアプローチであるが，そのためには副腎を遊離させることが重要である。漿膜や脂肪を綿棒あるいは剥離鉗子と電気メスや低周波バイポーラで慎重に周囲組織（後大静脈や脂肪）から徐々に剥離していく。漿膜を切開するときは鋏を用いると出血を起こし周囲組織との関連性が把握できなくなる場合もあるので電気メス，バイポーラあるいは SonoSurg シザースを用いて慎重に切開を加えていく。

また，副腎を周囲組織から剥離する場合は，5ml のディスポシリンジに 25〜27G の細い針を用いて，生理食塩水で圧を加えながら SonoSurg シザースで丁寧に多数の小血管を凝固切開する。

漿膜がある程度切開されると副腎は周囲組織から遊離してくるので，血管の走行を確認する。特に左の副腎は腫大してくると腎動静脈と近接してくるので横隔腹静脈と間違えて結紮しない。副腎の腫瘍は腫大してくると周囲の血管との癒着や新生血管が多く走行してくるとともに，頭側に張り出してくるため腸間膜動脈の確認が必要となる。横隔腹静脈を確認するときは後大静脈および腹大動脈から走行している分岐部を探すと見つかりやすい。横隔腹静脈の遠位と近位を結紮するが，小型犬〜中型犬の場合は SonoSurg シザースで一挙に凝固切開することが可能である（図 6-312，6-313）。

次いで副腎周囲の血管は SonoSurg シザースで凝固しながら切開を進め，できるだけ副腎側に SonoSurg シザースを付けるように行うとよい。小型犬の周囲の細い血管は低周波のバイポーラを用いても凝固切開ができる。副腎が遊離されてくると腎動脈から分岐している血管が確認される

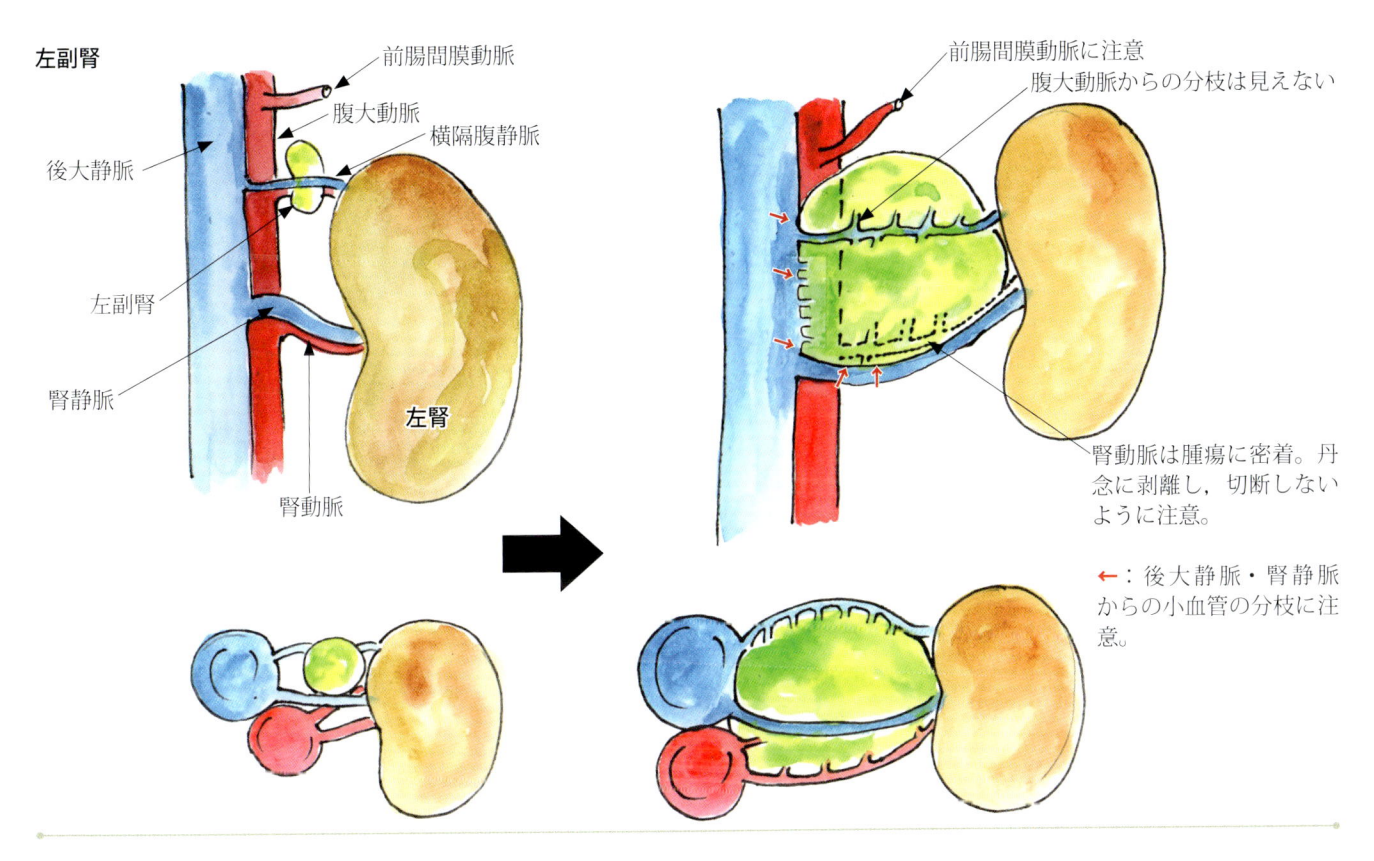

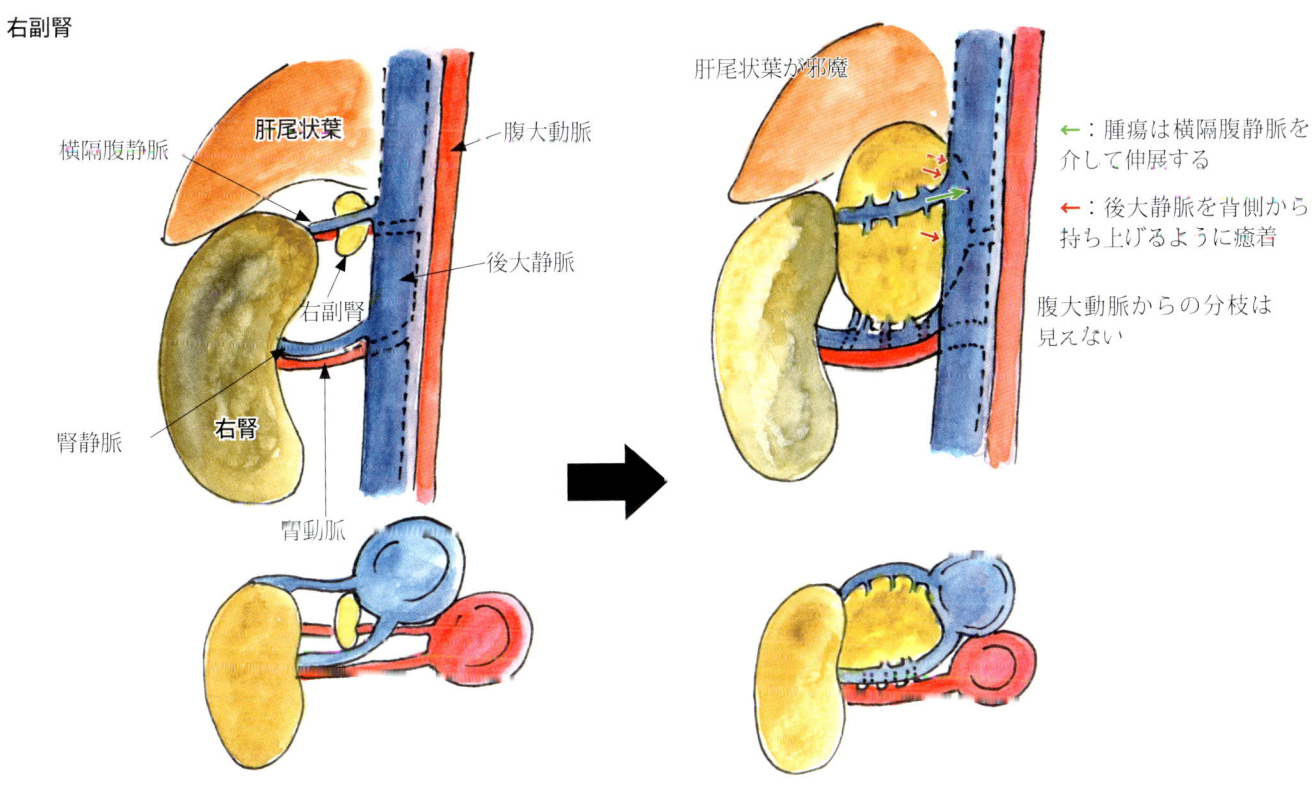

図 6-311　副腎腫瘍摘出時の注意点。（イラスト：伊藤　博）

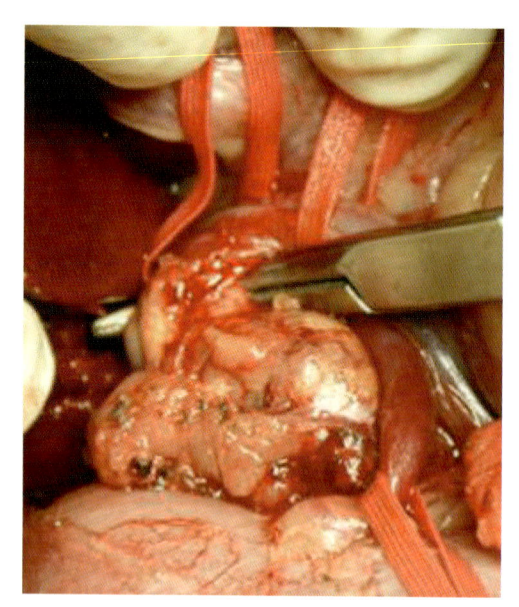

図6-312　横隔腹静脈へのトンネリング（後大静脈からの基部を確認）

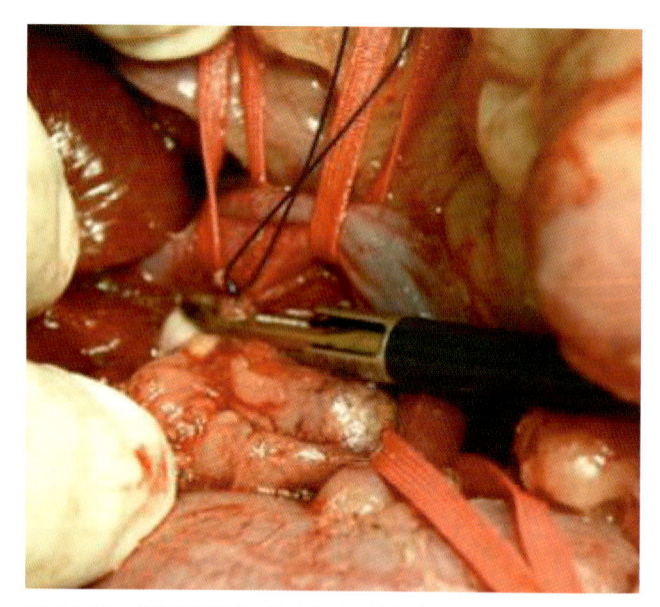

図6-313　横隔腹静脈の結紮および凝固切開

のでSonoSurgシザースで凝固切開する。副腎が腹大動脈あるいは後大静脈に癒着している場合は，新生血管の分岐が多く存在し，剥離鉗子などの操作により思いがけない出血を起こすことがある。このことからなるべく主となっている大血管から凝固切開あるいは結紮処理することが望ましい。

　副腎が腫大している場合は，腎動脈あるいは腎静脈が副腎に押されて尾側に変位していることが多いため，腎臓からの腎動脈，腎静脈，尿管を必ず確認することが必要である。腫瘍は周囲の組織の環境を変えてしまう力を持っている。存在するはずの血管あるいは組織が位置も形も変えられてしまうことや血管が数本にも分岐していることがよくみられる。

✤ 手術のKey Point
・CT像により腎動静脈および前腸間膜動脈を確認する。
・腎動脈の癒着が認められても副腎腫瘍内に巻き込まれていることは極めて稀である。
・腫瘍が後大静脈に伸展している場合でも積極的にアプローチする。

3）副腎腫瘍の後大静脈への伸展

　副腎腫瘍の後大静脈への伸展は，超音波検査やCT検査による画像診断によりある程度診断することができる。後大静脈は動脈と違い膜の構造が薄いので浸潤している腫瘍が目視できる。腫瘍の頭側と尾側にターニケットを装着して腫瘍の移動を制する（図6-315）。副腎の腫瘍は横隔腹静脈の分岐から後大静脈内へ様々な大きさの乳頭腫様に伸展していく（図6-314）。

　副腎を前述のように遊離して横隔腹静脈を副腎側の遠位で結紮する（図6-312，6-313，6-316）。次いで後大静脈に通してあるターニケットを閉めて腫瘍と血液の流れを止め，後大静脈の横隔腹静脈の基部の血管をメスで腫瘍を切らないように切開する。切開部の孔からゆっくりと腫瘍を

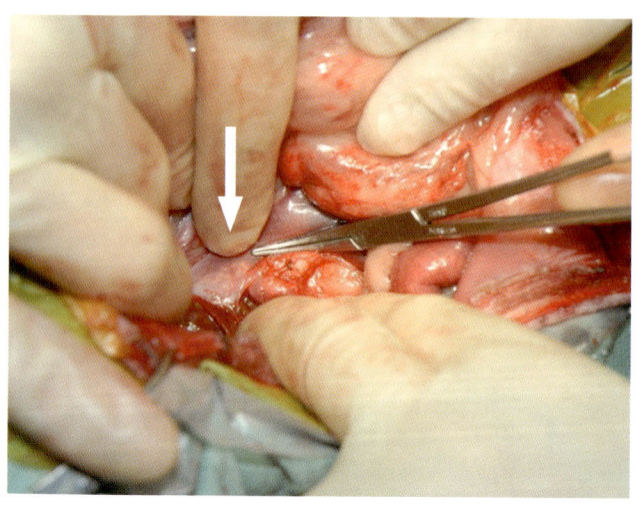

図6-314　後大静脈への腫瘍の伸展（矢印）

内分泌系

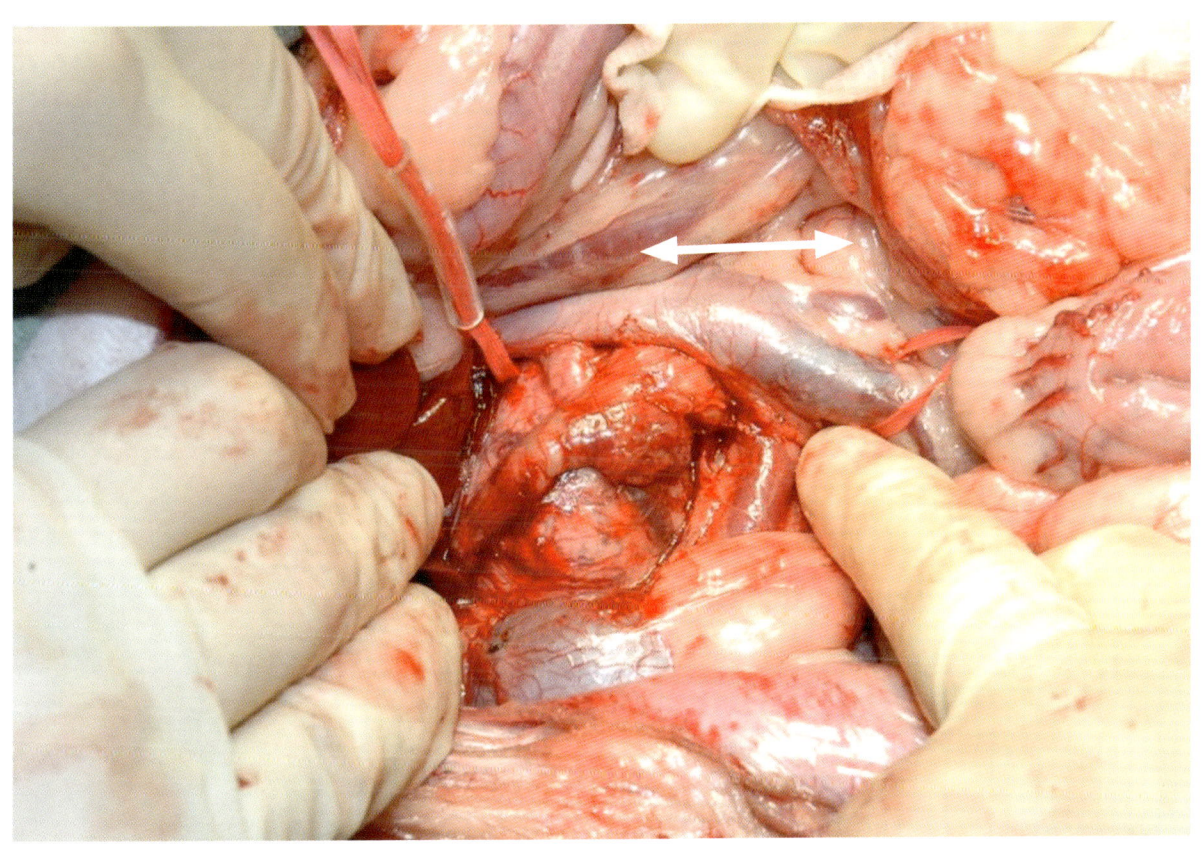

図6-315 ターニケットを後大静脈の頭側および尾側に装着している（矢印）。

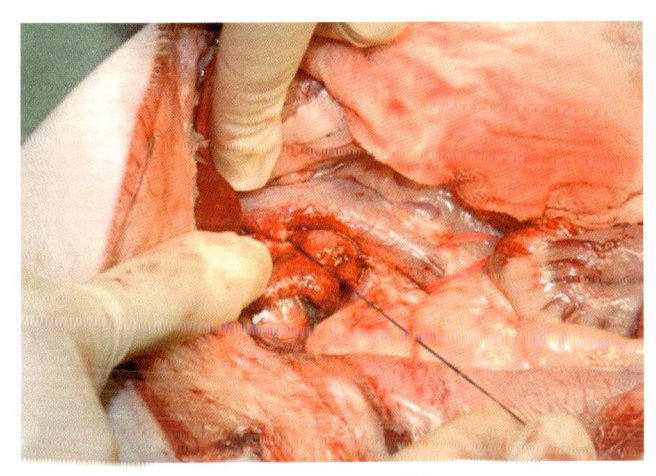

図6-316 後大静脈から分岐している横隔腹静脈を結紮している。

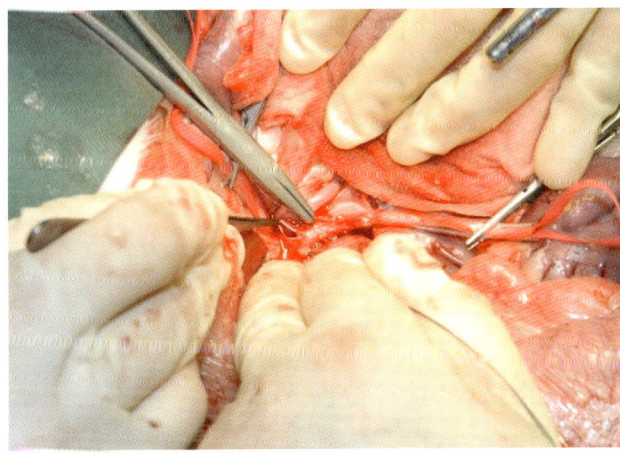

図6-317 横隔腹静脈の切開した孔から伸展していた腫瘍を摘出した。

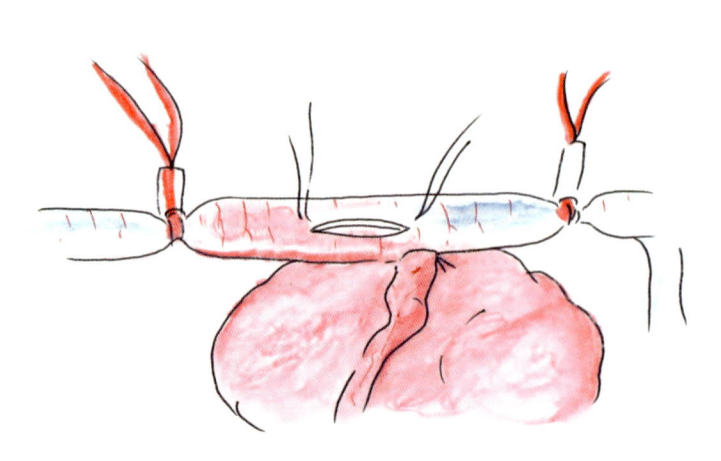

図6-318 横隔腹静脈から後大静脈に伸展している腫瘍を確認したら，後大静脈を数cm切開して腫瘍を摘出する孔を開ける。孔に小さな薬匙や細い直角鉗子を挿入しながら伸展した腫瘍を除去する。また，吸引装置を用いてもよい。腫瘍が血管壁に付着している場合は，綿棒を血管内に挿入して優しく剥離する。両側のターニケットをしっかり引き締めて腫瘍の断片を流出させてはいけない。（イラスト：伊藤　博）

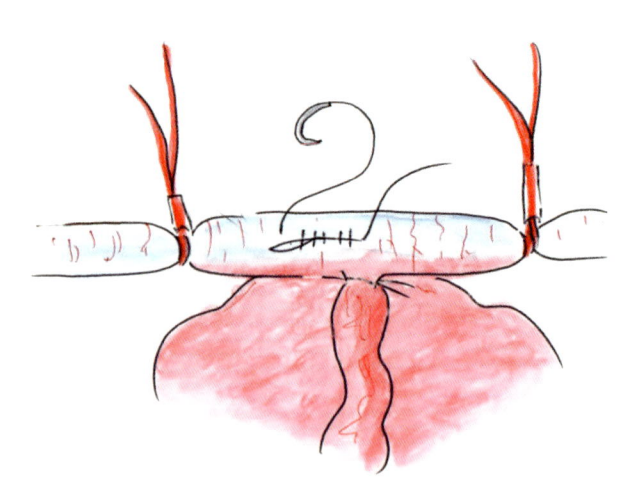

図6-319 腫瘍を摘出後，切開創の両端の支持糸をわずかに拳上しながら，片方の支持糸を用いて連続縫合し対側の支持糸と結ぶ。後大静脈の止血時間を10分以上要してはいけないが，時間を要するときは，直角鉗子やブルドッグ止血鉗子を用いて孔の部分のみを挟み血液の流れを数分間解除する。（イラスト：伊藤　博）

引き抜くかもしくは小さな細いスプーンあるいは吸引用のチューブを挿入して血管内に残っている腫瘍をすべて除去する。6-0もしくは7-0の細いプロリンで血管を単純結紮後にターニケットを後大静脈から外す。後大静脈からの出血を確認後，最後に切開部を定法にしたがって閉腹する（図6-315〜図6-319）。

8. 四　肢

　四肢の皮膚，筋肉および骨には，上皮系，間葉系の悪性腫瘍が多く認められる。また，四肢末端の手根部にも腫瘍が発生し虚血や感染のため壊死や自壊を起こし歩行に支障をきたしている例も多く経験している。四肢の疾患における断脚は，術前の確定診断が最も重要であるが，骨の溶解や腫瘍の増大が認められ，FNAによる悪性腫瘍細胞の確認だけでも断脚の必要性を飼い主に勧めることができる。腫瘍のステージにもよるが確定診断に際し，むやみに時間を要しながら骨へのジャムシディ針によるバイオプシーなどの検査は推奨されない。骨以外でも皮膚腫瘤などの確定診断にはFNAで十分であるという病理学者の意見もあることから，外科執刀医が個々の責任において病理所見も含めて臨床所見あるいは画像診断などから断脚すべきかの判断を下さなければならない。そのためには，断脚術の手技を普段から会得しておく必要性がある。断脚には前肢と後肢の術式があるが基本的には前肢における腋窩動静脈および後肢の大腿動静脈の処理を行えばそれほど難しい技術を必要としない。

1）前肢断脚　肩甲骨除去による離断

外科手技

保定と切開線
切開線は術後縫合に影響する

　患者は前肢の患肢を上にして横臥に保定する。前肢の患部の先端から肘関節部まで滅菌布で覆いフリーにする。切開線は，サージカルペンを用いて皮膚に描く。次いで前肢の肩甲棘を指で確認して肩甲棘上部を切開線に沿ってメスで上腕骨の近位まで皮膚切開を行う（図6-320）。特に血管は三角筋肩峰部に走行している上腕部の肩甲上腕静脈や後上腕回旋動脈，胸背動脈など多くの血管分枝が上腕部に集合しているので注意する。小さな出血はバイポーラあるいはモノポーラを用いてその都度止血を行う。

肩甲骨付着部の筋切開
左手指を筋間に挿入して付着筋を確認

　術者は皮下織を剥離し肩甲骨に付着している僧帽筋と肩甲横突筋などを左手の指を挿入しながら確認し，

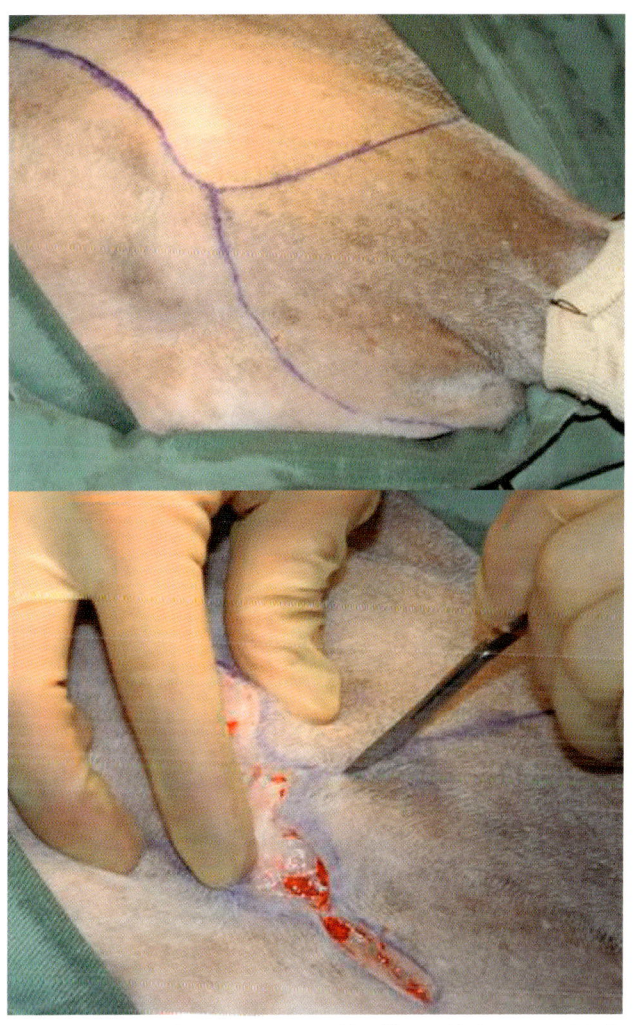

図6-320　サージカルペンで切開線を描き，線上をメスで皮膚切開を行っていく。

SonoSurgシザースを用いて凝固切開を進め（図6-321〜図6-323），背側の菱形筋および腹鋸筋を切断する。腹鋸筋をすべて切開してしまうと肩甲骨がフリーになり前腕部の可動性が大きくなるため，尾側の一部を残しておくと操作しやすくなる。

腕神経叢へのアプローチ
神経は1本ずつ丁寧に分離

　肩甲棘あるいは肩甲骨の一部にタオル鉗子をかけて肩甲骨を反転し，腋窩部の血管や腕神経叢にアプローチする。腕神経叢の神経を1本ずつ剥離鉗子で分離する。神経の近くには血管が走行しているので遠位と近位の部分を電気メスで止血しながら，神経に25Gあるいは27Gの針

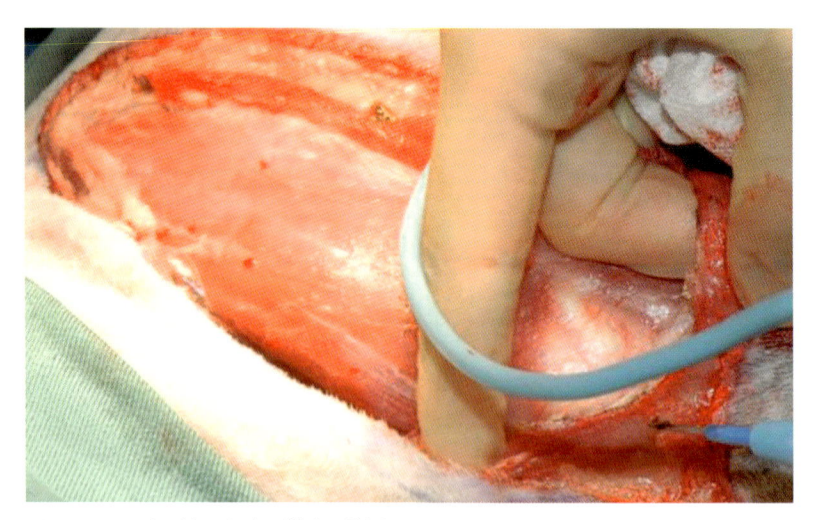

図6-321　肩甲棘から皮下織を剥離する。

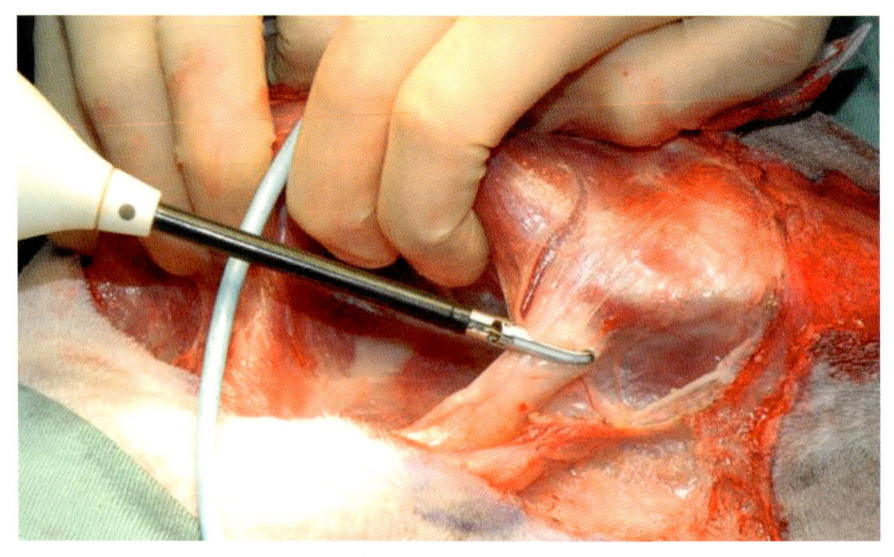

図6-322　上腕頭筋，浅胸筋および深胸筋をSonoSurgシザースで凝固切開する。

を用いて局所麻酔を施して約2分後に1本ずつ鋭利な鋏あるいはSonoSurgシザースで切断していく（図6-324，6-325）。結合織をガーゼで処理しながら腋窩動脈と静脈を確認して剥離鉗子を用いて分離し，結紮後にSonoSurgシザースにて凝固切開するが二重結紮の必要性はない。太い静脈は血管内膜が薄いため，SonoSurgシザースによるシーリングが弱く出血を起こす危険性があることから注意を要する。

離　断

血管分枝に注意

肩甲上腕静脈に注意して上腕頭筋，浅胸筋，深胸筋，広背筋の筋間に剥離鉗子あるいは指を挿入しながら血管分枝に注意して凝固切開を進めていく（図6-326，6-327）。近隣の各筋を引き寄せてなるべく死腔を減らすようにマットレス縫合を行う。

四肢

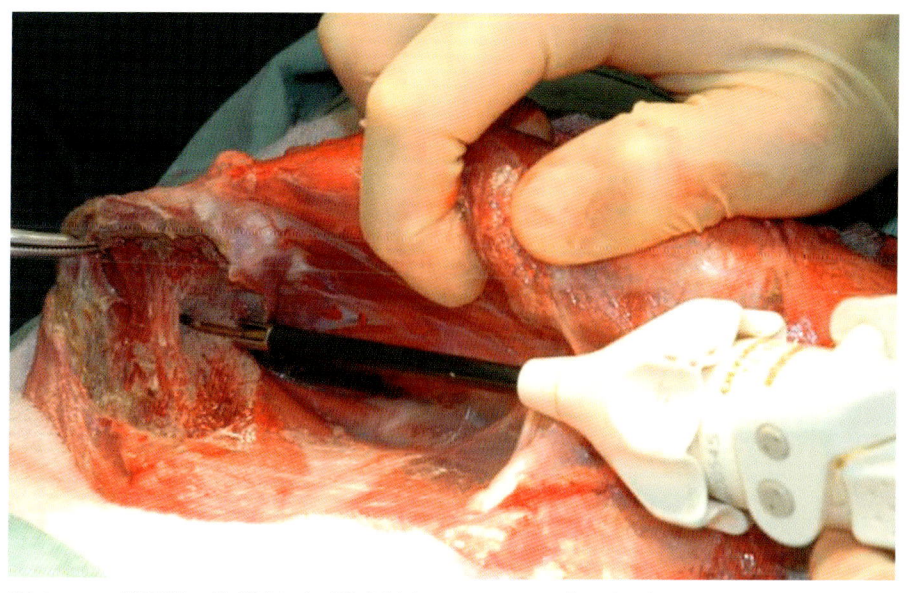

図6-323 僧帽筋，菱形筋および腹鋸筋をSonoSurgシザースで凝固切開する。

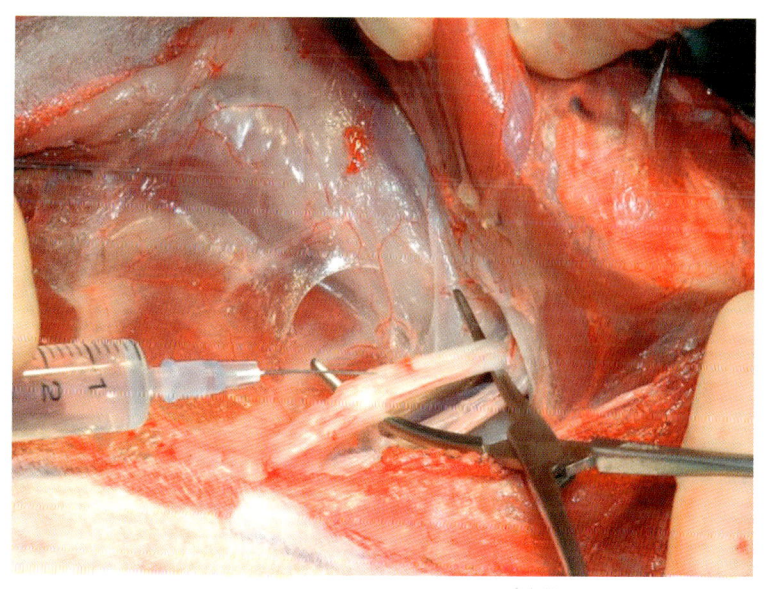

図6-324 肩甲骨を反転して腕神経叢の神経に局所麻酔を注入する。

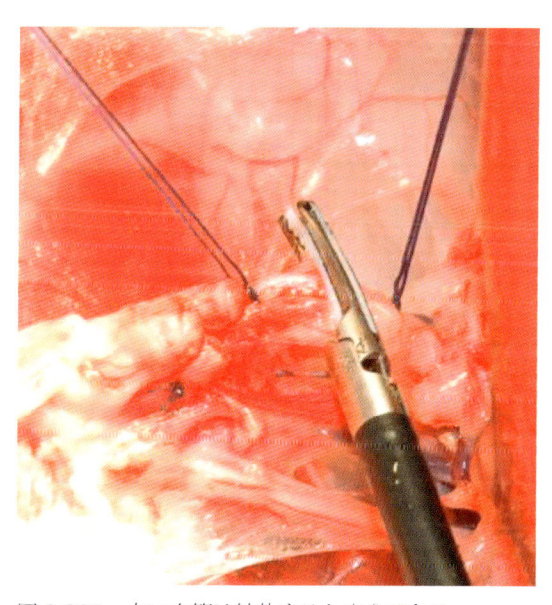

図6-325 太い血管は結紮すると安全である。

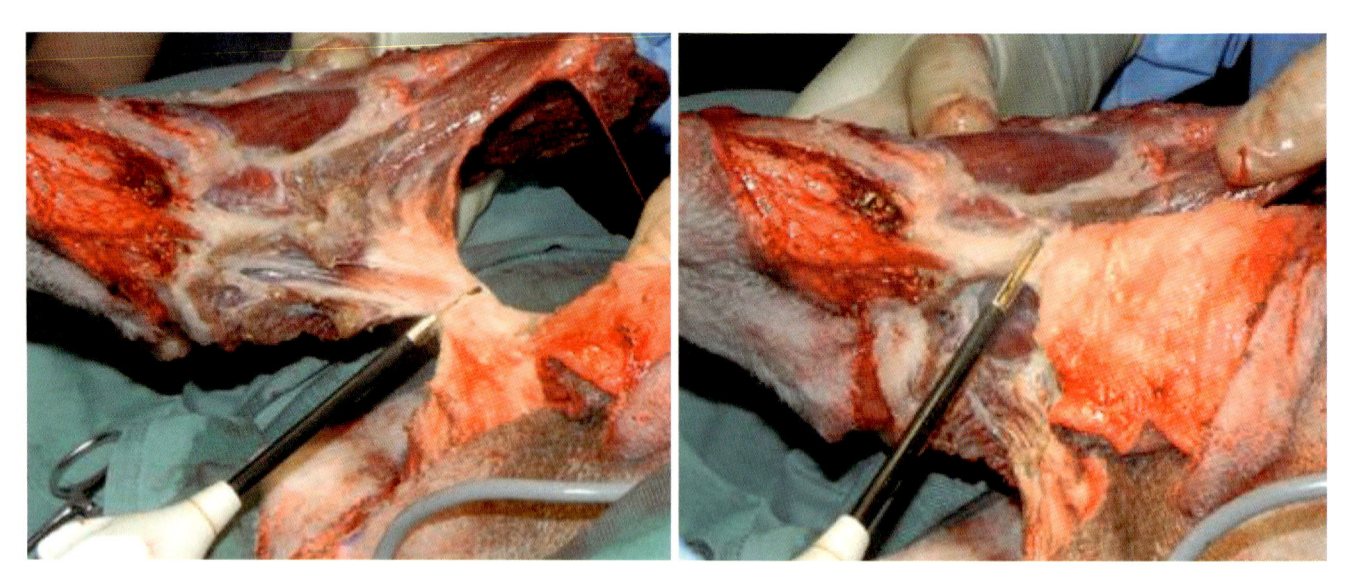

図6-326 SonoSurgシザースや電気メスで周囲の浅胸筋および深胸筋を凝固切開する。

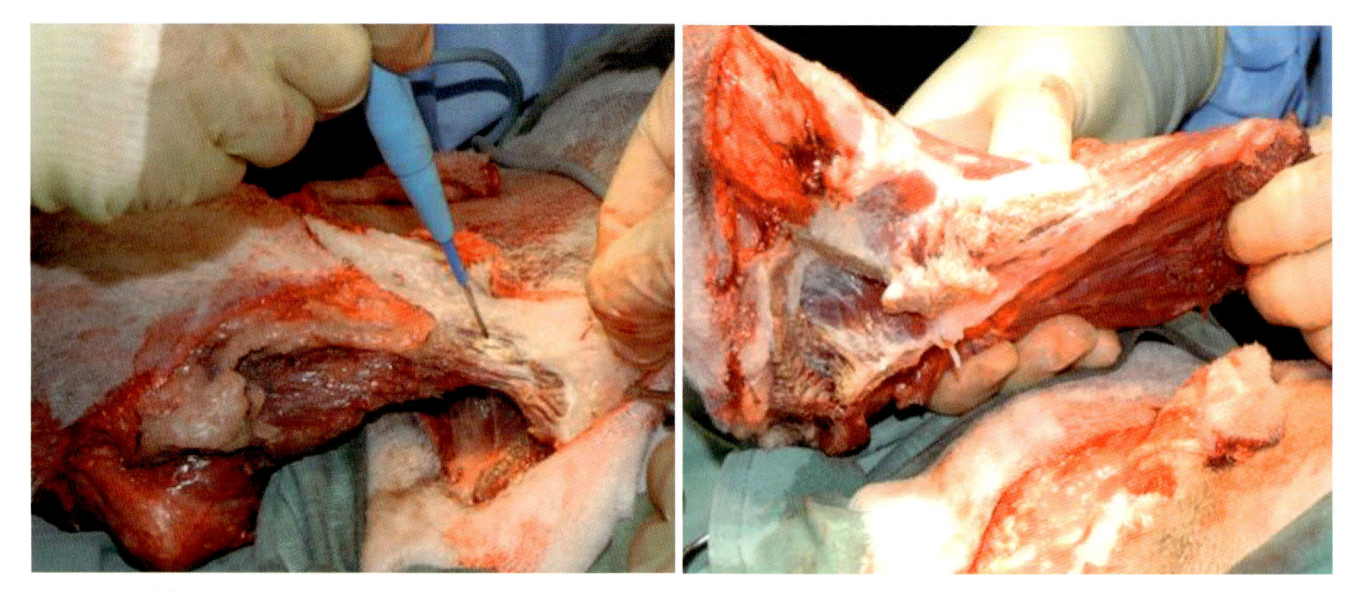

図6-327 広背筋を切開して前肢を離断する。

✤ 手術のKey Point
- 肩甲骨周囲の筋を左手の指で確認しながら付着部をSonoSurgシザースで凝固切開していく。
- 僧帽筋と腹鋸筋を凝固切開（電気メスを用いる場合は，血管に注意する）してから肩甲骨を反転する。広背筋を切開すると肩甲骨が固定されない。
- 腋窩部の腕神経叢の神経や血管を剥離鉗子で1本ずつ分離して処理する。

2）後肢断脚　股関節離断術

外科手技

仮想切開線

内側の切開線が大腿動脈の分枝に影響する

患者は仰臥位にしてやや腰部を斜めにして保定し患肢をフリーにする。切開線は，内側の鼠径部の約2cm遠位から坐骨結節まで描き，続いて外側の大腿部の側腹部から中央部にかけて弯曲に描きながら内側の坐骨結節と結ぶ。内側の切開線を遠位に取り過ぎると多くの分枝が走行しているので注意する（図6-328）。

皮膚切開

大腿三角部を見つける

内側の切開線に沿ってメスで皮膚切開して，皮下織を剥離していくと恥骨筋と縫工筋に挟まれた大腿三角部が確認

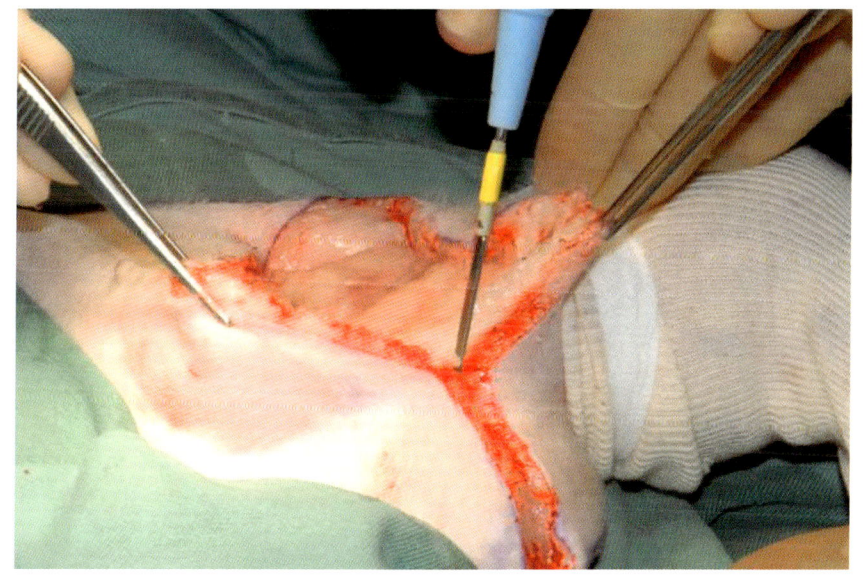

図6-328　鼠径部の切開線上をメスで切開後に電気メスで止血しながら皮下織を剥離していく。

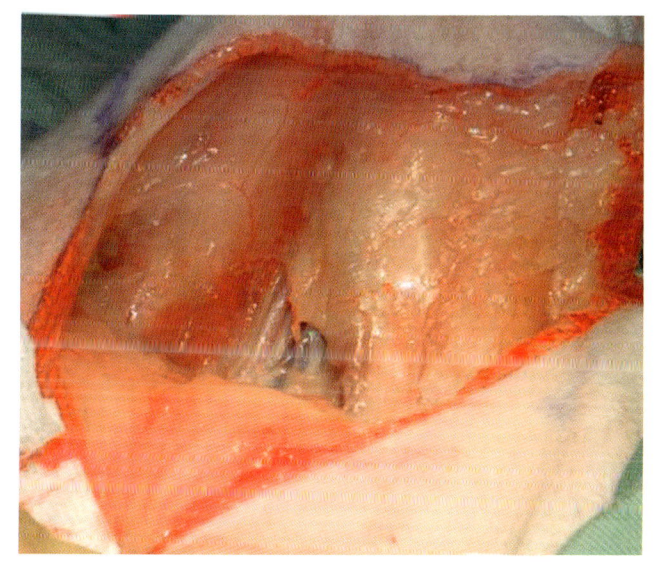

図6-329　三角部の脂肪を除去すると大腿動静脈が露出される。

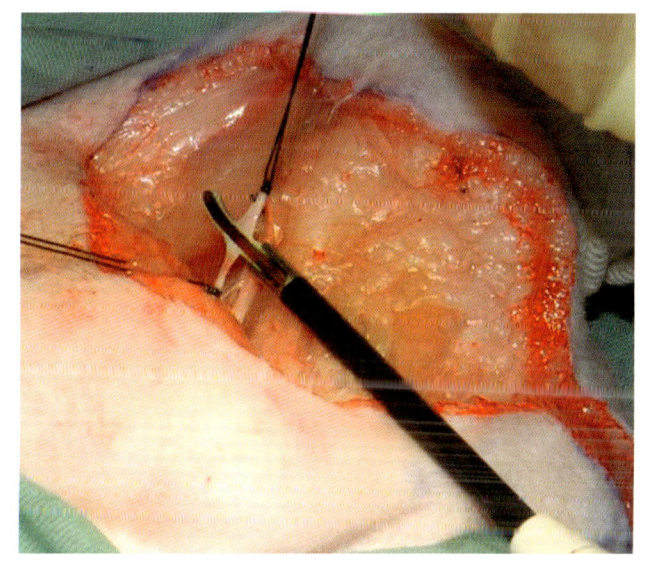

図6-330　大腿動静脈を剥離鉗子でトンネリングして結紮する。

される。薄く大腿動静脈が確認されるので剥離鉗子で付着している脂肪などを取り除き，血管分布をしっかりと把握する（図6-329）。切開線の近位には内側大腿回旋動・静脈が並行しているのでその遠位を周囲の分枝を考慮して大腿動静脈の結紮部位を決める。

大腿動・静脈の結紮

外側大腿回旋動・静脈の近位で結紮

大腿動・静脈における周囲の分枝を把握してなるべく分枝の近位で動脈側から剥離鉗子でトンネリングして結紮後，SonoSurgシザースで凝固切開する（図6-331）。動静脈の結紮後も深部に動脈などの分枝あるいは血管が存在することが多いため安心せず，周囲の血管を確認しながらSonoSurgシザースを用いて処理していく。

大腿内側の筋切断

縫工筋，恥骨筋および薄筋の筋間に剥離鉗子あるいは指を挿入して血管や神経を確認しながらSonoSurgシザースで凝固切開する。次いで腸腰筋上の内側大腿回旋動脈を分離してSonoSurgシザースを用いて凝固切開する。

大腿外側の筋切断

体位をやや斜めにして患肢を外側に向ける。腹側の切開線から連続的に外側切開線上をメスで皮膚切開する。大腿筋膜張筋および大腿二頭筋を電気メスあるいはSonoSurgシザースで凝固切開すると半膜様筋と内転筋の深部に坐骨神経が確認できる。また，坐骨神経を切開する危険性がある場合は，大腿二頭筋と半膜様筋の間に指を挿入してあらかじめ確認しておくことが重要である。坐骨神経に局所麻酔を施した後（図6-332），内側の坐骨結節から半膜様筋，半腱様筋および内転筋を切断する。次いで大転子付近の浅殿筋，中殿筋および深殿筋を切断する。いずれも動静脈の分枝が走行しているので血管を確認し，止血しながら切開を進めていく。

大腿骨頭の除去

最後に内側部から残っている腸腰筋を切開して関節包に電気メスで切開を加え，大腿骨頭靱帯を切断し，関節周囲の筋肉を凝固切開して離断する（図6-333）。この際，関節包を周囲に走行している血管に注意しながら遠位側で切開して大腿骨頭の靱帯を切断して，大腿骨頭を外した後に関節窩を塞ぐことができる。切開部の出血を確認して筋肉をマットレスあるいは単純結紮で縫合して定法に従い閉鎖する。皮膚が余った場合は，余剰な皮膚を除去してもよい。

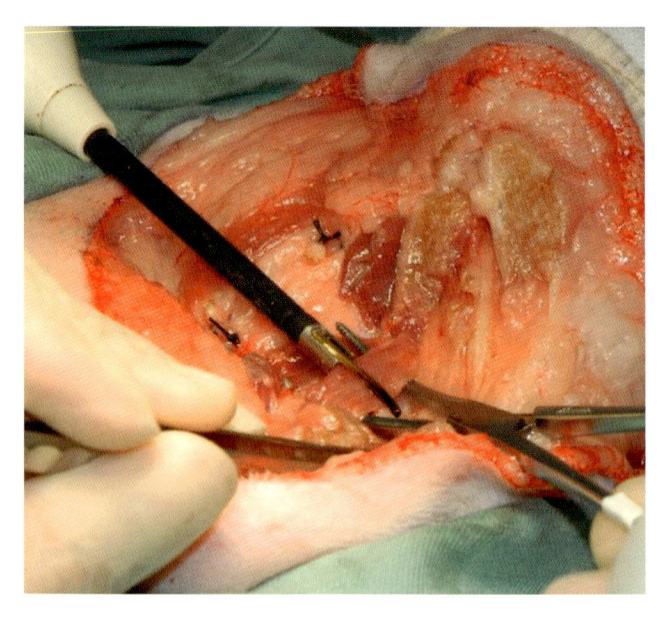

図6-331　鉗子で筋間をトンネリングして血管や神経などに注意しながら恥骨筋，縫工筋および大腿直筋などを凝固切開していく。

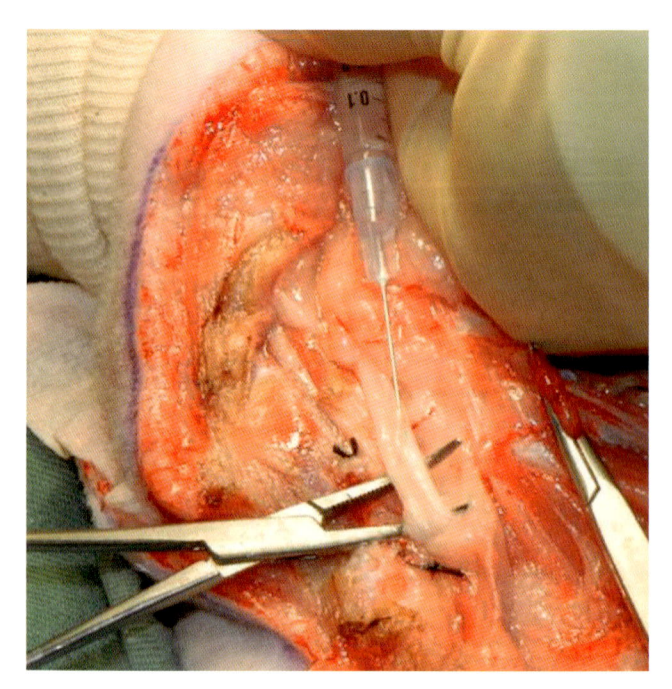

図6-332　外側の大腿部の坐骨神経の局所麻酔を行っている。

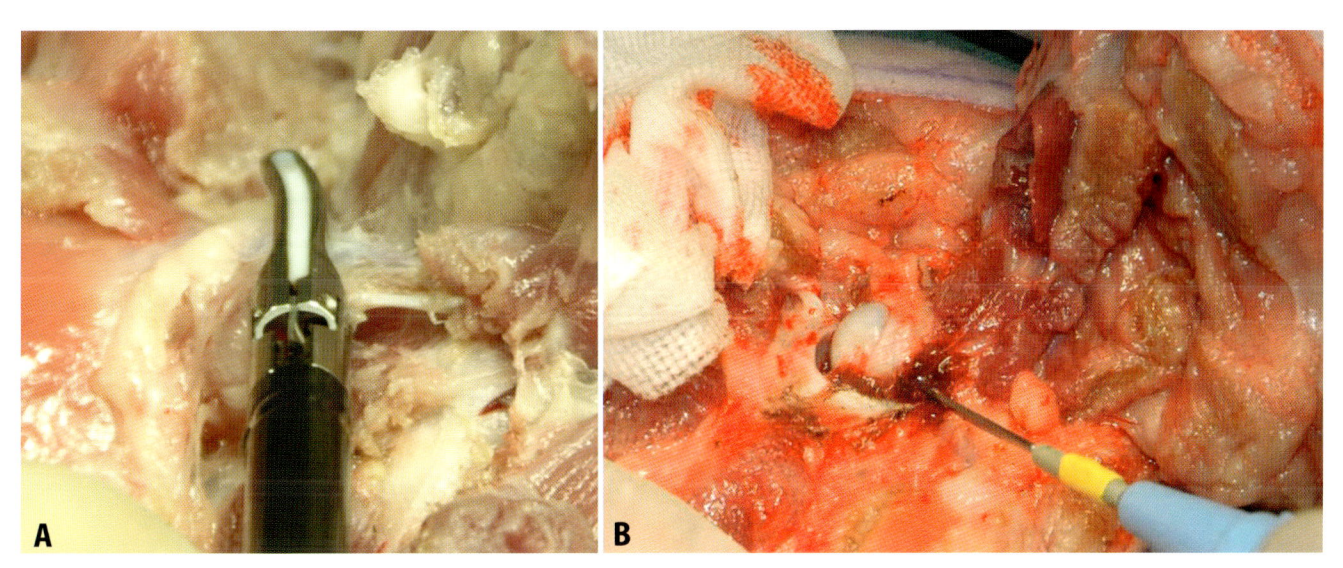

図 6-333　腸腰筋を凝固切開し（A），股関節の関節包を電気メスにより切開すると大腿骨頭が露出される（B）。周囲の残された筋肉を凝固切開して離断する。

❖ 手術の Key Point
- 大腿動静脈の分岐点を考慮するため鼠径部の切開線は慎重に描く。
- 三角部の大腿動脈，静脈の分岐に注意。血管は 1 本だけとは限らない。
- 筋肉間に血管・神経が走行しているので筋肉毎に切断する。
- 股関節内の大腿骨頭の離断は腸腰筋を目安に行う。
- 関節包に走行している周囲の血管に注意する。

参考・引用文献

Birck,R., Krzossok,S., Markowetz,F. et al.（2003）：Acetylcysteine for prevention of contrast nephropathy：meta-analysis. *Lancet* 362（9384）, 598-603.

Boyd,J.S., Paterson,C., May,A.H.（2003）：「新」イヌとネコの臨床解剖カラーアトラス，チクサン出版．

Fife,W.D., Samii,V.F., Drost,W.T. et al.（2004）：Comparison between malignant and nonmalignant splenic masses in dogs using contrast-enhanced computed tomography. *Vet. Radiol. Ultrasound.* 45, 289-297.

Gelatt,K.N., Whitley,R.D.（2011）：Surgery of the orbit and the eyelid, *In* Veterinary Ophthalmic Surgery（Gelatt,K.N., Gelatt. J.P. eds）, 51-140, Saunders.

廉澤 剛，信田卓男（2009）：大腸腫瘍をたたく，*Jpn J. Vet. Clin. Oncol.* 7, 21-31.

Kishimoto,M., Yamada,K., Tsuneda,R. et al.（2008）：Effect of contrast media formulation on computed tomography angiographic contrast enhancement. *Vet. Radiol. Ultrasound.* 49, 233-237.

Kishimoto,M., Doi,S., Shimizu,J. et al.（2010）：Influence of osmolarity of contrast medium and saline flush on computed tomography angiography：comparison of monomeric and dimeric iodinated contrast media with different iodine concentrations at an identical iodine delivery rate. *Eur. J. Radiol.* 76, 135-139.

Kondo,H., Kanematsu,M., Goshima,S. et al.（2008）：Abdominal multidetector CT in patients with varying body fat percentages: estimation of optimal contrast material dose. *Radiology* 249, 872-877.

Kudnig,S.T., Se'guin,B. eds（2012）：Veterinary Surgical Oncology, Wiley-Blackwell.

桃井康行 監訳（2008）：犬の腫瘍，インターズー．

Penninck,D., D'Anjou,M.A.（2008）：Atlas of Small Animal Ultrasonography, Wiley-Blackwell.

Reuch,C.E.（2005）：Hyperadrenocorticism. *In* Textbook of Veterinary Internal Medicine, 6th ed.（Ettinger,S.J. ed.）, pp.1592-1612, WB Saunders.

世界保健機関編（1996）：がんの痛みからの解放 WHO 方式がん疼痛治療 第2版（武田文和 訳），20-41，金原出版．

Stades,F.C., Gelatt,K.N.（2007）：Disease and surgery of the canine eyelid. *In* Veterinary ophthalmology, 4th ed.（Gelatt,K. N. ed.）, 563-617, Wiley-Blackwell.

Tateishi,K., Kishimoto,M., Shimizu,J. et al.（2008）：A comparison between injection speed and iodine delivery rate in contrast-enhanced computed tomography（CT）for normal beagles. *J. Vet. Med. Sci.* 70, 1027-1030.

若尾義人，田中茂男，多川政弘 監訳（2008）：Small Animal Sirgery Third Edition, インターズー．

Withrow,S.J., Vail,D.M., Page,R. eds（2013）：Withrow and MacEwen's Small Animal Clinical Oncology, 5th edition, Elsevior.

山下和人ほか（2006）．周術期疼痛管理，Surgeon 58．

索引

あ
悪性黒色腫　121
悪性線維性組織球腫　77
アクティブ電極　64
アコーディオン縫合　189
アシデミア　35
アチパメゾール　54
アトム栄養チューブ　14
アニオンギャップ　35
アマンダシン　59
アミノ酸輸液　32
アルカリ化療法　36
アルカレミア　35
アルゴンプラズマ凝固　66
アルチバ　52
α_2作動薬　54
アルベルト・レンベルト縫合　139

い
イオン性ヨード造影剤　87
痛みの効果判定　59
一時的気管切開術　206
胃の部分切除　133
胃壁　83

う
ウォーキング縫合　104, 125

え
永久的気管切開術　206
H型スライディング皮弁法　112
会陰切開　173
会陰ヘルニア　185
Mモード　5

お
オンシオール2％注　54

か
開胸術　197
開腹
　　会陰ヘルニアの外科手技　185
　　子宮・卵巣摘出の外科手技　165
　　腎臓摘出術　182
　　膀胱腫瘍の外科手技　176
加温　32
下顎骨
　　－の切除　123
　　－の切断　123
下顎骨結合の分離　123
下顎骨片側全切除術　126
下顎骨片側部分切除術　121
下顎リンパ節　125
家族歴　1
褐色細胞腫　83, 92
ガバペン　59
ガバペンチン　59
カフ　25
カプノグラム　21
カプノメーター　19
カラードプラ法　3, 81
Kの補正　37
カルプロフェン　53
簡易ベルヌーイ式　8
眼科手術器具　110
肝機能低下　45
眼球摘出術　117
観血的血圧測定法　25
肝細胞癌　79, 90
感受性テスト（抗生物質の）　10, 41
肝腫大　79
肝臓　78, 90, 143
　　－の主要血管　144
肝臓腫瘍　143
がんの痛み　56
肝葉
　　－の全摘出手術　143
　　－の部分摘出手術　145

き
気管切開術　206
キャビテーション　70
ギャンビー縫合　138
吸気　24
吸気中酸素濃度　24
急性腎不全　44
強オピオイド　51, 57
凝固　61, 63, 65
凝固原理　69
凝固切開　182
胸骨正中切開術　197
胸腺腫　198
胸部　03
胸部X線検査　10, 43
棘細胞性エナメル上皮腫　121
局所麻酔薬　54
去勢　170

筋切断　222
金属劣化　73

く
クッシング症候群　82
グリセリン2,3リン酸　30

け
形質細胞腫　153
経皮的動脈血酸素飽和度　28
外科手技
　　会陰ヘルニアの－　185
　　肝臓腫瘍の－　143
　　口腔内悪性黒色腫の－　121
　　後肢断脚の－　221
　　甲状腺腫瘍の－　209
　　呼吸器系　197
　　子宮・卵巣摘出の－　165
　　消化管腫瘍の－　138
　　腎臓摘出の－　182
　　心臓の－　191
　　精巣摘出の－　172
　　前肢断脚の－　217
　　体表の－　95
　　腟腫瘍の－　173
　　直腸腫瘍の－　152
　　乳腺摘出の－　101
　　脾臓の－　195
　　膀胱腫瘍の－　176
外科的切除困難例（消化管腫瘍の）
　　142
ケタミン　53
血圧　25
血圧測定　10
血液ガス検査　42
血液ガス分析　33
血液／ガス分配係数　22
血液生化学検査　11, 42
血液pH　34
血管腫　81, 109, 195
血管周皮腫　95, 96
血管造影　89
血管肉腫　109, 191, 195
血管の切離　72
血腫　195
血清カリウム　38
血清クレアチニン値　89
結節性病変　78
結腸腹膜固定術　185

血糖値 42
ケトフェン注1% 53
ケトプロフェン 53
肩甲骨除去 217
原発性肺腫瘍 93

こ

効果判定（痛みの） 59
口腔 121
口腔内悪性黒色腫の外科手技 121
口腔内腫瘍 121
口腔メラノーマ 121
高 CO_2 血症 19
後肢断脚 221
高周波手術 61
甲状腺 209
甲状腺癌 85, 209
甲状腺機能亢進症 209
甲状腺腫瘍 209
抗生物質の感受性テスト 41
後大静脈 183, 214
硬膜外麻酔 47
股関節離断術 221
呼気 24
呼気終末陽圧換気 24
呼吸器系 197
呼吸性アシドーシス 35
呼吸性アルカローシス 37
黒色腫 109
骨形成性エプリス 129
骨切削 75
骨膜剥離鉗子 177

さ

最小肺胞濃度 22
サイドストリーム方式 20
撮像の体位 90
作動原理（超音波吸引装置の） 73
作動不良（超音波凝固切開装置の） 72
酸塩基平衡異常 35, 38
三尖弁閉鎖不全症 3
酸素解離曲線 29
酸素給与 45
酸素中毒 24
酸素分圧 33
酸素飽和度 28

し

CT 画像 133
CT 検査 12, 87, 145, 204
C 反応性蛋白 43
ジェネレーター（SonoSurg シザースの）
　　68
糸球体濾過率 182
子宮・卵巣摘出 165
歯原性腫瘍 121
四肢 217
室温 32
至適濃染強度 89
自動制御型電気手術装置 65
歯肉腫 121
弱オピオイド 57
周術期管理 1
周術期疼痛管理 49, 55
重炭酸イオン 33
終末呼気炭酸ガス濃度 19
手術創の洗浄 41
出血 121
術前の処置 12
出力様式 62
主要血管（肝臓の） 144
腫瘍の剥離（甲状腺腫瘍） 210
消化管間質腫瘍 138
消化管腫瘍 138
消化器系 121
上顎悪性黒色腫 131
上顎骨片側部分切除術 129
小腸 138
上皮性悪性腫瘍 82
静脈ルート 12
食道温測定 31
心エコー検査 2, 3, 43
　　－の評価法 3
心基底部腫瘍 191
神経鞘腫 109
人工呼吸器 23
心収縮能 5
浸潤性病変 77
腎腺癌 81
心臓 85, 191
腎臓 81
心臓腫瘍 191
腎臓腫瘍 183
腎臓摘出術 182
心タンポナーゼ 191
心電図検査 2, 9
心電図リード 18
心電モニター 18, 43
浸透圧 87
心拍出量 3
心膜切除術 191
心膜中皮腫 191
シンメトレル 59
腎リンパ腫 81

す

脾臓 77
水和 13
スクリーニング検査 2
ステイプラー 202
スパーク 62
スプレー凝固 66
スライディング Z 型弁 116
スライディング皮弁法 112

せ

精巣摘出 172
精巣の固定 170
生体モニター 23
切開
　　電気メスによる－ 61, 63, 64
　　去勢の手技における－ 170
舌機能 121
接触状態（電極の） 63
切離（血管の） 72
線維肉腫 121, 126
腺癌 93, 109
浅後腹壁動静脈 103
前肢断脚 217
腺腫 109, 153
浅前腹壁動静脈 103
先端の構造（SonoSurg シザースの）
　　69
前負荷 8
前立腺の摘出手技 176

そ

造影法 89
造血系 191
巣状性病変 77
僧帽弁閉鎖不全症 3
足背動脈 28
組織
　　－のクランプ 70
　　－の剥離法 71
組織球腫 109
SonoSurg シザース 68
　　－のジェネレーター 68
　　－の先端の構造 69
　　－のハンドピース 68
ソフト凝固 65
ゾメタ 59

た

ターニケット 184
体温 31

索引

　　—の維持　32
　　—の上昇　32
代謝性アシドーシス　35, 36
代謝性アルカローシス　37
大腿骨頭　222
大腿三角部　221
大腿動・静脈の結紮　222
体動　23
体表　95
　　—の外科手技　95
体表腫瘍　95
多発性骨髄腫　77
胆管細胞癌　81
単純結節縫合　138
短腸症候群　138
胆嚢　151
胆嚢切除法　151

ち

腟腫瘍　173
中心静脈カテーテル　13
腸　83
超音波吸引装置　73, 204
　　—の安全な使い方　74
　　—の作動原理　73
超音波凝固切開装置　67
　　—の作動不良　72
超音波手術装置　68
超音波診断　77
超音波造影検査　80
超音波造影剤　81
直腸温測定　31
直腸癌　153
直腸検査　152
直腸腫瘍　152
直腸全層引き抜き術　156
直腸粘膜引き抜き術　157
直腸の穿孔　158
直腸引き抜き術　153
鎮痛　50
鎮痛補助薬　58

て

低酸素血症　45
低 CO_2 血症　19
テストボーラス法　91
テンションパッド　72
デブリードマン　41
デュロテップパッチ　58
電気メス　61, 65
　　バイポーラ型—　209
電極　63

　　—の接触状態　63
電動骨鋸　197
電歪素子　73

と

頭頸部の皮膚腫瘍　99
疼痛レベル　50
動脈管開存症　3
動脈血　33
動脈血酸素分圧　29
動脈血サンプリング手法　38
動脈血二酸化炭素分圧　19
動脈内カテーテル　28
動脈ライン　26, 27
Traiangle-triangle 形成術　111
トラマール注　53
トラマドール　53
トランキライザー　54
ドリル　177
トンネリング　70

な

内反縫合　136
内分泌系　209

に

二酸化炭素分圧　33
乳腺癌　101, 106
乳腺腫瘍　101
乳腺摘出　101
乳頭腫　109
尿管の分離　183
尿道の摘出手技　176
尿量　30

ね

熱作用　61

は

肺　86
肺原発性腫瘍　197
肺腫瘍　197
肺腺癌　202, 204
肺転移　93
肺動脈弁閉鎖不全症　3
肺胞気－動脈血酸素分圧較差　38
バイポーラ　61, 67
バイポーラ型電気メス　209
肺葉切除術　202
剥離鉗子　151, 161, 182
剥離法（組織の）　71
8の字縫合　112

抜歯　123
パルスオキシメーター　28
反転皮弁法　106
ハンドピース（SonoSurg シザースの）　68

ひ

非イオン性ヨード造影剤　87
B モード法　3
非オピオイド鎮痛薬　53, 57
非観血的血圧測定法　25
鼻腔内腫瘍　94
ビスフォスフォネート製剤　59
脾臓　77, 91, 195
肥大型心筋症　2
泌尿生殖器系　165
皮膚腫瘍（頭頸部の）　99
非麻薬性オピオイド　52
肥満細胞腫　78, 109, 195
ビルロートⅠ・Ⅱ法　133

ふ

「V」型全層切除　110
フェンタニル　51
フェンタニルパッチ　58
副作用　87
副腎　82, 92, 212
副腎腫瘍　212, 214
副腎腫瘍摘出　213
副腎腺腫　82
副腎皮質癌　82
副腎皮質機能亢進症　212
副腎皮質ホルモン剤　58
腹部 X 線検査　10
不整脈　2, 18
不整脈治療　18
腹腔洗浄　183
腹腔内臓器固定法　185
ブトルファノール　52
ブピバカイン　54
ブプレノルフィン　53
プルスルー　157, 158
ブレイド　70
プレガバリン　59

へ

平滑筋腫　83
平滑筋肉腫　140
閉鎖（腟腫瘍の手術手技）　174
閉腹（腎臓摘出術）　183
ペインコントロール　49
ベトルファール注　52

ヘパリン加生理食塩水　13
ヘモグロビン　28
扁平上皮癌　99，109，121

ほ

膀胱　82
　—の摘出手技　176
膀胱腫瘍　176
膀胱ポリープ　176
保温　32

ま

麻酔濃度　23
麻酔プロトコール　22
末梢神経障害性疼痛治療薬　59
マットレス縫合　218
麻薬性オピオイド　51
マルチモーダル鎮痛　49

む

無影灯　166

め

眼　109
メインストリーム方式　21
メタカム0.5％注　53
メッツェンバウム鋏　103，151，156，161，182
メデトミジン　54
メロキシカム　53

も

モスキート鉗子　110，165，189
モニタリング法　18
モノフィラメント合成吸収糸　138
モノポーラ　61，64
モルヒネ　51
モルヒネ製剤　58

ゆ

誘導電流作用　61

よ

ヨード造影剤　87
ヨード量　89

ら

ラジオサージェリー　61
卵巣動静脈
　—の凝固切開　166
　—の結紮　165

り

リーク試験　136
離断　218
リドカイン　54
リマダイル　53
リリカ　59
リンパ腫　77，83，195
リンパ節　86，92，93
リンパ肉腫　109

る

ループ固定法　190

れ

レペタン注　53
レミフェンタニル　52

ろ

肋間切開術　202
ロピバカイン　54
ロベナコキシブ　54

A

AG　35
Ao/PA　3
APC　66

C

CRP　43

E

$ETCO_2$　19，43

F

FiO_2　24
FS　5

G

GIST　138

L

LA/Ao　3，8

M

MAC　22
MR　3，8

N

NSAIDs　53

P

$PaCO_2$　19，33
PaO_2　33
PCV　42
PDA　3
PEEP　24
PR　3
PZT　73

S

SaO_2　28
SPO_2　28，43

T

TR　3

U

USA　73，145，204

小動物の腫瘍外科手技－ワンステップアップ　手術装置を使いこなす－

定価（本体 20,000 円＋税）

2013 年 6 月 15 日　第 1 版第 1 刷発行　　　　　　　　　　　＜検印省略＞

編集者　伊　藤　　　博
発行者　永　井　富　久
印　刷　株式会社平河工業社
製　本　株式会社新里製本所

発　行
文 永 堂 出 版 株 式 会 社
〒113-0033　東京都文京区本郷 2 丁目 27 番 18 号
TEL 03-3814-3321　FAX 03-3814-9407
振替 00100-8-114601 番

ⓒ 2013　伊藤　博

ISBN 978-4-8300-3246-2

文永堂出版の小動物獣医学書籍

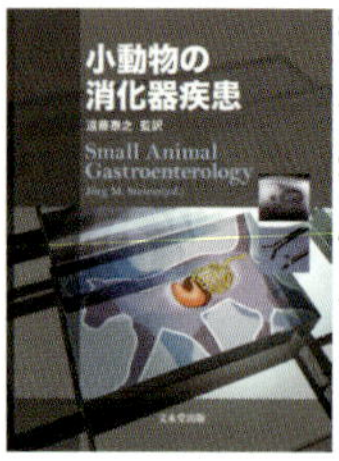

Steiner/Small Animal Gastroenterology
小動物の消化器疾患
遠藤泰之 監訳
A4 判変形　344 頁　カラー写真多数
定価 23,100 円（税込み）送料 510 円

最新のエビデンスを基に犬と猫の消化器病学について記載。①診断，②各消化器系臓器の疾患の解説の 2 部構成で，鮮明なカラー写真を用い詳細に解説しています。

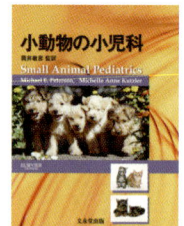

Rhea V. Morgan/Handbook of Small Animal Practice, 5th ed.
モーガン 小動物臨床ハンドブック 第 5 版
武部正美ほか訳
A4 判変形　1528 頁
定価 45,150 円（税込み）送料 730 円〜（地域によって異なります）

世界中の小動物臨床獣医師に圧倒的に支持される書の最新第 5 版の日本語版。犬と猫の診療において不可欠な実践的な情報が一定のフォーマットで記述され，簡潔に分かりやすく解説されています。

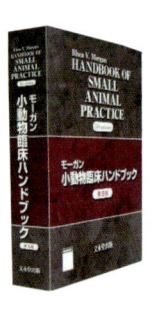

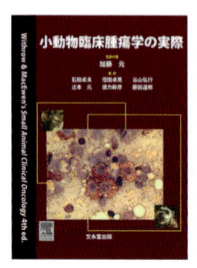

Withrow & MacEwen's Small Animal Clinical Oncology 4th ed.
小動物臨床腫瘍学の実際
加藤 元 監訳代表
A4 判変形　882 頁
定価 45,150 円（税込み）送料 650 円

腫瘍診断学，とくに生検と細胞診，病理組織学の実地臨床における重要性に詳しく言及しています。小動物の腫瘍学書の最高峰で，臨床家必携の 1 冊です。

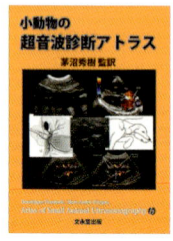

症例研究　小動物の眼科
総合編集　深瀬 徹，専門分野編集　西　賢
B5 判　232 頁
定価 14,700 円（税込み）送料 400 円

本書は，動物の疾病の症例解析のために個々の症例の集積をめざしたものです。小動物の日常的な診療から専門領域に及ぶ診療まで眼科疾患に関する全 48 報告を収載しています。読みやすい文章，統一した記載，充実した薬剤情報など，これからの症例報告のスタンダードとなるべき仕上がりとなっています。

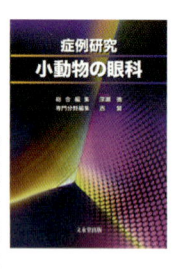

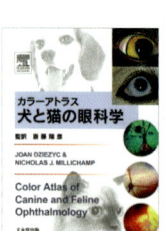

Dziezyc & Millichamp/Color Atlas of Canine and Feline Ophthalmology
カラーアトラス 犬と猫の眼科学
斎藤陽彦 監訳
A4 判変形　264 頁
定価 18,900 円（税込み）送料 510 円

頻繁に遭遇する眼病変と同様に数多くの正常所見，さらにまれにしか遭遇しない病態の写真など，臨床に必要な眼の写真を網羅したアトラスです。

小動物の治療薬 第 2 版
桃井康行 著
B5 判　480 頁　2 色刷り
定価 12,600 円（税込み）送料 510 円

初版から 6 年を経て，第 2 版が完成。本書は日本の獣医療の現状に即した薬剤や薬用量に関する必要な情報を迅速に手に入れるための一助となります。新薬など大幅に情報を更新し，さらに体裁を見やすくしています。小動物診療現場での必携書です。

Peterson & Kutzler/Small Animal Pediatrics
小動物の小児科
筒井敏彦 監訳
A4 判変形　544 頁（オールカラー）
定価 29,400 円（税込み）送料 510 円
2012 年 10 月 31 日まで特価 26,250 円（税込み）

出生時から 1 歳齢までの子犬と子猫の確かな診療に役立つ 1 冊。犬と猫の小児科診療の鍵となる情報を素早く的確に得ることができます。

Birchard & Sherding/Saunders Manual of Small Animal Practice, 3rd ed.
サウンダース 小動物臨床マニュアル 第 3 版
長谷川篤彦 監訳
A4 判変形　1970 総頁　Vol. 1・Vol. 2 セット
定価 60,900 円（税込み）送料 990 円〜（地域によって異なります）

第 1 版から 12 年ぶり，待望の第 3 版。臨床の現場で遭遇する疾患を網羅し，その診断および内科療法・外科療法のノウハウのすべてを簡明に解説した動物病院に必備の臨床マニュアルの決定版です。

Penninck & d'Anjou/Atlas of Small Animal Ultrasonography
小動物の超音波診断アトラス
茅沼秀樹 監訳
A4 判変形　528 頁
定価 29,400 円（税込み）送料 650 円

小動物臨床における超音波診断を膨大な高画質の超音波画像により体系的かつ視覚的にサポートする 1 冊。超音波検査の方法と技術が実践的に解説されています。

Alex Gough/Differential Diagnosis in SmallAnimal Medicine
伴侶動物医療のための鑑別診断
竹村直行 監訳　三浦あかね 訳
B5 判　433 頁
定価 12,600 円（税込み）送料 510 円

日常的に実施する各種検査から得られる所見に関する鑑別リストを 1 冊にまとめてあります。この 1 冊で鑑別リストを作成するための情報が網羅されています。

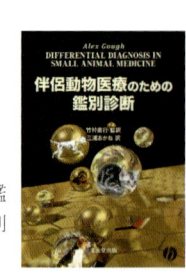

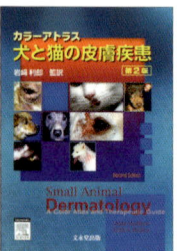

Medleau & Hnilica/Small Animal Dermatology A Color Atlas and Therapeutic Guide 2nd ed.
カラーアトラス 犬と猫の皮膚疾患 第 2 版
岩﨑利郎　監訳
A4 判変形　532 頁
定価 29,400 円（税込み）送料 650 円

各皮膚疾患の治療方法から予後にいたるまで分かりやすく解説。1300 点以上に及ぶカラー写真は正しく犬と猫の皮膚疾患カラーアトラスの決定版と言えるものです。臨床獣医師必携の 1 冊。

Macintire, Drobatz, Haskins & Saxon/Manual of Small Animal Emergency and Critical Care
小動物の救急医療マニュアル
小村吉幸・滝口満喜 監訳
B5 判　592 頁
定価 15,750 円（税込み）送料 510 円

小動物の救急医療において重要な事項を箇条書きで分かりやすく解説。犬および猫の臨床において出会う緊急ならびに重篤な問題のすべてが 600 頁に近いボリュームで解説されています。

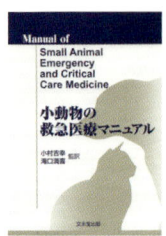

●ご注文は最寄りの書店，取り扱い店または直接弊社へ

Bun-eido 文永堂出版
〒 113-0033　東京都文京区本郷 2-27-18
http://www.buneido-syuppan.com
TEL 03-3814-3321
FAX 03-3814-9407